住房城乡建设部土建类学科专业“十三五”规划教材

21 世纪全国高职高专土建系列技能型规划教材

建筑工程项目管理

（第 2 版）

主　编　范红岩　宋岩丽

副主编　陈立东　陈海英

参　编　姚新红　冀彩云　左亚静

主　审　贾幕晟　田恒久

北京大学出版社
PEKING UNIVERSITY PRESS

内容简介

本书以现行国家标准《建设工程项目管理规范》(GB/T 50326—2006)为基础，全面系统地介绍了建筑工程项目管理的内容体系，注重理论联系实际。

全书共分10个模块，主要内容包括：建筑工程项目管理概论、建筑工程项目管理组织、建筑工程项目进度计划的编制方法、建筑工程项目进度管理、建筑工程项目质量管理、建筑工程项目成本管理、建筑工程项目职业健康安全与环境管理、建筑工程项目资源管理、建筑工程项目收尾管理、建筑工程项目管理规划。

本书可作为高职高专工程管理类专业的教材，也可供建筑工程技术等相关专业的工作人员使用和参考。

图书在版编目(CIP)数据

建筑工程项目管理/范红岩，宋岩丽主编．—2版．—北京：北京大学出版社，2016.3
(21世纪全国高职高专土建系列技能型规划教材)
ISBN 978-7-301-26944-2

Ⅰ．①建… Ⅱ．①范…②宋… Ⅲ．①建筑工程—项目管理—高等职业教育—教材
Ⅳ．①TU71

中国版本图书馆CIP数据核字(2016)第032580号

书　　名	建筑工程项目管理(第2版) Jianzhu Gongcheng Xiangmu Guanli
著作责任者	范红岩　宋岩丽　主编
策划编辑	吴　迪
责任编辑	伍大维
标准书号	ISBN 978-7-301-26944-2
出版发行	北京大学出版社
地　　址	北京市海淀区成府路205号　100871
网　　址	http://www.pup.cn　新浪微博：@北京大学出版社
电子信箱	pup_6@163.com
电　　话	邮购部62752015　发行部62750672　编辑部62750667
印 刷 者	河北滦县鑫华书刊印刷厂
经 销 者	新华书店
	787毫米×1092毫米　16开本　21印张　513千字
	2008年2月第1版
	2016年3月第2版　2023年1月第7次印刷
定　　价	42.00元

第 2 版前言

本书是应高职高专“工程管理类专业”教学需求，为该类专业“建筑工程项目管理”这一主干课程教学所提供的适用教材，其目的是使学生掌握建筑工程项目管理的基本知识、方法和技能，从而具备从事建筑工程项目管理的初步能力。

本书的编写以现行国家标准《建设工程项目管理规范》(GB/T 50326—2006)为基础，以建筑工程项目施工阶段的管理为核心，将“建筑工程施工组织”和“项目管理”的理论、方法融为一体，形成一个较为完整的、适用于高职高专工程管理类专业课程体系要求的“建筑工程项目管理”教材。

本书第 1 版编写于 2008 年，修订以后的教材主要有以下四点变化。

第一，创新了编写体例。根据建筑工程项目施工现场管理的主要内容，将全书内容划分为 10 个模块，每个模块结合实际工作过程又划分为若干任务单元，灵活地体现了职业教育的要求。

第二，“工学结合”特色鲜明。每个模块前设置一个典型工程案例来引入模块内容，让学生体验本模块能够解决的实际工作问题；在部分模块的任务单元中设置“工作任务单”和“学习作业单”，使“工作”和“学习”高度融合，形成一个有机整体；教学过程采用工作过程化、由任务驱动的模式，促进教学过程与生产过程对接。

第三，具有很强的学习引导性。每个模块前设置“能力目标”和“知识目标”，提示学生通过学习要达到的相关能力目标和知识目标，并通过“引例”和“引言”引入模块内容；在部分模块的任务单元前设置“工作任务单”，让学生带着具体任务进入学习，任务单元结束时又设置了“学习作业单”，要求学生通过学习完成相关任务，并对任务单元进行总结；模块后还设置了“模块小结”和“思考与练习”，归纳模块内容和在学习过程中应注意的问题，并通过思考与练习巩固所学内容。

第四，思考与练习题内容全面、形式丰富多样、针对性强、可操作性强、趣味性强。

本书的修订由山西建筑职业技术学院负责，并由范红岩、宋岩丽担任主编。本书具体编写分工如下：范红岩编写第 2、10 模块，宋岩丽编写第 4、5 模块，陈立东编写第 1、8、9 模块，陈海英编写第 6 模块，姚新红编写第 3 模块任务单元 3.1 和第 7 模块，冀彩云与左亚静合编第 3 模块任务单元 3.2。全书由山西建筑工程（集团）总公司贾幕晟高级工程师和山西建筑职业技术学院田恒久主审。在编写过程中，笔者还查阅和检索了建筑工程项目管理方面的大量信息、资料，吸收了国内外许多同行专家的最新研究成果，在此向他们表示衷心的感谢！

建筑工程项目管理是一门发展中的学科，需要在实践中不断丰富和完善。限于编者水平，教材难免存在疏漏和不妥之处，恳请广大读者批评指正。

编　者

2015 年 12 月

第2版前言

第 1 版前言

本教材是应高职高专“工程管理类专业”教学需求，为该专业建筑工程项目管理这一主干课程教学提供的适用教材，其目的是使学生系统地掌握建筑工程项目管理的基本理论和基本方法，从而具备从事建筑工程项目管理的基本能力。

为了深化和规范工程项目管理的基本做法，促进工程项目管理科学化、规范化和法制化，不断提高工程项目管理水平，2006 年我国颁布了最新国家标准《建设工程项目管理规范》(GB/T 50326—2006)。本教材以该标准为基础，以建筑工程项目施工阶段的管理为核心，将“建筑工程施工组织”和“项目管理”的理论、方法融为一体，形成较为完整的，适合高职高专工程管理类专业课程体系要求的“建筑工程项目管理”知识体系。

本教材在编写过程中，坚持“以应用为目的，专业理论知识以必需、够用为度”的原则，既注重理论知识的适用性，更突出建筑工程项目管理的实践性。教材中引入了大量建筑工程项目管理的案例和例题，深入浅出、通俗易懂，以培养和提高学生解决问题的能力为最终目的，力求体现高等职业技术教育的特色和培养高等技术应用型专门人才的目标。

本教材由山西建筑职业技术学院负责编写。具体分工如下：范红岩副教授、宋岩丽副教授任主编。其中范红岩编写了第 2、7、10 章，宋岩丽编写了第 4、5 章，陈立东编写了第 1、8、9 章，陈海英编写了第 6 章，姚新红编写了 3.1 节，冀彩云与山西大同大学工学院党泉勇合编了 3.2 节。

本教材由山西建筑工程(集团)总公司贾幕晟高级工程师和山西建筑职业技术学院范文昭副院长主审，主审认真审阅了书稿，并提出了许多宝贵的意见和建议。在编写过程中，我们还查阅和检索了工程项目管理方面的信息和资料，吸收了国内外许多同行专家的最新研究成果，同时，得到了山西建筑职业技术学院田恒久副教授的大力指导和帮助。谨在此表示衷心的感谢!

建筑工程项目管理是一门发展中的学科，需要在实践中不断地丰富和完善。限于编者水平有限，本教材难免存在疏漏和不妥之处，恳请读者批评指正。

编　者

2007 年 11 月

CONTENTS

目录

模块 1　建筑工程项目管理概论 ………… 1

任务单元 1.1　项目管理与工程项目管理 …………………… 3

任务单元 1.2　建筑工程项目管理 ……… 8

任务单元 1.3　施工方的建筑工程项目管理 …………………… 10

任务单元 1.4　项目管理的发展史、应用及发展趋势 ……………… 14

模块小结 ………………………………… 16

思考与练习 ……………………………… 17

模块 2　建筑工程项目管理组织………… 19

任务单元 2.1　建筑工程项目组织方式 … 21

任务单元 2.2　建筑工程项目经理部 …… 24

任务单元 2.3　建筑工程项目经理 ……… 31

模块小结 ………………………………… 35

思考与练习 ……………………………… 35

模块 3　建筑工程项目进度计划的编制方法……………………… 38

任务单元 3.1　流水施工原理与横道计划 …………………… 40

任务单元 3.2　网络计划技术…………… 55

模块小结 ………………………………… 88

思考与练习 ……………………………… 89

模块 4　建筑工程项目进度管理………… 98

任务单元 4.1　建筑工程项目进度管理概述 …………………… 99

任务单元 4.2　建筑工程项目进度计划的编制与实施 …………… 103

任务单元 4.3　建筑工程项目进度计划的检查与调整 …………… 117

模块小结………………………………… 133

思考与练习 ……………………………… 133

模块 5　建筑工程项目质量管理 ……… 139

任务单元 5.1　建筑工程项目质量管理概述……………………… 141

任务单元 5.2　建筑工程项目质量管理程序……………………… 145

任务单元 5.3　质量控制的数理统计分析方法……………………… 155

模块小结………………………………… 169

思考与练习 ……………………………… 169

模块 6　建筑工程项目成本管理 ……… 174

任务单元 6.1　建筑工程项目成本管理概述……………………… 176

任务单元 6.2　建筑工程项目成本预测……………………… 181

任务单元 6.3　建筑工程项目成本计划……………………… 185

任务单元 6.4　建筑工程项目成本控制……………………… 194

任务单元 6.5　建筑工程项目成本核算……………………… 205

任务单元 6.6　建筑工程项目成本分析与考核 …………… 208

模块小结………………………………… 216

思考与练习 ……………………………… 216

模块 7　建筑工程项目职业健康安全与环境管理 ……………… 222

任务单元 7.1　建筑工程项目职业健康安全与环境管理概述…… 224

任务单元 7.2　建筑工程项目职业健康安全管理 ……………… 226

任务单元 7.3　建筑工程项目环境管理 … 237

模块小结………………………………… 240

思考与练习 ……………………………… 241

模块8　建筑工程项目资源管理 ……… 245

任务单元8.1　建筑工程项目资源管理概述 …… 247

任务单元8.2　建筑工程项目人力资源管理 …… 249

任务单元8.3　建筑工程项目材料管理 … 254

任务单元8.4　建筑工程项目机械设备管理 …… 257

任务单元8.5　建筑工程项目技术管理 … 259

任务单元8.6　建筑工程项目资金管理 … 264

模块小结 …… 266

思考与练习 …… 266

模块9　建筑工程项目收尾管理 ……… 268

任务单元9.1　建筑工程项目竣工验收 … 270

任务单元9.2　建筑工程项目竣工结算与竣工决算 …… 274

任务单元9.3　建筑工程项目回访保修 … 276

任务单元9.4　建筑工程项目考核评价 … 279

模块小结 …… 282

思考与练习 …… 282

模块10　建筑工程项目管理规划 …… 285

任务单元10.1　建筑工程项目管理规划概述 …… 287

任务单元10.2　建筑工程项目管理实施规划 …… 288

任务单元10.3　建筑施工组织设计 …… 301

任务单元10.4　××实验楼工程项目管理实施规划案例 …… 303

模块小结 …… 323

思考与练习 …… 323

参考文献 …… 327

模块 1

建筑工程项目管理概论

能力目标

通过本模块的学习，要求对建筑工程项目管理有一个轮廓性的认识，能够根据建筑工程项目管理主体的不同，划清管理的目标和任务，尤其是施工方的项目管理。在学习过程中，学生应培养全方位及全面认识事物的能力。

知识目标

任务单元	知识点	学习要求
项目管理与工程项目管理	项目与工程项目	熟悉
	项目管理与工程项目管理	熟悉
	一般工程项目的建设程序	熟悉
建筑工程项目管理	建筑工程项目管理的概念	熟悉
	建筑工程项目管理的参与方	熟悉
	建筑工程项目管理的类型及各方项目管理的目标和任务	熟悉
施工方的建筑工程项目管理	施工项目管理的全过程	掌握
	施工项目管理的内容	掌握
	施工项目管理的程序	掌握
项目管理的产生与发展	项目管理的发展	了解
	项目管理在我国的应用	了解
	项目管理发展的趋势	了解

引 例

广州利通广场工程项目管理

1. 项目概况

利通广场位于广州市珠江新城CBD北入口，是一栋按国际标准设计的多功能的超甲级写字楼。该工程占地面积9915m^2，建筑面积15.9万m^2，建筑总高度302.9m，共64层，其中地下结构5层，地上塔楼59层，采用“钢斜撑框架＋混凝土核心筒”结构体系。合同工期为881日历天，由中国建筑第八工程局有限公司承建。

2. 特点及难点

(1) 该项目结构设计理念大胆而先进。这对内爬塔吊、爬模等大型施工设备的布置和安装，以及对整个主体结构的施工组织都提出了严峻考验。

(2) 合同要求高。要求本工程确保获得“中国建设工程鲁班奖”，而合同工期仅为881日历天。合同要求高，经济压力大，对项目管理也提出了更高层次的要求。

(3) 工程体量大、专业分包多、场地狭小。

3. 管理过程与方法

(1) 建立健全“双优化”及技术创新体系。本项目成立了“双优化”领导小组，对项目重点、难点问题进行筛选及分工，明确责任及协作，建立节点完成奖罚制度。提倡科技创新，对于技术难点建立攻关小组，邀请专业技术人员与设计人员共同攻关及优化。对于重大的施工方案，由邀请的专家顾问团组织专家评审；对于重要的施工方案，报分公司及局总部审核；对于一般的施工方案，由项目部内部组织审核、论证。本项目共编制了56项重大、重要的施工方案。

(2) 建立健全质量管理体系。建立本项目的质量保证及创优管理体系，分解项目管理目标，实施样板引路，进行工序化监控与交接管理制度，使工程质量始终受控。

(3) 工期管理。按照合同要求及总进度计划，编制月报、周报，制订月、周进度计划及相应的人材机需用计划，同时总结分析上一阶段的计划完成情况，并采取相应纠偏措施。根据本工程特点，将结构施工划分为核心筒剪力墙、筒外钢结构、筒内十字板、筒外组合楼板这4个区域，合理进行工序穿插。为调动分包单位的积极性，项目部引入经济奖励机制，结合质量管理情况，奖优罚劣。

(4) 安全管理。建立完善的安全生产管理体系，成立安全生产管理委员会，建立安全生产管理责任制度，并设置安全生产管理办公室主持日常工作，每月开展联合大检查，定时开展周检日巡。分阶段进行重大危险源辨识，指定专人进行专项管理。利用掌纹机门禁系统进行有效的人员管理，控制安全教育、持证上岗不遗漏一人。

(5) 成本管理。建立项目风险抵押管理制度，责任目标分解到人，层层分解清晰，通过设计及施工组织方案双优化，有效降低项目成本。

(6) 绿色施工。采用本局制定的《绿色施工评价标准》，每月进行评价，从施工管理、环境管理、节材、节水、节能、施工用地保护6个方面来实施，确保工程达到局规定的“满意绿色”标准。

4. 管理成效

(1) 工期效益。项目部通过科技攻关及“双优化”等管理措施，各个节点工期目标顺利实现，业主给予了高度赞扬，并颁发了嘉奖信。

(2) 经济效益。通过“创双优”及技术攻关等措施，在技术方面为项目部降本增效的比例达2.2%，并累计获得业主节点工期奖励超过100万元。

(3) 社会效益。本工程的顺利实施，得到业主、监理、社会各界的认可，利通广场顺利封顶，中央电视台等56家媒体进行了报道，本工程已成为广州市珠江新城核心区的标志性建筑之一。

(4) 其他成果。本工程采用了多项高、精、尖技术，为类似超高层建筑提供了丰富的经验。液压升楼梯等7项专利已获国家知识产权局受理且初审合格。本工程已通过广州市及广东省安全文明施工优良样板工地、广州市结构优良样板工程的验收，并通过美国LEED绿色建筑金奖预认。

引言

上述案例中，施工方从组织、质量、进度、安全、成本、环境等方面进行了全面的施工项目管理，收效显著。实践证明，一切工程项目都应该进行项目管理，凡是有难题的项目，工程项目管理就是破解难题的金钥匙。

任务单元1.1　项目管理与工程项目管理

1.1.1　项目

1. 项目的概念

项目是指在一定的约束条件下，具有特定目标的一次性任务。

项目包括许多内容，可以是建设一项工程，如建筑工程、公路工程等，也可以是完成某项科研课题或研制一套设备，还可以是开发一套计算机应用软件等。典型的项目有以下几种。

(1) 新产品服务开发，如新型家电的开发。

(2) 技术改造或技术革新，如现有设备或流水线的更新改造。

(3) 科学技术研究或开发，如新材料、新工艺的开发。

(4) 工程建设，如高速公路、住宅的建设。

(5) 政治或社团组织推行的活动，如希望工程、“211”工程、申办奥运会工程。

(6) 大型体育比赛或文艺演出，如奥运会比赛、春节文艺晚会。

2. 项目的特征

项目通常具有以下基本特征。

1) 项目的一次性或单件性

项目的一次性或单件性，是项目最主要的特征。所谓一次性或单件性，是指就任务本身和最终成果而言，没有完全相同的另一项任务。例如：建设一项工程或开发一项新产品，不同于其他工业产品的批量性，也不同于其他生产过程的重复性。项目的一次性意味着一旦项目管理工作出现较大失误，其损失将不可挽回。因此，必须有针对性地根据项目的具体情况进行科学管理，以保证项目一次成功。

2）项目的目标性和约束性

任何项目都具有预定的目标，目标是项目存在的前提。但是实现项目目标时总是具有一定的约束条件。一般情况下，项目的约束条件包括限定的质量、限定的时间和限定的投资，通常称这三个约束条件为项目的三大目标。如何在限定的约束条件下实现具体的项目目标，是项目管理工作的主要任务。

3）项目的生命周期

项目的一次性或单件性决定了每个项目都具有生命周期。任何项目都有产生、发展和结束的过程，在生命周期的不同阶段有不同的任务和工作内容，因而管理的方法和内容也会有所不同。成功的项目管理是对项目全过程的管理和控制，是对整个项目生命周期的管理。

3. 项目的分类

项目按专业特征，可以分为科研项目、工程项目、航天项目、维修项目和咨询项目等。工程项目是项目中数量最多的一类。

1.1.2 工程项目

1. 工程项目的概念

工程项目是项目中数量最多也是最为典型的一类项目，一般是指为某种特定的目的而进行投资建设并含有一定建筑或建筑安装工程的建设项目。例如：建设具有一定生产能力的流水线；建设具有一定生产能力的工厂或车间；建设一定长度和等级的公路；建设一定规模的医院、文化娱乐设施；建设一定规模的住宅小区等。

2. 工程项目的特点

1）工程项目具有明确的建设目标

任何工程项目都有明确的建设目标，包括宏观目标和微观目标。政府主管部门主要审核项目的宏观经济效果、社会效果和环境效果，企业则多重视项目的盈利能力等微观财务目标。每个工程项目的最终产品都有特定的用途和功能。

2）工程项目具有一次性

工程项目的一次性，主要体现为工程项目设计的单一性和施工的单件性。工程项目不同于一般商品的生产，它不是批量生产。尽管从事一种成品或服务的单位很多，但由于工程项目建设的时间、地点、条件等会有若干差别，都会涉及某些以前所没有做过的事情，因此决定了其具有一次性。

3）工程项目具有不可逆转性

工程项目实施完成后，很难推倒重来，否则将会造成极大的损失。因此，工程项目具有不可逆转性。

4）工程项目具有一定的限制性

工程项目目标的实现要受多方因素的限制：质量约束，即工程项目要达取预期的使用要求；时间约束，每个工程项目都有合理的工期限制；资金约束，即每个工程项目都要在一定的投资限额内完成；空间约束，即工程项目要在一定的空间范围内通过科学合理的方法来组织完成。

5）工程项目投资风险大及管理复杂

工程项目投资巨大、项目的一次性及建设时间长等特点，导致其不确定因素多，投资风险大；工程项目在实施过程中参与单位众多，各单位之间的沟通、协调困难，导致管理过程复杂，管理难度大。

3. 工程项目的分类

1）按专业分类

工程项目按专业不同，可分为建筑工程项目、公路工程项目、水电工程项目、港口工程项目和铁路工程项目等。

2）按参与方分类

同一工程项目，参与建设的各方常因职责不同而赋予其不同的名称。如投资方或政府部门常称工程项目为建设项目；设计者称所设计的工程项目为设计项目；施工者称所施工的工程项目为施工项目；工程监理称所监理的工程项目为监理项目；工程咨询称所咨询的工程项目为咨询项目。

1.1.3 项目管理

项目管理是指在一定的约束条件下，运用系统的理论和方法，对项目进行计划、组织、指挥、协调和控制等专业化活动。

项目管理的目的是保证项目目标的实行。项目管理的对象是项目，由于项目具有单件性和一次性的特点，因此项目管理应具有针对性、系统性、程序性和科学性。只有应用系统论的观点、方法和理论进行项目管理，才能保证项目目标的顺利实现。

1.1.4 工程项目管理

1. 工程项目管理的概念

工程项目管理是项目管理中的一大类，其管理对象是工程项目，是以最优实现工程项目目标为目的，在一定的约束条件下，对工程项目进行有效的计划、组织、指挥、协调和控制等专业化管理活动的过程。

2. 工程项目管理的特点

1）工程项目管理的一次性

工程项目的单件性和一次性特征，决定了工程项目管理的一次性特征。没有完全相同的工程项目管理经验可以借鉴、重复，管理过程中一旦出现失误，将会产生严重损失。因此，工程项目管理应严密组织，严格管理。

2）工程项目管理的全过程性和综合性

工程项目的各阶段既有明显界限，又相互有机衔接，不可间断，这就决定了工程项目管理是对项目生命周期全过程的综合管理，如对项目的可行性研究、勘察设计、招标投标、施工等各阶段全过程的管理，在每个阶段中又包含进度、质量、投资(成本)、安全的管理。因此，工程项目管理是全过程的综合性管理。

3）工程项目管理的强约束性

任何工程项目都有明确的目标，即限定的进度、质量、投资(成本)、安全等要求，各种要求之间相互影响和制约，一旦某些方面的约束被突破，就可能对其他方面造成不利的影响，进而影响项目整体目标的实现，所以工程项目管理是一种强约束性管理。工程项目管理的重点在于管理者如何在不超越限制条件的前提下，充分调动和利用各种资源，完成既定任务，达到预期目标。

1.1.5 一般工程项目的建设程序

工程项目建设程序是指一项工程项目从设想、提出到决策，经过设计、施工直到投产使用的全部过程的各个阶段及各项主要工作之间必须遵循的先后顺序。

按照工程项目发展的内在联系和发展过程，建设程序分成若干阶段，这些发展阶段有严格的先后次序，不能任意颠倒和违反其发展规律，应坚持按工程项目建设的客观规律办事，正确处理工程项目建设过程中各个阶段、各个环节、各项工作之间的关系，提高工程建设的经济效益。

工程项目的全寿命周期包括项目的决策、实施和使用三大阶段，又可详细地划分为七个阶段，如图1.1所示。

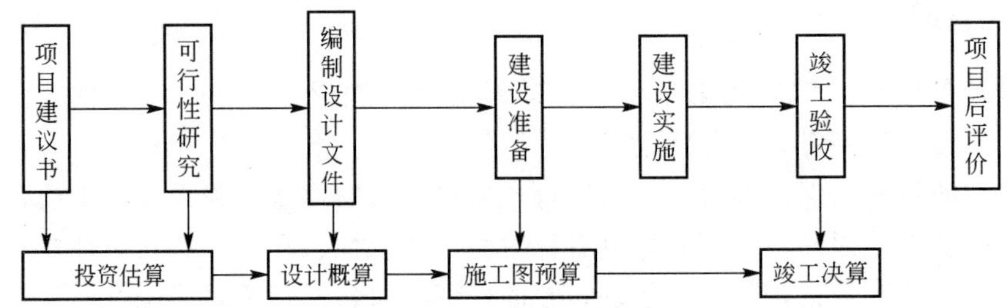

图1.1 工程项目建设程序图

1. 项目建议书阶段

项目建议书阶段，也称初步可行性研究阶段。项目建议书是由项目法人提出的，要求建设某一工程项目的建议性文件，是对拟建项目轮廓的设想。项目建议书的主要作用是对拟建项目进行初步说明，论述其建设的必要性、条件的可行性和获得的可能性，供基本建设管理部门选择并确定是否进行下一步工作。

2. 可行性研究阶段

项目建议书批准后，即可进行可行性研究。可行性研究是项目前期工作最重要的内容，是指在项目决策前，通过对有关的工程、技术、经济等各方面条件和情况进行调查、研究、分析，对各种可能的建设方案和技术方案进行比较论证，并对项目建成后的经济效益进行预测和评价，由此考察项目技术上的先进性和适用性、经济上的营利性和合理性、建设的可能性和可行性，为项目最终决策提供直接的依据。

在可行性研究的基础上编写的可行性研究报告，必须具有相当的深度和准确性。可行性研究报告经评估后，按项目审批权限由各级审批部门进行审批。批准后的可行性研究报告是初步设计的依据，不得随意修改或变更。

3. 编制设计文件阶段

可行性研究报告批准后，建设单位可委托设计单位，根据可行性研究报告的要求，编制设计文件。

一般工程项目（包括工业与民用建筑、城市基础设施、水利工程、道路工程等），设计过程划分为初步设计和施工图设计两个阶段。对技术复杂而又缺乏经验的项目，可根据不同行业的特点和需要，增加技术设计阶段。

1）初步设计

初步设计的内容依项目的类型不同而有所变化，一般来说，它是项目的宏观设计，包括项目的总体设计、布局设计，主要的工艺流程、设备的选型和安装设计，土建工程量及费用的估算等。初步设计文件应当满足编制施工招标文件、主要设备材料订货和编制施工图设计文件的需要，是下一阶段设计的基础。

初步设计批准后，设计概算即为工程投资的最高限额，未经批准，不得随意突破。确因不可抗拒因素造成投资突破设计概算时，需上报原批准部门审批。

2）技术设计

技术设计是进一步解决初步设计中的重大技术问题，如工艺流程、建筑结构、设备选型及数量确定等，同时对初步设计进行补充和修正，然后编制和修正总概算。

3）施工图设计

施工图设计的主要内容是根据批准的初步设计，绘制出正确、完整和尽可能详细的建筑、结构、安装图样。施工图设计完成后，必须委托施工图设计审查单位审查并在加盖审查专用章后使用。经审查的施工图设计，还必须经有审批权的部门进行审批。

4. 建设准备阶段

建设准备的主要工作内容包括：征地、拆迁和场地平整；完成施工用水、电、路等工程；准备设备、材料订货；准备必要的施工图样；组织施工招标，择优选定施工单位。

5. 建设实施阶段

工程项目经批准开工后，便进入了建设实施阶段。本阶段的主要任务是实现投资决策意图。在这一阶段，通过施工，在规定的工期、质量、价格范围内，按设计要求高效率地实现项目目标。建设实施是工程项目管理的重点阶段，在整个项目周期中工作量最大，投入的人力、物力和财力最多，管理的难度也最大。

在实施阶段还要进行生产准备或使用准备。生产准备是生产性建设项目投产前所要进行的一项重要工作，它是连接基本建设和生产的桥梁，是建设转入生产经营的必要条件。使用准备是非生产性建设项目正式投入运营使用所要进行的工作。

6. 竣工验收阶段

工程项目全部完成，符合设计要求，并具备竣工图表、竣工决算、工程总结等必要文件资料时，由项目主管部门或建设单位向负责验收的单位提出竣工验收申请报告。

竣工验收是投资成果转入生产或服务的标志，对促进工程项目及时投产、发挥投资效益及总结建设经验等都具有重要意义。

7. 项目后评价阶段

工程项目后评价是在工程项目竣工投产、生产运营一段时间后，对项目进行系统评价的一种技术经济活动。评价内容主要包括：影响评价——对项目投产后对各方面的影响进行评价；经济效益评价——对项目投资、国民经济效益、财务效益、技术进步和规模效益、可行性研究深度等进行评价；过程评价——对项目的立项决策、设计施工、竣工投产、生产运营等全过程进行评价。通过工程项目后评价可以达到肯定成绩，总结经验，研究问题，吸取教训，提出建议，改进工作，不断提高项目决策水平和增强投资效果的目的。

目前我国开展的工程项目后评价一般按三个层次组织实施，即项目法人的自我评价、项目所在行业的评价和各级发展计划部门(或主要投资方)的评价。

任务单元1.2　建筑工程项目管理

1.2.1　建筑工程项目管理的概念

建筑工程项目是最常见、最典型的工程项目类型。在我国，项目管理率先在建筑业推广和广泛应用，建筑工程项目管理是项目管理在建筑工程项目中的具体应用。建筑工程项目管理可以定义为：在一定约束条件下，以建筑工程项目为对象，以最优实现建筑工程项目目标为目的，以建筑工程项目经理负责制为基础，以建筑工程承包合同为纽带，对建筑工程项目进行高效率的计划、组织、协调、控制和监督的系统管理活动。

1.2.2　建筑工程项目管理的参与方

1. 建筑工程项目的主要利害关系者

建筑工程项目的利害关系者，是指那些积极参与该项目或其利益受到该项目影响的个人和组织。建筑工程项目管理班子必须弄清楚谁是本工程项目的利害关系者，明确他们的要求和期望是什么，然后对这些要求和期望进行管理和施加影响，确保工程项目获得成功。图 1.2列出了建筑工程项目的主要利害关系者。

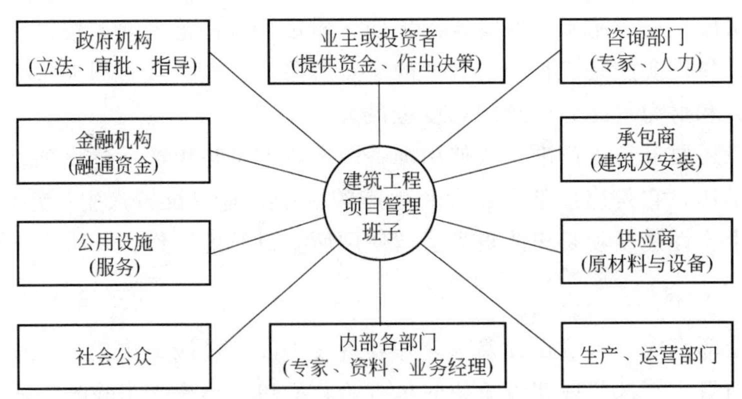

图 1.2　建筑工程项目的主要利害关系者

2. 建筑工程项目管理的主体

在图 1.2 所示的众多利害关系者中，把建筑工程项目管理的参与者称为建筑工程项目管理的主体，主要包括：

(1) 业主(建设单位)。

(2) 设计单位。

(3) 承包商(施工方、建设项目总承包方)。

(4) 监理咨询机构。

(5) 供货单位。

与建筑工程项目相关的其他主体还包括：政府的计划管理部门、建设管理部门、环境管理部门、审计部门等，它们分别对工程项目立项、工程建设质量、工程建设对环境的影响和工程建设资金的使用等方面进行管理。此外，还有工程招标代理公司、工程设备租赁公司、保险公司、银行等，它们均与建筑工程项目业主方签订合同，提供服务或产品等。

1.2.3 建筑工程项目管理的类型及各方项目管理的目标和任务

1. 建筑工程项目管理的类型

建筑工程项目在实施过程中，各阶段的任务和实施的主体不同，其在项目中处于不同的地位，扮演着不同的角色，发挥着不同的作用。从项目管理的角度来看，不同管理主体的具体管理职责、范围、采用的管理技术都会有所区别，由此就形成了建筑工程项目管理的不同类型。同时，随建筑工程项目承包形式不同，建筑工程项目管理的类型也不同。常见的建筑工程项目管理的类型可归纳为以下几种。

(1) 业主方的项目管理。

(2) 设计方的项目管理。

(3) 施工方的项目管理。

(4) 供货方的项目管理。

(5) 建设项目总承包方的项目管理。

2. 各方项目管理的目标和任务

1) 业主方项目管理的目标和任务

业主方的项目管理，包括投资方和开发方的项目管理，以及由工程管理咨询公司提供的代表业主方利益的项目管理服务。由于业主方是建筑工程项目实施过程的总集成者(人力资源、物质资源和知识的集成)和总组织者，因此对于一个建筑工程项目而言，虽然有代表不同利益方的项目管理，但业主方的项目管理是管理的核心。

业主方项目管理服务于业主的利益，其项目管理的目标是项目的投资目标、进度目标和质量目标。三大目标之间存在着内在联系并相互制约，它们之间是对立统一的关系。在实际工作中，通常以质量目标为中心。在项目的不同阶段，对各目标的控制也会有所侧重，如在项目前期应以投资目标的控制为重点，在项目后期应以进度目标的控制为重点。总之，三大目标之间应相互协调，达到综合平衡。

业主方的项目管理工作涉及项目实施阶段的全过程，其管理任务主要包括：安全管理、投资管理、进度管理、质量管理、合同管理、信息管理、组织和协调。

其中安全管理是项目管理中最重要的任务，因为安全管理关系到人身的健康与安全，而投资管理、进度管理、质量管理和合同管理等则主要涉及物质利益。

2) 设计方项目管理的目标和任务

设计方项目管理主要服务于项目的整体利益和设计方本身的利益。其项目管理的目标包括设计的成本目标、设计的进度目标、设计的质量目标及项目的投资目标。项目的投资目标能否实现与设计工作密切相关。

设计方项目管理工作主要在项目设计阶段进行，但也涉及设计前的准备阶段、施工阶段、动用前的准备阶段和保修期。

设计方项目管理的任务主要包括：与设计工作有关的安全管理，设计成本管理和与设计工作有关的工程造价管理，设计进度管理，设计质量管理，设计合同管理，设计信息管理，与设计工作有关的组织和协调。

3）施工方项目管理的目标和任务

施工方的项目管理主要服务于项目的整体利益和施工方本身的利益。其项目管理的目标包括施工的安全目标、施工的成本目标、施工的进度目标和施工的质量目标。

施工方的项目管理工作主要在施工阶段进行，但也涉及设计准备阶段、设计阶段、动用前的准备阶段和保修期。

施工方项目管理任务主要包括：施工安全管理，施工成本管理，施工进度管理，施工质量管理，施工合同管理，施工信息管理，以及与施工有关的组织与协调。

施工方是承担施工任务的单位的总称谓，具体可能是施工总承包方、施工总承包管理方、分包施工方、建设项目总承包的施工任务执行方或仅仅提供施工劳务的参与方。施工方担任的角色不同，其项目管理的任务和工作重点也会有所差异。

4）供货方项目管理的目标和任务

供货方项目管理主要服务于项目的整体利益和供货方本身的利益。其项目管理的目标包括供货的成本目标、供货的进度目标和供货的质量目标。

供货方的项目管理工作主要在施工阶段进行，但也涉及设计准备阶段、设计阶段、动用前的准备阶段和保修期。

供货方项目管理的任务主要包括：供货安全管理，供货成本管理，供货进度管理，供货质量管理，供货合同管理，供货信息管理，以及与供货有关的组织与协调。

5）建设项目总承包方（建设项目工程总承包方）项目管理的目标和任务

建设项目总承包有多种形式，如设计和施工任务综合的承包，设计、采购和施工任务综合的承包等，这些项目管理都属于建设项目总承包方的项目管理。

建设项目总承包方项目管理主要服务于项目的整体利益和总承包方本身的利益。其项目管理的目标包括项目的总投资目标、总承包方的成本目标、项目的进度目标和项目的质量目标。

建设项目总承包方项目管理工作涉及项目实施阶段的全过程，即设计前的准备阶段、设计阶段、施工阶段、动用前的准备阶段和保修期。

建设项目总承包方项目管理的任务包括：安全管理，投资控制和总承包方的成本管理，进度管理，质量管理，合同管理，信息管理，以及与建设项目总承包方有关的组织和协调。

本书主要讲述施工方的项目管理。

任务单元1.3　施工方的建筑工程项目管理

施工方的建筑工程项目管理也称施工项目管理，是指施工方从其自身的利益出发，通过投标取得工程承包任务，根据承包合同界定的工程范围，运用系统的观点、理论和科学技术对建筑工程项目所进行的计划、组织、指挥、协调和控制等专业化活动。

1.3.1 施工项目管理的全过程

施工项目管理的起始时间是投标开始，终止时间是保修期满。可以将其划分为以下五个阶段，这五个阶段构成了施工项目管理的全过程。

1. 投标签约阶段

该阶段是施工项目管理的第一阶段，为施工方根据招标公告或投标邀请书，作出投标决策，参与投标直至中标签约。该阶段的管理目标是签订工程承包合同，主要工作如下。

(1) 施工方从经营战略的高度作出是否投标的决策。

(2) 收集与项目相关的建筑市场、竞争对手、企业自身的信息。

(3) 编制项目管理规划大纲，编制既能使企业盈利又有竞争力的投标书进行投标。

(4) 如中标，则与招标方谈判，按照平等互利、等价有偿的原则依法签订工程承包合同。

2. 施工准备阶段

施工企业与业主签订施工合同后，应立即选定项目经理，组建项目经理部，并以项目经理为主，与企业管理层、业主单位相互配合，进行施工准备。该阶段主要工作如下。

(1) 成立项目经理部，根据施工管理需要组建机构，配备相关人员。

(2) 编制项目管理实施规划，用以指导施工项目实施阶段管理。

(3) 进行施工现场准备，使现场具备开工条件。

(4) 编报开工报告，待批开工。

3. 施工阶段

该阶段的目标是完成合同规定的全部施工任务，达到验收、交工条件。其主要工作如下。

(1) 根据项目管理实施规划安排施工，进行管理。

(2) 努力做好各项控制工作，保证质量目标、进度目标、成本目标、安全目标的实现。

(3) 做好施工现场管理，文明施工。

(4) 严格履行工程承包合同，做好组织协调工作，做好合同变更与索赔工作。

4. 竣工验收与结算阶段

这一阶段的目标是对项目成果进行总结、评价，清理各种债权和债务，移交工程和相关资料，项目经理部解体。其主要工作如下。

(1) 工程收尾。

(2) 试运转。

(3) 在预验收基础上正式验收。

(4) 整理、移交竣工文件，进行财务结算，总结工作，编制竣工报告。

(5) 办理工程交付手续。

(6) 项目经理部解体。

5. 用后服务阶段

在保修期内根据《工程质量保修书》的约定进行项目回访保修，保证使用单位正常使用，发挥效益。该阶段主要工作如下。

(1) 向用户进行必要的技术咨询服务。

(2) 工程回访，听取使用单位意见，总结经验教训，根据使用中出现的问题，进行必要的维护、维修和保修。

(3) 进行沉陷、抗震等观察。

1.3.2 施工项目管理的内容

在施工项目管理的过程中，为了取得各阶段目标和最终目标的实现，在进行各项活动时，都要加强管理。具体内容包括：建立施工项目管理组织；编制“项目管理规划大纲”和“项目管理实施规划”；从事进度管理，质量管理，成本管理，职业健康安全管理，资源管理(人力资源管理、材料管理、机械设备管理、技术管理、资金管理)，合同管理，采购管理，环境管理，信息管理，风险管理，沟通管理，收尾管理。

1. 建立施工项目管理组织

(1) 由企业采用适当的方式选聘称职的施工项目经理。

(2) 根据施工项目组织原则，选用适当的组织形式，组建施工项目管理机构，明确责任、权利和义务。

(3) 在遵守企业规章制度的前提下，根据施工项目管理的需要，制订施工项目管理制度。

2. 编制施工项目管理规划

施工项目管理必须利用规划的手段，编制科学、严密、有效的项目管理规划，通过实施该规划提高项目管理绩效。

项目管理规划，包括项目管理规划大纲和项目管理实施规划两大类。施工项目管理规划大纲是由企业管理层在投标之前编制的，是旨在作为投标依据、满足招标文件要求及签订合同要求的文件；施工项目管理实施规划是在开工之前由项目经理主持编制的，是旨在指导施工项目实施阶段管理的文件。

3. 进行施工项目的目标管理

施工项目的目标有阶段性目标和最终目标，实现各项目标是施工项目管理的目的所在。因此应当以控制论原理和理论为指导，进行全过程的科学管理。施工项目的控制目标，包括进度、质量、成本、职业健康安全和现场控制目标。

由于在施工项目目标的控制过程中，会不断受到各种客观因素的干扰，各种风险因素随时可能发生，故应通过组织协调和风险管理，对施工项目目标进行动态管理。

4. 施工项目的资源管理

施工项目的资源是施工项目目标得以实现的保证，主要包括人力资源、材料、机械设备、资金和技术(即5M)。施工项目资源管理的内容包括以下几个方面。

(1) 分析各项资源的特点。

(2) 按照一定原则、方法对施工项目资源进行优化配置，并对配置状况进行评价。

(3) 对施工项目的各项资源进行动态管理。

5. 施工项目的合同管理

由于施工项目管理是对市场条件下进行的特殊交易活动的管理，因此必须依法签订合同，进行履约经营。合同管理的水平直接涉及项目管理及工程施工的技术经济效果和目标实现，因此要从招投标开始，加强工程承包合同的策划、签订、履行和管理。为了取得经济效益，还必须注意处理好索赔，在具体的索赔过程中要讲究方法和技巧，提供充分的证据。

6. 施工项目的采购管理

施工项目在实施过程中，需要采购大量的材料和设备等，施工方应设置采购部门，制定采购管理制度、工作程序和采购计划。施工项目采购工作应符合有关合同、设计文件所规定的数量、技术要求和质量标准，符合进度、安全、环境和成本管理等要求。

产品供应和服务单位应通过合格评定。采购过程中应按规定对产品或服务进行检验，对不符合或不合格品应按规定处置。

采购资料应真实、有效、完整，具有可追溯性。

7. 施工项目的信息管理

现代化管理要依靠信息。施工项目管理是一项复杂的现代化管理活动，也需要依靠大量信息及对大量信息的管理。信息管理要依靠计算机辅助进行，依靠网络技术形成项目管理系统，从而使信息管理现代化。要特别注意信息的收集与储存，使本项目的经验和教训得到记录和保留，为以后的项目管理服务，故认真记录总结、建立档案及保管制度是非常重要的。

8. 施工项目的风险管理

施工项目在实施过程中，会不可避免地受到各种各样不确定性因素的干扰，并引发工程项目的控制目标不能实现的风险。因此，项目管理人员必须重视工程项目风险管理，并将其纳入工程项目管理之中。

施工项目风险管理过程，应包括施工项目实施全过程的风险识别、风险评估、风险响应和风险控制。

9. 施工项目的沟通管理

沟通管理是指正确处理各种关系。沟通管理为目标控制服务，内容包括人际关系、组织关系、配合关系、供求关系及约束关系的沟通协调。这些关系发生在施工项目管理组织内部、施工项目管理组织与其外部相关单位之间。

10. 施工项目的收尾管理

项目收尾阶段是施工项目管理全过程的最后阶段，包括竣工收尾、竣工验收、竣工结算、竣工决算、回访保修、管理考核评价等方面的管理。项目收尾阶段应制订工作计划，提出各项管理要求。

1.3.3 施工项目管理的程序

施工项目管理的程序依次如下：编制项目管理规划大纲，编制投标书并进行投标，签订施工合同，选定项目经理，项目经理接受企业法定代表人的委托组建项目经理部，企业法定代表人与项目经理签订“项目管理目标责任书”，项目经理部编制“项目管理实施规划”，进行项目开工前的准备，施工期间按“项目管理实施规划”进行各项管理，在项目收尾阶段进行竣工结算、清理各种债权和债务、移交资料和工程，进行经济分析，作出项目管理总结报告并送企业管理层有关职能部门，企业管理层组织考核委员会对项目管理工作进行考核评价并兑现“项目管理目标责任书”中的奖惩承诺，项目经理部解体，在保修期满前企业管理层根据“工程质量保修书”的约定进行项目回访保修。

任务单元1.4　项目管理的发展史、应用及发展趋势

1.4.1　项目管理的发展史

工程项目的历史久远，相应的工程项目管理也源远流长。现存的许多古代建筑，如中国的长城、京杭大运河、故宫，以及埃及的金字塔等，规模宏大、工艺精湛，至今还发挥着经济效益和社会效益。这些宏大工程项目的成功建造，必然有高水平的项目管理活动相配套，否则就很难获得成功。但是由于当时科学技术的水平和人们认知能力的局限，古代的项目管理是经验型的、非系统化的，不可能具有现代项目管理的意义。

现代项目管理是在20世纪50年代以后发展起来的。20世纪50年代后期美国出现了关键路线法(CPM)和计划评审技术(PERT)，这类方法在1957年的北极星导弹研制和后来的“阿波罗”载人登月计划(该项目耗资400亿美元，42万人参加)中得以应用，并取得了巨大成功。从那时起，项目管理有了科学的系统方法，现代项目管理逐渐走向成熟。

20世纪60年代，国际上利用计算机进行网络计划的分析计算已经成熟，开始使用计算机来进行工期的计划和控制。

20世纪70年代初人们将信息系统方法引入项目管理之中，提出了项目管理信息系统模型。到70年代末80年代初，微型计算机普及，项目管理理论和方法的应用走向更加广阔的领域。

随着项目管理从美国最初的军事项目和宇航项目很快扩展到各种类型的民用项目，项目管理迅速传遍世界其他各国。此时项目管理的特点是面向市场和竞争，除了计划和协调外，对采购、合同、进度、费用、质量、风险等给予了更多重视，初步形成了现代项目管理的框架。

进入20世纪90年代以后，项目管理有了新的发展。为了能在全球化以及激烈的国际市场中保持优势，人们在实施项目管理的过程中更加注重人的因素，注重顾客、注重柔性管理，力求在变革中得到生存和发展。项目管理理论和方法得到了快速发展，应用领域进一步扩大，极大地提高了企业的工作效率。

随着项目管理学科的不断发展，全球逐渐形成了两大项目管理的研究体系，即以欧洲为首的体系——国际项目管理协会(IPMA)，和以美国为首的体系——美国项目管理协会(PMI)。全球最大的项目管理专业机构——美国项目管理协会(PMI)经过几十年的实践探索、总结提高和理论完善，创建了《项目管理知识体系指南》，从而形成了一套独特而完整的科学体系。该体系也被公认为全球项目管理标准体系。

目前，在欧美发达国家，项目管理不仅普遍应用于国防、航天、建筑等传统行业，还广泛应用于通信、软件开发、制造业、金融保险业等新兴行业，也被美国等西方发达国家作为政府、企业及组织机构核心部门的运作模式。

1.4.2 项目管理在我国的应用

20 世纪 60 年代初，著名科学家华罗庚教授和钱学森教授分别倡导统筹法和系统工程。1964 年，华罗庚教授倡导并开始推广应用统筹法，在许多工程项目管理中取得了成功；钱学森教授推广系统工程的理论和方法，十分重视重大科技工程的项目管理。但当时大多数工程项目仍采用传统的自营管理方式，有了项目再临时抽调各种人员从事项目管理工作，许多做法违背了经济和科学规律，如违背建设程序，盲目抢工期而忽视质量，不按合同办事等，项目结束以后，相关人员又回去做各自的事情，导致大量管理经验没有系统地上升到项目管理理论和科学的高度。

随着改革开放和社会主义市场经济体制的逐步建立，我国开始吸收和利用外资，而项目管理作为世界银行项目运作的基本管理模式，随着世界银行贷款、赠款项目的启动而被引入我国，项目管理开始在我国部分重点建设项目中得到应用。1984 年，大型水利工程鲁布革水电站是我国第一个聘用外国专家、采用国际标准、应用项目管理模式建设的水电工程项目，取得了巨大的成功。此后，在二滩水电站、三峡水利枢纽建设和其他大型工程建设中，都采用了项目管理模式，并取得了良好的效果。

我国对项目管理的理论研究和管理实践起步较晚，尤其是在现代项目管理方面，无论是从现代项目管理的职业化发展，还是从现代项目管理的学术发展，以及在现代项目管理的实践方面，我们都与发达国家存在着一定的差距。

我们必须加强对项目管理优势的认识，因为在项目超大型化和复杂程度日益增加的今天，现代项目管理已成为现实需要。现阶段，我们应该全面推进项目管理的应用，加强国际学术交流，做好引进、消化、培养人才的工作，创建并完善具有中国特色的项目管理知识体系。

1.4.3 项目管理的发展趋势

目前，项目管理的发展主要呈现以下四大趋势。

1. 国际化趋势

由于项目管理的普遍规律和许多项目的跨国性质，各国专家都在探讨项目管理的国际通用体系，包括通用术语。国际项目管理协会的各成员国之间每年都要举办很多行业性和学术性研讨会，交流和研究项目管理的发展问题。对于项目管理活动，目前国际上已形成了一套较完整的国际法规、标准，制订了严格的管理制度，形成了通用性较强的国际惯例，各国专家正在探讨完整的通用体系。随着贸易活动的全球化发展趋势和跨国公司、跨国项目的增多，项目管理的国际化趋势也日益明显。

2. 关注“客户化”趋势

与传统的项目管理相比，现代项目管理越来越关注以客户为中心的管理。2000 年版 ISO 9000 质量标准中阐述的八项管理原则的第一条就是“以客户为关注焦点”。

在当今，市场竞争激烈，任何经济组织的生存和繁荣的关键不仅仅是生产产品，还要赢得客户并保持这些客户。在项目的实施和管理过程中，应该充分贯彻“以客户满意为关注焦点”的质量标准，充分满足客户明确的需求，挖掘客户隐含的需求，实现并超越客户的期望。只有让客户满意，项目组织才有可能更快地结束项目，尽可能地减少项目实施过程中的修改和调整，真正节约成本、缩短工期，才能够增加与客户再次合作的可能性。

3. 新方法应用普及化趋势

纵观项目管理近年来的发展过程，显著变化之一就是项目管理包括的知识内容大大增加了，如增加了项目管理知识体系中的范围管理、质量管理、风险管理和沟通管理等内容；项目管理概念拓宽了，如提出了基于项目的管理、客户驱动型项目的管理等不同类别的项目管理；项目管理的应用层面已不再是传统的建筑和工程建设部门，而是拓宽普及到各行业的各个领域。目前，有两个方面的进展最为突出：第一，风险评估小组的出现，通过成立风险评估小组来减少项目估算方面的问题并使风险管理得到日益普及；第二，设立项目办公室，越来越多的不同规模的企业或组织开始建立项目办公室，其作用包括行政支持，咨询，建立项目管理标准，开发和更新工作方法及工作程序，指导、培训项目管理人员等。

4. 网络化、信息化趋势

随着计算机技术、信息技术和网络技术的飞速发展，为了提高项目管理的效率、降低管理成本、加快项目进度，项目管理越来越依赖于计算机手段。目前，西方发达国家的项目管理公司已经运用项目管理软件进行项目管理的运作，利用网络技术进行信息传递，实现了项目管理的自动化、网络化、虚拟化。许多项目管理公司也开始大量使用项目管理软件进行项目管理，积极组织人员开发研究更高级的项目管理软件，力争用较少的自然资源和人力资源，实现经济效益的最大化。21 世纪的项目管理将更多地运用计算机技术、信息技术和网络技术，通过资源共享，运用集体的智慧来提高项目管理的应变能力和创新能力。伴随着网络技术的发展，项目管理的网络化、信息化将成为必然趋势。

模块小结

本模块内容为本书的基础知识，为后续内容的学习奠定基础。从项目管理、工程项目管理、建筑工程项目管理到施工方的建筑工程项目管理，内容层层深入展开。而本书主要围绕施工方的建筑工程项目管理进行编写。

在学习本模块之后，除了掌握项目管理的一些基本概念之外，更重要的是要认识到项目管理的重要性。作为一名建筑工程项目管理人员，不仅要掌握项目管理的理论知识体系，更关键的是要把知识转化为能力，解决工程实际问题，并需要不断更新项目管理的技术与理念。

思考与练习

一、单选题

1. 以下（　　）不是项目的特征。

A. 单件性或一次性　B. 具有明确的目标　C. 不具有生命周期　D. 不可逆性

2. 以下（　　）任务不属于项目。

A. 新建筑材料的开发　B. 高速公路的建设

C. 春节文艺晚会　D. 服装的成批生产

3. 以下（　　）是项目中数量最多、也是最为典型的一类项目。

A. 科研项目　B. 工程项目　C. 航天项目　D. 咨询项目

4. 以下（　　）是属于工程项目特有的。

A. 一次性或单件性　B. 目标性和约束性

C. 含有一定建筑或建筑安装工程　D. 具有生命周期

5. （　　）是项目决策的标志。

A. 可行性研究　B. 项目立项　C. 项目报审　D. 项目调研

6. 建设工程项目总进度目标的控制是（　　）项目管理的任务。

A. 施工方　B. 业主方　C. 设计方　D. 供货方

7. 对于一个建筑工程项目而言，虽然有代表不同利益方的项目管理，但（　　）的项目管理是管理的核心。

A. 施工方　B. 业主方　C. 设计方　D. 供货方

8. 在业主方项目管理的内容中，（　　）是最重要的任务。

A. 投资管理　B. 安全管理　C. 进度管理　D. 质量管理

9. 设计方作为项目建设的一个参与方，其项目管理主要服务于（　　）和设计方本身的利益。

A. 业主方　B. 施工方　C. 项目的整体利益　D. 供货方

二、多选题

1. 按照专业特征分类，项目可以分为（　　）。

A. 科研项目　B. 工程项目　C. 建筑工程项目

D. 公路工程项目　E. 航天项目

2. 工程项目的全寿命周期包括项目的（　　）。

A. 决策阶段　B. 设计阶段　C. 实施阶段　D. 使用阶段　E. 施工阶段

3. 工程项目的实施阶段包括（　　）。

A. 设计阶段　B. 招投标阶段　C. 施工阶段

D. 动用前准备阶段　E. 保修期

4. 可行性研究的内容包括（　　）。

A. 对各种可能的建设方案和技术方案进行比较论证

B. 对项目建成后的经济效益进行预测和评价

C. 编制设计文件

D. 考察项目技术上的先进性和适用性，经济上的营利性和合理性，建设的可能性和

可行性

E. 征地、拆迁和场地平整

5. 以下（　　）属于建设准备阶段的工作内容。

A. 场地平整　　B. 完成施工用水、电、路等工程

C. 准备必要的施工图样　　D. 编写可行性研究报告

E. 组织施工招标

6. 建筑工程项目管理的主体，主要包括（　　）。

A. 业主（建设单位）　　B. 社会公众　　C. 承包商

D. 设计单位　　E. 监理咨询机构

7. 施工方的项目管理主要服务于（　　）。

A. 业主的利益　　B. 施工方本身的利益　C. 项目的整体利益

D. 设计方本身的利益　　E. 供货方本身的利益

8. 施工方项目管理的目标包括（　　）。

A. 施工的安全目标　　B. 施工的成本目标　C. 施工的进度目标

D. 项目的投资目标　　E. 施工的质量目标

9. 以下（　　）属于施工方在投标签约阶段需要做的工作。

A. 成立项目经理部

B. 编制项目管理规划大纲

C. 收集与项目相关的建筑市场、竞争对手等信息

D. 编制项目管理实施规划

E. 依法签订工程承包合同

10. 以下（　　）属于施工方在施工阶段需要做的工作。

A. 做好施工现场管理，实行文明施工

B. 根据项目管理实施规划安排施工

C. 收集与项目相关的建筑市场、竞争对手等信息

D. 做好各项控制工作，保证目标的实现

E. 严格履行工程承包合同，做好组织协调工作

11. 施工项目的资源包括（　　）。

A. 人力资源　　B. 材料　　C. 机械设备　　D. 资金和技术　　E. 工人

三、简答题

1. 什么叫项目？什么叫工程项目？

2. 什么叫项目管理？简述工程项目管理的特点。

3. 简述工程项目的建设程序。

4. 什么叫建筑工程项目管理？

5. 施工项目管理的全过程包括哪几个阶段？施工项目管理的内容包括哪些？简述施工项目管理的程序。

模块 2

建筑工程项目管理组织

能力目标

通过本模块的学习，要求理解建筑工程项目管理组织两个层次的含义。能够识别各种建筑工程项目组织方式的特点，各参与方之间的经济法律关系和工作关系；能够理解项目经理部的地位和作用，识别各种项目经理部组织形式的特征及适用范围；能够理解项目经理的地位及其责、权、利。

知识目标

任务单元	知识点	学习要求
建筑工程项目组织方式	建筑工程项目的组织方式	熟悉
	项目业主选择工程项目组织方式考虑的因素	熟悉
建筑工程项目经理部	项目经理部的概念、作用	了解
	项目经理部的组织形式	熟悉
	项目经理部组织形式的选择	熟悉
	项目经理部的运行	了解
建筑工程项目经理	项目经理的概念和素质	熟悉
	项目经理责任制	熟悉
	项目经理的责、权、利	熟悉
	建造师执业资格制度	了解

引例

北京奥运村工程项目组织管理

北京奥林匹克公园（B区）奥运村工程是为2008年奥运会及残奥会建设的非竞赛场馆服务设施，共有单体建筑48栋，总建筑面积53万m^2，由北京承建集团有限责任公司总承包。本案例阐述该工程项目的组织管理。

1. 确立以总包为核心及区域负责的管理模式

针对奥运村不能流水作业、采取平行施工、专业分包多的特点，该项工程确立总承包方在整个施工生产经营过程中的主导地位。现场有48家专业分包单位，其中由总承包方在集团内部招标有较大实力成员企业22家，负责基础、结构、二次装修、机电安装等85%的工程量，其余为业主协商总包指定的专业分包单位，承担15%的工程量，管理协调难度自然是很大的。总承包方为减少垂直协调48家专业分包可能带来管理盲区的诸多风险，在征得业主、设计、监理同意和支持下，广泛征求48家专业分包单位的意见，将奥运村工程施工划分为8个管理区域，区域管理者由所在区域承担的专业分包量大、管理协调能力强、其他专业分包信服的专业分包项目经理来担任。

2. 适时调整总包管理方法

结构施工阶段，施工内容相对单一，参施单位相对较少，总包方主要负责协调各参施单位之间的配合工作，如图2.1所示。装修施工阶段施工内容复杂多样，参施单位众多，且各自管理水平相差悬殊，为了更好地对所有参施单位进行有效的管理，项目部提出了“区域总包概念”，将原有的土建内部分承包单位提升为区域总包，协助总包行使和履行各项权利和义务，如图2.2所示。

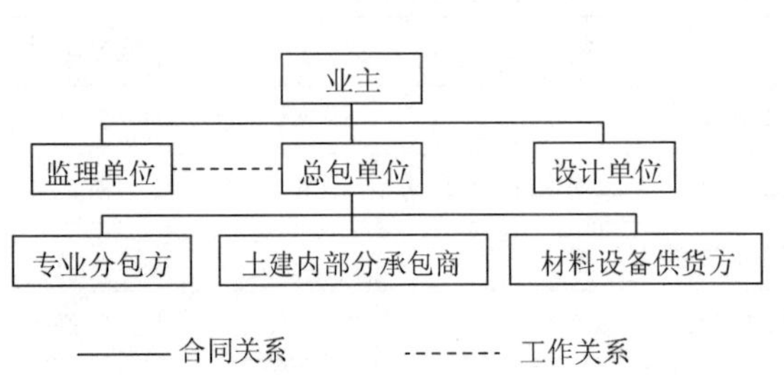

图2.1 结构施工阶段总包单位的协调关系

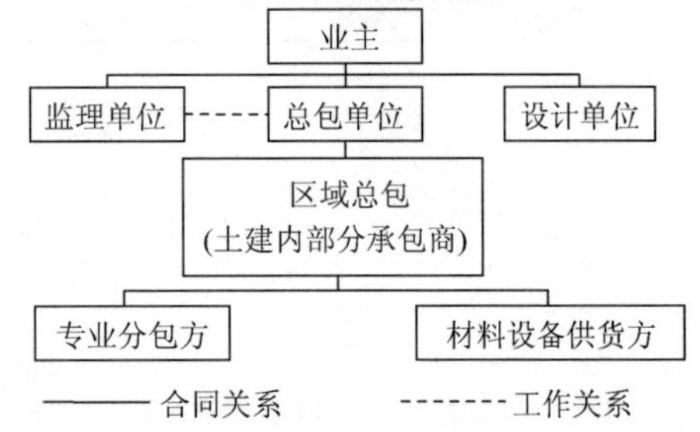

图2.2 装修施工阶段总包单位的协调关系

引言

上述案例中，业主与总承包方根据施工现场分包单位众多的情况，灵活地确立了以总包为核心及区域负责的管理模式，并适时调整总包管理方法，成功地减少了总包方与分包方之间的管理界面，提高了管理效率。不同的工程项目组织方式，其适用情况不同，实践中应根据实际情况慎重选择，以获得更大的管理成效。

工程项目管理组织主要包括两方面的问题：一是工程项目组织方式，即工程项目采用的承发包方式；二是具体工程项目管理组织机构的建立、运行、调整，以及组织机构内部职能的划分等。

任务单元2.1　建筑工程项目组织方式

工程项目组织方式（Project Organization Approach），也称项目管理方式或项目管理模式，是指项目建设参与方之间的生产关系，包括有关各方之间的经济法律关系和工作（或协作）关系。工程项目组织方式的选择，取决于工程项目的特点、业主/项目法人的管理能力和工程建设条件等方面。目前，国内外已形成多种工程项目管理方式，这些管理方式还在不断地创新和完善。下面介绍几种国内外常用的工程项目管理方式。

2.1.1　设计—建造方式

设计—建造方式又称传统的建筑师/工程师项目管理方式，这种工程项目管理方式在国际上最通用，世界银行、亚洲开发银行贷款项目和采用国际咨询工程师联合会合同条件的国际工程项目均采用这种方式，在这种方式中，业主委托建筑师/工程师进行前期的各项工作，如投资机会研究、可行性研究等，待项目评估立项后再进行设计。在设计阶段的后期进行施工招标的准备，随后通过招标选择施工承包商。在这种方式中，施工承包又可分为施工总承包和施工平行承发包。

1. 施工总承包

施工总承包是一种国际上最早出现，也是目前广泛采用的工程项目承包方式，它由项目业主、监理工程师、总承包商三个经济上独立的单位共同来完成工程的建设任务。

在这种项目管理方式下，业主首先委托咨询、设计单位进行可行性研究和工程设计，并交付整个项目的施工详图，然后业主组织施工招标，最终选定一个施工总承包商，与其签订施工总承包合同。

在施工总承包中，业主只选择一个总承包商，要求总承包商用本身力量承担其中主体工程或主要部位的施工任务。经业主同意，总承包商可以把一部分专业工程分包给分包商。分包商与总承包商签订分包合同，与业主没有直接的经济关系。在工程施工过程中，业主与监理单位签订委托监理合同，监理工程师严格监督施工总承包商履行合同。总承包商向业主承担整个工程的施工责任，并接受监理工程师的监督管理。总承包商除组织好自身承担的施工任务外，还要负责协调各分包商的施工活动，起总协调和总监督的作用。施工总承包的形式如图2.3所示。

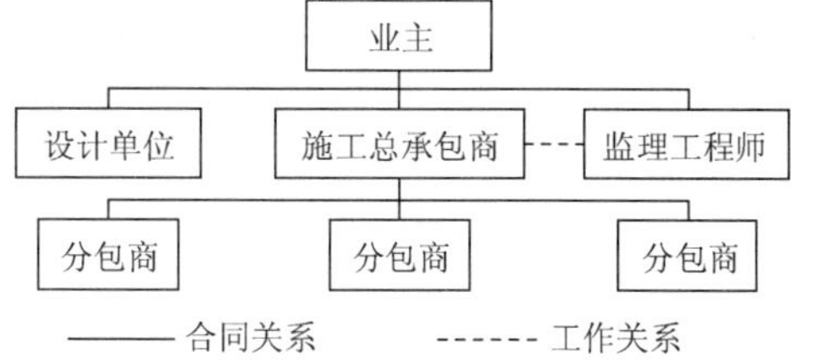

图2.3　施工总承包示意图

2. 施工平行承发包

施工平行承发包是指业主将整个工程项目按子项工程或专业工程分期分批，以公开或邀请招标的方式，分别直接发包给承包商，每一子项工程或专业工程的发包均有发包合同。

采用平行承发包方式，业主在可行性研究决策的基础上，首先要委托设计单位进行工程设计，与设计单位签订委托设计合同。在初步设计完成后，设计单位按业主提出的分项招标进度计划要求，分项组织施工图设计，业主据此分期分批组织采购招标，各中标签约的承包商先后进点施工，每个承包商对业主负责，并接受监理工程师的监督，经业主同意，直接承包的承包商也可进行分包。在这种方式下，业主根据工程规模的大小和专业的情况，可委托一家或几家监理单位对施工进行监督和管理。施工平行承发包是目前我国大中型工程建设中广泛使用的一种建设管理方式，其形式如图 2.4 所示。

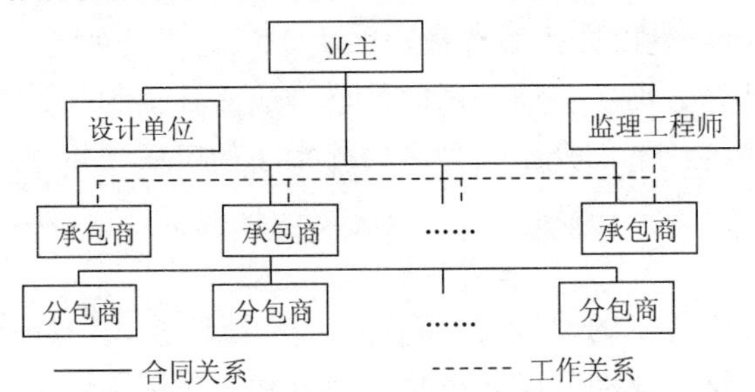

图 2.4　施工平行承发包示意图

设计—建造方式由于设计和施工分别由不同的单位承担，导致设计施工互相脱节，设计者很少考虑施工采用的工艺、技术、方法和降低成本的措施，在施工中往往设计变更多，不利于业主的投资控制。

2.1.2　工程项目总承包方式

工程项目总承包有多种形式，如设计—施工总承包、设计—采购—施工总承包、设计—采购总承包、采购—施工总承包等。下面以设计—施工总承包方式为例进行介绍。

在设计—施工总承包中，总承包商既承担工程设计任务，又承担施工任务，一般都是智力密集型企业，如科研设计单位或设计、施工单位联营体，具有很强的总承包能力，拥有大量的施工机械和经验丰富的技术、经济、管理人才。总承包商可能把一部分设计任务或施工任务分包给其他承包商，但他与业主签订设计—施工总承包合同，向业主负责整个项目的设计和施工。这种模式把设计和施工紧密地结合在一起，能起到加快工程建设进度和节省费用的作用，并能使施工新技术结合到设计中去，也可加强设计施工的配合和设计施工的流水作业。但承包商既有设计职能，又有施工职能，使设计和施工不能相互制约和把关，这对监理工程师的监督和管理提出了更高的要求。设计—施工总承包的组织形式如图 2.5 所示。

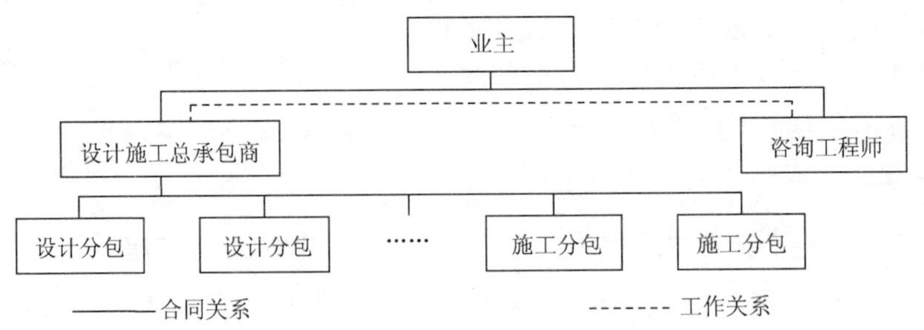

图 2.5　设计—施工总承包示意图

在国际工程承包中，设计—施工总承包是当前的发展趋势，在国际工程承包合同中，设计—施工总承包合同金额占总金额的比例稳步上升。据统计，美国排名前400位的承包商的利税值的1/3以上均来自于设计施工合同。目前设计—施工总承包在我国尚处于初步实践阶段。

设计—施工总承包管理模式具有下列优点。

(1) 业主最大限度地减少了设计、施工、支付、管理等方面之间的协调及工作环节，使管理界面减少，管理效率提高，管理费用降低。

(2) 设计—施工总承包的基本出发点是借鉴工业生产组织的经验，实现建设生产过程的组织集成化，以克服由于设计与施工的分离致使投资增加，以及由于设计和施工的不协调而影响建设进度等弊病，其核心意义是通过设计与施工过程的组织集成，促进设计与施工的紧密结合，以达到为项目建设增值的目的。

2.1.3 项目管理模式

项目管理模式(Project Management Approach)，是近年来国际流行的建设管理模式，该模式是项目管理公司(一般为具备相当实力的工程公司或咨询公司)受项目业主委托，根据合同约定，代表业主对工程项目的组织实施进行全过程或若干阶段的管理和服务。项目管理公司作为业主的代表，帮助业主做项目前期策划、可行性研究、项目定义、项目计划，以及工程实施的设计、采购、施工、试运行等工作。

根据项目管理公司的服务内容、合同中规定的权限和承担的责任不同，项目管理模式一般可分为两种类型。

(1) 项目管理承包型。在该种类型中，项目管理公司与项目业主签订项目管理承包合同，代表业主管理项目，而将项目所有的设计、施工任务发包出去，承包商与项目管理公司签订承包合同。但在一些项目上，项目管理公司也可能会承担一些外界及公用设施的设计/采购/施工工作。在这种项目管理模式中，项目管理公司要承担费用超支的风险，当然，若管理得好，利润回报也较高。

(2) 项目管理咨询型。在该种类型中，项目管理公司按照合同约定，在工程项目决策阶段为业主编制可行性研究报告，进行可行性分析和项目策划；在工程项目实施阶段，为业主提供招标代理、设计管理、采购管理、施工管理和试运行(竣工验收)等服务，代表业主对工程项目进行质量、安全、进度、费用等管理。这种项目管理模式风险较低，项目管理公司根据合同承担相应的管理责任，并得到相对固定的服务费。

近年来我国实行的工程代建制就属于项目管理模式。根据国家发改委起草、国务院原则通过的《投资体制改革方案》，工程项目代建制是指政府投资项目通过招标的方式，选择专业化的项目管理公司，负责项目的投资管理和建设组织实施工作，项目建成后交付使用单位。代建期间，项目管理公司按照合同约定代行项目建设的投资实施主体职责，有关行政部门对实行代建制的建设项目的审批程序不变。

2.1.4 BOT模式

BOT(Build—Operate—Transfer)模式即建造—运营—移交模式。这种模式是20世纪80年代初由土耳其政府提出，以后在许多国家得到采用的依靠国外私人资本进行基础设施建设的一种融资和建造的项目管理方式。BOT模式一般是由一国财团或投资人作为发起人，从一个国家的政府获得某基础设施项目的建设和运营特许权，然后由其组建项目公司负责项目的融资、设计、建造和运营，整个特许期内项目公司通过项目的运营获得利润。特许期满后项目公司将整个项目无偿或以象征性的价格移交给东道国政府。

世界上还有多种由 BOT 演变出来的类似模式，如 BOOT（Build—Own—Operate—Transfer，建造—拥有—运营—移交）、BOO（Build—Own—Operate，建造—拥有—运营）、BOS（Build—Own—Sell，建造—拥有—出售）、ROT（Rehabilitate—Operate—Transfer，修复—运营—移交），这些模式的基本原则、思路和结构与 BOT 并无实质差别。

2.1.5 项目业主选择工程项目组织方式考虑的因素

项目业主在选择工程项目组织方式时，一般应考虑下列因素：项目的规模和性质、建筑市场的状况、业主的协调管理能力、设计的深度与详细程度等。项目的规模大且技术复杂，对承包商的资金、信誉和技术管理能力要求高，此时建筑市场上有能力承包这样工程的承包商寥寥无几，市场竞争激烈程度不够，业主的优势地位不明显，那么业主可能会考虑采用平行承发包模式，将项目划分为几部分，在各个部分分别采用不同的发包模式；如英国的一民用机场项目就将机场分为候机大楼、跑道和外部停车库等项目，对候机大楼采用项目管理承包模式，对跑道采用施工总承包模式，对外部停车库采用设计—施工总承包模式。而施工总承包模式要求设计图样比较详细，能够比较准确地计算出工程量和造价，因此对于设计深度不够的项目就不能考虑采用施工总承包模式。另外，建筑市场上承包商的供应情况和建筑法律的完善程度，也制约了业主对项目管理模式的选择。

任务单元2.2　建筑工程项目经理部

不论是业主方的项目管理、设计方的项目管理，还是施工方的项目管理，均需建立一个科学的管理组织机构，这是实施项目管理的基础。项目组织规划设计的目的是在一定的要求和条件下，组建一个能实现项目目标的理想的管理组织机构，并根据项目管理的要求，确定各部门职责及各职位间的关系。这里着重介绍施工项目的管理组织机构——项目经理部。

2.2.1 项目经理部概述

施工现场设置项目经理部，有利于各项管理工作的顺利进行。因此，大中型施工项目，施工方必须在施工现场设立项目经理部，并根据目标控制和管理的需要设立专业职能部门；小型施工项目一般也应设立项目经理部，但可简化。

1. 项目经理部的概念

项目经理部是企业在某一工程项目上的一次性管理组织机构，代表企业履行工程承包合同。项目经理部由项目经理在企业的支持下组建并领导，接受企业职能部门的指导、监督、检查、服务和考核，并负责对项目资源进行合理使用和动态管理。

项目经理部是从事施工现场管理的一次性具有弹性的施工生产经营管理机构，随项目的开始而产生，随项目的完成而解体。

项目经理部由项目经理及各种专业技术人员和相关管理人员组成。项目部成员的选聘，应根据各企业的规定，在企业的领导、监督下，由项目经理在企业内部或面向社会，根据一定的劳动人事管理程序进行择优聘用，并报企业领导批准。

2. 项目经理部的作用

项目经理部是施工项目管理的工作班子，在项目经理的领导下开展工作，在施工项目管理中，项目经理部主要发挥如下作用。

(1) 负责施工项目从开工到竣工的全过程施工生产经营的管理，是企业在某一工程项目上的管理层，同时对作业层负有管理与服务的双重职能。

(2) 为项目经理决策提供信息依据，当好参谋，同时又要执行项目经理的决策意图，向项目经理全面负责。

(3) 项目经理部作为组织主体，应完成企业所赋予的基本任务——项目管理任务；凝聚管理人员的力量，调动其积极性，促进管理人员的合作；协调部门之间、管理人员之间的关系，发挥每个人的岗位作用；影响和改变管理人员的观念和行为，使个人的思想、行为变为组织文化的积极因素；实行目标责任制，搞好管理；沟通项目经理部与企业部门之间，与建设单位、分包单位等之间的关系。

(4) 项目经理部是代表企业履行工程承包合同的主体，对项目产品和建设单位全面、全过程地负责。

2.2.2 项目经理部的组织形式

项目经理部的组织形式是指施工项目管理组织中处理管理层次、管理跨度、部门设置和上下级关系的组织结构的类型。项目经理部的组织形式多种多样，随着社会生产力水平的提高和科学技术的发展，还将产生新的结构。本单元不具体讨论组织结构的四种基本形式，即直线式、职能式、直线职能式和矩阵式，而是从承包企业组织与项目管理组织之间的关系上来阐明项目管理组织的形式。

1. 工作队式

图 2.6 为工作队式组织形式示意图。

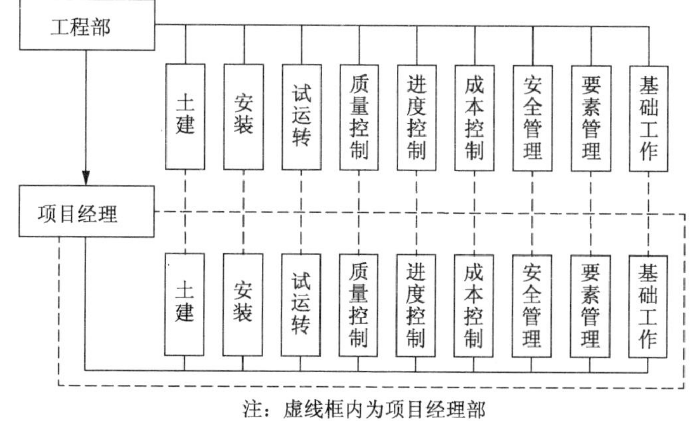

图 2.6 工作队式组织形式示意图

1）特征

(1) 项目经理一般由企业任命或选拔，由项目经理在企业内招聘或抽调职能部门的人员组成项目经理部。

(2) 项目经理部成员在项目工作过程中，由项目经理领导，原单位领导只负责业务指导，不能干预其工作或调回人员。

(3) 项目结束后项目经理部撤销，所有人员仍回原所在部门。

2）优点

(1) 项目经理部成员来自企业各职能部门，熟悉业务，各有专长，协同工作，能充分发挥其作用。

(2) 各种人才都在现场，解决问题迅速，减少了扯皮和等待时间，办事效率高。

(3) 项目经理权力集中，受干扰少，决策及时，指挥灵便。

(4) 不打乱企业的原建制。

3）缺点

(1) 各类人员来自不同部门，彼此不够熟悉，工作需要一段磨合期。

(2) 各类人员在同一时期内所担负的管理工作任务可能有很大差别，容易产生忙闲不均，导致人力浪费。

(3) 由于项目施工一次性特点，有些人员容易产生临时(对付)观点。

(4) 由于同一专业人员分配在不同项目上，相互交流困难，专业职能部门的优势难以发挥。

4）适用范围

这种组织形式适合于大型施工项目，工期要求紧的施工项目，或要求多工种、多部门密切配合的施工项目。

2. 部门控制式

图 2.7 为部门控制式组织形式示意图。

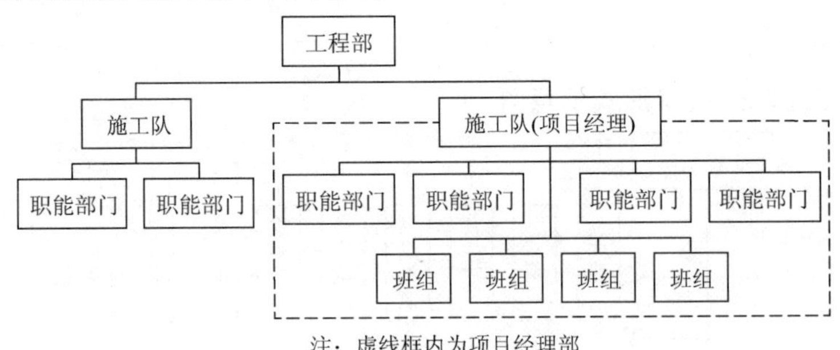

图 2.7　部门控制式组织形式示意图

1）特征

按职能原则建立施工项目经理部，在不打乱企业现行建制的条件下，企业将施工项目委托给某一专业部门或施工队，由专业部门或施工队领导在本单位组织人员组成项目经理部，并负责实施施工项目管理。

2）优点

(1) 从接受任务到组织运转，机构启动快。

(2) 人员熟悉，业务熟悉，职责明确，关系容易协调，工作效率高。

3) 缺点

(1) 人员固定，不利于精简机构。

(2) 不能适应大型复杂项目或者涉及各个部门的项目，局限性较大。

4) 适用范围

适用于小型、专业性较强、不需涉及众多部门的项目，例如煤气管道施工、电缆铺设等项目。

3. 矩阵式

矩阵式组织形式是现代大型项目管理中应用最广泛的新型组织形式，是目前推行项目法施工的一种较好的组织形式。图 2.8 为矩阵式组织形式示意图。

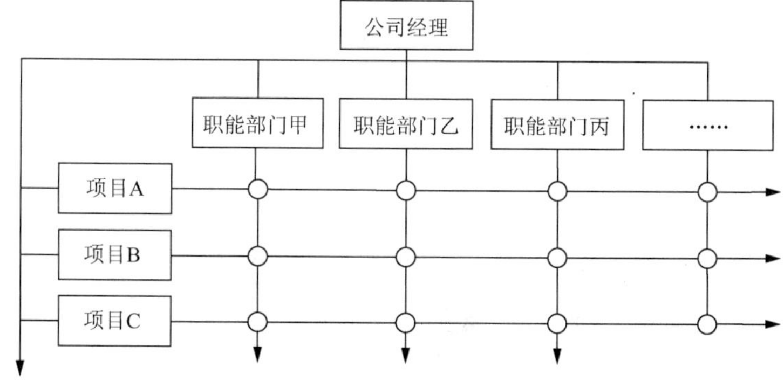

图 2.8 矩阵式组织形式示意图

1) 特征

(1) 为按照职能原则和项目原则结合起来建立的项目管理组织，既能发挥职能部门的纵向优势，又能发挥项目组织的横向优势，多个项目组织的横向系统与职能部门的纵向系统形成了矩阵结构。

(2) 企业专业职能部门是相对长期稳定的，项目管理组织是临时性的。职能部门负责人对项目组织中本单位人员负有组织调配、业务指导、业绩考察等责任。项目经理在各职能部门的支持下，将参与本项目组织的人员在横向上有效地组织在一起，为实现项目目标协同工作，对其有控制和使用权，在必要时可对其辞退或要求调换。

(3) 矩阵中的成员接受原单位负责人和项目经理的双重领导。

2) 优点

(1) 兼有部门控制式和工作队式两种项目组织形式的优点，将职能原则和项目原则融为一体，实现了企业长期例行性管理和项目一次性管理的统一。

(2) 以尽可能少的人力实现多个项目的高效管理。通过职能部门的协调，可根据项目的需求配置人才，防止人才短缺或无所事事，项目组织有较好的弹性和应变能力。

(3) 打破了一个职工只接受一个部门领导的原则，大大加强了部门间的协调，便于集中各种专业知识、技能和人才，迅速去完成某个工程项目，提高了管理组织的灵活性。

3) 缺点

(1) 矩阵式项目组织的结合部多，组织内部的人际关系、业务关系、沟通渠道等都较复杂，容易造成信息量膨胀，引起信息流不畅或失真，需要依靠有力的组织措施和规章制度来规范管理。

(2) 由于人员来自职能部门，且仍受职能部门控制，难免影响他们在项目上积极性的发挥，项目的组织作用大为削弱。

(3) 双重领导造成的矛盾使当事人无所适从，影响工作。

(4) 在项目施工高峰期，一些人员身兼多职，造成管理上顾此失彼。

4) 适用范围

(1) 大型、复杂的施工项目，需要多部门、多技术、多工种配合施工，在不同施工阶段，对不同人员有不同的数量和搭配需求，宜采用矩阵式项目组织形式。

(2) 同时承担多个施工项目管理的企业。

4. 事业部式

图 2.9 为事业部式组织形式示意图。

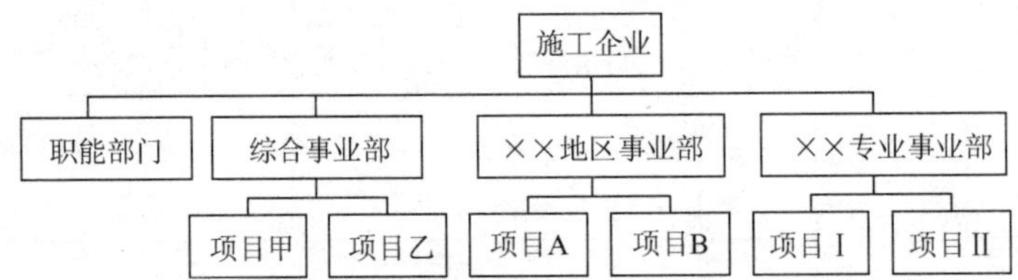

图 2.9　事业部式组织形式示意图

1) 特征

(1) 在企业内部按地区、工程类型或经营内容设立事业部，事业部对内是一个职能部门，对外则享有相对独立经营权，可以是一个独立单位。它具有相对独立的自主权，相对独立的利益，相对独立的市场，这三者构成事业部的基本要求。事业部可以按地区设置，如图 2.9 中的地区事业部；专业事业部是公司根据其经营范围成立的事业部，如桩基础公司、装饰公司、钢结构公司等。

(2) 事业部中的工程部或开发部下设项目经理部。项目经理由事业部委派，一般对事业部负责，经特殊授权时，也可直接对业主负责。

2) 优点

(1) 事业部式项目经理部能充分调动发挥事业部的积极性和独立经营作用，便于延伸企业的经营职能，有利于开拓企业的经营业务领域。

(2) 事业部式项目经理部能迅速适应环境变化，提高公司的应变能力，既可以加强公司的经营战略管理，又可以加强项目管理。

3) 缺点

(1) 企业对项目经理部的约束力减弱，协调指导机会减少，以致有时造成企业结构松散。

(2) 事业部的独立性强，企业的综合协调难度大，必须加强制度约束和规范化管理。

4) 适用范围

适合大型经营型企业承包施工项目时采用，特别适用于远离企业本部的施工项目、海外工程项目。

需要注意的是，一个地区只有一个项目而没有后续工程时，不宜设立地区事业部，也即它适用于在一个地区有长期市场或有多种专业化施工力量的企业采用。在这种情况下，事业部与地区市场同寿命，地区没有项目时，该事业部应予撤销。

5. 项目经理部组织形式的选择

施工企业在选择项目经理部的组织形式时，应考虑项目的规模、业务范围、复杂性等因素，分析业主对项目的要求、标准规范、合同条件等情况，接合企业的类型、员工素质、管理水平、环境条件、工作基础等，选择适宜的项目管理组织形式。一般来讲，该组织形式可按照下列思路选择。

(1) 人员素质高、管理基础强、可以承担复杂项目的大型综合企业，宜采用矩阵式、工作队式、事业部式组织形式。

(2) 简单项目、小型项目、承包内容单一的项目，宜采用直线式、部门控制式组织形式。

(3) 在同一企业内部，可以根据具体情况将几种组织形式结合使用，如事业部式与矩阵式、工作队式与事业部式结合使用，但不能同时采用矩阵式与工作队式，以免造成混乱。

2.2.3 项目经理部的运行

1. 项目经理部的设置

1) 项目经理部的设置原则

项目经理部的设置应遵循以下几个基本原则。

(1) 要根据所设计的项目组织形式设置项目经理部。不同的组织形式决定了企业对施工项目的不同管理方式、所提供的不同管理环境，以及对项目经理部授予权限的大小，同时对项目经理部的管理力量和管理职责也有不同的要求。

(2) 要根据施工项目的规模、复杂程度和专业特点设置项目经理部。例如，大型项目经理部可以设职能部、处，中型项目经理部可以设处、科，小型项目经理部一般只需设职能人员即可。

(3) 项目经理部是为特定工程项目组建的，必须是一个具有弹性的一次性全过程的管理组织，随着工程项目的开工而组建，随着工程项目的竣工而解体，在其存在期间还应按工程管理需要的变化而调整。

(4) 项目经理部的人员配置应面向施工项目现场，满足现场的计划与调度、技术与质量、成本与核算、劳务与物资、安全与文明施工的需要，而不应设置专管经营与咨询、研究与发展、政工与人事等与项目施工关系较少的非生产性管理部门。

2) 项目经理部的设置程序

设置施工项目经理部时，一般应按以下程序进行。

(1) 根据项目管理规划大纲确定项目经理部的管理任务和组织形式。

(2) 根据项目管理目标责任书进行目标分解与责任划分。

(3) 确定项目经理部的层次，设立职能部门与工作岗位。

(4) 确定人员的职责、分工和权限。

(5) 制定工作制度、考核制度与奖惩制度。

3）项目经理部的职能部门

项目经理部的职能部门及其人员配置，应当满足施工项目管理工作中合同管理、采购管理、进度管理、质量管理、职业健康安全管理、环境管理、成本管理、资源管理、信息管理、风险管理、沟通管理、收尾管理等各项管理内容的需要。因此，施工项目经理部通常应设置以下几个部门。

(1) 经营核算部门，主要负责预算、合同、索赔、资金收支、成本核算、劳动力的配置与分配等工作。

(2) 工程技术部门，主要负责生产调度、文明施工、技术管理、施工组织设计、计划统计等工作。

(3) 物资设备部门，主要负责材料的询价、采购、计划供应、管理、运输、工具管理、机械设备的租赁配套使用等工作。

(4) 监控管理部门，主要负责工程质量、职业健康安全管理、环境保护等工作。

(5) 测试计量部门，主要负责计量、测量、试验等工作。

项目经理部职能部门及管理岗位的设置，必须贯彻因事设岗、有岗有责和目标管理的原则，明确各岗位的责、权、利和考核指标，并对管理人员的责任目标进行检查、考核与奖惩。

2. 项目经理部的规章制度

项目经理部组建以后，应根据企业和项目的实际情况，制定项目经理部规章制度。项目经理部规章制度是建筑企业或项目经理部制定的针对施工项目实施所必需的工作规定和条例的总称，是项目经理部进行项目管理工作的标准和依据，是在企业管理制度的前提下，针对施工项目的具体要求而制定的，是规范项目管理行为、约束项目实施活动、保证项目目标实现的前提和基础。

项目经理部规章制度的内容包括：项目管理人员岗位责任制度，项目技术管理制度，项目质量管理制度，项目职业健康安全管理制度，项目计划、统计与进度管理制度，项目成本核算制度，项目材料、机械设备管理制度，项目环境管理制度，项目分配与奖励制度，项目例会及施工日志制度，项目分包及劳务管理制度，项目沟通管理制度，项目信息管理制度。

3. 项目经理部的工作内容

项目经理部的工作内容包括以下几个方面。

(1) 在项目经理领导下制定“项目管理实施规划”及项目管理的各项规章制度。

(2) 对进入项目的资源进行优化配置和动态管理。

(3) 有效控制项目工期、质量、成本和安全等目标。

(4) 协调企业内部、项目内部以及项目与外部各系统之间的关系，增进项目有关各部门之间的沟通，提高工作效率。

(5) 对施工项目目标和管理行为进行分析、考核和评价，并对各类责任制度执行结果实施奖罚。

4. 项目经理部的解体

项目经理部作为一次性的组织，在工程项目目标实现后应及时解体。项目经理部解体应具备下列条件。

(1) 工程已经竣工验收。

(2) 与各分包单位已经结算完毕。

(3) 已协助企业管理层与发包人签订了“工程质量保修书”。

(4)“项目管理目标责任书”已经履行完成，经企业管理层审计合格。

(5) 已与企业管理层办理了有关手续。主要是向相关职能部门交接清楚项目管理文件资料、核算账册、现场办公设备、公章保管、领借的工器具及劳防用品、项目管理人员的业绩考核评价材料等。

(6) 现场清理完毕。

任务单元2.3 建筑工程项目经理

项目经理是项目经理部的灵魂和最高决策者，项目经理的理念和经营管理水平直接影响着项目经理部的工作效率和业绩。只有由优秀睿智的项目经理领导的项目经理部，才是高效精干并具有创新开拓精神的施工项目管理责任主体。优秀的项目经理部既是企业经济效益和社会信誉的直接责任人，又是业主对项目投资的最基本保证。

2.3.1 项目经理的概念和素质

1. 项目经理的概念

项目经理是指受企业法定代表人委托和授权，在工程项目施工中担任项目经理岗位职务，直接负责工程项目施工的组织实施者，是对工程项目实施全过程、全面负责的项目管理者，是工程项目的责任主体，是企业法人代表在工程项目上的委托代理人。

原建设部颁发的《建筑施工企业项目经理资质管理办法》指出“施工企业项目经理是受企业法定代表人委托，对工程项目施工过程全面负责的项目管理者，是建筑施工企业法定代表人在工程项目的代表人”。这就决定了项目经理在项目中是最高的责任者、组织者，是项目决策的关键人物。项目经理在项目管理中处于中心地位。

为了确保工程项目的目标实现，项目经理不应同时承担两个或两个以上未完工程项目领导岗位的工作。为了确保工程项目实施的可持续性和项目经理责任、权利与利益的连贯性及可追溯性，在项目运行正常的情况下，企业不应随意撤换项目经理。但在工程项目发生重大安全、质量事故或项目经理违法、违纪时，企业可撤换项目经理，而且必须进行绩效审计，并按合同规定报告有关合作单位。

2. 项目经理的素质

项目经理应具备下列素质。

(1) 符合项目管理要求的能力，善于进行领导、组织协调与沟通。

(2) 相应的项目管理经验和业绩。

(3) 项目管理需要的专业技术、管理、经济、法律和法规知识。

(4) 良好的职业道德和团结协作精神，遵纪守法、爱岗敬业、诚信尽责。

(5) 身体健康。

2.3.2 项目经理责任制

1. 项目经理责任制概述

项目经理责任制是我国施工管理体制上的一个重大改革，对加强工程项目管理、提高工程质量起到了很好的作用。

所谓项目经理责任制，是指以项目经理为责任主体的施工项目管理目标责任制度，它是以施工项目为对象，以项目经理全面负责为前提，以“项目管理目标责任书”为依据，以创优质工程为目标，以求得项目产品的最佳经济效益为目的，实行从施工项目开工到竣工验收的一次性全过程的管理。

项目经理责任制是项目管理目标实现的具体保障和基本条件。它有利于明确项目经理与企业、职工三者之间的责、权、利、效关系，有利于运用经济手段强化对施工项目的法制管理，有利于项目规范化、科学化管理和提高工程质量，有利于促进和提高企业项目管理的经济效益和社会效益。

项目经理责任制的主体，是项目经理个人全面负责，项目经理部集体全面管理。其中个人全面负责是指施工项目管理活动中，由项目经理代表项目经理部统一指挥，并承担主要的责任；集体全面管理是指项目经理部成员根据工作分工，承担相应的责任并享受相应的利益。

项目经理责任制的重点在于管理，即要遵循科学规律，注重现代化管理的内涵和运用，通过强化项目管理，全面实现项目管理目标责任书的内容与要求。

2. 项目管理目标责任书

项目经理责任制作为项目管理的基本制度，是评价项目经理绩效的依据，其核心是项目管理目标责任书确定的责任。

工程项目在实施之前，法定代表人或其授权人要与项目经理就工程项目全过程管理签订项目管理目标责任书，明确规定项目经理部应达到的成本、质量、进度和安全等管理目标，它是具有企业法规性的文件，也是项目经理的任职目标，具有很强的约束性。

项目管理目标责任书一般可包括下列内容。

(1) 项目管理实施目标。

(2) 企业各部门与项目经理部之间的责任、权限和利益分配。

(3) 项目施工、试运行等管理的内容和要求。

(4) 项目需要资源的提供方式和核算办法。

(5) 法定代表人向项目经理委托的特殊事项。

(6) 项目经理部应承担的风险。

(7) 项目管理目标评价的原则、内容和方法。

(8) 对项目经理部进行奖惩的依据、标准和办法。

(9) 项目经理解职和项目经理部解体的条件与办法。

项目管理目标责任书的重点是明确项目经理工作内容，其核心是为了完成项目管理目标，是组织考核项目经理和项目经理部成员业绩的标准和依据。

2.3.3 项目经理的责、权、利

1. 项目经理应履行的职责

项目经理应履行以下职责。

(1) 代表企业实施施工项目管理。贯彻执行国家法律、法规、方针、政策和强制性标准，执行企业的管理制度，维护企业的合法权益。

(2)“项目管理目标责任书”规定的职责。

(3) 主持编制项目管理实施规划，并对项目目标进行系统管理。

(4) 对进入现场的资源进行优化配置和动态管理。

(5) 建立质量管理体系和职业健康安全管理体系并组织实施。

(6) 在授权范围内负责与企业管理层、劳务作业层、各协作单位、发包人、分包人和监理工程师等的协调，解决项目中出现的问题。

(7) 在授权范围内处理项目经理部与国家、企业、分包单位以及职工之间的利益分配。

(8) 收集工程资料，准备结算资料，参与工程竣工验收。

(9) 接受审计，处理项目经理部解体的善后工作。

(10) 协助企业进行项目的检查、鉴定和评奖申报。

2. 项目经理应具有的权限

项目经理应具有以下权限。

(1) 参与企业进行的施工项目投标和签订施工合同。

(2) 参与组建项目经理部，确定项目经理部的组织形式，选择、聘任管理人员，确定管理人员的职责，并定期进行考核、评价和奖惩。

(3) 主持项目经理部工作，组织制定施工项目的各项管理制度。

(4) 在企业财务制度规定的范围内，根据企业法定代表人授权和施工项目管理的需要，决定资金的投入和使用。

(5) 制定项目经理部的计酬办法。

(6) 参与选择并使用具有相应资质的分包人。

(7) 在授权范围内，按物资采购程序性文件的规定行使采购权。

(8) 在授权范围内，协调和处理与施工项目管理有关的内部及外部事项。

(9) 法定代表人授予的其他权力。

3. 项目经理应享有的利益

项目经理应享有以下利益。

(1) 获得工资和奖励。

(2) 项目完成后，按照“项目管理目标责任书”的规定，经审计后给予奖励或处罚。

(3) 除按“项目管理目标责任书”可获得物质奖励外，还可获得表彰、记功等奖励。

2.3.4 建造师执业资格制度

建造师执业资格制度于1834年起源于英国，迄今已有近170年的历史。世界上许多

国家都建立了这项制度。1997 年在华盛顿正式召开了国际建造师协会成立大会。我国施工企业约有 10 万多家，从业人员约 3500 多万人，在从事建设工程项目总承包和施工管理的广大专业技术人员中，特别是在施工项目经理队伍中，建立建造师执业资格制度非常必要。

1. 我国建造师执业资格制度的建立

2002 年 12 月 5 日，人事部、原建设部联合印发了《建造师执业资格制度暂行规定》(人发［2002］111 号)，这标志着我国建造师执业资格制度的正式建立。该规定明确指出，我国的建造师是指从事建设工程项目总承包和施工管理关键岗位的专业技术人员，分为一级建造师和二级建造师。这项制度的建立，必将促进我国工程项目管理人员素质和管理水平的提高，促进我们进一步开拓国际建筑市场。

2003 年 2 月 27 日《国务院关于取消第二批行政审批项目和改变一批行政审批项目管理方式的决定》(国发［2003］5 号)规定："取消建筑施工企业项目经理资质核准，由注册建造师代替，并设立过渡期。"过渡期为 5 年，从国发［2003］5 号文印发之日起至 2008 年 2 月 27 日止。

2. 建造师执业资格证书

一级建造师执业资格实行全国统一大纲、统一命题、统一组织的考试制度，由人事部、建设部(2008 年改为住房和城乡建设部)共同组织实施，原则上每年举行一次考试；二级建造师执业资格实行全国统一大纲，由各省、自治区、直辖市命题并组织的考试制度。考试内容分为综合知识与能力和专业知识与能力两部分。报考人员要符合有关文件规定的相应条件。一级、二级建造师执业资格考试合格的人员，可分别获得《中华人民共和国一级建造师执业资格证书》和《中华人民共和国二级建造师执业资格证书》。取得建造师执业资格证书的人员，必须经过注册登记，方可以建造师名义执业。

《注册建造师执业管理办法(试行)》(建市［2008］48 号)第五条规定：大中型工程施工项目负责人必须由本专业注册建造师担任。一级注册建造师可担任大、中、小型工程施工项目负责人，二级注册建造师可以承担中、小型工程施工项目负责人。

各专业大、中、小型工程分类标准，按《关于印发〈注册建造师执业工程规模标准〉(试行)的通知》(建市［2007］171 号)执行。

3. 注册建造师与项目经理的关系

(1) 建造师是一种专业人员的名称，而项目经理是一个工作岗位的名称。

(2) 建造师与项目经理所从事的都是建设工程的管理，但执业范围不同。建造师执业的覆盖面较大，可涉及工程建设项目管理的许多方面，担任项目经理只是建造师执业中的一项，除此之外，还可以从事法律、行政法规或国务院建设行政主管部门规定的其他业务以及其他施工活动的管理工作；而项目经理则限于从事企业内某一特定工程的项目管理。建造师选择工作的权利相对自由，可在社会市场上有序流动，有较大的活动空间；项目经理岗位则是企业设定的，项目经理是由企业法人代表授权或聘用的、一次性的工程项目施工管理者。

(3) 我国在全面实施建造师执业资格制度后，仍然要坚持落实项目经理岗位责任制。项目经理岗位是保证工程项目建设质量、安全、工期的重要岗位，要充分发挥有关行业协会的作用，加强项目经理培训，不断提高项目经理队伍素质。要加强对建筑业企业项目经理市场行为的监督管理，对发生重大工程质量安全事故或市场违法违规行为的项目经理，必须依法予以严肃处理。国发［2003］5号文是取消项目经理资质的行政审批，而不是取消项目经理。有变化的是，大中型工程项目的项目经理必须由取得建造师执业资格的建造师担任。注册建造师资格是担任大中型工程项目经理的一个必要条件，是国家的强制性要求。小型工程项目的项目经理可以由不是建造师的人员担任。

模块小结

本模块涉及的内容比较多，重点和难点是建筑工程项目的组织方式和项目经理部的组织形式。在学习过程中应注意采用对比的方法，如四种建筑工程项目组织方式的比较，四种项目经理部组织形式的比较，还应注意借助图解理解有关内容。

学生在学习过程中应该主动联系实际，如分析自己参与过的工程项目的组织方式和项目经理部的组织形式，以加深对理论知识的理解，提高实践能力。

思考与练习

一、单选题

1. 设计—建造方式具有(　　)的缺点。

A. 施工合同单一，业主的协调管理工作量小　B. 建设周期长

C. 设计与施工互相脱节，设计变更多　D. 施工合同多，业主的协调管理工作量大

2. BOT模式中BOT的含义是(　　)。

A. 建造—拥有—运营　B. 建造—运营—移交

C. 建造—拥有—运营—移交　D. 建造—拥有—出售

3. 对于煤气管道施工等项目，适合采用(　　)组织形式。

A. 事业部式　B. 工作队式　C. 部门控制式　D. 矩阵式

4. 某一大型建设项目中，项目的每一名成员都接受项目经理和职能部门经理的双重领导，该项目的组织机构采用的是(　　)组织形式。

A. 直线式　B. 工作队式　C. 矩阵式　D. 部门控制式

5. (　　)在项目中是最高的责任者、组织者，是项目决策的关键人物，在项目管理中处于中心地位。

A. 项目经理　B. 公司管理层　C. 技术员　D. 预算员

6. 项目管理目标责任书应在(　　)，由法定代表人或其授权人与项目经理协商制定。

A. 项目投标前　B. 项目实施前　C. 项目实施后　D. 项目结束后

7. 建造师是一个(　　)的名称，而项目经理是一种(　　)的名称。

A. 工作岗位　B. 专业人士　C. 技术职称　D. 工作职务

8. 取得建造师注册证书的人员是否担任工程项目施工的项目经理，由(　　)决定。

A. 政府主管部门　B. 业主　C. 企业　D. 监理

9. 建筑施工企业项目经理是指受(　　)委托，对工程项目施工过程全面负责的项目管理者。

A. 董事会　B. 股东大会　C. 总经理　D. 企业法定代表人

10. 注册建造师与项目经理的执业范围是(　　)的。

A. 相同　　　　　　B. 不同

11. 关于建造师的正确说法是(　　)。

A. 建造师是由建设行政主管部门认定的执业资格

B. 取得注册建造师执业资格的人员只能担任施工项目经理

C. 建造师执业范围根据不同类型、不同性质的建设工程项目，分专业管理

D. 一、二级建造师均需在国家建设行政主管部门注册备案

二、多选题

1. 工程项目总承包方式具有下列(　　)优点。

A. 业主最大限度地减少了设计、施工、支付、管理等方面之间的协调及工作环节，管理效率提高，管理费用降低

B. 利用竞争机制，降低合同价

C. 克服由于设计与施工的分离而导致的投资增加，以及由于设计和施工的不协调而影响建设进度等弊病

D. 施工合同多，业主的协调管理工作量大

E. 设计变更多

2. 以下(　　)是工作队式组织形式的特征。

A. 项目经理部成员来自企业各职能部门，熟悉业务，各有专长，协同工作，能充分发挥其作用

B. 项目经理权力集中，受干扰少，决策及时，指挥灵便

C. 不打乱企业的原建制

D. 人员固定，不利于精简机构

E. 各类人员来自不同部门，彼此不够熟悉，工作需要一段磨合期

3. 以下(　　)是部门控制式组织形式的特征。

A. 在不打乱企业现行建制的条件下，企业将施工项目委托给某一专业部门或施工队

B. 从接受任务到组织运转，机构启动快

C. 不能适应大型复杂项目或者涉及各个部门的项目，局限性较大

D. 人员固定，不利于精简机构

E. 各类人员来自不同部门，彼此不够熟悉，工作需要一段磨合期

4. 以下(　　)是矩阵式组织形式的特征。

A. 在不打乱企业现行建制的条件下，企业将施工项目委托给某一专业部门或施工队

B. 成员接受原单位负责人和项目经理的双重领导

C. 兼有部门控制式和工作队式两种项目组织形式的优点，将职能原则和项目原则融为一体，实现了企业长期例行性管理和项目一次性管理的统一

D. 由于人员来自职能部门，且仍受职能部门控制，难免影响他们在项目上积极性的发挥，项目的组织作用大为削弱

E. 在项目施工高峰期，一些人员身兼多职，造成管理上顾此失彼

5. 以下(　　)是事业部式组织形式的特征。

A. 能充分调动发挥事业部的积极性和独立经营作用，便于延伸企业的经营职能，有利于开拓企业的经营业务领域

B. 成员接受原单位负责人和项目经理的双重领导

C. 能迅速适应环境变化，提高公司的应变能力，既可以加强公司的经营战略管理，又可以加强项目管理

D. 企业对项目经理部的约束力减弱，协调指导机会减少，以致有时造成企业结构松散

E. 企业的综合协调难度大，必须加强制度约束和规范化管理

6. 下列说法中，属于项目经理在承担工程项目施工管理过程中应履行的职责是(　　)。

A. 贯彻执行国家法律、法规、方针、政策和强制性标准

B. 主持编制项目管理实施规划，并对项目目标进行系统管理

C. 执行业主规定的各项管理制度

D. 建立质量管理体系和职业健康安全管理体系并组织实施

E. 在授权范围内处理项目经理部与国家、企业、分包单位以及职工之间的利益分配

7. 下列关于建造师的说法，正确的是(　　)。

A. 可以在业主方从事项目管理工作

B. 可以在政府部门从事与项目管理相关的工作

C. 只限于项目实施阶段的工程项目管理工作

D. 可以在设计方从事设计工作

E. 可以在监理方从事监理工作

三、简答题

1. 国内外常用的工程项目组织方式有哪些？各有什么特点？

2. 项目业主在选择工程项目组织方式时应考虑哪些因素？

3. 简述项目经理部的地位。

4. 常见的项目经理部的组织形式有哪些？适用范围是什么？

5. 施工企业在选择项目经理部的组织形式时，应考虑哪些因素？

6. 简述对项目经理责任制和项目管理目标责任书的认识。

7. 项目经理的责、权、利各是什么？

8. 简述注册建造师与项目经理的关系。

四、实训题

1. 你所参与过的建筑工程项目采用了哪种组织方式？试绘图示意，并根据企业和建筑工程项目的情况分析其合理性。

2. 根据在施工现场收集的资料，判断项目经理部在不同的建筑工程项目中分别采用了哪种项目组织形式。绘出参与过的建筑工程项目的项目管理组织结构图。

3. 在你参与过的项目经理部中，项目经理在各项工作中发挥了什么作用？一个优秀的项目经理应具备哪些素质？

模块 3

建筑工程项目进度计划的编制方法

能力目标

通过本模块的学习，要求能够根据工程情况选择合理的施工组织方式并组织施工；能够正确绘制横道计划并统计资源需要量；能够根据工程已知条件正确绘制网络计划，并对网络计划进行时间参数计算，找出关键线路和关键工作；能够正确绘制和应用双代号时标网络计划；要求具有网络计划优化的思想，能够对小型网络计划进行优化。在学习过程中，学生应培养做计划的能力、运用专业知识分析和处理实际问题的能力，以及创新与设计的能力。

知识目标

任务单元	知识点	学习要求
流水施工原理与横道计划	组织施工的三种方式及适用范围	熟悉
	流水施工的基本概念、主要参数	熟悉
	流水施工的分类、计算、适用范围	掌握
	横道计划的绘制方法	掌握
网络计划技术	网络计划技术的产生和发展	了解
	网络计划技术的基本概念	熟悉
	双代号网络计划的绘制方法	掌握
	网络计划时间参数的计算	掌握
	双代号时标网络计划	掌握
	单代号网络计划	了解
	网络计划优化的思路和方法	熟悉

引 例

天津文化中心交通枢纽工程项目进度管理

天津市文化中心交通枢纽工程土建第四标段，位于枢纽工程的西南部，总建筑面积约30000m²，包括地铁10号线和地铁Z1线文化中心站。车站围护结构采用连续墙的支护形式，其中Z1线车站地下连续墙(简称“地连墙”)深度为66.5m，为天津地铁施工领域之最。该工程合同工期730天，由中铁十六局集团有限公司承建。

由于工程合同工期和节点工期安排时间紧张，建设单位明确规定了以主要施工部位的完成日期作为节点的阶段工期。为了确保工期进度，必须对总工期及各部位节点阶段工期同时进行控制。控制重点第一是围护结构施工工期，第二是主体结构施工工期。下面以控制围护结构施工工期为例进行介绍。

本工程共计138幅地连墙，为保证节点工期的完工，提前组织大型机械设备进场调试安装，施工组织方式根据以下两个方案对比的结果确定，见图3.1。

方案一：2个作业面同时施工，从Z1线两端开始。由于作业面少，所以机械设备使用成本较低，但是总体进度较慢，需要140天，势必会造成节点工期延误。

方案二：4个作业面同时施工，从10号线和Z1线同时开始，人员机械全部充分利用，满足节点工期要求，但是由于场地限制容易造成大型机械相互影响而耽误施工，需要项目部调度员和值班员随时在场地进行协调。其对比指标见表3-1。

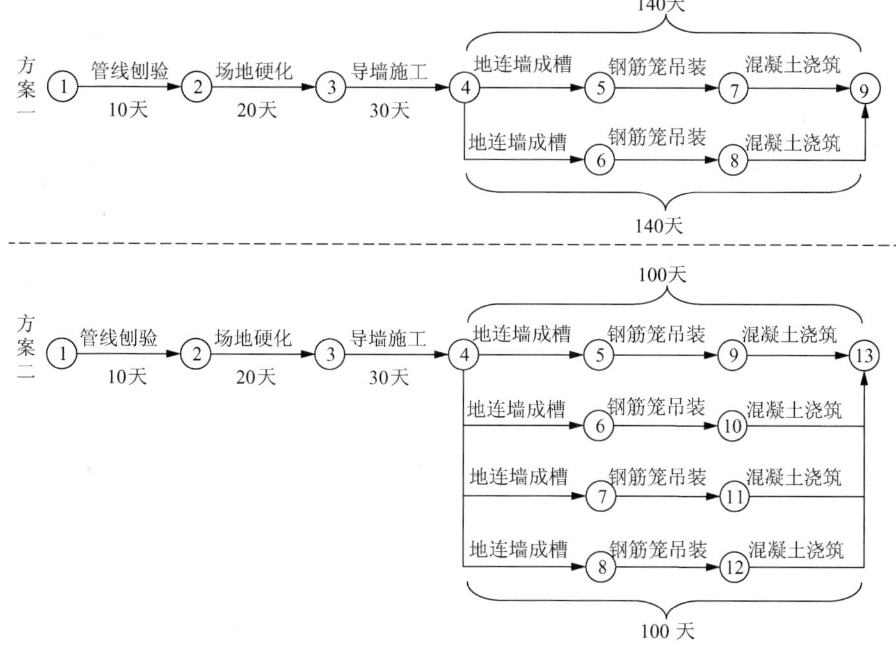

图3.1 两个待选方案

表3-1 围护结构不同施工方案比较

编号	安全性	工期	质量
方案一	施工安全	延误工期一个月	有保证
方案二	施工安全	可以提前完成节点工期	有保证

通过方案对比分析，决定采用方案二，即4个作业面同时开工，大量投入机械以缩短施工时间，以实现建设单位的指定性目标工期。按照方案二进行组织施工，提前13天完成了连续墙施工，达到了工期目标要求。

引言

上述案例中的工程项目，利用网络计划提出比选方案，进行施工组织方式和进度管理方案的比选，取得了很好的进度控制的效果。由此可以看出，不同的施工组织方式其工期效果也不同，实践中要结合实际进行具体分析，借助于先进的进度管理工具，如横道图、网络图、计算机软件等，选择合理、适用的施工组织方式。

任务单元3.1　流水施工原理与横道计划

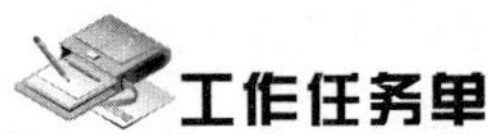

工作任务单

任务单元3.1工作任务单

工作任务描述	某住宅小区工程共有12幢高层剪力墙结构住宅楼，每幢有两个单元，各单元结构基本相同。每幢高层住宅楼的基础工程包括挖土、铺垫层、钢筋混凝土基础、回填土四个施工过程，其工作持续时间，分别是挖土为8天、铺垫层为4天、钢筋混凝土基础为12天、回填土为4天。请选择合理的施工组织方式来组织施工。
工作任务要求	根据工程情况和以下要点，选择合理的施工组织方式： (1) 根据该工程的流水节拍的特点，在资源供应允许条件下，为加快施工进度，可采用何种方式组织流水施工？如果每四幢住宅楼划分为一个施工段组织流水施工，请进行时间参数计算，并以横道图表示进度计划。 (2) 若资源供应不充足，则又采用何种方式组织流水施工？如果每四幢住宅楼划分为一个施工段组织流水施工，请进行时间参数计算，并以横道图表示进度计划。 (3) 试对以上两种流水施工方式进行比较。

注：本书在适合的任务单元设置了工作任务单，在教学过程中采用工学结合、任务驱动的教学模式，使“学习”和“工作”高度融合，形成一个有机整体。

工业生产的实践证明，流水作业是组织生产的有效方法。流水作业的原理是在分工大量出现之后的顺序作业和平行作业的基础上产生的，它是一种以分工为基础的协作，是成批地生产产品的一种优越的作业方法。

流水作业的原理同样也适用于建筑工程的施工。不同的是，在工业生产的流水作业中，专业生产者是固定的，各产品或中间产品在流水线上流动，由前一个工序流向后一个工序；而在建筑施工中，各施工段(相当于产品或中间产品)是固定不动的，而专业施工队则是流动的，他们由前一个施工段流向后一个施工段。

3.1.1　流水施工的基本概念

1. 建筑工程施工的组织方式

建筑工程施工的组织方式是受其内部施工顺序、施工场地、空间、时间等因素影响和制约的，根据具体情况不同，有三种组织方式：依次施工、平行施工和流水施工。现举例说明。

应用案例 3－1

有三幢同类型宿舍楼的基础工程，划分四个施工过程：基槽开挖、垫层浇筑、基础砌筑、基槽回填，它们在每幢房屋上的持续时间分别为 2 天、1 天、3 天、1 天，每个班组工人数分别为 20 人、15 人、25 人、10 人。试分别用三种方式组织施工并画出劳动力动态曲线。

【案例解析】

1）依次施工

依次施工也称顺序施工，是各施工段或施工过程依次开工、依次完成的一种施工组织方式。依次施工不考虑后续施工过程在时间和空间上的相互搭接，而是依照顺序进行施工。

（1）按施工段依次施工。这种施工方式是在完成一个施工段的各施工过程后，接着依次完成其他施工段的各施工过程，直至全部任务完成。其施工进度和劳动力动态曲线如图 3.2所示。工期计算如下：

$$T=M\sum t_i \tag{3-1}$$

式中 T——工期；

M——施工段数；

t_i——某施工过程在一个施工段上所需的时间。

施工过程	班组人数(人)	施工进度(天)																				
		1	2	3	4	5	6	7	8	9	10	11	12	13	14	15	16	17	18	19	20	21
基槽开挖	20	——	——						——	——						——	——					
垫层浇筑	15			——							——							——				
基础砌筑	25				——	——	——					——	——	——					——	——	——	
基槽回填	10							——							——							——

图 3.2 按施工段依次施工

（2）按施工过程依次施工。这种施工方式是在依次完成每个施工段的第一个施工过程后，再开始第二个施工过程的施工，直至完成最后一个施工过程的施工。其施工进度和劳动力动态曲线如图 3.3 所示。工期计算与按施工段依次施工相同，但每天所需的劳动力消耗不同。

2）平行施工

平行施工是指同一施工过程在各施工段上同时开工、同时完成的一种施工组织方式。

施工过程	班组人数(人)	施工进度(天)																				
		1	2	3	4	5	6	7	8	9	10	11	12	13	14	15	16	17	18	19	20	21
基槽开挖	20																					
垫层浇筑	15																					
基础砌筑	25																					
基槽回填	10																					

图 3.3　按施工过程依次施工

其施工进度和劳动力动态曲线如图 3.4 所示。工期计算如下：

$$T = \sum t_i \tag{3-2}$$

式中　T—— 工期；

t_i—— 某施工过程在一个施工段上所需的时间。

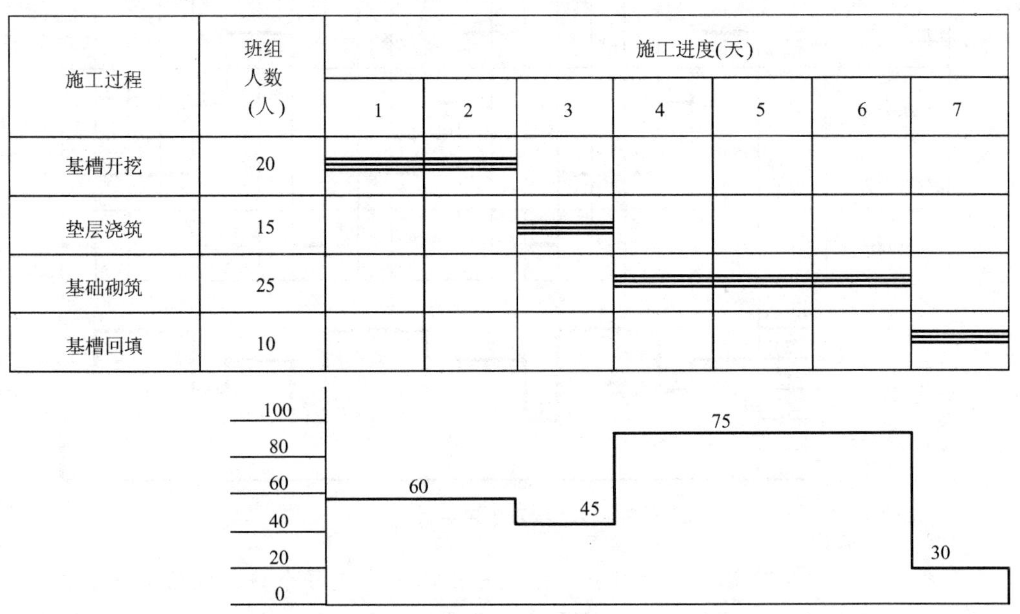

施工过程	班组人数(人)	施工进度(天)						
		1	2	3	4	5	6	7
基槽开挖	20							
垫层浇筑	15							
基础砌筑	25							
基槽回填	10							

图 3.4　平行施工

3）流水施工

流水施工是指将建筑工程项目划分为若干个施工段，所有的施工班组按一定的时间间隔依次投入施工，各个施工班组陆续开工、陆续竣工，使同一施工班组保持连续、均衡地施工，而让不同的施工班组尽可能平行搭接施工。

在应用案例 3－1 中，流水施工进度及劳动力动态曲线如图 3.5 和图 3.6 所示，二者的区别在于垫层浇筑班组的施工是否连续。图 3.6 没有充分利用工作面，第一、二个施工段基槽开挖后，垫层浇筑班组没有及时进入；而图 3.5 更加充分地利用了工作面，工期与图 3.6 相比缩短了两天。虽然垫层施工班组做了间断安排，但只要安排好主导的施工过程连续、均衡地流水施工，而次要的施工过程在有利于缩短工期的情况下，可安排其间断施工，这种组织方式仍认为是流水施工的组织方式。

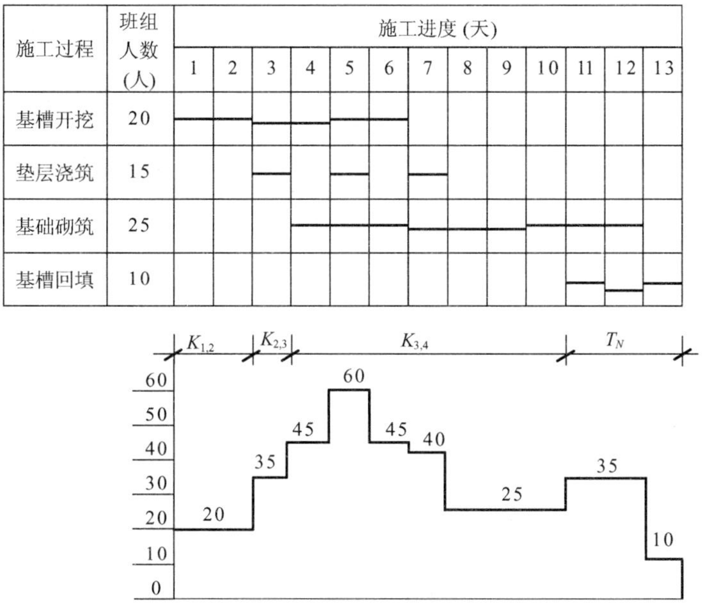
施工过程
班组人数(人)
施工进度 (天)
1 2 3 4 5 6 7 8 9 10 11 12 13
基槽开挖 20
垫层浇筑 15
基础砌筑 25
基槽回填 10
$K_{1,2}$
$K_{2,3}$
$K_{3,4}$
T_N
60 50 40 30 20 10 0
20 35 45 60 45 40 25 35 10

图 3.5 流水施工(部分间断)

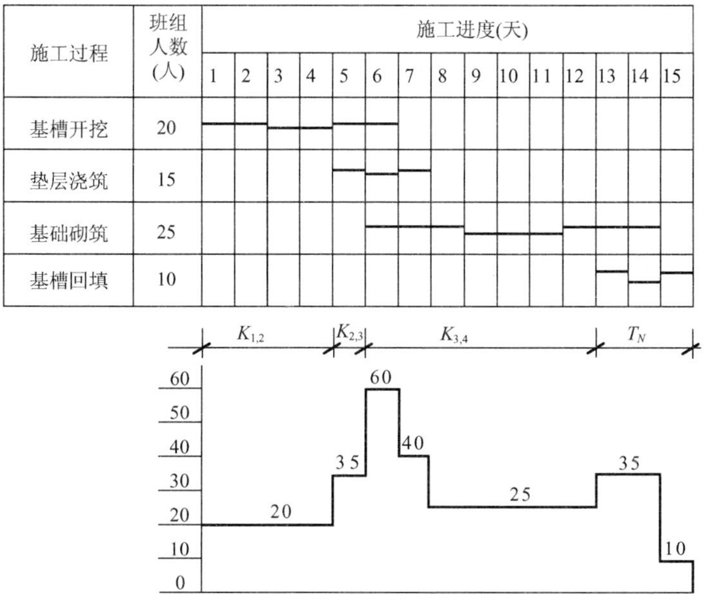
施工过程
班组人数(人)
施工进度(天)
1 2 3 4 5 6 7 8 9 10 11 12 13 14 15
基槽开挖 20
垫层浇筑 15
基础砌筑 25
基槽回填 10
$K_{1,2}$
$K_{2,3}$
$K_{3,4}$
T_N
60 50 40 30 20 10 0
20 35 60 40 25 35 10

图 3.6 流水施工(全部连续)

4）组织施工三种方式的特点比较与适用情况

组织施工的三种方式特点比较见表3-2。

表3-2 组织施工的三种方式特点比较

比较内容	依次施工	平行施工	流水施工
工作面利用情况，工期	不能充分利用工作面，工期最长	最充分地利用了工作面，工期最短	合理、充分地利用了工作面，工期适中
窝工情况	按施工段依次施工，有窝工现象	若不进行工程协调，则有窝工现象	减少或消除了窝工现象
资源供应与施工管理	日资源用量少，品种单一，施工管理简单	日资源用量大而集中，品种单一且不均匀，施工管理困难	日资源用量适中，且比较均匀，有利于提高管理水平
对劳动生产率和工程质量的影响	消除窝工则不能实行专业班组施工，对提高劳动生产率和工程质量不利	对合理利用资源，提高劳动生产率和工程质量不利	实行专业班组，有利于提高劳动生产率和工程质量

流水施工兼顾了依次施工和平行施工的优点，克服了两者的缺点，是三种组织方式中比较合理、先进、可行的组织方式，但是依次施工、平行施工也各有特点。在实际应用中，要结合实际进行具体分析，然后选择合理、适用的组织方式。

流水施工适用于大多数工程；平行施工一般适用于工期要求紧，大规模建筑群(如住宅小区)及分期、分批组织施工的工程。当工程规模较小，施工工作面有限时，依次施工是适用的，也是常见的。

2. 流水施工的组织要点(条件)

1）划分施工过程

首先，将拟建工程根据工程特点、施工工艺要求、工程量大小、施工班组的组成情况，划分为若干施工过程。

2）划分施工段

根据组织流水施工的需要，将拟建工程在平面或空间上，划分为工程量大致相等的若干个施工段。

3）每个施工过程组织独立的施工班组

在一个流水组中，每个施工过程尽可能组织独立的施工班组，其形式可以是专业班组，也可以是混合班组，这样可以使每个施工班组按照施工顺序依次地、连续地、均衡地从一个施工段转到另一个施工段进行相同的操作。

4）主导施工过程必须连续、均衡地施工

对工程量较大、施工时间较长的施工过程，必须组织连续、均衡的施工；对次要施工过程，可考虑与相邻的施工过程合并，或在有利于缩短工期的前提下安排其间断施工。

5）不同的施工过程尽可能组织平行搭接施工

按照施工先后顺序要求，在有工作面的条件下，除必要的技术和组织间歇时间以外，应尽可能组织平行搭接施工。

3. 流水施工的表达方式

流水施工可以用横道图或网络图来表达。横道图的表达形式如前各图所绘，在左边列出各施工过程名称，右边用水平线段在时间坐标下画出施工进度；网络图的表达形式详见任务单元3.2。

3.1.2 流水施工的主要参数

由流水施工的基本概念及组织流水施工的条件可知：施工过程的分解、施工段的划分、施工班组的组织、施工过程间的搭接、各施工段的持续时间是流水施工中需要解决的主要问题。只有解决好这几方面的问题，使空间和时间得到合理、充分地利用，方能提高工程施工技术的经济效果。为此，流水施工基本原理将上述问题归纳为工艺参数、空间参数和时间参数这三种参数的运用。

1. 工艺参数

通常，工艺参数指施工过程数。

施工过程数是指参与一组流水作业的施工过程的数目，用符号“N”表示。施工过程是施工进度计划的基本组成单元，应按照图纸和施工顺序将拟建工程的各个施工过程列出，并结合施工方法、施工条件、劳动组织等因素，加以适当调整。

2. 空间参数

空间参数是指拟建工程在组织流水施工中所划分的施工区段数，简称施工段数，用“M”表示。包括平面上划分的施工段数和垂直方向划分的施工层数。

拟建工程在平面上划分的若干个劳动量大致相等的施工段数，用符号“m”表示，在垂直方向划分的施工层数，用符号“r”表示。施工段数 M 与 m、r 的关系为：$M=mr$。

划分施工段的目的，在于保证不同的施工班组在不同的施工段上同时进行施工，并使各施工班组按一定的时间间隔转移到另一个施工段进行连续施工。这样既消除了等待、停歇现象，又不相互干扰。

施工层的划分视工程对象的具体情况而定，一般以建筑物的结构层作为施工层，也可按施工高度进行划分。在平面上划分施工段时，应考虑以下几点。

(1) 施工段的数目要合理。施工段过多，工作面减小，施工班组人数需要减少，加之工作面不能充分利用，会使工期延长；施工段过少，则会引起劳动力、机械和材料供应的过分集中，有时还会造成“断流”现象的产生。

(2) 各施工段上的劳动量(或工程量)应尽可能相等(相差宜在15%以内)，以保证各个施工班组连续、均衡、有节奏地施工。

(3) 要有利于结构的整体性。施工段的划分与施工对象的结构界限(温度缝、沉降缝、施工缝、单元等)应尽可能一致；如果施工段必须放在墙体中间，应尽量放在对结构整体性影响较小的部位上。

(4) 要有足够的工作面。使每一个施工段所能容纳的劳动力人数或机械台数能满足合理劳动组织的要求。

(5) 当建筑物有层间关系，分段又分层时，为使各施工班组能够连续施工(即各施工班组做完第一段，能立即转入第二段，做完第一层的最后一段，能立即转入第二层的第一段)，每层的施工段数必须大于等于施工过程数，即：

$$m \geqslant N \tag{3-3}$$

当 $m=N$ 时，施工班组连续施工，工作面也能充分利用，无停歇现象，最理想。

当 $m>N$ 时，施工班组仍是连续施工，但工作面不能被充分利用，有轮流停歇的现象。

当 $m<N$ 时，施工班组因不能连续施工而窝工。

3. 时间参数

时间参数包括流水节拍、流水步距和工期。

1）流水节拍

流水节拍是指专业施工班组在某一个施工段上施工所需的时间，用 t_i 表示。

2）流水步距

流水步距是指两个相邻的施工班组先后投入施工的时间间隔，用符号 $K_{i,i+1}$ 表示(i 表示前一个施工班组，$i+1$ 表示后一个施工班组)。

流水步距的大小对工期影响较大。一般来说，在施工段不变的条件下，流水步距越大，工期越长；流水步距越小，工期越短。流水步距的大小与前后两个施工过程的流水节拍大小、施工工艺、组织条件、质量要求以及是否有技术和组织间歇时间有关。

3）工期

工期是指完成一项工程任务或一个流水组施工所需的时间，一般用下式表示：

$$T=\sum K_{i,i+1}+T_N \tag{3-4}$$

式中 T——流水施工工期；

$\sum K_{i,i+1}$——流水施工中各流水步距之和；

T_N——最后一个施工班组的持续时间。

3.1.3 流水施工的分类及计算

流水施工根据节奏特征的不同，可分为有节奏流水和无节奏流水两大类，如图 3.7 所示。

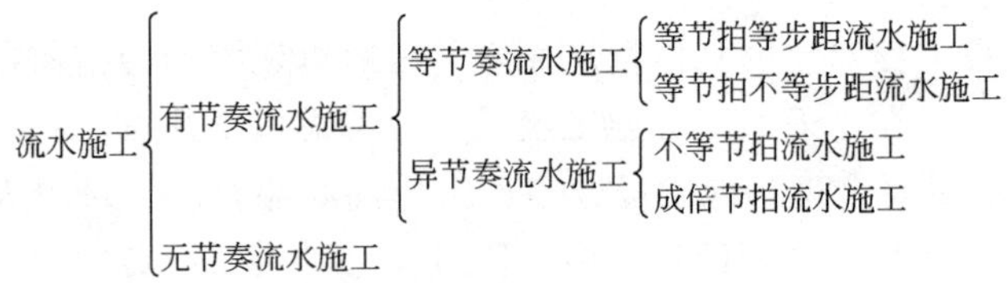

图 3.7 流水施工分类图

1. 有节奏流水施工

有节奏流水施工是指同一施工过程在各施工段上的流水节拍都相等的一种流水施工方式。当各施工段劳动量大致相等时，即可组织有节奏流水施工。

根据不同施工过程之间的流水节拍是否相等，有节奏流水施工又可分为等节奏流水施工和异节奏流水施工。

1）等节奏流水施工

等节奏流水施工是指同一施工过程在各施工段上的流水节拍都相等，并且不同施工过程之间的流水节拍也相等的一种流水施工方式。即各施工过程的流水节拍均为常数，故也称为全等节拍流水。它根据流水步距的不同分为两种情况：等节拍等步距流水施工和等节拍不等步距流水施工。

(1) 等节拍等步距流水施工。等节拍等步距流水施工是指各施工过程的流水节拍均相等，各流水步距也均相等且等于流水节拍的一种流水施工方式。

等节拍等步距流水施工的特征表现为：各施工过程在各施工段上的流水节拍彼此相等，即 $t_i=t$(常数)；各流水步距彼此相等，而且等于流水节拍值，即 $K_{i,i+1}=K=t$(常数)。

根据流水施工一般工期计算公式(3-4)，可以推导出等节拍等步距流水施工的工期计算公式为

$$T=(N+M-1)t \tag{3-5}$$

公式推导过程如下：

因为 $K=t$，则 $\sum K_{i,i+1}=(N-1)K=(N-1)t$，所以

$$\begin{aligned} T &= \sum K_{i,i+1}+T_N \\ &=(N-1)t+Mt \\ &=(N+M-1)t \end{aligned}$$

应用案例 3-2

某分部工程划分为A、B、C、D共四个施工过程，每个施工过程分为三个施工段，各施工过程的流水节拍均为4天，试组织等节拍等步距流水施工。

【案例解析】

确定流水步距：由等节拍等步距流水施工的特征可知 $K=t=4$ 天，则工期为

$$T=(N+M-1)t=(4+3-1)\times 4\text{ 天}=24\text{ 天}$$

用横道图绘制流水进度计划，如图3.8所示。

施工过程	施工进度(天)																							
		2		4		6		8		10		12		14		16		18		20		22		24
A																								
B																								
C																								
D																								

图3.8 某工程等节拍等步距流水施工进度计划

(2) 等节拍不等步距流水施工。等节拍不等步距流水施工是指各施工过程的流水节拍均相等，但各流水步距不相等的一种流水施工方式。

等节拍不等步距流水施工的特征表现为：各施工过程在各施工段上的流水节拍彼此相等，即 $t_i=t$(常数)；但各流水步距不相等。这是由于各施工过程之间，有的需要间歇时间，有的需要搭接时间。

间歇时间是指在组织流水施工时，某些施工过程完成后，后续施工过程不能立即投入施工，而必须等待的时间，分为技术间歇和组织间歇。由建筑材料或现浇构件工艺性质决

定的间歇时间称为技术间歇，如现浇混凝土构件的养护时间、抹灰层的干燥时间和油漆层的干燥时间等；由施工组织原因造成的间歇时间称为组织间歇，如回填土前地下管道的检查验收，施工机械转移和砌筑墙体前的墙身位置弹线，以及其他作业前的准备工作。间歇时间用 t_j 表示。搭接是指在组织流水施工时，为了缩短工期，在工作面允许的条件下，前一个施工班组完成部分施工任务后，提前为后一个施工班组提供工作面，使后者提前进入前一个施工段施工，两者在同一施工段上平行搭接施工的时间，称为搭接时间，用 t_d 表示。

根据流水施工一般工期计算公式(3-4)，可以推导出等节拍不等步距流水施工的工期计算公式为

$$T=(N+M-1)\ t+\sum t_j-\sum t_d \tag{3-6}$$

推导过程如下：

因为 $t_i=t$，$K_{i,i+1}=t+t_j-t_d$，则 $\sum K_{i,i+1}=(N-1)t+\sum t_j-\sum t_d$，所以

$$\begin{aligned}T&=\sum K_{i,i+1}+T_N\\&=(N-1)t+\sum t_j-\sum t_d+Mt\\&=(N+M-1)t+\sum t_j-\sum t_d\end{aligned}$$

应用案例 3-3

某分部工程划分为A、B、C、D共四个施工过程，每个施工过程分为四个施工段，各施工过程的流水节拍均为4天，其中A与B之间有2天的间歇时间，C与D之间有1天的搭接时间。试组织等节拍不等步距流水施工。

【案例解析】

确定流水步距：$K_{A,B}=(4+2)$天$=6$天，$K_{B,C}=4$天，$K_{C,D}=(4-1)$天$=3$天，则工期为

$$T=(N+M-1)t+\sum t_j-\sum t_d=[(4+4-1)\times4+2-1]\text{天}=29\text{天}$$

用横道图绘制流水进度计划，如图3.9所示。

施工过程	施工进度(天)																												
	1		3		5		7		9		11		13		15		17		19		21		23		25		27		29
A																													
B																													
C																													
D																													

图3.9 某工程等节拍不等步距流水施工进度计划

(3) 等节奏流水施工的组织方法与适用范围。等节奏流水施工的组织方法是：首先划分施工过程，将劳动量小的施工过程合并到相邻施工过程中去，以使各流水节拍相等；其次确定主要施工过程的施工班组人数，计算其流水节拍；最后根据已定的流水节拍，确定

其他施工过程的施工班组人数及其组成。

等节奏流水施工一般适用于工程规模较小、建筑结构比较简单、施工过程不多的建筑物。常用于组织分部工程的流水施工。

2）异节奏流水施工

异节奏流水施工是指同一施工过程在各施工段上的流水节拍都相等，不同施工过程之间的流水节拍不完全相等的流水施工方式。异节奏流水施工又可分为不等节拍流水施工和成倍节拍流水施工两种。

（1）不等节拍流水施工。不等节拍流水施工是指同一施工过程在各施工段上的流水节拍相等，不同施工过程之间的流水节拍既不相等也不成倍的流水施工方式。此时，只能组织不等节拍流水施工。

不等节拍流水施工的流水步距可按下式计算：

$$K_{i,i+1}=\begin{cases}t_i+(t_j-t_d) & (t_i\leqslant t_{i+1})\\ Mt_i-(M-1)t_{i+1}+(t_j-t_d) & (t_i>t_{i+1})\end{cases} \tag{3-7}$$

不等节拍流水施工的工期采用公式(3-4)计算，即 $T=\sum K_{i,i+1}+T_N$。

应用案例 3-4

某工程划分为A、B、C、D共四个施工过程，分为三个施工段组织施工，各施工过程的流水节拍分别为3天、4天、2天、3天，施工过程C与D搭接1天。试组织不等节拍流水施工，求出各施工过程之间的流水步距及该工程的工期，并绘制施工进度图。

【案例解析】

（1）确定流水步距：

$t_A<t_B$，故得

$$K_{A,B}=t_A=3\text{ 天}$$

$t_B>t_C$，故得

$$K_{B,C}=Mt_B-(M-1)t_C=[3\times4-(3-1)\times2]\text{天}=8\text{ 天}$$

$t_C<t_D$，且C与D搭接1天，故得

$$K_{C,D}=t_C-t_d=(2-1)\text{天}=1\text{ 天}$$

（2）计算流水工期：

$$T=\sum K_{i,i+1}+T_N=[(3+8+1)+(3\times3)]\text{天}=21\text{ 天}$$

（3）绘制施工进度计划，如图3.10所示。

施工过程	施工进度(天)																				
	1		3		5		7		9		11		13		15		17		19		21
A																					
B																					
C																					
D																					

图3.10 某工程不等节拍流水施工进度计划

不等节拍流水施工适用于施工段大小相等的分部和单位工程的流水施工，其在进度安排上比等节奏流水施工灵活，实际应用范围广泛。

(2) 成倍节拍流水施工。成倍节拍流水施工是指同一施工过程在各施工段上的流水节拍相等，不同施工过程之间的流水节拍不完全相等，但各施工过程的流水节拍之间存在整数倍(或最大公约数)关系的流水施工方式。为加快流水施工进度，按最大公约数的倍数组建每个施工过程的施工班组数，以形成类似于等节奏流水的等步距不等节拍的流水施工方式。

成倍节拍流水施工的特征表现为：同一施工过程在各施工段上的流水节拍相等，不同施工过程的流水节拍之间存在整数倍(或公约数)关系；当不存在间歇时间和搭接时间时，流水步距彼此相等，且等于流水节拍的最大公约数；各专业施工班组能够保证连续作业，施工段没有空闲；施工班组数 N' 大于施工过程数 N，即 $N'>N$。

成倍节拍流水施工的流水步距用下式确定：

$$K_{i,i+1}=K_{\mathrm{b}}+t_{\mathrm{j}}-t_{\mathrm{d}} \tag{3-8}$$

式中 K_{b}——流水节拍的最大公约数。

其他符号含义同前。

每个施工过程的施工班组数和施工班组总数分别用公式(3-9)和公式(3-10)确定：

$$b_i=\frac{t_i}{K_{\mathrm{b}}} \tag{3-9}$$

$$N'=\sum b_i \tag{3-10}$$

式中 b_i——某施工过程所需施工班组数；

N'——施工班组总数。

其他符号含义同前。

根据流水施工一般工期计算公式(3-4)，可以推导出成倍节拍流水施工的工期计算公式为

$$T=(N'+M-1)K_{\mathrm{b}}+\sum t_{\mathrm{j}}-\sum t_{\mathrm{d}} \tag{3-11}$$

公式推导过程如下：

因为 $K_{i,i+1}=K_{\mathrm{b}}+t_{\mathrm{j}}-t_{\mathrm{d}}$，则 $\sum K_{i,i+1}=(N'-1)K_{\mathrm{b}}+\sum t_{\mathrm{j}}-\sum t_{\mathrm{d}}$，所以

$$\begin{aligned}T&=\sum K_{i,i+1}+T_N\\&=(N'-1)K_{\mathrm{b}}+\sum t_{\mathrm{j}}-\sum t_{\mathrm{d}}+MK_{\mathrm{b}}\\&=(N'+M-1)K_{\mathrm{b}}+\sum t_{\mathrm{j}}-\sum t_{\mathrm{d}}\end{aligned}$$

应用案例 3-5

某工程划分为 A、B、C 三个施工过程，分六个施工段施工，流水节拍分别为 $t_{\mathrm{A}}=2$ 天，$t_{\mathrm{B}}=6$ 天，$t_{\mathrm{C}}=4$ 天，试组织成倍节拍流水施工，并绘制流水施工进度表。

【案例解析】

(1) 确定流水步距：

$$K=K_{\mathrm{b}}=2\text{ 天}$$

(2) 确定每个施工过程的施工班组数：

$$b_A=\frac{t_A}{K_b}=\frac{2}{2}\text{个}=1\text{ 个}\quad b_B=\frac{t_B}{K_b}=\frac{6}{2}\text{个}=3\text{ 个}\quad b_C=\frac{t_C}{K_b}=\frac{4}{2}\text{个}=2\text{ 个}$$

施工班组总数为

$$N'=\sum b_i=(1+3+2)\text{ 个}=6\text{ 个}$$

(3) 计算工期：

$$\begin{aligned}T&=(N'+M-1)K_b+\sum t_j-\sum t_d\\&=(6+6-1)\times 2\text{ 天}\\&=22\text{ 天}\end{aligned}$$

(4) 绘制施工进度计划表，如图 3.11 所示。

施工过程	施工班组	施工进度(天)																					
			2		4		6		8		10		12		14		16		18		20		22
A	A_1		1		2		3		4		5		6										
B	B_1						1						4										
	B_2							2						5									
	B_3									3						6							
C	C_1											1				3				5			
	C_2													2				4				6	

图 3.11 某工程成倍节拍流水施工进度计划

应用案例 3-6

某构件预制工程，划分为绑扎钢筋、支模板和浇筑混凝土三个施工过程，分两层叠浇，流水节拍分别为 $t_{钢筋}=2$ 天，$t_{模}=4$ 天，$t_{混凝土}=2$ 天。试组织成倍节拍流水施工，并绘制施工进度计划图。

【案例解析】

(1) 确定流水步距：

$$K=K_b=2\text{ 天}$$

(2) 确定每个施工过程的施工班组数：

$$b_{钢筋}=\frac{t_{钢筋}}{K_b}=\frac{2}{2}\text{个}=1\text{ 个}\quad b_{模}=\frac{t_{模}}{K_b}=\frac{4}{2}\text{个}=2\text{ 个}\quad b_{混凝土}=\frac{t_{混凝土}}{K_b}=\frac{2}{2}\text{个}=1\text{ 个}$$

施工班组总数为

$$N'=\sum b_i=(1+2+1)\text{个}=4\text{ 个}$$

(3) 确定每层的施工段数：

多层结构施工时，为了保证各施工班组连续施工，其施工段数应按公式(3-3)中 $m\geqslant$

N(对于成倍节拍流水，N 以 N′代替)考虑，取 $m=N'=4$ 段。

(4) 计算工期：

$$
\begin{aligned}
T &= (N'+M-1)K_b+\sum t_j-\sum t_d \\
&= (4+4\times 2-1)\times 2 \text{ 天} \\
&= 22 \text{ 天}
\end{aligned}
$$

(5) 绘制施工进度计划，如图 3.12 所示。

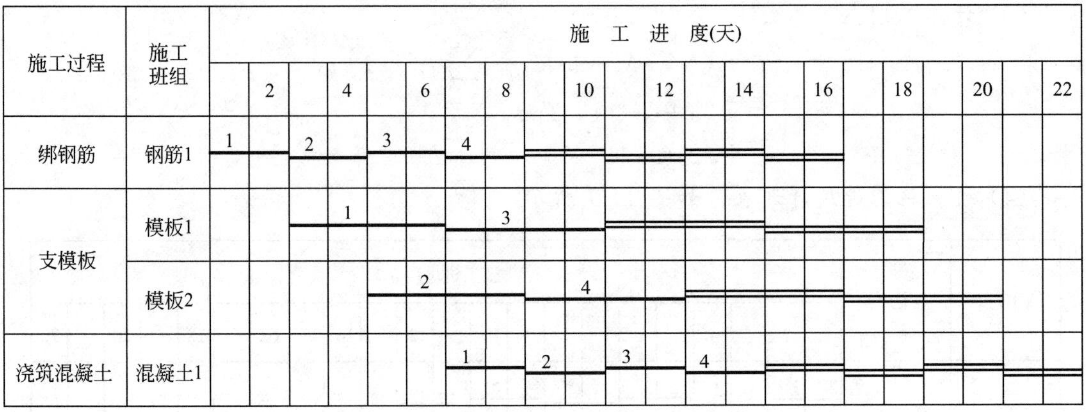

施工过程	施工班组	施工进度(天)																					
			2		4		6		8		10		12		14		16		18		20		22
绑钢筋	钢筋1	1		2		3		4															
支模板	模板1				1				3														
	模板2						2				4												
浇筑混凝土	混凝土1							1		2		3		4									

图 3.12　某两层结构工程成倍节拍流水施工进度计划

成倍节拍流水施工的组织方法是：首先根据工程对象和施工要求，划分若干个施工过程；其次根据各施工过程的内容、要求及其工程量，计算每个施工工程在各施工段所需的劳动量；接着根据施工班组人数及组成，确定劳动量最少的施工过程的流水节拍；最后确定其他劳动量较大的施工过程的流水节拍，用调整施工班组人数或其他技术组织措施的方法，使它们为最小流水节拍的整数倍(或节拍之间存在公约数)。

成倍节拍流水施工的方式比较适用于线性工程(如道路、管道等)的施工，也适用于房屋建筑工程施工。

2. 无节奏流水施工

无节奏流水施工，是指同一施工过程在各施工段上的流水节拍不完全相等的一种流水施工方式。

1) 无节奏流水施工的特点

(1) 同一施工过程在各施工段上的流水节拍不完全相等。

(2) 各施工过程之间的流水步距不完全相等且差异较大。

(3) 各施工班组能够在各施工段上连续作业，但有的施工段可能有空闲时间。

(4) 施工班组数等于施工过程数。

2) 无节奏流水施工流水步距的确定

无节奏流水施工由于同一施工过程在各施工段上流水节拍不等，很容易造成工艺停歇或工艺超前现象，所以必须正确计算出流水步距。

无节奏流水施工的流水步距通常采用“累加斜减取大差法”确定，步骤如下。

(1) 将各个施工过程的流水节拍逐段累加。

(2) 错位相减。

(3) 取差数的较大者作为流水步距。

3）无节奏流水施工工期的确定

无节奏流水施工工期的计算采用公式(3－4)，即 $T=\sum K_{i,i+1}+T_N$。

应用案例 3－7

某工程由A、B、C、D四个施工过程组成，划分成四个施工段，各施工过程在各施工段上的流水节拍见表3－3。试组织无节奏流水施工，确定流水步距，绘制进度计划。

表3－3 某工程流水节拍值 单位：天

施工过程	施工段			
	Ⅰ	Ⅱ	Ⅲ	Ⅳ
A	4	2	3	2
B	2	2	3	2
C	2	2	3	3
D	2	2	1	2

【案例解析】

(1) 流水步距的计算：

求 $K_{A,B}$，算式为

$$\begin{array}{rrrrrr} & 4 & 6 & 9 & 11 & \\ - & & 2 & 4 & 7 & 9 \\ \hline & 4 & 4 & 5 & 4 & -9 \end{array}$$

故得 $K_{A,B}=5$ 天。

求 $K_{B,C}$，算式为

$$\begin{array}{rrrrrr} & 2 & 4 & 7 & 9 & \\ - & & 2 & 4 & 7 & 10 \\ \hline & 2 & 2 & 3 & 2 & -10 \end{array}$$

故得 $K_{B,C}=3$ 天。

求 $K_{C,D}$，算式为

$$\begin{array}{rrrrrr} & 2 & 4 & 7 & 10 & \\ - & & 2 & 4 & 5 & 7 \\ \hline & 2 & 2 & 3 & 5 & -7 \end{array}$$

故得 $K_{C,D}=5$ 天。

(2) 工期计算：

$$\begin{aligned} T &= \sum K_{i,i+1}+T_N \\ &=(5+3+5)\text{天}+(2+2+1+2)\text{天} \\ &=20\text{天} \end{aligned}$$

(3) 绘制施工进度计划，如图3.13所示。

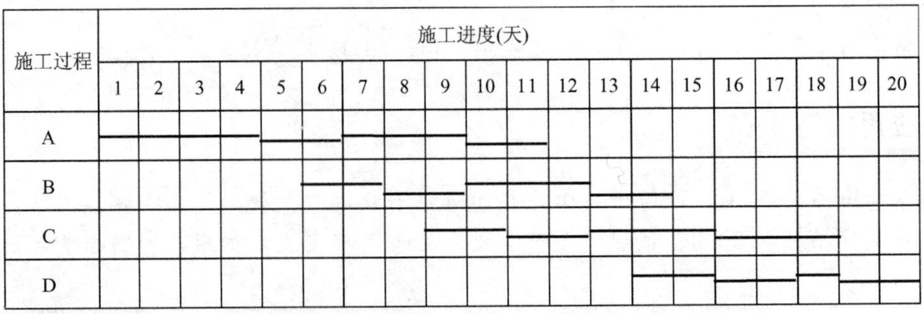

施工过程	施工进度(天)																			
	1	2	3	4	5	6	7	8	9	10	11	12	13	14	15	16	17	18	19	20
A																				
B																				
C																				
D																				

图 3.13 某工程无节奏流水施工进度计划

4）无节奏流水施工适用范围

在无节奏流水施工中，各施工过程在各施工段上流水节拍不完全相等，不像有节奏流水施工那样有一定的时间约束，在进度安排上比较自由、灵活，适用于各种不同结构和规模的工程组织施工，在实际工程中应用最多。

学习作业单

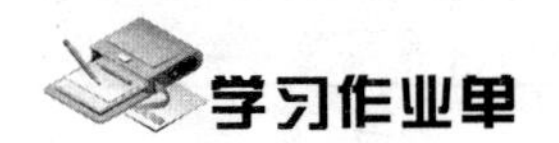

任务单元 3.1 学习作业单	
工作任务完成	根据任务单元 3.1 工作任务单的工作任务描述和要求，完成任务如下：
任务单元学习总结	（1）组织施工的三种方式的特点及适用范围比较。 （2）参考思考与练习中表 3－11，对各种流水施工方式进行比较。
任务单元学习体会	

注：①“学习作业单”对应于该任务单元开始部分的“工作任务单”，作用有三：第一，让学生在学习该任务单元后，完成工作任务单提出的工作任务，解决实际问题；第二，让学生进行本单元学习内容的总结，达到融会贯通、解决工程中同类型问题的目的；第三，引导学生发散思维，从不同的角度谈一谈本单元的学习体会。

②教材上的学习作业单只是提供了一个表格样式，并没有留足够的空间供学生完成，授课教师可向出版社索取电子版表格，根据具体内容自行印制。

任务单元3.2 网络计划技术

工作任务单

任务单元3.2工作任务单

工作任务描述	某基础分部工程划分为基础挖土、浇筑混凝土垫层、砌砖基础、回填土四个施工过程。该工程在平面上划分为三个施工段组织流水施工，各施工过程在各施工段的持续时间分别为：基础挖土3天，浇筑混凝土垫层2天，砌砖基础5天，回填土2天。班组工人数分别为20人、15人、25人、10人。
工作任务要求	(1) 根据双代号网络图的绘制规则，绘制该分部工程的双代号网络计划，并采用工作计算法计算时间参数。 (2) 绘制该分部工程的时标网络计划，指出关键线路，并绘制劳动力消耗动态曲线。

3.2.1 网络计划技术的基本概念

1. 网络计划技术的产生和发展

网络计划技术是20世纪50年代国外陆续出现的一些计划管理的新方法。由于这些方法均将计划的工作关系建立在网络模型上，把计划的编制、协调、优化和控制有机地结合起来，所以称为网络计划技术。

第二次世界大战以后，特别是进入20世纪50年代，世界经济迅猛发展，生产的现代化、社会化达到一个新的水平，组织管理工作越来越复杂，以往的横道计划已无法对大型、复杂的计划进行准确的判定和管理，于是网络计划技术应运而生，当时最具有代表性的是关键线路法(CPM)和计划评审技术法(PERT)。

关键线路法是1955年由美国杜邦公司首创的。1957年，此法应用于新工厂建设工作后，通过与传统横道图法对比，结果使工期缩短了4个月。后来此法又被用于设备维修，使原来因设备大修需停产125h的工程缩短为78h，仅1年就节约了资金近100万美元。计划评审法的出现较关键线路法稍迟，1958年由美国海军特种计划局在研制北极星导弹时首次使用并获得极大成功。当时有10000多家单位参加该项目，协调工作十分复杂，采用这种办法后，效果显著，比原来进度提前了两年，并且节约了大量资金。为此，1962年美国国防部规定，以后承包有关工程的单位都应采用这种方法来安排计划并进行管理。

网络计划技术的成功应用，引起了世界各国的高度重视，被称为计划管理中最有效、先进和科学的管理方法。

我国对于网络计划技术的应用归功于著名数学家华罗庚教授。1956年，华罗庚教授将此技术引进中国，并把它称为“统筹法”。之后我国的一些高科技项目开始应用网络计划技术，并获得成功。目前，网络计划技术在我国已广泛应用于国民经济各个领域的计划管理中，而应用最多的还是工程项目的施工组织与管理，并取得了巨大的经济效益。根据国内统计资料，工程项目的计划与管理应用网络计划技术，可平均缩短工期20%，节约费用10%左右。随着计算机的普及，网络计划技术在组织管理中的优越性也日益显著。

为了使网络计划在管理中遵循统一的技术标准，做到概念一致、计算原则与表达方式统一，以保证计划管理的科学性，提高企业管理水平和经济效益，建设部于1999年颁发了《工程网络计划技术规程》(JGJ/T 121—1999)，于2000年2月1日起正式实施，并于2015年更新为JGJ/T 121—2015。

2. 网络计划技术的基本原理和特点

网络计划技术的基本原理可以表述为：用网络图的形式和数学运算来表达一项计划中各项工作的先后顺序和相互关系，通过时间参数的计算，找出关键工作、关键线路及工期，在满足既定约束条件下，按照规定的目标，不断改善网络计划，选择最优方案并付诸实施。在计划实施过程中，不断进行跟踪检查、调整，保证计划自始至终有计划、有组织地顺利进行，从而达到工期短、费用低、质量好的目的。

网络计划技术与横道图计划方法在性质上有一致的地方，都可用于表达工程生产进度计划。但网络计划技术克服了横道图的许多不足之处，具有下列特点。

(1) 能全面而明确地反映出各项工作之间的逻辑关系，使各工作组成一个有机整体。

(2) 能进行各种时间参数的计算，明确对全局有影响的关键工作和关键线路，便于管理者抓住主要矛盾，确保工程按计划工期完成。

(3) 可以对网络计划进行调整和优化，更好地调配人力、物力和财力，根据选定的目标寻求最优方案。

(4) 在计划实施过程中，可通过时间参数计算预先知道各工作提前或推迟完成对整个计划的影响程度，并能根据变化的情况迅速进行调整，保证计划始终受到控制和监督。

(5) 能利用计算机编制程序，使网络计划的绘图、调整和优化均由计算机来完成。这是横道图所不能达到的。

但是网络计划技术也存在一些缺点，具体表现为：绘图较麻烦，表达不直观，不能反映流水施工的特点，不宜显示资源需要量等。采用时标网络计划有助于克服这些缺点。

综上所述，网络计划技术的最大特点是能够提供施工管理所需的多种信息，有利于加强工程管理。所以，网络计划技术已不仅仅是一种编制计划的方法，而且还是一种科学的工程管理方法。它有助于管理人员合理地组织生产，做到心中有数，知道管理的重点应放在何处，怎样缩短工期，在哪里挖掘潜力，如何降低成本。在工程管理中提高应用网络计划技术的水平，必然能够进一步提高工程管理的水平。

3. 工程网络计划的类型

网络计划技术的类型很多，国内外有几十种。我国《工程网络计划技术规程》推荐的常用工程网络计划包括以下类型。

(1) 双代号网络计划。

(2) 单代号网络计划。

(3) 双代号时标网络计划。

(4) 单代号搭接网络计划。

4. 网络计划的基本表达方式

网络计划的基本表达方式是网络图。所谓网络图，是指由箭线和节点按一定的次序排列而成的网状图形。在网络图中，按节点和箭线所代表的含义不同，分为双代号网络图和单代号网络图两大类。

1）双代号网络图

用双代号表示方法，将计划中的全部工作根据它们的逻辑关系从左到右绘制而成的网状图形，就叫做双代号网络图，如图 3.14(a)所示。

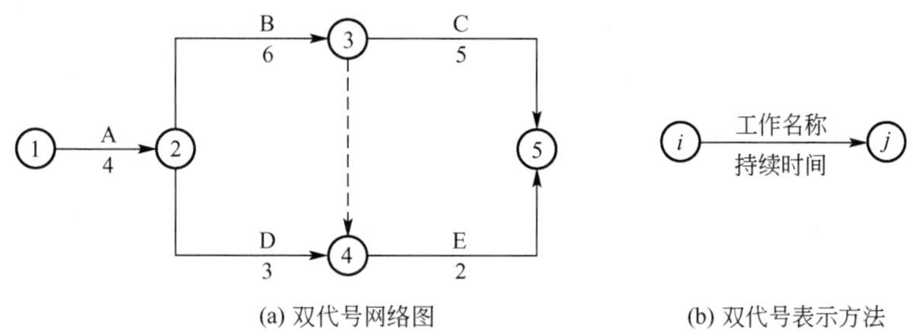

图 3.14　双代号网络图及其表示方法

如图 3.14(b)所示，双代号表示方法是指用两个节点(圆圈)和一根箭线表示一项工作，工作的名称标注在箭线的上方，持续时间标注在箭线的下方，箭尾表示工作开始的瞬间，箭头表示工作结束的瞬间。由于各工作均可用箭尾和箭头两个节点内的代号表示，因此，该表示方法称为双代号表示方法。

2）单代号网络图

用单代号表示方法，将计划中的全部工作根据它们的逻辑关系从左到右绘制而成的网状图形，就叫做单代号网络图，如图 3.15(a)所示。

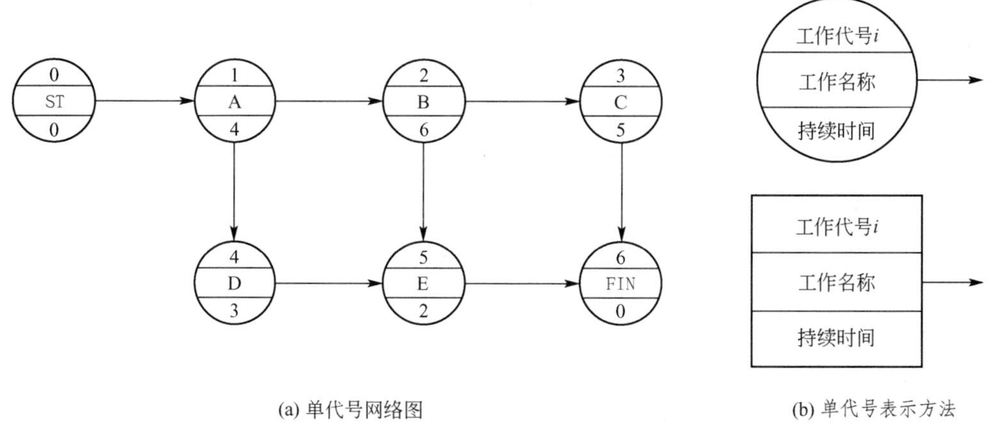

图 3.15　单代号网络图及其表示方法

如图 3.15(b)所示，单代号表示方法是指用一个节点(圆圈或方形)表示一个工作，箭线表示工作之间的逻辑关系，工作的名称、持续时间、节点编号都在节点中体现。由于各工作均可用节点内的一个代号来表示，因此将这种表示方法称为单代号表示方法。

5. 网络计划的构成要素

1）双代号网络计划的构成要素

双代号网络计划由箭线、节点、线路三个基本要素组成，现将其含义和特性叙述如下。

(1) 箭线。在双代号网络计划中，箭线分为实箭线和虚箭线，两者表示的含义不同。

① 实箭线。一根实箭线表示一个施工过程或一项工作。根据网络计划的性质和作用的不同，箭线表示的施工过程可大可小，既可以表示一个单位工程(如土建、装饰、设备安装等)，又可表示一个分部工程(如基础、主体、屋面等)，还可表示分项工程(如抹灰、砌墙等)。一般情况下，每根实箭线表示的施工过程都要消耗一定的时间和资源，如砌墙、浇筑混凝土等。但也存在只消耗时间而不消耗资源的施工过程，如混凝土养护、砂浆找平层干燥等技术间歇，若单独考虑，也应作为一个施工过程来对待，也用实箭线表示。

② 虚箭线。在双代号网络图中，为了正确表达施工过程之间的逻辑关系，有时必须使用虚箭线，如图 3.14(a)中的③－－→④。虚箭线表示虚工作，既不消耗时间也不消耗资源，它在双代号网络图中起逻辑连接、逻辑断路或逻辑区分的作用。

③ 箭线的长短一般与工作的持续时间无关(时标网络计划例外)。箭线的方向表示工作进行的方向，箭尾表示该工作开始的瞬间，箭头表示该工作的结束瞬间。

(2) 节点(圆圈)。节点表示前面工作结束或后面工作开始的瞬间。因此，节点既不消耗时间也不消耗资源。

节点根据其位置和含义不同，可分为下列三种类型。

① 起点节点。网络图的第一个节点为起点节点，代表一项计划的开始。在单目标网络计划中，应只有一个起点节点。

② 终点节点。网络图的最后一个节点为终点节点，代表一项计划的结束。在不分期完成任务的网络计划中，应只有一个终点节点。

③ 中间节点。位于起点节点和终点节点之间的所有节点都称为中间节点，中间节点既表示前面工作结束的瞬间，又表示后面工作开始的瞬间。

为了方便叙述和检查，应对节点进行编号，节点编号的要求和原则为：从左到右，由小到大，始终做到箭尾编号小于箭头编号，即 $i<j$；节点在编号过程中，编码可以不连续，但不可以重复。

(3) 线路。在网络图中，从起点节点开始，沿着箭线方向依次通过一系列节点和箭线，最后到达终点节点的若干条通路，称为线路。线路可依次用该线路上的节点编号来表示，也可依次用该线路上的工作名称来表示。通常情况下，一个网络图有多条线路，线路上各工作的持续时间之和为线路的总持续时间。各条线路总持续时间往往各不相等，其中所花时间最长的线路称为关键线路，其余的线路称为非关键线路。位于关键线路上的工作称为关键工作。关键工作通常用粗箭线、双箭线或彩色箭线表示。

在网络图中，至少存在一条关键线路。关键线路不是一成不变的，在一定条件下，关键线路和非关键线路是可以互相转换的。

在图 3.14(a)所示的网络图中，共有三条线路，各条线路的持续时间计算如下。

第一条线路：①→②→③→⑤＝(4＋6＋5)天＝15 天。

第二条线路：①→②→③－－→④→⑤＝(4＋6＋2)天＝12 天。

第三条线路：①→②→④→⑤＝(4＋3＋2)天＝9 天。

由上述分析计算可知，第一条线路所花时间最长，即为关键线路。它决定该网络计划的计算工期为15天。

2）单代号网络计划的构成要素

单代号网络计划也是由箭线、节点、线路三个基本要素组成。

(1) 箭线。在单代号网络计划中，只有实箭线，没有虚箭线。箭线仅用来表示工作之间的逻辑关系，既不消耗时间，也不消耗资源，其含义与双代号网络计划中虚箭线含义相同。

(2) 节点(圆圈)。一个节点表示一项工作，一般情况下既消耗时间，又消耗资源，含义与双代号网络计划中的实箭线含义相同。

单代号网络计划中的节点也可划分为以下三类。

① 起点节点。网络图的第一个节点为起点节点，代表一项计划的开始。需要注意的是，在单目标网络计划中，起点节点只有一个。如果有多项工作同时开始，则虚拟一个起点节点，持续时间为0，如图3.15(a)中的⓪节点。

② 终点节点。网络图的最后一个节点为终点节点，代表一项计划的结束。需要注意的是，在不分期完成任务的网络计划中，终点节点也只有一个。如果有多项工作同时结束，则虚拟一个终点节点，持续时间为0，如图3.15(a)中的⑥节点。

③ 中间节点。位于起点节点和终点节点之间的所有节点都称为中间节点，中间节点有多个。

单代号网络计划节点编号原则同双代号网络计划。

(3) 线路。单代号网络计划线路、关键线路的含义以及确定方法同双代号网络计划。

6. 网络计划相关概念和术语

1）紧前工作、紧后工作、平行工作

(1) 紧前工作。紧排在本工作之前的工作称为本工作的紧前工作，工作与其紧前工作之间有时通过虚箭线来联系。

(2) 紧后工作。紧排在本工作之后的工作称为本工作的紧后工作，工作与其紧后工作之间有时通过虚箭线来联系。

(3) 平行工作。可与本工作同时进行的工作称为本工作的平行工作。

在图3.14(a)中，B、D可称为平行工作，各工作的紧前工作与紧后工作见表3-4。

表3-4 各工作的紧前工作与紧后工作

工　　作	A	B	C	D	E
紧前工作	—	A	B	A	B、D
紧后工作	B、D	C、E	—	E	—

2）内向箭线和外向箭线

(1) 内向箭线。指向某个节点的箭线称为该节点的内向箭线，如图3.16(a)所示。

(2) 外向箭线。从某节点引出的箭线称为该节点的外向箭线，如图3.16(b)所示。

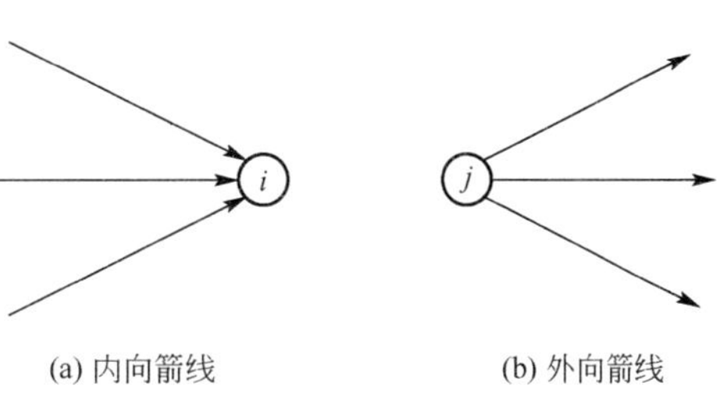

图3.16 内向箭线和外向箭线

3）逻辑关系

逻辑关系是指工作间相互制约或相互依赖的关系，也就是先后顺序关系。工作之间的逻辑关系包括工艺关系和组织关系。

（1）工艺关系。工艺关系是指生产上客观存在的先后顺序关系，或者是非生产性工作之间由工作程序决定的先后顺序关系。例如，建筑工程在施工时，先做基础，后做主体；先做结构，后做装修。工艺关系是不能随意改变的。

（2）组织关系。组织关系是指在不违反工艺关系的前提下，人为安排工作的先后顺序关系。例如：建筑群中各个建筑物开工顺序的先后；施工对象的分段流水作业等。组织顺序可以根据具体情况，按安全、经济、高效的原则统筹安排。

3.2.2 双代号网络计划的绘制

正确绘制工程网络图是网络计划技术应用的关键。因此，在绘制时应做到两点：首先要正确表达工作之间的逻辑关系；其次必须遵守网络图的绘制规则。

1．正确表达工作之间的逻辑关系

在网络图中，各工作之间的逻辑关系变化多端。表 3－5 所列的是一些常见的逻辑关系及其双代号表示方法。

表 3－5 常见逻辑关系及其双代号表示方法

序　号	逻辑关系	双代号表示方法	备　注
1	A、B 两项工作依次进行	 ○—A→○—B→○	A 工作的结束节点是 B 工作的开始节点
2	A、B、C 三项工作同时开始	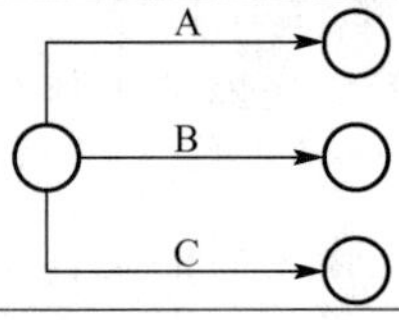 A、B、C 自同一节点引出	三项工作具有共同的起点节点
3	A、B、C 三项工作同时结束	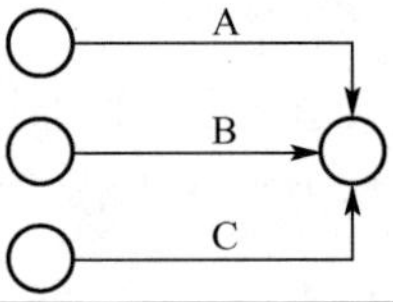 A、B、C 汇入同一节点	三项工作具有共同的结束节点
4	A、B、C 三项工作，A 完成后进行 B、C	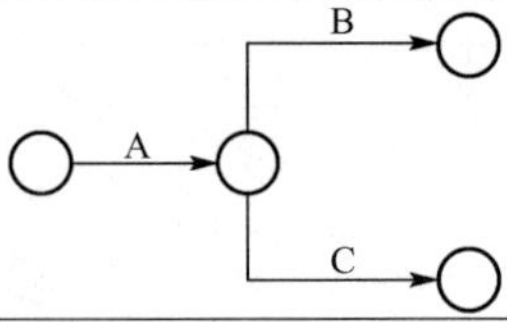 ○—A→○，再引出 B、C	A 工作的结束节点是 B、C 工作的开始节点
5	A、B、C 三项工作，A、B 完成后进行 C	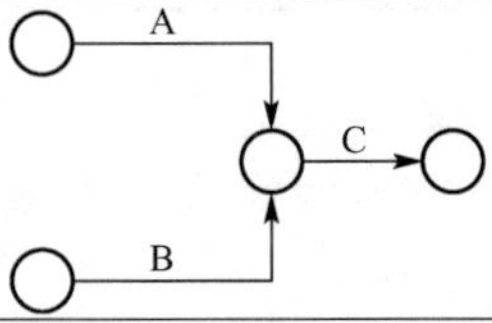 A、B 汇入○—C→○	A、B 工作的结束节点是 C 工作的开始节点
6	A、B、C、D 四项工作，A、B 完成后进行 C、D	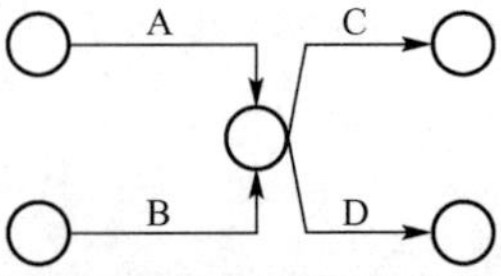 A、B 汇入○，再引出 C、D	A、B 工作的结束节点是 C、D 工作的开始节点

续表

序　号	逻辑关系	双代号表示方法	备　注
7	A、B、C、D四项工作，A完成后进行C，A、B完成后进行D		引入虚箭线，使A工作成为D工作的紧前工作
8	A、B、C、D、E五项工作，A、B完成后进行D，B、C完成后进行E		加入两条虚箭线，使B工作成为D、E共同的紧前工作
9	A、B、C、D、E五项工作，A、B、C完成后进行D，B、C完成后进行E		引入虚箭线，使B、C工作成为D工作的紧前工作
10	A、B两个施工过程，按三个施工段流水施工		引入虚箭线，B_2工作的开始受到A_2和B_1两项工作的制约

2. 双代号网络图的绘制规则

根据原建设部颁发的《工程网络计划技术规程》(JGJ/T 121—2015)，双代号网络图的绘制应遵循下列规则。

(1) 在双代号网络图中，严禁出现循环回路。如图3.17(a)中，①→②→④→①和②→④→⑤→②就是循环回路，它表示的逻辑关系是错误的，在工艺顺序上是相互矛盾的。

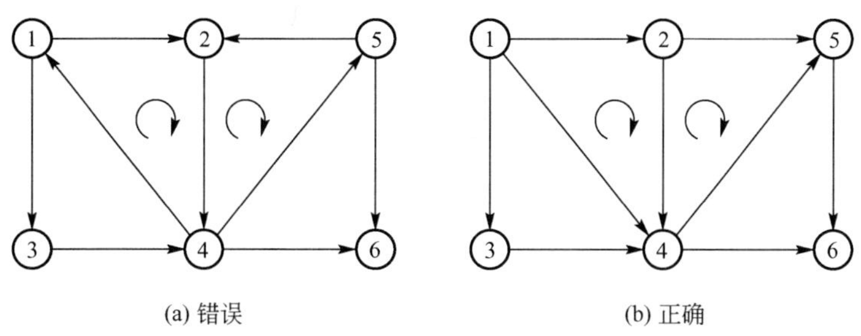

图3.17　不允许出现循环回路

(2) 在双代号网络图中，不允许出现一个代号表示一项工作。如图3.18(a)所示的表达是错误的，正确的表达如图3.18(b)所示。

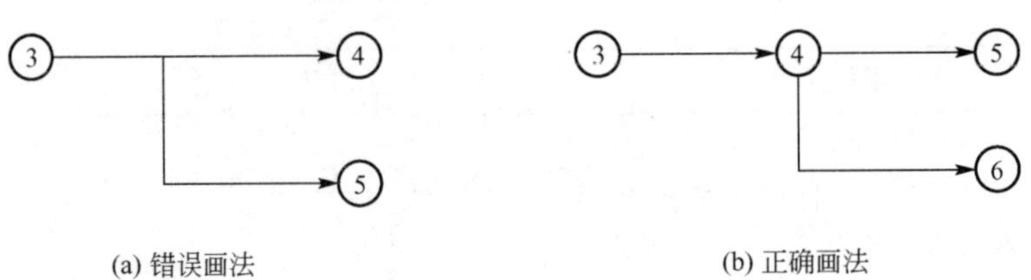

(a) 错误画法　　(b) 正确画法

图 3.18　不允许出现一个代号表示一项工作

(3) 在双代号网络图中，在节点之间严禁出现带双向箭头或无箭头的箭线，如图 3.19 所示。

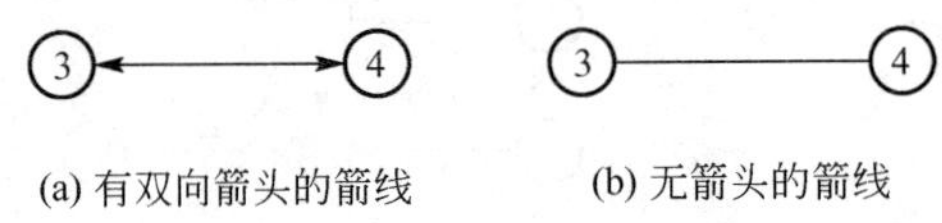

(a) 有双向箭头的箭线　　(b) 无箭头的箭线

图 3.19　不允许出现双向箭头或无箭头的箭线

(4) 在双代号网络图中，严禁出现没有箭头节点或没有箭尾节点的箭线，如图 3.20 所示。

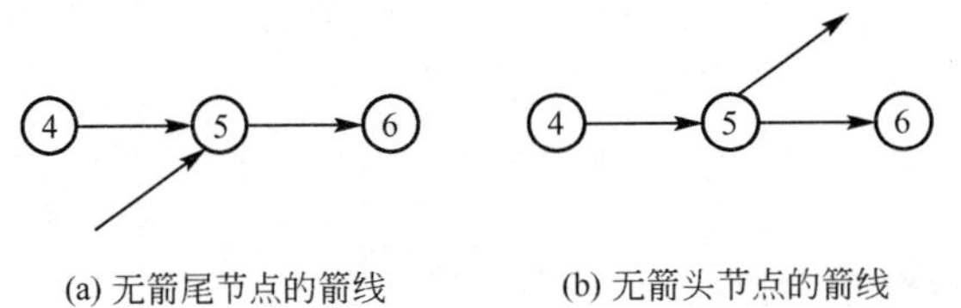

(a) 无箭尾节点的箭线　　(b) 无箭头节点的箭线

图 3.20　不允许出现没有箭头节点或没有箭尾节点的箭线

(5) 在双代号网络图中，不允许出现编号相同的节点或工作。如图 3.21(a)中，有两个节点的编号相同，均为 2；A、B、C 三项工作均用代号①→②表示，这是错误的。正确的表达如图 3.21(b)或(c)所示，采用虚箭线将其区分。

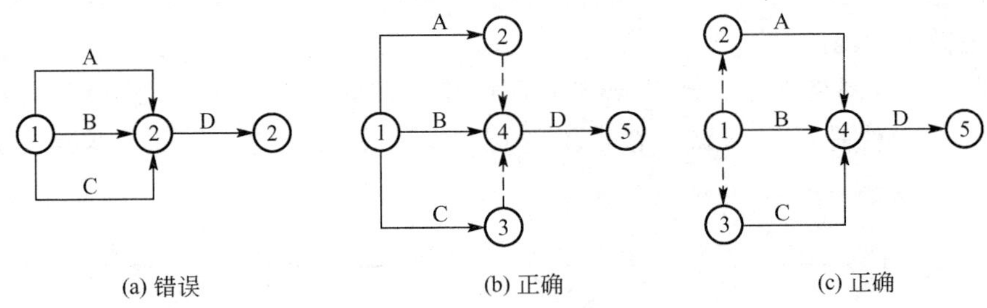

(a) 错误　　(b) 正确　　(c) 正确

图 3.21　不允许出现编号相同的节点或工作

(6) 当双代号网络图的某些节点有多条外向箭线或多条内向箭线时，可采用母线法绘制。当箭线线型不同时，可在母线引出的支线上标出，如图 3.22 所示。

(7) 绘制双代号网络图时，箭线不宜交叉，当交叉不可避免时，可用过桥法或指向法，如图 3.23 所示。

(8) 双代号网络图中应只有一个起点节点；在不分期完成任务的网络图中，应只有一个终点节点；而其他所有节点均应是中间节点。如图 3.24 所示，出现两个起点节点①、③和两个终点节点⑤、⑥是错误的。

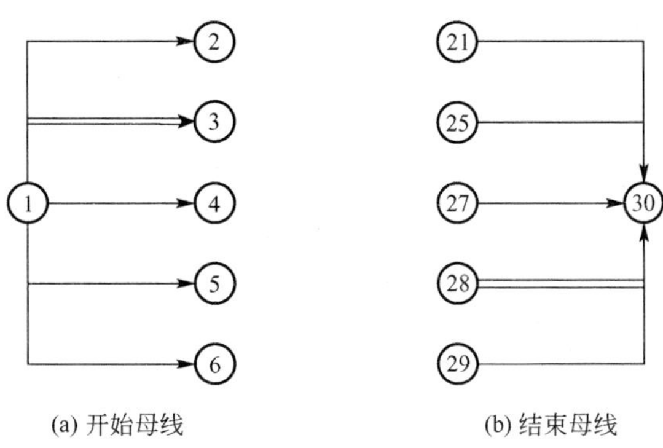

(a) 开始母线　　(b) 结束母线

图 3.22　母线法绘图

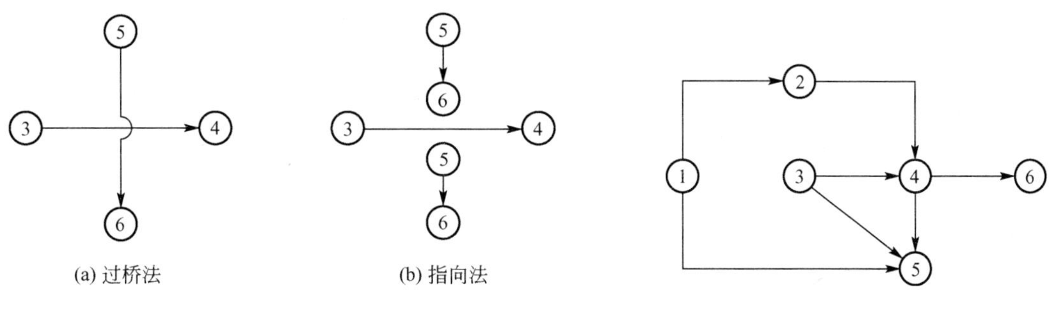

(a) 过桥法　　(b) 指向法

图 3.23　箭线交叉的表示方法

图 3.24　多个起点节点和多个终点节点

3. 双代号网络计划绘制的步骤、要求和方法

1）绘制步骤

（1）绘制网络图之前，首先收集整理有关该网络计划的资料。

（2）根据工作之间的逻辑关系和绘制规则，从起点节点开始，从左到右依次绘制网络计划的草图。

（3）检查各工作之间的逻辑关系是否正确，网络图的绘制是否符合规则。

（4）整理、完善网络图，使网络图条理清楚、层次分明。

（5）对网络图各节点进行编号。

2）绘制要求

（1）网络图的箭线应以水平箭线为主，竖线和斜线为辅，不应画成曲线。

（2）在网络图中，箭线应保持自左向右的方向，不应出现反向箭线，如图 3.25(a)所示，④→⑤即为反向箭线。箭线应注意合理布局，如图 3.25(b)所示。

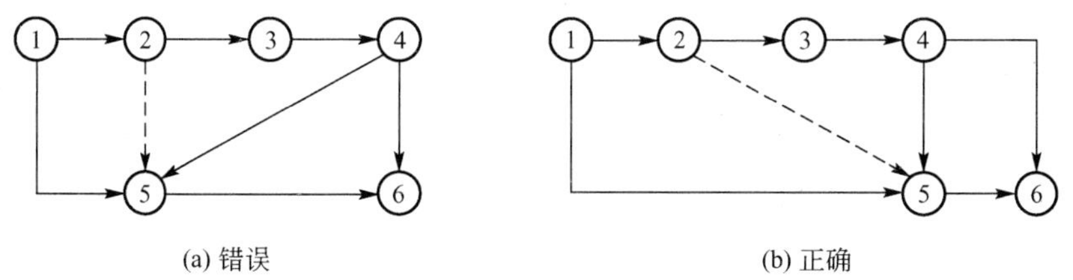

(a) 错误　　(b) 正确

图 3.25　不应出现反向箭线

（3）在网络图中正确应用虚箭线，力求减少不必要的虚箭线。虚箭线在双代号网络图

中有着重要意义，其所起的作用可归纳为连接、断路和区分，我们应从网络图的绘制过程中，仔细体会虚箭线的应用技巧。

3）绘制方法和技巧

（1）绘制没有紧前工作的工作，使它们具有相同的开始节点，即起点节点。

（2）绘制没有紧后工作的工作，使它们具有相同的结束节点，即终点节点。

（3）当所绘制的工作只有一个紧前工作时，将该工作直接画在其紧前工作的结束节点之后。

（4）当所绘制的工作有多个紧前工作时，应按以下四种情况分别考虑。

第一种情况：如果在其紧前工作中存在一项工作只作为本工作的紧前工作，则将本工作直接画在该紧前工作的结束节点之后，然后用虚箭线分别将其他紧前工作与本工作相连。

第二种情况：如果在其紧前工作中存在多项工作只作为本工作的紧前工作，先将这些紧前工作的结束节点合并，从合并后的节点画出本工作，然后再用虚箭线分别将其他紧前工作与本工作相连。

第三种情况：如果其所有紧前工作都同时作为其他工作的紧前工作，先将它们的结束节点合并，再从合并后的节点画出本工作。

第四种情况：如果不存在以上三种情况，则应将本工作的开始节点单独画在其紧前工作箭线之后的中部，然后用虚箭线分别将紧前工作与本工作相连。

4. 绘图示例

应用案例 3-8

试根据表 3-6 中某工程各工作之间的逻辑关系，绘制双代号网络图。

表 3-6 某工程各工作之间的逻辑关系

工作名称	A	B	C	D	E	F	G	H	I
紧前工作	—	A	A	B	B、C	C	D、E	E、F	H、G

【案例解析】

绘制给定逻辑关系的双代号网络图，首先分析各工作紧前工作的特征，然后根据绘制方法和技巧绘制草图。具体分析如下。

（1）A 工作没有紧前工作，首先绘制 A 工作，如图 3.26(a)所示。

（2）B、C 工作均只有一个紧前工作 A，分别将 B、C 工作直接画在 A 工作的结束节点之后，如图 3.26(b)所示。

（3）D 工作只有一个紧前工作 B，将 D 工作直接画在 B 工作的结束节点之后，如图 3.26(c)所示。

（4）E 工作有两个紧前工作 B、C，因其属于所绘制的工作有多个紧前工作的第四种情况，故将 E 工作的开始节点单独画在其紧前工作 B、C 箭线之后的中部，然后用虚箭线分别将 B、C 工作与 E 工作相连，如图 3.26(d)所示。

（5）F 工作只有一个紧前工作 C，将 F 工作直接画在 C 工作的结束节点之后，如图 3.26(e)所示。

（6）G 工作有两个紧前工作 D、E，因 D 工作只作为 G 工作的紧前工作，故将 G 工作直接画在 D 工作的结束节点之后，然后用虚箭线将 E 工作与 G 工作相连；同理，将 H 工作直接画在F工作的结束节点之后，然后用虚箭线将E工作与H工作相连，如图3.26(f)所示。

(7) I工作有两个紧前工作H、G，因H、G工作只作为I工作的紧前工作，故将H、G工作的结束节点合并，再从合并后的节点画出I工作，如图3.26(g)所示。

草图绘制完成后，检查该网络图表达的逻辑关系是否正确，是否符合网络图绘制规则。检查无误后，按网络图绘制要求整理、完善网络图，使网络图条理清楚、层次分明。最后按照节点编号的要求和原则对各节点进行编号，如图3.26(h)所示。

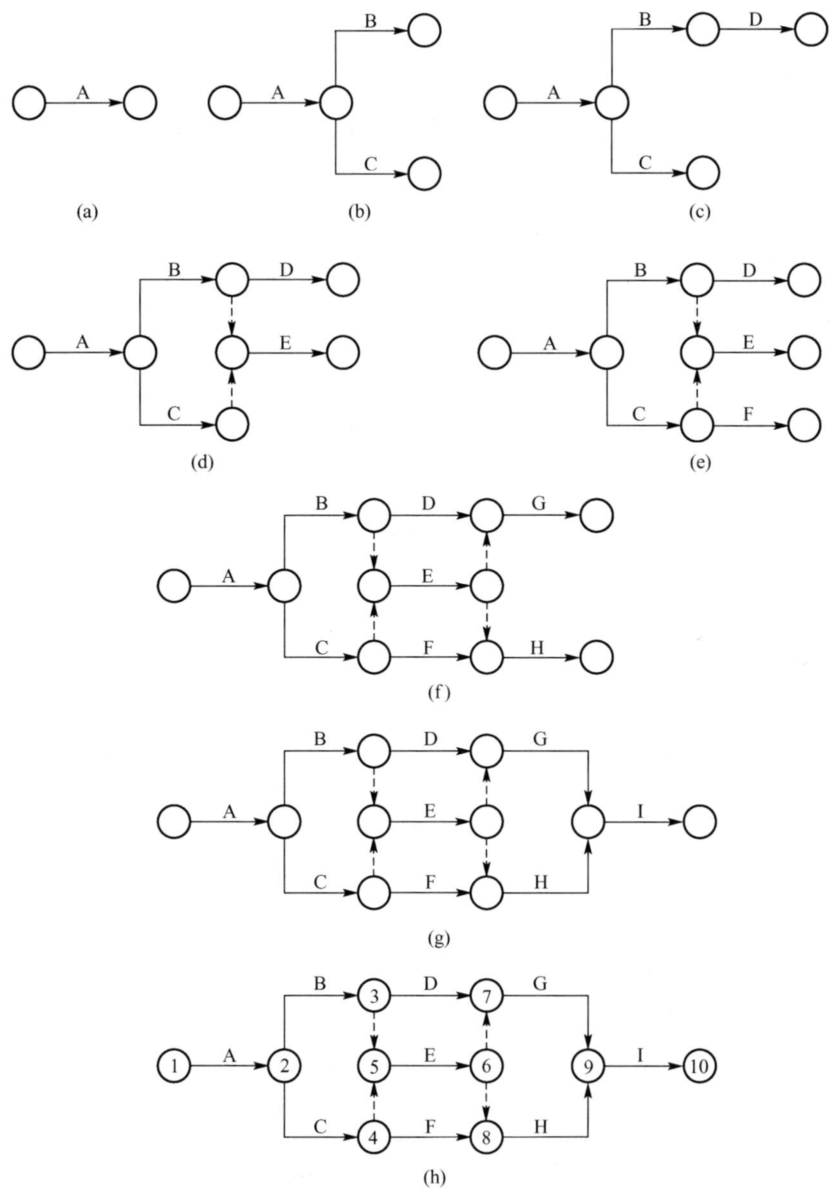

图3.26 某工程网络计划绘制过程

需要指出的是，当给定了工作之间的逻辑关系之后，绘制网络图时，既可以根据紧前工作关系绘制，也可以根据紧后工作关系绘制。一般来讲，单代号网络图根据紧后工作关系绘制较为简单，而双代号网络图根据紧前工作关系绘制更方便。

5. 双代号网络计划的排列方法

在绘制实际工程的网络计划时，由于施工过程数目较多且逻辑关系复杂，因此除了符合绘制规则外，还应选择一定的排列方法，使网络图条理清楚、层次分明。双代号网络图的排列方法主要有两种。

1）按施工过程排列

按施工过程排列是把网络计划中各施工过程按垂直方向排列，各施工段按水平方向排列，如图 3.27 所示。

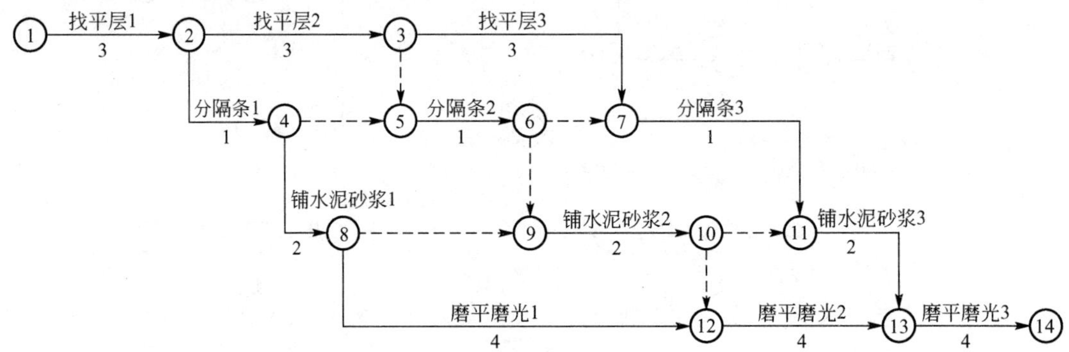

图 3.27 按施工过程排列

2）按施工段排列

按施工段排列是把同一施工过程的各个施工段按垂直方向排列，各施工过程按水平方向排列，如图 3.28 所示。

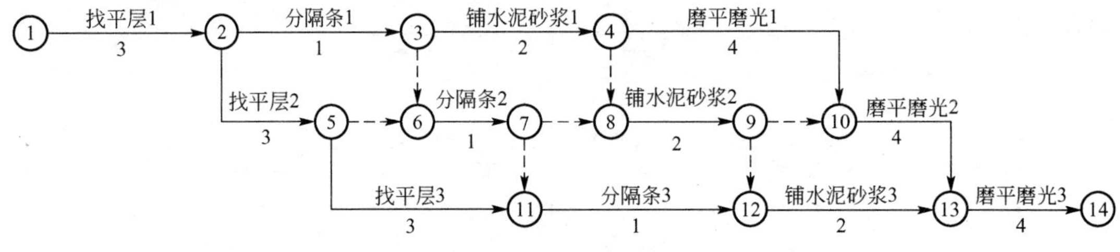

图 3.28 按施工段排列

3.2.3 双代号网络计划时间参数的计算

1. 双代号网络计划时间参数的定义及表达符号

网络计划的时间参数是指网络图、工作及节点所具有的各种时间值。双代号网络计划时间参数的定义及表达符号见表 3-7。

表 3-7 双代号网络计划时间参数的定义及表达符号

参数种类	参数名称	表达符号	定　　义
工期	计算工期	T_c	根据时间参数计算所得到的工期
	要求工期	T_r	任务委托人所提出的指令性工期
	计划工期	T_p	根据要求工期和计算工期所确定的作为实施目标的工期

续表

参数种类	参数名称	表达符号	定　　义
工作的时间参数	持续时间	D_{i-j}	一项工作从开始到完成的时间
	最早开始时间	ES_{i-j}	各紧前工作全部完成后，本工作有可能开始的最早时刻
	最早完成时间	EF_{i-j}	各紧前工作全部完成后，本工作有可能完成的最早时刻
	最迟开始时间	LS_{i-j}	在不影响整个任务按期完成(计划工期)的前提下，本工作必须开始的最迟时刻
	最迟完成时间	LF_{i-j}	在不影响整个任务按期完成的前提下，本工作必须完成的最迟时刻
	总时差	TF_{i-j}	在不影响整个任务按期完成的前提下，本工作可以利用的机动时间
	自由时差	FF_{i-j}	在不影响其紧后工作最早开始时间的前提下，本工作可以利用的机动时间
节点的时间参数	最早时间	ET_i	以该节点为开始节点的各项工作的最早开始时间
	最迟时间	LT_i	以该节点为完成节点的各项工作的最迟完成时间

2. 工作计算法计算时间参数

工作计算法是指直接计算各项工作的时间参数的方法。按工作计算法计算时间参数，其结果应标注在箭线之上，如图 3.29 所示。虚工作必须视同工作进行计算，其持续时间为零。

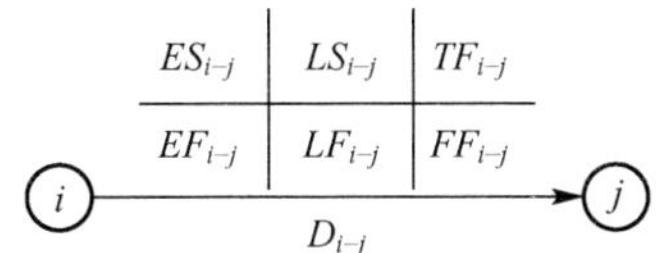

图 3.29　工作计算法的标注内容

下面以图 3.30 所示双代号网络计划为例，说明按工作计算法计算时间参数的过程。其计算结果如图 3.31 所示。

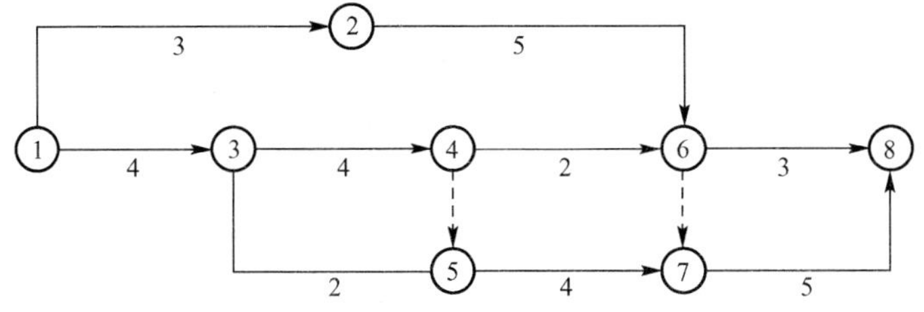

图 3.30　某工程双代号网络计划

1）计算工作的最早开始时间 ES_{i-j}

工作最早开始时间的计算应从网络计划的起点节点开始，顺着箭线方向依次进行。

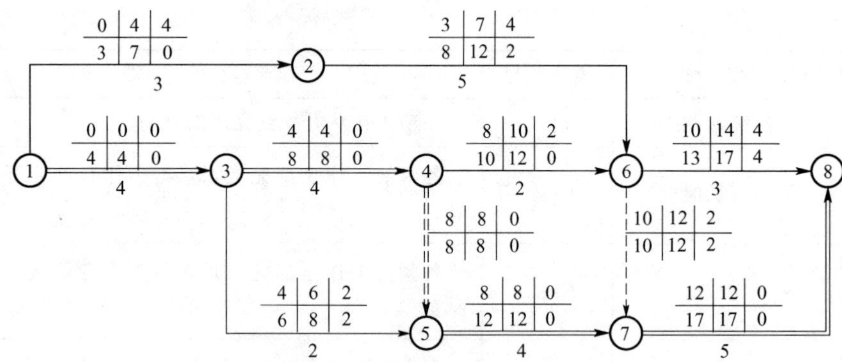

图 3.31　工作计算法计算时间参数

(1) 以起点节点为开始节点的工作，当未规定其最早开始时间时，其值应为零。

(2) 其他工作的最早开始时间，按下式计算：

$$ES_{i-j}=\max\{ES_{h-i}+D_{h-i}\} \tag{3-12}$$

式中　ES_{i-j}——工作 $i-j$ 的最早开始时间；

ES_{h-i}——工作 $i-j$ 的紧前工作 $h-i$ 的最早开始时间；

D_{h-i}——工作 $i-j$ 的紧前工作 $h-i$ 的持续时间。

本例中，各工作的最早开始时间计算如下：

$ES_{1-2}=ES_{1-3}=0$　　$ES_{2-6}=ES_{1-2}+D_{1-2}=0+3=3$

$ES_{3-4}=ES_{3-5}=ES_{1-3}+D_{1-3}=0+4=4$　　$ES_{4-5}=ES_{4-6}=ES_{3-4}+D_{3-4}=4+4=8$

$$ES_{5-7}=\max\begin{Bmatrix}ES_{3-5}+D_{3-5}=4+2=6\\ES_{4-5}+D_{4-5}=8+0=8\end{Bmatrix}=8$$

$$ES_{6-7}=ES_{6-8}=\max\begin{Bmatrix}ES_{2-6}+D_{2-6}=3+5=8\\ES_{4-6}+D_{4-6}=8+2=10\end{Bmatrix}=10$$

$$ES_{7-8}=\max\begin{Bmatrix}ES_{5-7}+D_{5-7}=8+4=12\\ES_{6-7}+D_{6-7}=10+0=10\end{Bmatrix}=12$$

2) 计算工作的最早完成时间 EF_{i-j}

工作的最早完成时间等于其最早开始时间加本工作的持续时间，即

$$EF_{i-j}=ES_{i-j}+D_{i-j} \tag{3-13}$$

本例中，各工作的最早完成时间计算如下。

$EF_{1-2}=ES_{1-2}+D_{1-2}=0+3=3$　　$EF_{1-3}=ES_{1-3}+D_{1-3}=0+4=4$

$EF_{2-6}=ES_{2-6}+D_{2-6}=3+5=8$　　$EF_{3-4}=ES_{3-4}+D_{3-4}=4+4=8$

$EF_{3-5}=ES_{3-5}+D_{3-5}=4+2=6$　　$EF_{4-5}=ES_{4-5}+D_{4-5}=8+0=8$

$EF_{4-6}=ES_{4-6}+D_{4-6}=8+2=10$　　$EF_{5-7}=ES_{5-7}+D_{5-7}=8+4=12$

$EF_{6-7}=ES_{6-7}+D_{6-7}=10+0=10$　　$EF_{6-8}=ES_{6-8}+D_{6-8}=10+3=13$

$EF_{7-8}=ES_{7-8}+D_{7-8}=12+5=17$

网络计划的计算工期等于以终点节点为结束节点的工作的最早完成时间的最大值，即

$$T_c=\max\{EF_{i-n}\} \tag{3-14}$$

式中　T_c——网络计划的计算工期；

EF_{i-n}——以终点节点 n 为结束节点的工作的最早完成时间。

本例中，网络计划的计算工期为

$$T_c = \max\{EF_{6-8},\ EF_{7-8}\} = \max\{13,\ 17\} = 17$$

网络计划的计划工期应按下列情况分别确定。

(1) 当已规定了要求工期时，计划工期不应超过要求工期，即 $T_p \leqslant T_r$。

(2) 当未规定要求工期时，取计划工期等于计算工期，即 $T_p = T_c$。

本例中，没有规定要求工期，故 $T_p = T_c = 17$。

3) 计算工作的最迟完成时间 LF_{i-j}

工作最迟完成时间的计算应从网络计划的终点节点开始，逆着箭线方向依次进行。

(1) 以终点节点为完成节点的工作，其最迟完成时间应等于网络计划的计划工期 T_p。

(2) 其他工作的最迟完成时间，按下式计算：

$$LF_{i-j} = \min\{LF_{j-k} - D_{j-k}\} \tag{3-15}$$

式中 LF_{i-j}——工作 $i-j$ 的最迟完成时间；

LF_{j-k}——工作 $i-j$ 的紧后工作 $j-k$ 的最迟完成时间；

D_{j-k}——工作 $i-j$ 的紧后工作 $j-k$ 的持续时间。

本例中，各工作的最迟完成时间计算如下。

$LF_{7-8} = LF_{6-8} = T_p = 17$　　　$LF_{6-7} = LF_{5-7} = LF_{7-8} - D_{7-8} = 17 - 5 = 12$

$$LF_{4-6} = LF_{2-6} = \min\begin{Bmatrix} LF_{6-7} - D_{6-7} = 12 - 0 = 12 \\ LF_{6-8} - D_{6-8} = 17 - 3 = 14 \end{Bmatrix} = 12$$

$LF_{4-5} = LF_{3-5} = LF_{5-7} - D_{5-7} = 12 - 4 = 8$

$$LF_{3-4} = \min\begin{Bmatrix} LF_{4-6} - D_{4-6} = 12 - 2 = 10 \\ LF_{4-5} - D_{4-5} = 8 - 0 = 8 \end{Bmatrix} = 8$$

$$LF_{1-3} = \min\begin{Bmatrix} LF_{3-4} - D_{3-4} = 8 - 4 = 4 \\ LF_{3-5} - D_{3-5} = 8 - 2 = 6 \end{Bmatrix} = 4$$

$LF_{1-2} = LF_{2-6} - D_{2-6} = 12 - 5 = 7$

4) 计算工作的最迟开始时间 LS_{i-j}

工作的最迟开始时间等于其最迟完成时间减本工作的持续时间，即

$$LS_{i-j} = LF_{i-j} - D_{i-j} \tag{3-16}$$

本例中，各工作的最迟开始时间计算如下。

$LS_{1-2} = LF_{1-2} - D_{1-2} = 7 - 3 = 4$　　　$LS_{1-3} = LF_{1-3} - D_{1-3} = 4 - 4 = 0$

$LS_{2-6} = LF_{2-6} - D_{2-6} = 12 - 5 = 7$　　　$LS_{3-4} = LF_{3-4} - D_{3-4} = 8 - 4 = 4$

$LS_{3-5} = LF_{3-5} - D_{3-5} = 8 - 2 = 6$　　　$LS_{4-5} = LF_{4-5} - D_{4-5} = 8 - 0 = 8$

$LS_{4-6} = LF_{4-6} - D_{4-6} = 12 - 2 = 10$　　　$LS_{5-7} = LF_{5-7} - D_{5-7} = 12 - 4 = 8$

$LS_{6-7} = LF_{6-7} - D_{6-7} = 12 - 0 = 12$　　　$LS_{6-8} = LF_{6-8} - D_{6-8} = 17 - 3 = 14$

$LS_{7-8} = LF_{7-8} - D_{7-8} = 17 - 5 = 12$

5) 计算工作的总时差 TF_{i-j}

工作的总时差等于该工作最迟开始时间与最早开始时间之差，或等于该工作最迟完成时间与最早完成时间之差，即

$$TF_{i-j} = LS_{i-j} - ES_{i-j} = LF_{i-j} - EF_{i-j} \tag{3-17}$$

式中　TF_{i-j}——工作 $i-j$ 的总时差。

其余符号含义同前。

本例中，各工作的总时差计算如下。

$TF_{1-2}=LS_{1-2}-ES_{1-2}=4-0=4$　　$TF_{1-3}=LS_{1-3}-ES_{1-3}=0-0=0$

$TF_{2-6}=LS_{2-6}-ES_{2-6}=7-3=4$　　$TF_{3-4}=LS_{3-4}-ES_{3-4}=4-4=0$

$TF_{3-5}=LS_{3-5}-ES_{3-5}=6-4=2$　　$TF_{4-5}=LS_{4-5}-ES_{4-5}=8-8=0$

$TF_{4-6}=LS_{4-6}-ES_{4-6}=10-8=2$　　$TF_{5-7}=LS_{5-7}-ES_{5-7}=8-8=0$

$TF_{6-7}=LS_{6-7}-ES_{6-7}=12-10=2$　　$TF_{6-8}=LS_{6-8}-ES_{6-8}=14-10=4$

$TF_{7-8}=LS_{7-8}-ES_{7-8}=12-12=0$

6）计算工作的自由时差 FF_{i-j}

工作自由时差的计算应按以下两种情况分别考虑。

（1）对于有紧后工作的工作，其自由时差等于紧后工作的最早开始时间减本工作的最早完成时间，即

$$FF_{i-j}=ES_{j-k}-EF_{i-j} \tag{3-18}$$

式中　FF_{i-j}——工作 $i-j$ 的自由时差；

ES_{j-k}——工作 $i-j$ 的紧后工作 $j-k$ 的最早开始时间；

EF_{i-j}——工作 $i-j$ 的最早完成时间。

（2）对于无紧后工作的工作，也就是以终点节点为结束节点的工作，其自由时差等于计算工期与本工作最早完成时间之差，即

$$FF_{i-n}=T_c-EF_{i-n} \tag{3-19}$$

式中　FF_{i-n}——以终点节点 n 为结束节点的工作 $i-n$ 的自由时差；

T_c——网络计划的计算工期；

EF_{i-n}——以终点节点 n 为结束节点的工作 $i-n$ 的最早完成时间。

本例中，各工作的自由时差计算如下。

$FF_{1-2}=ES_{2-6}-EF_{1-2}=3-3=0$　　$FF_{1-3}=ES_{3-4}-EF_{1-3}=4-4=0$

$FF_{2-6}=ES_{6-8}-EF_{2-6}=10-8=2$　　$FF_{3-4}=ES_{4-6}-EF_{3-4}=8-8=0$

$FF_{3-5}=ES_{5-7}-EF_{3-5}=8-6=2$　　$FF_{4-5}=ES_{5-7}-EF_{4-5}=8-8=0$

$FF_{4-6}=ES_{6-8}-EF_{4-6}=10-10=0$　　$FF_{5-7}=ES_{7-8}-EF_{5-7}=12-12=0$

$FF_{6-7}=ES_{7-8}-EF_{6-7}=12-10=2$　　$FF_{6-8}=T_c-EF_{6-8}=17-13=4$

$FF_{7-8}=T_c-EF_{7-8}=17-17=0$

在网络计划中，总时差最小的工作为关键工作。当网络计划的计划工期等于计算工期时，总时差最小为零，此时，总时差为零的工作为关键工作。例如在本例中，工作①→③、③→④、⑤→⑦和⑦→⑧的总时差均为零，故它们都是关键工作。由关键工作构成的线路就是关键线路。关键线路一般用粗箭线或双箭线标出，也可以用彩色箭线标出。

自由时差为某非关键工作独立使用的机动时间，利用自由时差，不会影响其紧后工作的最早开始时间。工作的总时差与自由时差的关系为：$TF_{i-j}\geqslant FF_{i-j}$。

3. 节点计算法计算时间参数

节点计算法，就是先计算网络计划中各个节点的最早时间和最迟时间，然后再据以计

算各项工作的时间参数。按节点计算法计算时间参数，其结果应标注在节点之上，如图 3.32所示。

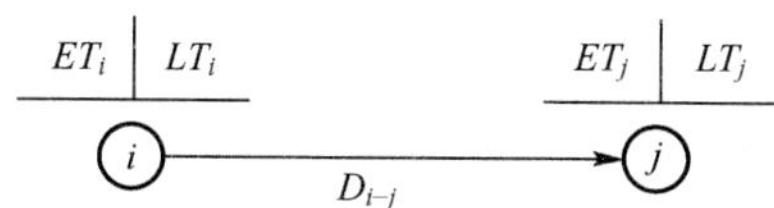

图 3.32 节点计算法的标注内容

下面仍以如图 3.30 所示双代号网络计划为例，说明按节点计算法计算时间参数的过程。其计算结果如图 3.33 所示。

1）计算节点的最早时间 ET_i

节点最早时间的计算应从网络计划的起点节点开始，顺着箭线方向依次进行。

（1）网络计划的起点节点，如未规定最早时间，其值等于零。

（2）其他节点的最早时间应按下式进行计算：

$$ET_j=\max\{ET_i+D_{i-j}\} \tag{3-20}$$

式中 ET_j——工作 $i-j$ 的结束节点 j 的最早时间；

ET_i——工作 $i-j$ 的开始节点 i 的最早时间；

D_{i-j}——工作 $i-j$ 的持续时间。

本例中，各节点的最早时间确定如下。

$ET_1=0$　　$ET_2=ET_1+D_{1-2}=0+3=3$

$ET_3=ET_1+D_{1-3}=0+4=4$　　$ET_4=ET_3+D_{3-4}=4+4=8$

$ET_5=\max\{ET_3+D_{3-5}, ET_4+D_{4-5}\}=\max\{4+2, 8+0\}=8$

其余节点的最早时间如图 3.33 所示。

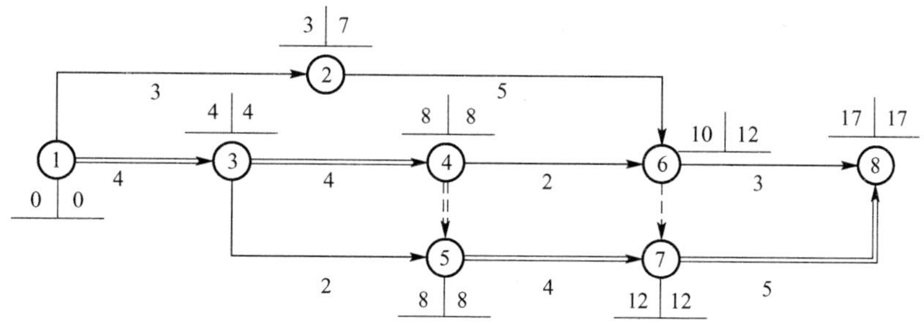

图 3.33 节点计算法计算时间参数

节点的最早时间计算完成后，即可确定网络计划的计算工期。计算工期等于终点节点的最早时间，即

$$T_c=ET_n \tag{3-21}$$

式中 T_c——网络计划的计算工期；

ET_n——终点节点 n 的最早时间。

本例中，计算工期为 $T_c=ET_8=17$。

计划工期的确定与工作计算法相同。

本例中，没有规定要求工期，故 $T_p=T_c=17$。

2）计算节点的最迟时间 LT_i

节点最迟时间的计算从网络计划的终点节点开始，逆着箭线方向依次进行。

(1) 网络计划终点节点的最迟时间等于网络计划的计划工期，即 $LT_n = T_p$。

(2) 其他节点的最迟时间应按下式进行计算：

$$LT_i = \min\{LT_j - D_{i-j}\} \tag{3-22}$$

式中 LT_i——工作 $i-j$ 的开始节点 i 的最迟时间；

LT_j——工作 $i-j$ 的结束节点 j 的最迟时间；

D_{i-j}——工作 $i-j$ 的持续时间。

本例中，各节点的最迟时间确定如下。

$LT_8 = T_p = 17$　　　　$LT_7 = LT_8 - D_{7-8} = 17-5 = 12$

$LT_6 = \min\{LT_7 - D_{6-7}, LT_8 - D_{6-8}\} = \min\{12-0, 17-3\} = 12$

其余节点的最迟时间如图 3.33 所示。

3) 根据节点的最早时间和最迟时间计算工作的时间参数

(1) 工作的最早开始时间等于该工作开始节点的最早时间，即

$$ES_{i-j} = ET_i \tag{3-23}$$

(2) 工作的最早完成时间等于该工作开始节点的最早时间与其持续时间之和，即

$$EF_{i-j} = ET_i + D_{i-j} \tag{3-24}$$

(3) 工作的最迟完成时间等于该工作结束节点的最迟时间，即

$$LF_{i-j} = LT_j \tag{3-25}$$

(4) 工作的最迟开始时间等于该工作结束节点的最迟时间与其持续时间之差，即

$$LS_{i-j} = LT_j - D_{i-j} \tag{3-26}$$

(5) 工作的总时差可按下式计算：

$$\begin{aligned} TF_{i-j} &= LF_{i-j} - EF_{i-j} \\ &= LT_j - (ET_i + D_{i-j}) \\ &= LT_j - ET_i - D_{i-j} \end{aligned} \tag{3-27}$$

由式(3-27)可知，工作的总时差等于该工作结束节点的最迟时间减去该工作开始节点的最早时间所得差值再减去其持续时间。

(6) 工作的自由时差可按下式计算：

$$\begin{aligned} FF_{i-j} &= ES_{j-k} - ES_{i-j} - D_{i-j} \\ &= ET_j - ET_i - D_{i-j} \end{aligned} \tag{3-28}$$

由式(3-28)可知，工作的自由时差等于该工作结束节点的最早时间减去该工作开始节点的最早时间所得差值再减去其持续时间。

在双代号网络计划中，关键线路上的节点称为关键节点。关键节点的最迟时间与最早时间的差值最小，当网络计划的计划工期等于计算工期时，关键节点的最早时间与最迟时间必然相等。本例中，节点①、③、④、⑤、⑦、⑧就是关键节点，线路①→③→④→⑤→⑦→⑧为关键线路。关键工作两端的节点必为关键节点，但两端为关键节点的工作不一定是关键工作，如③→⑤工作就不是关键工作；或者说，关键线路上的节点一定为关键节点，但由关键节点组成的线路不一定是关键线路，如由关键节点①、③、⑤、⑦、⑧组成的线路①→③→⑤→⑦→⑧就不是关键线路。

当利用关键节点判断线路和关键工作时，还要满足下列条件：

$$ET_i + D_{i-j} = ET_j \tag{3-29}$$

或

$$LT_i + D_{i-j} = LT_j \tag{3-30}$$

3.2.4 单代号网络计划

1. 单代号网络图的绘制

正确绘制单代号网络图应做到两点：正确表达工作之间的逻辑关系；遵守单代号网络图的绘制规则。

1）单代号网络图逻辑关系的表示

表3-8所列的是常见的一些逻辑关系及其单代号表示方法。

表3-8 常见逻辑关系及其单代号表示方法

序号	逻辑关系	单代号表示方法	序号	逻辑关系	单代号表示方法
1	A、B两项工作依次进行施工	A→B	4	A、B、C三项工作，A完成之后，B、C开始	A→B；A→C
2	A、B、C三项工作同时开始施工	S→A；S→B；S→C	5	A、B、C三项工作，C在A、B完成之后开始	A→C；B→C
3	A、B、C三项工作同时结束施工	A→F；B→F；C→F	6	A、B、C、D四项工作，A、B完成之后，C、D开始	A→C；A→D；B→C；B→D

2）单代号网络图的绘制规则

由于单代号网络图和双代号网络图所表达的计划内容是一致的，两者的区别仅在于绘图符号的不同或者说是工作的表示方法不同而已。因此，绘制双代号网络图所遵循的绘图规则，对绘制单代号网络图同样适用。比如，不允许出现循环回路；不允许出现编号相同的工作；不允许出现双向箭杆或没有箭头的箭杆；网络图只允许有一个起点节点和一个终点节点等。所不同的是，当有多项工作同时开始和多项工作同时结束时，应在单代号网络图的两端分别设置一项虚工作，作为网络图的起点节点和终点节点，其他再无任何虚工作。

3）单代号网络图绘制示例

应用案例3-9

已知网络图的基础资料见表3-9，试绘制单代号网络图。

表3-9 网络图基础资料

工作名称	A	B	C	D	E	F
紧前工作	—	A	A	B、C	C	D
持续时间/天	4	5	6	6	2	5

【案例解析】

根据给定的逻辑关系和单代号网络图的绘制规则，该单代号网络图的绘制如图 3.34 所示。

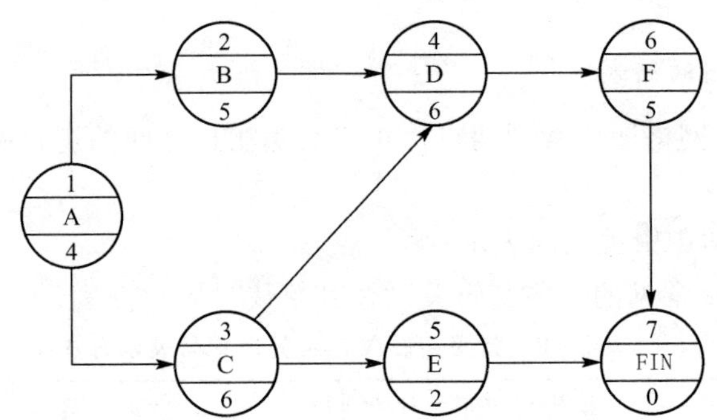

图 3.34　某工程单代号网络图

2. 单代号网络计划时间参数的计算

下面以图 3.35 所示单代号网络计划为例，说明其时间参数的计算过程。计算结果如图 3.36 所示。

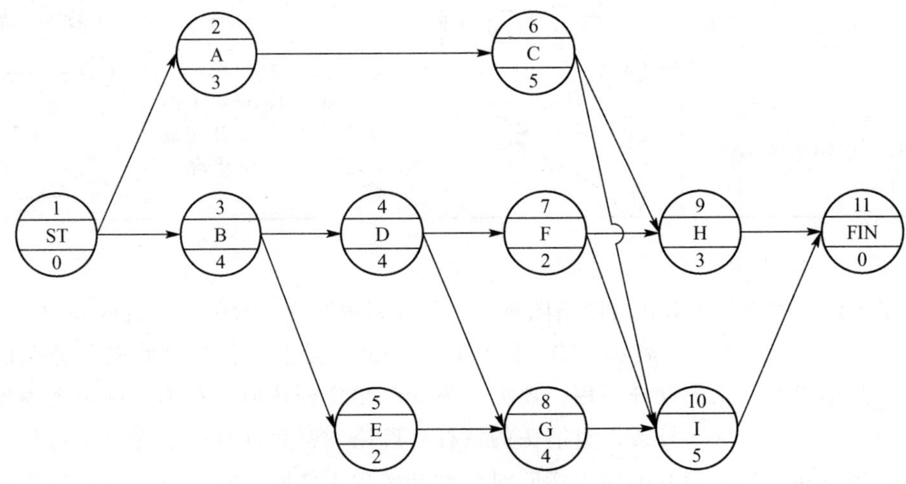

图 3.35　单代号网络计划

1）计算工作的最早开始时间 ES_i

工作最早开始时间的计算应从网络计划的起点节点开始，顺着箭线方向按节点编号从小到大的顺序依次进行。

(1) 起点节点所代表的工作的最早开始时间未规定时，其值应为零。

(2) 其他工作的最早开始时间应按下式计算：

$$ES_i = \max\{ES_h + D_h\} \tag{3-31}$$

式中　ES_i——工作 i 的最早开始时间；

ES_h——工作 i 的各紧前工作 h 的最早开始时间；

D_h——工作 i 的各紧前工作 h 的持续时间。

本例中，起点节点所代表的虚拟工作的最早开始时间为零，即 $ES_1=0$，其余各工作的最早开始时间如图 3.36 所示。

2）计算工作的最早完成时间 EF_i

工作的最早完成时间应等于本工作的最早开始时间与其持续时间之和，即

$$EF_i = ES_i + D_i \tag{3-32}$$

式中 EF_i——工作 i 的最早完成时间；

ES_i——工作 i 的最早开始时间；

D_i——工作 i 的持续时间。

本例中，$EF_1 = ES_1 + D_1 = 0 + 0 = 0$，其余各工作的最早完成时间如图 3.36 所示。

网络计划的计算工期的规定与双代号网络计划相同，等于终点节点的最早完成时间。本例中，计算工期为 $T_c = EF_{11} = 17$。

计划工期的确定与双代号网络计划相同。本例中，由于没有规定要求工期，故 $T_p = T_c = 17$。

3）计算相邻两项工作之间的时间间隔 $LAG_{i,j}$

相邻两项工作之间存在着时间间隔，工作 i 与 j 的时间间隔记为 $LAG_{i,j}$。时间间隔是指相邻两项工作之间，后项工作的最早开始时间与前项工作的最早完成时间之差，即

$$LAG_{i,j} = ES_j - EF_i \tag{3-33}$$

式中 $LAG_{i,j}$——工作 i 与其紧后工作 j 之间的时间间隔；

ES_j——工作 i 的紧后工作 j 的最早开始时间；

EF_i——工作 i 的最早完成时间。

本例中，$LAG_{1,2} = ES_2 - EF_1 = 0 - 0 = 0$，其余相邻两项工作之间的时间间隔如图 3.36所示，计算结果标注在两节点之间的箭线之上。

4）计算工作的总时差

工作总时差的计算应从网络计划的终点节点开始，逆着箭线方向按节点编号从大到小的顺序依次进行。

(1) 终点节点 n 所代表的工作的总时差应为

$$TF_n = T_p - EF_n \tag{3-34}$$

(2) 其他工作的总时差应等于本工作与其紧后工作之间的时间间隔加该紧后工作的总时差所得之和的最小值，即

$$TF_i = \min\{TF_j + LAG_{i,j}\} \tag{3-35}$$

式中 TF_i——工作 i 的总时差；

TF_j——工作 i 的紧后工作 j 的总时差；

$LAG_{i,j}$——工作 i 与其紧后工作 j 的时间间隔。

本例中，终点节点⑪所代表的虚拟工作的总时差为 $TF_{11} = T_p - EF_{11} = 17 - 17 = 0$，其余各工作的总时差如图 3.36 所示。

5）计算工作的自由时差

(1) 终点节点 n 所代表的工作的自由时差应为

$$FF_n = T_p - EF_n \tag{3-36}$$

(2) 其他工作的自由时差应为

$$FF_i = \min\{LAG_{i,j}\} \tag{3-37}$$

本例中，终点节点⑪所代表的虚拟工作的自由时差为 $FF_{11}=T_{p}-EF_{11}=17-17=0$，其余各工作的自由时差如图 3.36 所示。

6）计算工作的最迟完成时间 LF_i

工作最迟完成时间的计算应从网络计划的终点节点开始，逆着箭线方向按节点编号从大到小的顺序依次进行。

（1）终点节点 n 所代表的工作的最迟完成时间等于该网络计划的计划工期，即

$$LF_n=T_p \tag{3-38}$$

（2）其他工作的最迟完成时间等于本工作的最早完成时间与其总时差之和，即

$$LF_i=EF_i+TF_i \tag{3-39}$$

本例中，终点节点⑪所代表的虚拟工作的最迟完成时间为 $LF_{11}=T_p=17$，其余各工作的最迟完成时间如图 3.36 所示。

7）计算工作的最迟开始时间 LS_i

工作的最迟开始时间应按下式计算：

$$LS_i=ES_i+TF_i \tag{3-40}$$

或

$$LS_i=LF_i-D_i \tag{3-41}$$

本例中，终点节点⑪所代表的虚拟工作的最迟开始时间为 $LS_{11}=LF_{11}-D_i=17-0=17$，其余各工作的最迟完成时间如图 3.36 所示。

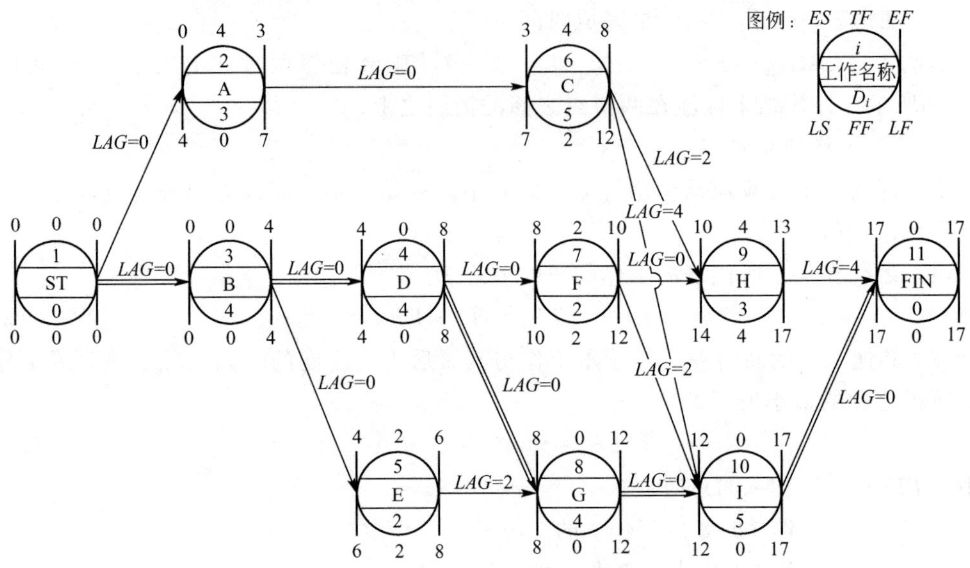

图 3.36　单代号网络计划时间参数计算

8）单代号网络计划关键工作和关键线路的确定

单代号网络计划中，关键工作的确定方法与双代号网络计划相同，即总时差最小的工作为关键工作。本例中，节点①、③、④、⑧、⑩、⑪所代表的工作的总时差均为零，故它们为关键工作。

从起点节点到终点节点均为关键工作，且所有相邻两项工作之间的时间间隔为零的线路为关键线路。本例中，线路①→③→④→⑧→⑩→⑪为关键线路。关键线路应用粗线、

双线或彩色线标出。

3.2.5 双代号时标网络计划

双代号时标网络计划综合应用了横道图的时间坐标和网络计划的原理，既具有网络计划的优点，又具有横道计划直观易懂的优点。

1. 时标网络计划的一般规定

(1) 双代号时标网络计划必须以水平时间坐标为尺度表示工作时间。时间坐标的单位应根据需要在编制网络计划之前确定，可以是小时、天、周、月或季度等。时间坐标的刻度线宜为细线，为使图面清晰简洁，此线也可不画或少画。

(2) 在时标网络计划中，以实箭线表示工作，以虚箭线表示虚工作，以波形线表示工作的自由时差。

(3) 时标网络计划中所有符号在时间坐标上的水平投影位置，都必须与其时间参数相对应。节点中心必须对准相应的时标位置。虚工作必须以垂直方向的虚箭线表示，有自由时差则加波形线表示。

2. 时标网络计划的绘制方法

时标网络计划宜按工作的最早开始时间来绘制。

在绘制时标网络计划之前，应先绘制无时标网络计划草图，并按已经确定的时间单位绘制时间坐标，然后按间接绘制法或直接绘制法绘制时标网络计划。

1) 间接绘制法

间接绘制法是先计算网络计划的时间参数，再根据时间参数在时间坐标上进行绘制的方法。其绘制步骤和方法如下。

(1) 计算各节点的时间参数。

(2) 将所有节点按其最早时间定位在时间坐标的相应位置上。

(3) 依次在各节点之间用规定线型绘出工作和自由时差。

2) 直接绘制法

直接绘制法是不计算时间参数而直接按无时标网络计划草图绘制时标网络计划的方法。现以图 3.37 所示网络计划为例，说明直接绘制法绘制时标网络计划的过程。

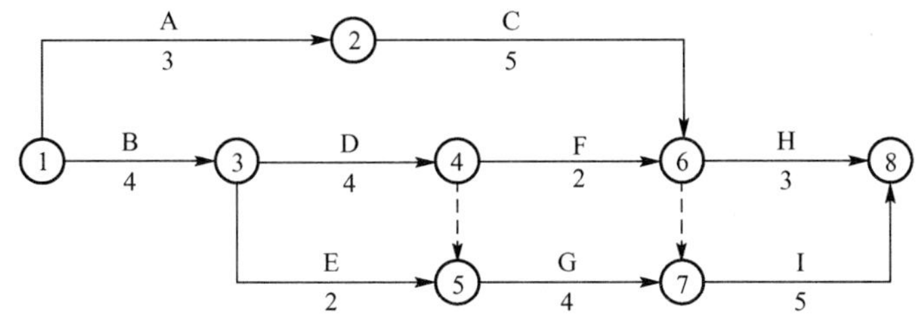

图 3.37 无时标网络计划

(1) 将起点节点定位在时间坐标的起始刻度线上。

(2) 按工作的持续时间绘制起点节点的外向箭线。

本例中，将节点①定位在时间坐标的起始刻度线“0”的位置上，从节点①分别绘出工作 A 和 B，如图 3.38 所示。

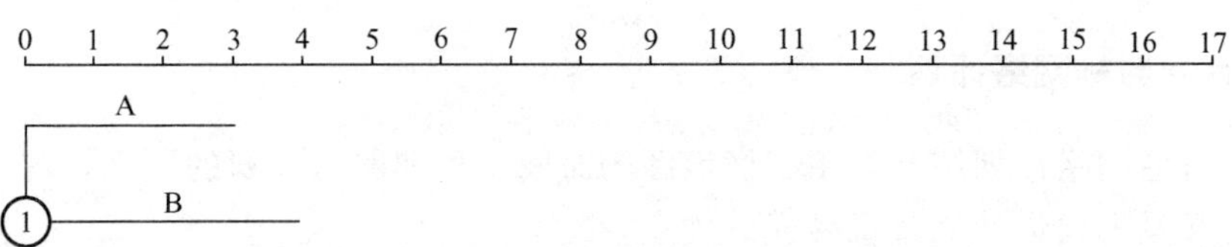

图 3.38 直接绘制法第一步

(3) 除起点节点外，其他节点必须在其所有内向箭线绘出后，定位在这些箭线中最迟的箭线末端。其他内向箭线的长度不足以到达该节点时，须用波形线补足，箭头画在与该节点的连接处。

(4) 用上述方法从左至右依次确定其他各个节点的位置，直至绘出终点节点。

本例中由于节点②只有一条内向箭线，所以节点②直接定位在箭线 A 的末端；同理，节点③直接定位在箭线 B 的末端，如图 3.39 所示。

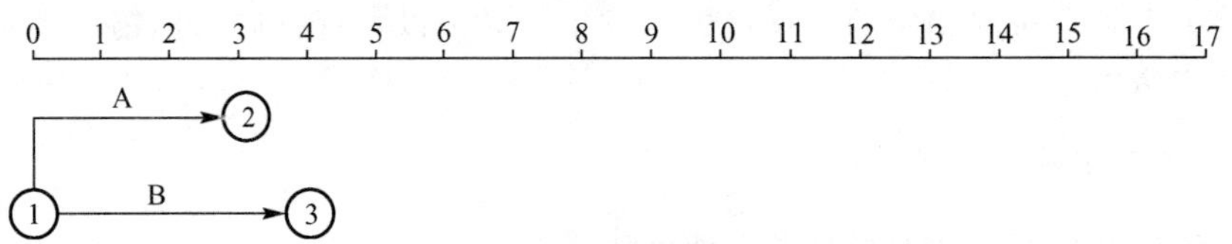

图 3.39 直接绘制法第二步

绘制 D 工作，并将节点④定位在箭线 D 的末端；节点⑤的位置需要在绘出虚工作④→⑤和工作 E 之后，定位在工作 E 和虚工作④→⑤中最迟的箭线末端，即时刻“8”的位置上。此时，箭线 E 的长度不足以到达节点⑤，用波形线补足，如图 3.40 所示。

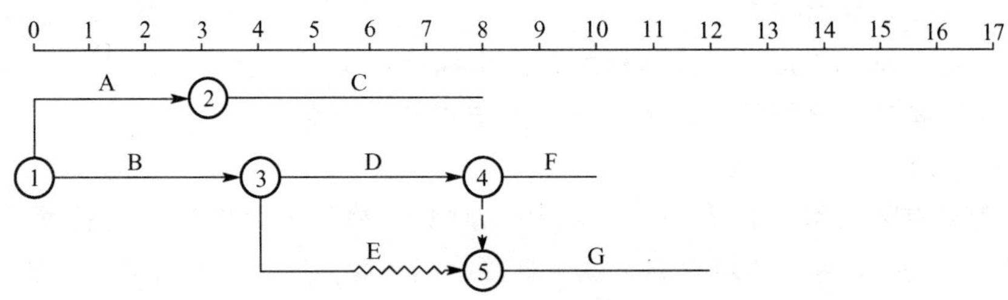

图 3.40 直接绘制法第三步

用同样的方法依次确定节点⑥、⑦、⑧的位置，完成时标网络图的绘制，如图 3.41 和图 3.42 所示。

3. 关键线路的确定和时间参数的确定

1) 关键线路的确定

在时标网络计划中，自终点节点逆箭线方向朝起点节点观察，自始至终不出现波形线的线路为关键线路。例如在图 3.42 中，线路①→③→④→⑤→⑦→⑧即为关键线路。

2) 计算工期的确定

时标网络计划的计算工期，应等于终点节点与起点节点所对应的时标值之差。例如图 3.42所示时标网络计划的计算工期为 $T_c=17-0=17$。

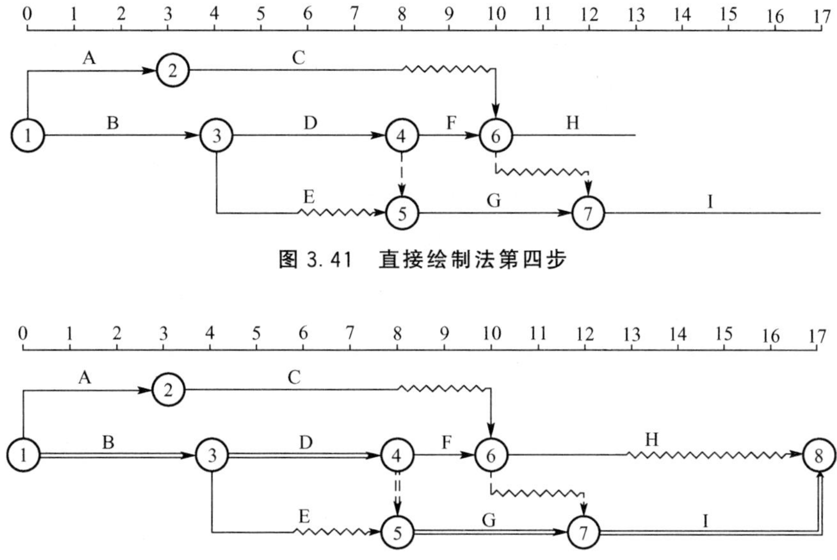

图 3.41　直接绘制法第四步

图 3.42　直接绘制法第五步

3）工作的时间参数的确定

（1）工作的最早开始时间和最早完成时间。按最早时间绘制的时标网络计划，每条实（虚）箭线的箭尾和实（虚）箭线末端所对应的时标值，应为该工作的最早开始时间和最早完成时间。

（2）工作的自由时差。波形线的水平投影长度即为该工作的自由时差。

（3）工作的总时差。工作总时差的判定应从网络计划的终点节点开始，逆着箭线方向依次进行。

以终点节点为完成节点的工作，其总时差应等于计划工期与本工作最早完成时间之差，即

$$TF_{i-n}=T_p-EF_{i-n} \tag{3-42}$$

其他工作的总时差应为

$$TF_{i-j}=\min\{TF_{j-k}+FF_{i-j}\} \tag{3-43}$$

（4）工作的最迟开始时间和最迟完成时间。工作的最迟开始时间等于本工作的最早开始时间与其总时差之和，即

$$LS_{i-j}=ES_{i-j}+TF_{i-j} \tag{3-44}$$

工作的最迟完成时间等于本工作的最早完成时间与其总时差之和，即

$$LF_{i-j}=EF_{i-j}+TF_{i-j} \tag{3-45}$$

3.2.6　网络计划的优化

网络计划的优化是指在一定约束条件下，按既定目标对网络计划进行不断改进，以寻求满意方案的过程。

网络计划的优化目标应按计划任务的需要和条件选定，包括工期目标、费用目标和资源目标。根据优化目标的不同，网络计划的优化可分为工期优化、费用优化和资源优化三种。

1. 工期优化

所谓工期优化，是指网络计划的计算工期不满足要求工期时，通过压缩关键工作的持续时间以满足要求工期目标的过程。

1）工期优化的方法和步骤

网络计划工期优化的基本方法是在不改变网络计划中各项工作之间逻辑关系的前提下，通过压缩关键工作的持续时间来达到优化目标。其优化步骤如下：

(1) 确定初始网络计划的计算工期和关键线路。

(2) 按要求工期计算应缩短的时间 $\Delta T = T_c - T_r$。

(3) 确定各关键工作能够缩短的持续时间。

(4) 选择关键工作，压缩其持续时间，并重新计算网络计划的计算工期。

(5) 当计算工期仍超过要求工期时，则重复上述第(4)步骤，直至满足要求或计算工期不能再压缩为止。

(6) 当所有关键工作的持续时间都已达到其所能缩短的极限而工期仍不能满足要求时，应对网络计划的原技术方案、组织方案进行调整或对要求工期重新审定。

在上述第(4) 步骤中，选择适宜压缩的关键工作时应考虑以下因素：缩短持续时间对质量和安全影响不大的工作，有充足备用资源的工作，缩短持续时间所需增加的费用最少的工作。

在工期压缩过程中应注意：不能将关键工作压缩成非关键工作；当出现多条关键线路时，各条关键线路须同时压缩。

2）工期优化示例

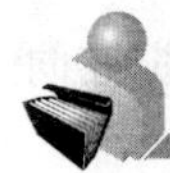

应用案例 3 - 10

已知某工程双代号网络计划如图 3.43 所示，图中箭线下方括号外数字为工作的正常持续时间，括号内数字为最短持续时间，箭线上方括号内数字为工作优选系数，该系数综合考虑了压缩时间对工作质量、安全的影响和费用的增加，优选系数小的工作适宜压缩。假设要求工期为 19 天，试对其进行工期优化。

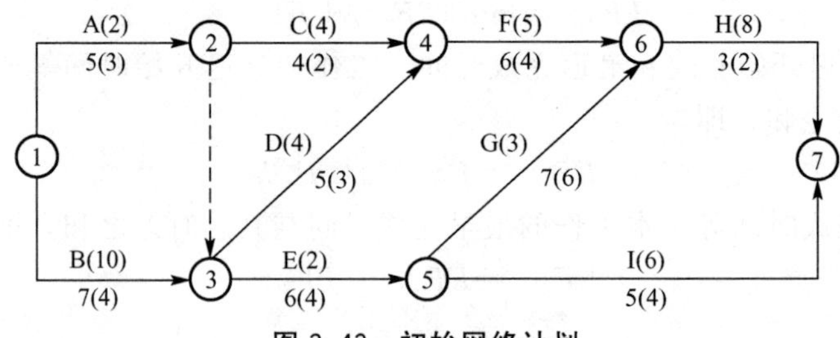

图 3.43　初始网络计划

【案例解析】

该网络计划的工期优化可按以下步骤进行。

(1) 根据各项工作的正常持续时间，确定网络计划的计算工期和关键线路。如图 3.44 所示，此时关键线路为①→③→⑤→⑥→⑦，计算工期为 23 天。

(2) 计算应缩短的时间：

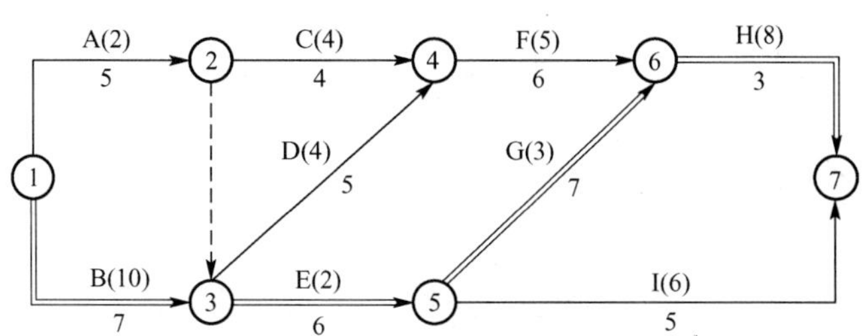

图 3.44　初始网络计划中的关键线路

$$\Delta T=T_c-T_r=(23-19)\text{天}=4\text{ 天}$$

(3) 第一次压缩。由于关键工作中③→⑤工作的优选系数最小，故首先应压缩工作③→⑤的持续时间，将其压缩至最短持续时间 4，并重新计算网络计划的计算工期，确定关键线路，如图 3.45 所示。此时计算工期为 21 天，网络计划中出现两条关键线路，即①→③→⑤→⑥→⑦和①→③→④→⑥→⑦。

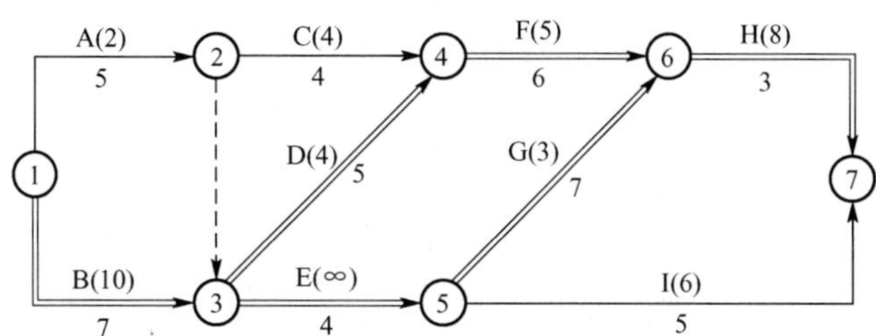

图 3.45　一次压缩后的网络计划

(4) 第二次压缩。此时网络计划中有两条关键线路，需同时压缩。工作③→⑤的持续时间已达最短，不能再压缩。选择优选系数组合最小的关键工作③→④和⑤→⑥同时压缩 1 天(G 压缩至最短)，再重新计算网络计划的计算工期，确定关键线路，如图 3.46 所示。此时计算工期为 20 天，关键线路没有发生变化。

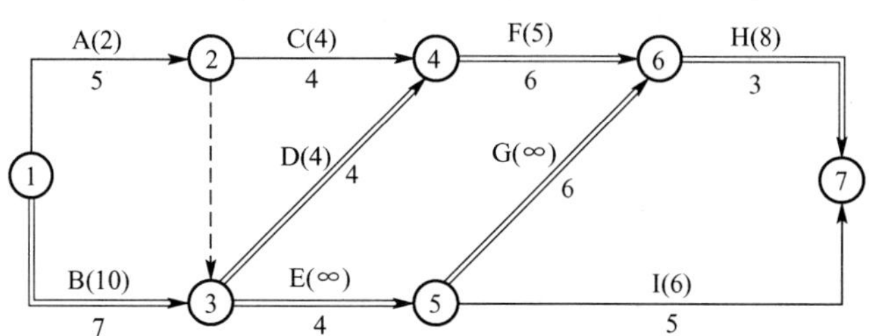

图 3.46　第二次压缩后的网络计划

(5) 第三次压缩。工作⑤→⑥的持续时间也达到最短，不能再压缩。选择优选系数最小的关键工作⑥→⑦压缩 1 天(H 压缩至最短)，再重新计算网络计划的计算工期，确定关键线路，如图 3.47 所示。

此时计算工期为 19 天，等于要求工期，故图 3.47 所示网络计划即为满意方案。

2. 费用优化

费用优化又称工期成本优化，是指寻求工程总成本最低时的工期安排或按要求工期寻

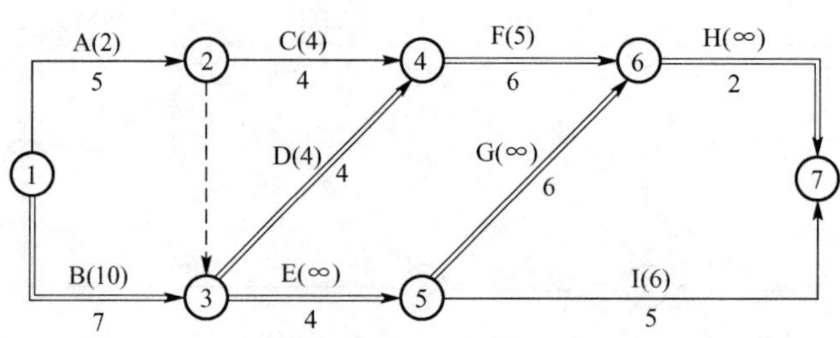

图 3.47　满意方案

求最低成本的计划安排的过程。这里研究第一种情况。

1）费用和时间的关系

（1）工程费用与工期的关系。工程费用由直接费和间接费组成。直接费由人工费、材料费、机械使用费、措施费等组成。施工方案不同，直接费就不同；如果施工方案一定，工期不同，直接费也不同。直接费会随着工期的缩短而增加。间接费包括企业经营管理的全部费用，它一般会随着工期的缩短而减少。在考虑工程总费用时，还应考虑工期变化带来的其他损益，包括效益增量和资金的时间价值等。工程费用与工期的关系如图 3.48 所示。

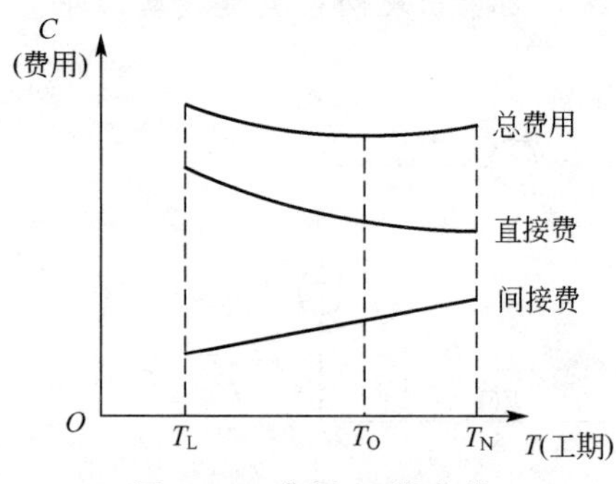

图 3.48　费用-工期曲线

T_L—最短工期；T_O—最优工期；T_N—正常工期

（2）工作直接费与持续时间的关系。由于网络计划的工期取决于关键工作的持续时间，为了进行工期成本优化，必须分析网络计划中各项工作的直接费与持续时间之间的关系，它是网络计划工期成本优化的基础。

工作的直接费与持续时间之间的关系类似于工程直接费与工期之间的关系，如图 3.49 所示。为简化计算，将工作的直接费与持续时间之间的关系近似地认为是一条直线关系。工作的持续时间每缩短单位时间而增加的直接费称为直接费用率。直接费用率可按下式计算：

$$\Delta C_{i-j}=\frac{CC_{i-j}-CN_{i-j}}{DN_{i-j}-DC_{i-j}} \tag{3-46}$$

式中　ΔC_{i-j}——工作 $i-j$ 的直接费用率；

CC_{i-j}——按最短持续时间完成工作 $i-j$ 时所需的直接费；

CN_{i-j}——按正常持续时间完成工作 $i-j$ 时所需的直接费；

DN_{i-j}——工作 $i-j$ 的正常持续时间；

DC_{i-j}——工作 $i-j$ 的最短持续时间。

2）费用优化的方法和步骤

费用优化的基本思路是：不断地在网络计划中找出直接费用率（或组合直接费用率）最小的关键工作，缩短其持续时间，同时考虑间接费随工期缩短而减少的数值，最后求得工程总成本最低时的最优工期安排。

按照上述基本思路，费用优化可按以下步骤进行。

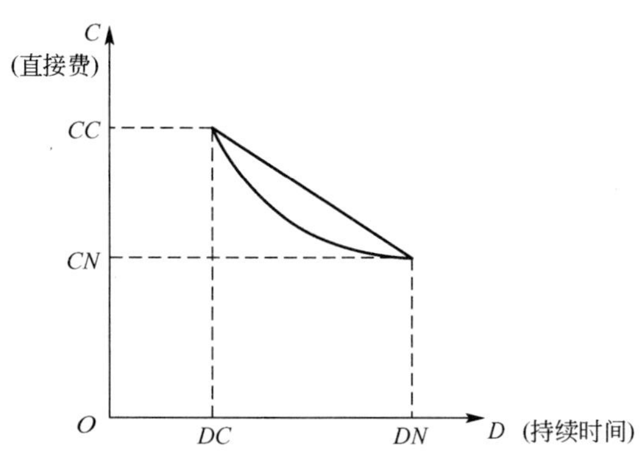

图 3.49 直接费-持续时间曲线

DN—工作的正常持续时间；CN—按正常持续时间完成工作时所需的直接费；
DC—工作的最短持续时间；CC—按最短持续时间完成工作时所需的直接费

(1) 按工作的正常持续时间确定网络计划的计算工期、关键线路和总费用。

(2) 计算各项工作的直接费用率。

(3) 在网络计划中，找出直接费用率(或组合直接费用率)最小的一项关键工作(或一组关键工作)，通过压缩其持续时间压缩工期。

(4) 计算压缩工期后相应的总费用。

(5) 重复步骤(3)、(4)，直至工程总费用最低为止。

在压缩工期过程中应注意：不能将关键工作压缩成非关键工作；当出现多条关键线路时，各条关键线路须同时压缩。

3) 费用优化示例

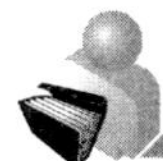

应用案例 3-11

已知某工程双代号网络计划如图 3.50 所示，图中箭线下方括号外数字为工作的正常时间，括号内数字为最短持续时间；箭线上方括号外数字为工作按正常持续时间完成时所需的直接费，括号内数字为工作按最短持续时间完成时所需的直接费。该工程的间接费用率为 0.7 万元/天，正常工期时的间接费为 26.4 万元。试对其进行费用优化。

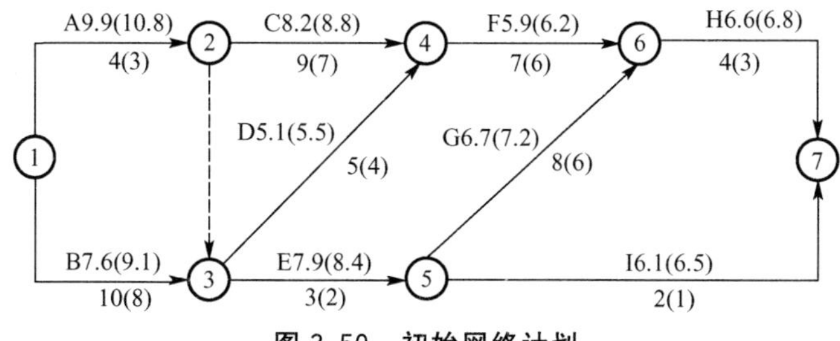

图 3.50 初始网络计划

【案例解析】

该网络计划的费用优化可按以下步骤进行。

(1) 根据各项工作的正常持续时间，确定网络计划的计算工期和关键线路，如图 3.51 所示。计算工期为 26 天，关键线路为①→③→④→⑥→⑦。

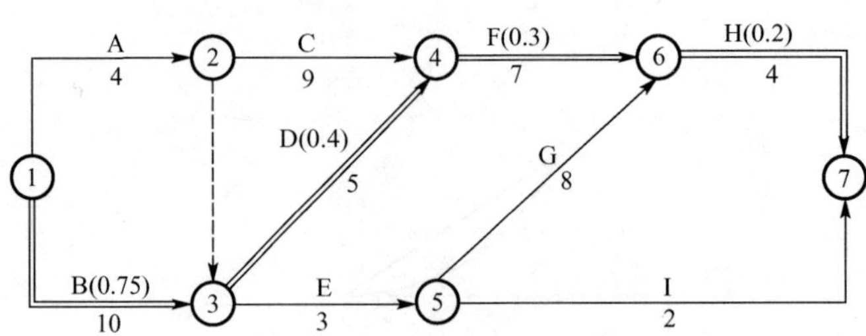

图 3.51 初始网络计划中的关键线路

此时，工程总费用＝直接费＋间接费

＝[(9.9＋7.6＋8.2＋5.1＋7.9＋5.9＋6.7＋6.1＋6.6)＋26.4]万元

＝(64＋26.4)万元＝90.4 万元

(2) 计算各项工作的直接费用率，见表 3－10 和图 3.51 中括号内。

表 3－10 直接费用率计算表

工作代号	正常持续时间/天	最短持续时间/天	正常时间直接费/万元	最短时间直接费/万元	直接费用率/(万元/天)
①→②	4	3	9.9	10.8	0.9
①→③	10	8	7.6	9.1	0.75
②→④	9	7	8.2	8.8	0.3
③→④	5	4	5.1	5.5	0.4
③→⑤	3	2	7.9	8.4	0.5
④→⑥	7	6	5.9	6.2	0.3
⑤→⑥	8	6	6.7	7.2	0.25
⑤→⑦	2	1	6.1	6.5	0.4
⑥→⑦	4	3	6.6	6.8	0.2

(3) 压缩关键工作的持续时间。

第一次压缩：从图 3.51 可知，该网络计划中有一条关键线路，直接费用率最低的关键工作⑥→⑦的直接费用率为 0.2 万元/天，小于间接费用率 0.7 万元/天，压缩其持续时间可使总费用降低，故将其压缩至最短持续时间 3 天。压缩后的网络计划如图 3.52 所示，关键线路没有发生变化，工期缩短为 25 天。

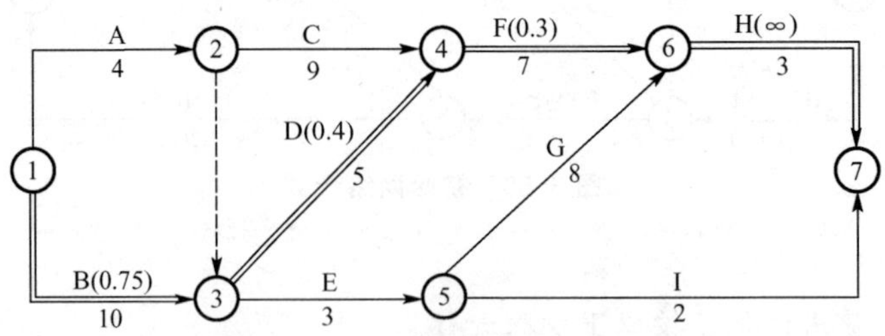

图 3.52 第一次压缩后的网络计划

压缩后的工程总费用＝(90.4＋0.2×1－0.7×1)万元＝89.9万元

第二次压缩：从图3.52可知，该网络计划中关键线路仍为①→③→④→⑥→⑦。此时，关键工作⑥→⑦的持续时间已达最短，不能再压缩，故其直接费用率变为无穷大。在剩余的关键工作中，直接费用率最低的关键工作④→⑥的直接费用率为0.3万元/天，小于间接费用率0.7万元/天，压缩其持续时间可使总费用降低，故将其压缩至最短持续时间6天。压缩后的网络计划如图3.53所示，关键线路成为两条，①→③→④→⑥→⑦、①→③→⑤→⑥→⑦，工期缩短为24天。

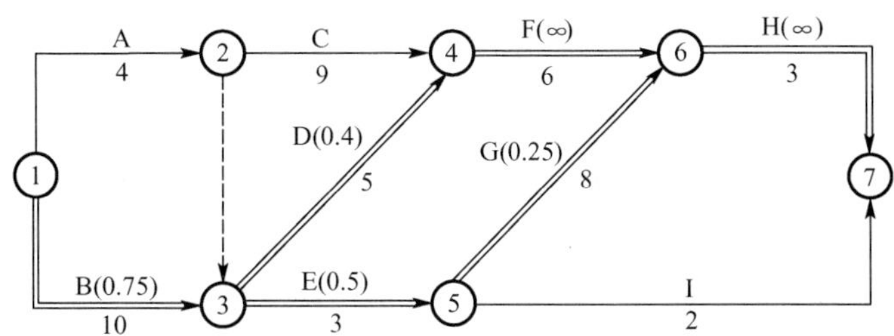

图3.53　第二次压缩后的网络计划

压缩后的工程总费用＝(89.9＋0.3×1－0.7×1)万元＝89.5万元

第三次压缩：从图3.53可知，工作④→⑥和工作⑥→⑦不能再压缩。选择组合直接费用率最小的工作组合③→④和⑤→⑥同时压缩1天，其组合直接费用率为(0.4＋0.25)万元/天＝0.65万元/天，小于间接费用率0.7万元/天，压缩其持续时间可使总费用降低。压缩后的网络计划如图3.54所示，关键线路没有发生变化，工期缩短为23天。

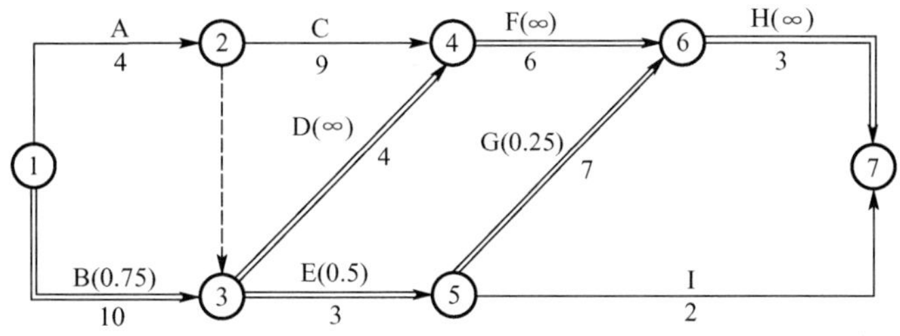

图3.54　第三次压缩后的网络计划

压缩后的工程总费用＝(89.5＋0.65×1－0.7×1)万元＝89.45万元

第四次压缩：从图3.54可知，由于工作③→④、④→⑥和⑥→⑦不能再压缩，为了同时压缩两条关键线路的总持续时间，只能够压缩工作①→③，但因其直接费用率为0.75万元/天，大于间接费用率0.7万元/天，再次压缩会使总费用增加，因此，图3.54所示的网络计划即为最优方案，最优工期为23天，相对应的总费用为89.45万元。

3. 资源优化

资源是指为完成一项计划任务所需投入的人力、材料、机械设备和资金等。完成一项工程任务所需要的资源量基本上是不变的，不可能通过资源优化将其减少。资源优化的目的是通过改变工作的开始时间和完成时间，使资源按照时间的分布符合优化目标。

在通常情况下，网络计划的资源优化分为两种："资源有限，工期最短"的优化和"工期固定，资源均衡"的优化。前者是通过调整计划安排，在满足资源限制的条件下，使工期延长最少的过程；后者是通过调整计划安排，在工期保持不变的条件下，使资源需用量尽可能均衡的过程。这里只研究“资源有限，工期最短”的优化。

进行资源优化时的前提条件如下。

(1) 在优化过程中，不改变网络计划中各项工作之间的逻辑关系。

(2) 在优化过程中，不改变网络计划中各项工作的持续时间。

(3) 网络计划中各项工作的资源强度(单位时间所需资源数量)为常数，而且是合理的。

(4) 除规定可中断的工作外，一般不允许中断工作，应保持其连续性。

1)“资源有限，工期最短”的优化方法和步骤

(1) 绘制早时标网络计划（早时标网络计划就是所有工作均按照最早开始时间来安排)，并计算网络计划每个时间单位的资源需用量。

(2) 从计划开始日期起，逐个检查每个时段的资源需用量是否超过资源限量。如果在整个工期范围内每个时段的资源需用量均能满足资源限量的要求，则可行优化方案编制完成；否则，必须进行调整。

(3) 分析超过资源限量的时段。如果在该时段内有几项工作平行作业，则将一项工作安排在与之平行的另一项工作之后进行，以降低该时段的资源需用量。调整的标准是使工期延长最短。

(4) 绘制调整后的网络计划，重新计算每个时间单位的资源需用量。

(5) 重复上述(2)～(4)步骤，直至满足要求为止。

2) 资源优化示例

应用案例 3-12

已知某工程双代号时标网络计划如图 3.55 所示，图中箭线上方数字为工作的资源强度，箭线下方数字为工作的持续时间。假定资源限量 $R_a=12$，试对其进行“资源有限，工期最短”的优化。

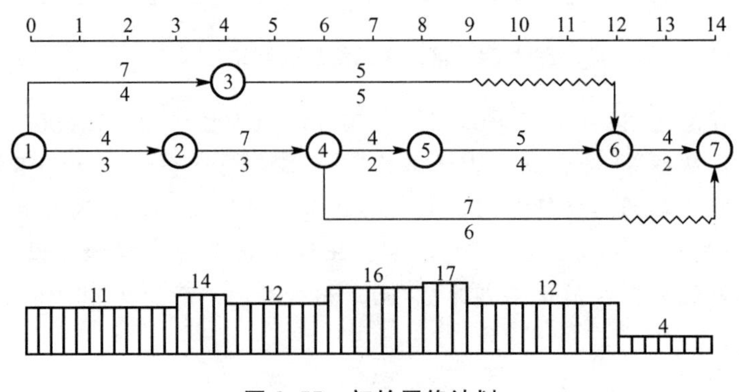

图 3.55　初始网络计划

【案例解析】

该网络计划“资源有限，工期最短”的优化可按以下步骤进行。

(1) 计算网络计划每个时间单位的资源需用量，绘出资源需用量动态曲线，如图 3.55 下方曲线（折线）所示。

(2) 从计划开始日期起，经检查发现在时段［3，4］存在资源冲突，即资源需用量超过资源限量，故应首先调整该时段。

(3) 在时段［3，4］有工作①→③和工作②→④两项工作平行作业。经过分析发现，若把工作①→③安排在②→④之后进行，由于工作①→③有 3 天的总时差，将会延长工期 3 天；若把工作②→④安排在①→③之后进行，由于工作②→④为关键工作，没有总时差，将会延长工期 1 天。按照调整的标准是使工期延长最短，所以应该将工作②→④安排在①→③之后进行。调整后的网络计划如图 3.56 所示。

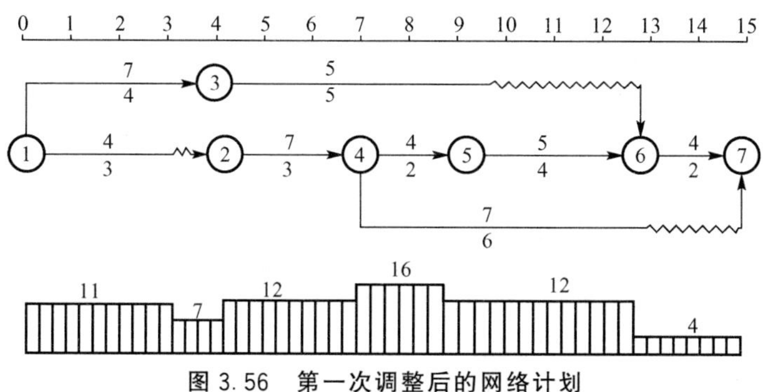

图 3.56 第一次调整后的网络计划

(4) 重新计算调整后的网络计划每个时间单位的资源需要量，绘出资源需用量动态曲线，如图 3.56 下方曲线所示。从图中可知，在时段［7，9］存在资源冲突，故应调整该时段。

(5) 在时段［7，9］有工作③→⑥、④→⑤和④→⑦共三项工作平行作业。经过分析发现，若把工作③→⑥安排在④→⑤之后进行，将会延长工期 1 天，若把工作③→⑥安排在④→⑦之后进行，将会延长工期 5 天；若把工作④→⑤安排在③→⑥之后进行，将会延长工期 2 天，若把工作④→⑤安排在④→⑦之后进行，将会延长工期 6 天；若把工作④→⑦安排在③→⑥之后进行，将不会延长工期，若把工作④→⑦安排在④→⑤之后进行，与前者相同，不会延长工期。按照调整的标准是使工期延长最短，所以应该将工作④→⑦安排在③→⑥（也是④→⑤）之后进行。调整后的网络计划如图 3.57 所示。

(6) 重新计算调整后的网络计划每个时间单位的资源需用量，绘出资源需用量动态曲线，如图 3.57 下方曲线所示。此时整个工期范围内的资源需用量均未超出资源限量，故图 3.57 所示方案即为最优方案，其最短工期为 15 天。

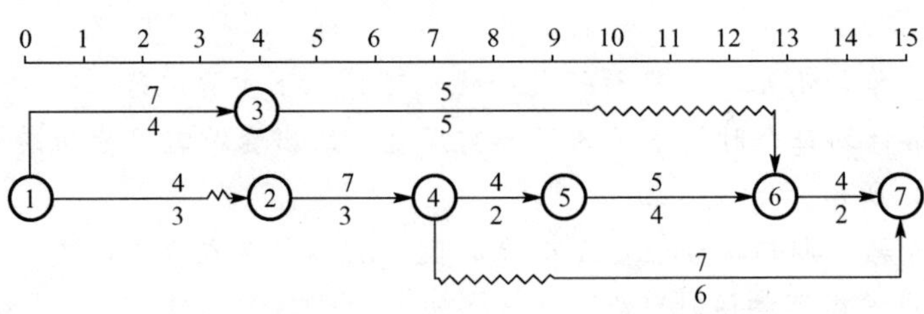

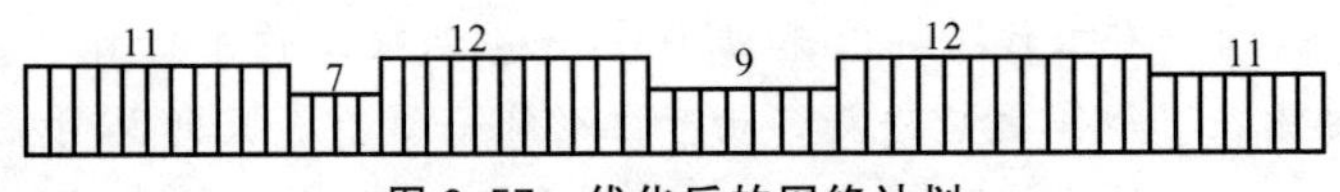

图 3.57　优化后的网络计划

学习作业单

<table>
<tr><th colspan="2">任务单元 3.2 学习作业单</th></tr>
<tr><td>工作任务完成</td><td>根据任务单元 3.2 工作任务单的工作任务描述和要求，完成任务如下：</td></tr>
<tr><td>任务单元学习总结</td><td>（1）双代号网络图的绘制规则、绘制方法和技巧、绘制步骤。
（2）双代号网络图时间参数计算的方法和步骤。
（3）理解各时间参数的工程意义。
（4）时标网络计划的绘制方法及时间参数的确定。
（5）网络计划优化的分类及思路。</td></tr>
<tr><td>任务单元学习体会</td><td></td></tr>
</table>

模块小结

因建筑工程项目进度管理的内容较多，本书将进度管理中关于进度计划的编制部分单独编写为本模块。

本模块介绍了三种组织施工的方式——依次施工、平行施工与流水施工，及两种编制施工进度计划的方法——横道计划与网络计划。

双代号网络计划应从以下五个方面学习：一是熟悉双代号网络计划技术的基本概念；二是在熟悉双代号网络计划绘图规则的基础上能够正确绘制双代号网络图；三是在熟悉时间参数概念的基础上熟练掌握双代号网络计划时间参数的计算，从而为后续的网络计划的优化打下扎实的基础；四是双代号早时标网络计划的绘制和应用；五是网络计划的优化。这五方面的内容环环相扣，层层递进。

在学习过程中，学生应注意理论联系实际，通过解析案例来初步掌握理论知识，训练建筑工程进度计划编制的技能，提高实践能力。

思考与练习

一、单选题

1. 当工程规模较小，施工工作面有限时，比较合理的施工组织方式是(　　)。

A. 依次施工　　B. 平行施工　　C. 流水施工　　D. 搭接施工

2. 有四幢同类型宿舍楼的基础工程，每一幢宿舍楼作为一个施工段，划分四个施工过程：基槽开挖、垫层浇筑、基础砌筑、基槽回填，它们在每幢房屋上的持续时间分别为 2 天、1 天、3 天、1 天。分别采用依次施工、平行施工两种方式组织施工，则工期分别为(　　)天。

A. 28，7　　B. 7，28　　C. 28，19　　D. 28，16

3. 流水施工的空间参数是指(　　)。

A. 搭接时间　　B. 施工过程数　　C. 施工段数　　D. 流水强度

4. 当同一施工过程在各施工段上的流水节拍相等，而且不同施工过程的流水节拍也相等时，属于(　　)。

A. 等节奏流水　　B. 有节奏流水　　C. 异节奏流水　　D. 无节奏流水

5. 某工程有五个施工过程，四个施工段，当组织不等节拍流水施工时，则其流水步距数目为(　　)。

A. 3　　B. 4　　C. 5　　D. 6

6. 某工程有五个施工过程，四个施工段，当组织成倍节拍流水施工时，则其流水步距数目为(　　)。

A. 4　　B. 5　　C. 6　　D. 无法确定

7. 某工程按等节拍等步距流水组织施工，划分为四个施工过程，三个施工段，要求工期为 72 天，则其流水节拍最大应为(　　)天。

A. 6　　B. 9　　C. 12　　D. 18

8. 等节拍不等步距流水施工中，造成流水步距相互不全相等的原因是(　　)。

A. 流水节拍　　B. 间歇时间　　C. 搭接时间　　D. 间歇或搭接时间

9. 等节奏流水施工一般适用于(　　)。

A. 分部工程　　B. 单位工程　　C. 线性工程　　D. 各种工程

10. 某工程划分为 A、B、C 三个施工过程，分六个施工段施工，流水节拍分别为$t_A=$6 天，$t_B=4$ 天，$t_C=2$ 天，当组织成倍节拍流水施工时，A、B、C 三个施工过程的班组数依次为(　　)。

A. 6，4，2　　B. 3，2，1　　C. 12，12，12　　D. 1，2，3

11. 以下流水施工方式，在进度安排上比较灵活、应用最多的是(　　)。

A. 等节奏流水　　B. 不等节拍流水　　C. 成倍节拍流水　　D. 无节奏流水

12. 某钢筋混凝土结构二层房屋的分项工程按 A、B、C 三个施工过程进行分层施工，若想组织成倍节拍流水施工，流水节拍分别为 $t_A=6$ 天、$t_B=6$ 天、$t_C=9$ 天，则每层的施工段数应是(　　)。

A. 2　　B. 3　　C. 5　　D. 8

13. 双代号网络图中，虚工作(虚箭线)表示工作之间的(　　)。

A. 时间间歇　　B. 搭接关系　　C. 逻辑关系　　D. 自由时差

14. 在单目标网络计划中，应该有(　　)。

A. 一个起点节点和一个终点节点　　　　B. 一个起点节点和多个终点节点
C. 多个起点节点和一个终点节点　　　　D. 多个起点节点和多个终点节点

15. 某工程单代号网络图如图 3.58 所示，其关键线路为(　　)。

A. 1—2—4—6　　B. 1—3—4—6　　C. 1—3—5—6　　D. 1—2—5—6

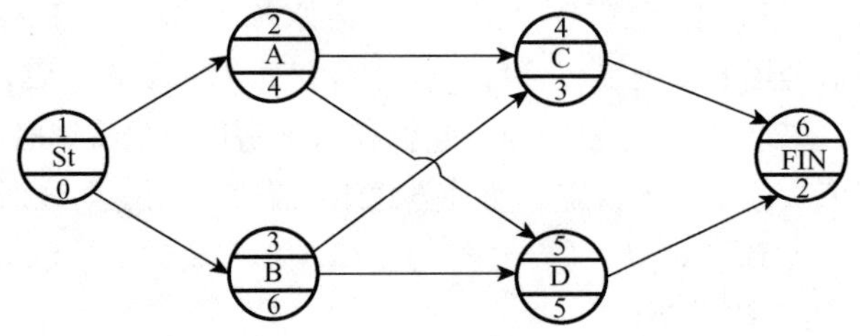

图 3.58　某工程单代号网络图

16. 在建设工程常用网络计划表示方法中，(　　)是以箭线及其两端节点的编号表示工作的网络图。

A. 双代号网络图　　　　B. 单代号网络图
C. 单代号时标网络图　　D. 单代号搭接网络图

17. 在不影响其紧后工作最早开始时间的前提下，本工作可利用的机动时间为(　　)。

A. 总时差　　B. 最迟开始时间　　C. 自由时差　　D. 最迟完成时间

18. 双代号网络计划的自由时差等于(　　)。

A. 该工作的最迟开始时间与该工作的最早开始时间之差
B. 该工作的最迟完成时间与该工作的最早完成时间之差
C. 该工作紧后工作的最早开始时间与该工作的最早完成时间之差
D. 该工作紧后工作的最迟开始时间与该工作的最早完成时间之差

19. 已知双代号网络计划中，某工作有四项紧后工作，它们的最迟开始时间分别为 18 天、20 天、21 天和 23 天，如果该工作的持续时间为 6 天，则其最迟开始时间为(　　)天。

A. 12　　B. 14　　C. 15　　D. 17

20. 当网络计划的计划工期等于计算工期时，关键工作的总时差(　　)。

A. 大于零　　B. 等于零　　C. 小于零　　D. 小于等于零

21. 已知某工作总时差为 8 天，最迟完成时间为 16 天，最早开始时间为 7 天，则该工作的持续时间为(　　)天。

A. 8　　B. 7　　C. 4　　D. 1

22. 工作 E 有四项紧前工作 A、B、C、D，其持续时间分别为 A=3、B=5、C=6、D=4，其最早开始时间分别为 7、5、5、9，则工作 B 的自由时差为(　　)。

A. 0　　B. 1　　C. 2　　D. 3

23. 下列关于双代号网络图中关键线路的判断，正确的说法是(　　)。

A. 没有虚工作的线路　　　　　　B. 没有波形线的线路
C. 总时差为零的工作组成的线路　D. 总时差最小的工作组成的线路

24. 关于自由时差和总时差，下列说法中错误的是(　　)。

A. 某工作的自由时差为零，总时差必定为零

B. 某工作的总时差为零，自由时差必定为零

C. 在不影响计划工期的前提下，工作的机动时间为总时差

D. 在不影响紧后工作最早开始时间的前提下，工作的机动时间为自由时差

25. 在工程网络计划执行过程中，当某项工作的最早完成时间推迟天数超过自由时差时，将会影响(　　)。

A. 紧后工作的最早开始时间　　B. 平行工作的最早开始时间

C. 本工作的最迟完成时间　　D. 紧后工作的最迟完成时间

26. 在工程网络计划执行过程中，如果需要确定某工作进度偏差对计划工期的影响，应根据(　　)的差值确定。

A. 自由时差与总时差　　B. 总时差与进度偏差

C. 自由时差与进度偏差　　D. 时距与进度偏差

27. 在工程双代号网络计划的执行过程中，发现某工作的实际进度比其计划进度拖后5天，影响总工期2天，则该工作原来的总时差为(　　)天。

A. 2　　B. 3　　C. 5　　D. 7

28. 某工程双代号网络计划中，A工作的持续时间为5天，总时差为8天，自由时差为4天，如果A工作实际进度拖延13天，则会影响工程计划工期(　　)天。

A. 13　　B. 8　　C. 9　　D. 5

29. 在网络计划的执行过程中检查发现，D工作的总时差由2天变成了−1天，则说明D工作的实际进度为(　　)。

A. 拖后1天，影响工期1天　　B. 拖后2天，影响工期1天

C. 拖后3天，影响工期1天　　D. 拖后3天，影响工期3天

30. 已知某工作 i—j 的持续时间为4天，其 i 节点的最早时间为18天，最迟时间为21天，则该工作的最早完成时间为(　　)天。

A. 18　　B. 22　　C. 25　　D. 39

31. 已知某工作 i—j 的持续时间为4天，其 j 节点的最早时间为18天，最迟时间为21天，则该工作的最迟开始时间为(　　)天。

A. 18　　B. 22　　C. 17　　D. 39

32. 当网络计划的计划工期等于计算工期时，最早时间与最迟时间相等的节点是关键节点，利用关键节点判断关键工作还需满足下列(　　)条件。

A. $ET_i+D_{i-j}=ET_j$ 或 $LT_i+D_{i-j}=LT_j$　B. $ET_i+D_{i-j}<ET_j$ 或 $LT_i+D_{i-j}<LT_j$

C. $ET_i+D_{i-j}>ET_j$ 或 $LT_i+D_{i-j}>LT_j$　D. 无要求

33. 双代号时标网络图中，实箭线末端对应的时标值为(　　)。

A. 该工作的最早完成时间　　B. 该工作的最迟完成时间

C. 紧后工作的最早开始时间　　D. 紧后工作的最迟开始时间

34. 双代号时标网络计划中，不能从图上直接识别的非关键工作的时间参数是(　　)。

A. 最早开始时间　　B. 最早完成时间　　C. 自由时差　　D. 总时差

35. 某工程双代号时标网络计划如图3.59所示，该网络计划的关键线路是(　　)。

A. ①→②→⑥→⑧　　B. ①→③→④→⑥→⑧

C. ①→③→④→⑤→⑦→⑧　　　D. ①→③→⑤→⑦→⑧

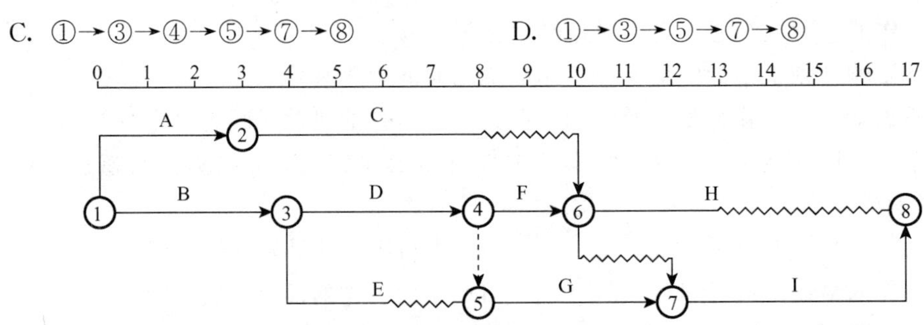

图 3.59　某工程双代号时标网络计划

36. 当工程网络计划的计算工期大于要求工期时，为满足要求工期，进行工期优化的基本方法是(　　)。

A. 减少相邻工作之间的时间间隔　　　B. 压缩关键工作的持续时间

C. 减少相邻工作之间的时距　　　D. 压缩非关键工作的持续时间

37. 下列关于工期优化的基本方法的说明，正确的是(　　)。

A. 工期优化的基本方法是改变网络中工作之间的逻辑关系

B. 工期优化主要是通过压缩持续时间最长的工作的持续时间来减小总工期

C. 工期优化过程中，不能将关键工作压缩成非关键工作

D. 工期优化过程中，如有多条关键线路，只压缩其中一条即可

38. 在进行网络计划费用优化时，应首先将(　　)作为压缩持续时间的对象。

A. 费用率最低的关键工作　　　B. 费用率最低的非关键工作

C. 费用率最高的非关键工作　　　D. 费用率最高的关键工作

39. 工程网络计划资源优化的目的之一是为了寻求(　　)。

A. 工程总费用最低时的资源利用方案　　　B. 资源均衡利用条件下的最短工期安排

C. 工期最短条件下的资源均衡利用方案　　　D. 资源有限条件下的最短工期安排

40. 某工程双代号时标网络计划如图 3.60 所示，要求工期为 120 天，现对其进行工期压缩。第一次应该选择①→③工作进行压缩，最多能够压缩(　　)天。

A. 30　　　B. 20　　　C. 10　　　D. 0

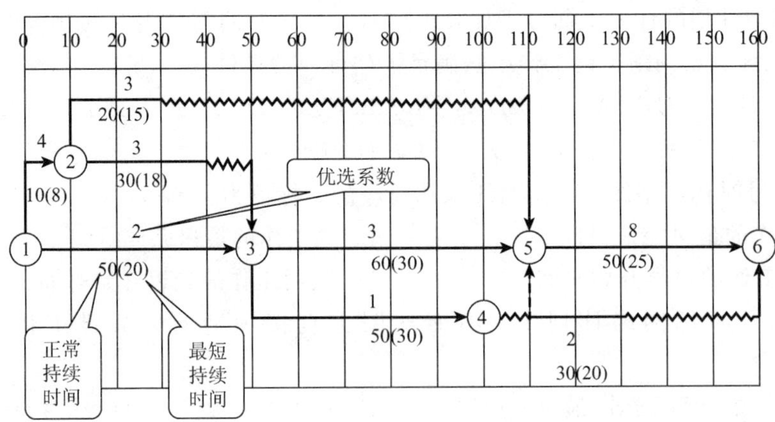

图 3.60　某工程双代号时标网络计划

二、多选题

1. 以下(　　)属于流水施工的组织要点。

A. 划分施工过程　　B. 划分施工段

C. 所有施工过程必须连续、均衡地施工　　D. 主导施工过程必须连续、均衡地施工

E. 每个施工过程组织独立的施工班组

2. 以下(　　)属于流水施工的时间参数。

A. 施工过程数　B. 流水节拍　C. 施工段数　D. 流水步距　E. 工期

3. 流水施工的组织方式有(　　)。

A. 流水施工　B. 异节奏流水施工　C. 无节奏流水施工

D. 平行施工　E. 等节奏流水施工

4. 与网络计划相比，横道计划具有(　　)特点。

A. 适用于手工编制　　B. 工作之间的逻辑关系表达清楚

C. 能够确定计划的关键工作和关键线路　　D. 调整工作量大

E. 适应大型项目的进度计划表

5. 双代号网络计划的逻辑关系分为(　　)。

A. 先后关系　B. 平行关系　C. 工艺关系　D. 组织关系　E. 搭接关系

6. 以下(　　)属于双代号网络计划的构成要素。

A. 逻辑关系　B. 节点　C. 箭线(工作)　D. 持续时间　E. 线路

7. 已知某双代号网络图如图 3.61 所示，(　　)是工作 A 的紧后工作。

A. 工作 I　B. 工作 B　C. 工作 C　D. 工作 D　E. 工作 G

8. 已知某双代号网络图如图 3.61 所示，(　　)是工作 D 的紧前工作。

A. 工作 A　B. 工作 B　C. 工作 F　D. 工作 H　E. 工作 G

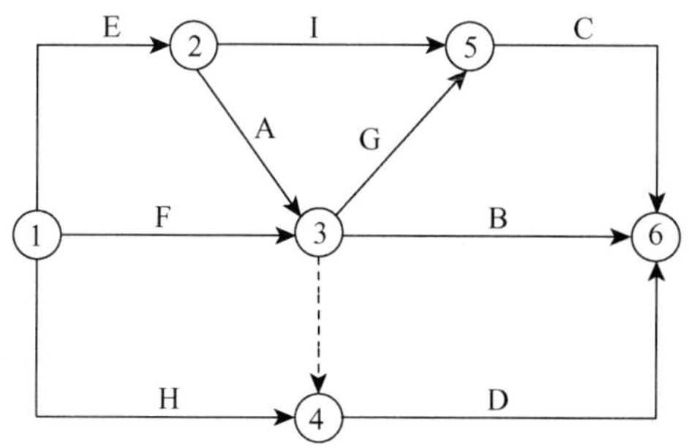

图 3.61　双代号网络图

9. 以下(　　)属于网络计划的优点。

A. 能全面反映各工作之间的逻辑关系　　B. 简单、使用方便

C. 可以进行调整和优化　　D. 直观、易懂

E. 能够找出关键施工过程和关键线路，便于管理者抓住主要矛盾

10. 某双代号网络图如图 3.62 所示，(　　)为非关键工作。

A. 工作 B　B. 工作 C　C. 工作 D　D. 工作 E　E. 工作 F

11. 某分部工程双代号网络计划如图 3.63 所示，其作图错误包括(　　)。

A. 有多余虚工作　B. 有多个终点节点　C. 出现无箭头的箭线

D. 节点编号有误　　　　E. 有多个起点节点

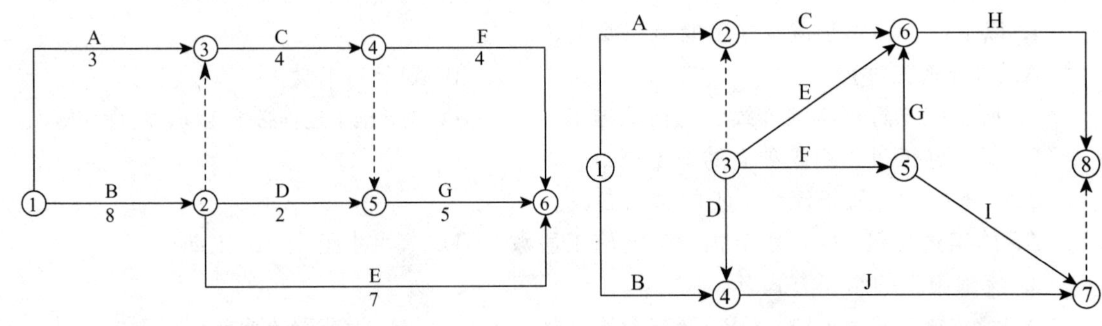

图 3.62　双代号网络图　　　　图 3.63　某分部工程双代号网络计划

12. 为了使网络图条理清楚、层次分明，双代号网络图的排列方法主要有(　　)。

A. 按实工作排列　　　　B. 按施工过程排列　　　　C. 按虚工作排列

D. 按施工段排列　　　　E. 按工作的持续时间排列

13. 双代号网络计划的总时差等于(　　)。

A. 该工作的最迟开始时间与该工作的最早开始时间之差

B. 该工作的最迟完成时间与该工作的最早完成时间之差

C. 该工作紧后工作的最早开始时间与该工作的最早完成时间之差

D. 该工作紧后工作的最早开始时间与该工作的最早开始时间之差

E. 该工作紧后工作的最迟开始时间与该工作的最早完成时间之差

14. 关于双代号网络计划中非关键工作的说法，错误的有(　　)。

A. 非关键工作的时间延误不会影响网络计划的工期

B. 非关键工作的自由时差不等于零

C. 在网络计划的执行过程中，非关键工作可以转变为关键工作

D. 非关键工作的持续时间不可能最长

E. 非关键线路必须是由非关键工作组成的线路

15. 在双代号网络计划中，关键工作为(　　)。

A. 总时差最小　　　　B. 在关键线路上　　　　C. 持续时间最长

D. 自由时差为零　　　　E. 在网络计划的执行过程中，可以转变为非关键工作

16. 以下说法正确的有(　　)。

A. 关键节点之间的工作一定是关键工作

B. 关键工作两端的节点一定是关键节点

C. 当一个节点的最早时间等于最迟时间时，该节点为关键节点

D. 关键节点的最迟时间与最早时间的差值最小

E. 关键线路上的节点为关键节点，但由关键节点组成的线路不一定是关键线路

17. 在以下各种进度计划方法中，(　　)的工作进度线与时间坐标相对应。

A. 形象进度计划　　　　B. 横道图计划　　　　C. 双代号网络计划

D. 单代号搭接网络计划　E. 双代号时标网络计划

18. 根据优化目标的不同，网络计划的优化一般包括(　　)。

A. 工期优化　B. 费用优化　C. 质量优化　D. 资源优化　E. 安全优化

19. 对通过压缩关键工作的持续时间以满足工期要求的情况，选择关键工作宜考虑(　　)。

A. 缩短持续时间对质量影响不大的工作　　B. 所需增加费用少的工作

C. 有充足备用资源的工作　　D. 持续时间最长的工作

E. 缩短持续时间对安全影响不大的工作

20. 工程网络计划费用优化的目的是为了寻求(　　)。

A. 满足要求工期的条件下使总费用最低的计划安排

B. 使资源强度最小时的最短工期安排

C. 使工程总费用最低时的资源均衡安排

D. 使工程总费用最低时的工期安排

E. 工程总费用固定条件下的最短工期安排

三、简答题

1. 试述组织施工的三种方式及特点。

2. 流水施工主要有哪些参数？试分别叙述它们的含义。

3. 施工段划分的基本要求是什么？如何正确划分施工段？

4. 流水施工的时间参数有哪些？如何确定？

5. 请填写表 3－11，对流水施工的组织方式进行比较。

表 3－11　流水施工组织方式比较表

<table>
<tr><th colspan="3">组织方式</th><th>节拍特征</th><th>$K_{i,i+1}$的确定</th><th>施工班组数 b_i 的确定</th><th>工期 T 的确定</th></tr>
<tr><td rowspan="4">有节奏流水</td><td rowspan="2">等节奏流水</td><td>等节拍等步距流水</td><td></td><td></td><td>—</td><td></td></tr>
<tr><td>等节拍不等步距流水</td><td></td><td></td><td>—</td><td></td></tr>
<tr><td rowspan="2">异节奏流水</td><td>不等节拍流水</td><td></td><td></td><td>—</td><td></td></tr>
<tr><td>成倍节拍流水</td><td></td><td></td><td></td><td></td></tr>
<tr><td colspan="3">无节奏流水</td><td></td><td></td><td></td><td></td></tr>
</table>

6. 双代号网络图与单代号网络图在绘制时有什么不同？各有何特点？

7. 简述双代号网络计划构成三要素的含义。

8. 什么是关键线路？其作用是什么？怎样确定关键线路？

四、实训题

1. 某工程有 A、B、C 三个施工过程，划分为四个施工段，设 $t_A=2$ 天、$t_B=4$ 天、$t_C=3$ 天。试分别组织依次施工、平行施工及流水施工？试计算其工期，并绘出施工进度横道计划。

2. 已知某工程任务划分为A、B、C、D四个施工过程，分四个施工段组织流水施工，流水节拍均为3天，B完成后，它的相应施工段至少有技术间歇1天。请问该工程可以组织哪种流水施工方式？试计算其工期并绘制施工进度横道计划。

3. 某工程划分为A、B、C、D四个施工过程，分为四个施工段组织流水施工，各施工过程的流水节拍分别为$t_A=3$天、$t_B=2$天、$t_C=5$天、$t_D=3$天，施工过程B完成后需有1天的组织间歇。请问该工程可以组织哪种流水施工方式？试求出各施工过程之间的流水步距及该工程的工期，并绘制施工进度横道计划。

4. 某现浇钢筋混凝土工程由支模板、绑钢筋、浇筑混凝土、拆模和回填土五个分项工程组成。划分为六个施工段，各分项工程在各施工段上的持续时间见表3-12。在混凝土浇筑后至拆模板至少要有养护时间2天。

(1) 根据该项目流水节拍的特点，可以按照何种流水施工方式组织施工？

(2)“累加斜减取大差法”确定流水步距的要点是什么？试确定该工程流水施工的流水步距。

(3) 确定该工程的工期，并绘制施工进度横道计划。

表3-12　某工程流水节拍值

施工过程	持续时间/天					
	①	②	③	④	⑤	⑥
支模板	2	3	2	3	2	3
绑钢筋	3	3	4	4	3	3
浇筑混凝土	2	1	2	2	1	2
拆模板	1	2	1	1	2	1
回填土	2	3	2	2	3	2

5. 根据表3-13的逻辑关系，绘制双代号网络图，用工作计算法计算时间参数，确定关键线路。

表3-13　工作的逻辑关系

工作名称	A	B	C	D	E	F	G
紧前工作	—	A	B	A	B、D	E、C	F
持续时间/天	5	4	3	3	5	4	2

6. 根据表3-14所给的已知条件，绘制双代号网络图，计算节点的时间参数，确定关键线路。

表3-14　工作的逻辑关系

紧前工作	—	—	A	A	B	C	C	D、E	D、E	G、H	I
本工作	A	B	C	D	E	F	G	H	I	J	K
紧后工作	C、D	E	F、G	H、I	H、I	—	J	J	K	—	—
持续时间/天	3	2	5	4	8	4	1	2	7	9	5

7. 根据表3-15所给的已知条件，绘制单代号网络图，计算时间参数，确定关键线路。

表 3-15 工作的逻辑关系

紧前工作	—	—	B	A	A、C	E	F	D
本工作	A	B	C	D	E	F	G	H
紧后工作	D、E	C	E	H	F、G	—	—	—
持续时间/天	4	3	2	5	6	4	5	6

8. 已知网络计划如图 3.64 所示，箭线下方括号外数字为工作正常持续时间，括号内数字为工作最短持续时间，假定要求工期为 12 天，试对其进行工期优化。根据实际情况综合考虑，缩短顺序为 F、E、I、A、C、H、B、D、G。

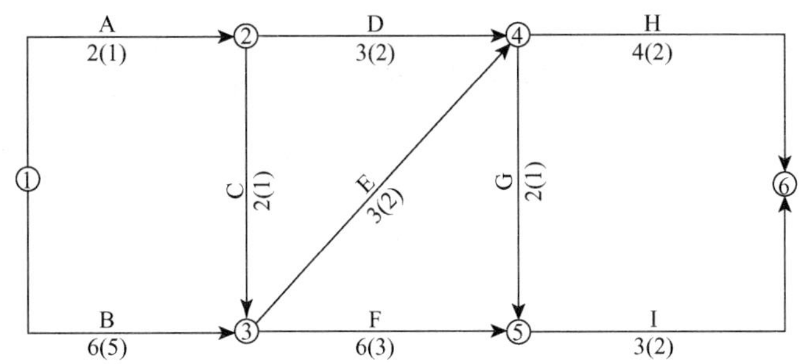

图 3.64 某工程网络计划

9. 已知网络计划如图 3.65 所示，图中箭线上方括号外为正常持续时间直接费，括号内为最短持续时间直接费，箭线下方括号外为正常持续时间，括号内为最短持续时间，费用单位为千元，时间单位为天。若间接费率为 0.8 千元/天，试对其进行费用优化。

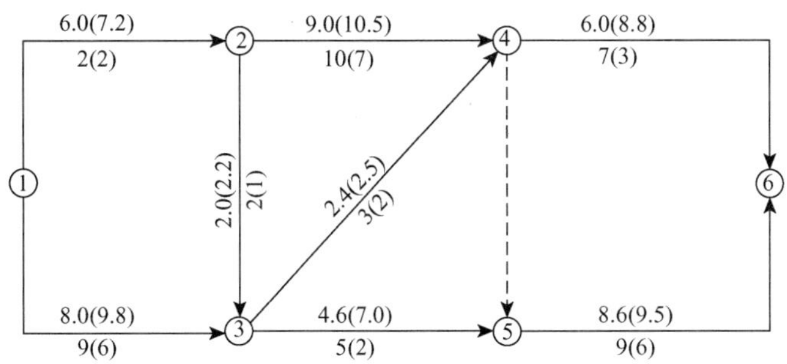

图 3.65 某工程网络计划

10. 根据表 3-16 的有关数据，绘制双代号网络图，进行“资源有限、工期最短”的优化。设资源每天最多能供应 20 个单位。

表 3-16 工作的持续时间和资源需要量

工作代号	持续时间/天	每天资源需要量	工作代号	持续时间/天	每天资源需要量
0—1	2	10	2—3	8	8
0—2	6	8	2—4	7	9
1—2	3	12	3—5	10	6
1—3	5	12	4—5	6	10

模块4

建筑工程项目进度管理

能力目标

通过本模块的学习，要求能够按照科学的程序进行施工进度管理；能够将施工进度总目标进行分解，形成施工进度控制目标体系；具备施工进度计划的编制能力；会采用科学的方法对比实际进度与计划进度，需要时对进度计划进行调整。在学习过程中，学生应培养执行能力、组织协调能力、运用专业知识分析问题和处理问题的能力。

知识目标

任务单元	知识点	学习要求
建筑工程项目进度管理概述	建筑工程项目进度管理的概念	了解
	建筑工程项目进度管理程序	熟悉
	建筑工程项目进度管理目标体系	了解
	建筑工程项目进度管理目标的确定	熟悉
	建筑工程项目进度管理的措施	熟悉
建筑工程项目进度计划的编制与实施	建筑工程项目进度计划的类型	熟悉
	建筑工程项目进度计划的编制依据	熟悉
	施工总进度计划的编制	了解
	单位工程施工进度计划的编制	掌握
	施工进度计划的实施	熟悉
建筑工程项目进度计划的检查与调整	建筑工程项目进度计划的检查与对比方法	掌握
	建筑工程项目进度计划的调整	掌握

引例

国家体育馆工程项目进度管理

国家体育馆是第29届北京奥林匹克运动会主要比赛场馆之一，总建筑面积约为$80890m^2$，地上4层，地下1层，主体结构为框架-抗震结构与型钢混凝土框架-钢支撑相结合的混合结构体系。由北京城建集团工程总承包部承担施工总承包。

依据总承包合同要求，国家体育馆工程施工工期紧，交叉作业多，质量要求高。项目部为了高质量按期完成任务，在进度管理过程中采取了以下措施。

(1) 绘制网络计划，确定关键线路。关键线路的确定是整个工程进度控制的重点。

(2) 识别工期风险。项目部根据已确定的施工进度计划中的关键线路，充分考虑各专业相关因素，从实施环境、技术、业主及设计单位、合同、管理和资源六个方面评定影响施工进度的风险因素，提前制订相应的控制方案，主动化解施工风险，以保证各种工作都处在预控范围内。

(3) 明确进度计划管理职责。国家体育馆工程建立起一个自上而下、从总体到细部的进度计划管理体系，分成总进度、分阶段、年度、季度、月度、周、日七个级别的进度计划，采用总包、分包两级进度计划管理模式，明确各自的管理职责。

(4) 计划执行过程中控制关键节点。及时收集工程信息，检查计划执行情况，对局部进度滞后或超前的情况，找出偏差的原因，制订相应的措施，调整计划或改善资源配置等，使实际进度回到目标计划上来，最终按总控计划实现整个工程目标。

(5) 组织协调，确保进度计划。通过统筹协调、现场协调、会议协调等方式，解决各种矛盾和冲突，确保计划的执行。

(6) 编制进度进展报告。总包工程部通过收集整理安全、技术、质量、商务等部门及各分包单位与工程进度有关的信息资料，定期或不定期编写各类施工进度分析报告，有针对性地制订纠正和预防措施，为总包部领导决策提供参考依据。

国家体育馆工程按计划顺利施工，如期交付使用。该工程获得了结构“长城杯”金奖、钢结构金奖，并三次夺得安全质量管理优胜奖及荣获市级样板文明工地等。

引言

几乎每个工程项目管理都会遇到一个共同的难点，就是“工期紧”。这就必须应用科学方法和管理工具去破解难题，于是科学进度管理的重要性就突显了出来，进度管理创新的空间也就有了。

任务单元4.1　建筑工程项目进度管理概述

4.1.1　建筑工程项目进度管理的概念

一个项目能否在预定的时间内完成，这是工程项目最为重要的问题之一，也是进行项目管理所追求的目标之一 。建筑工程项目进度管理就是采用科学的方法确定进度目标，编制经济合理的进度计划，据以检查项目进度计划的执行情况，当发现实际执行情况与计划进度不一致时，及时分析原因，并采取必要的措施对原工程进度计划进行调整或修正。

建筑工程项目进度管理的目的就是为了实现进度目标。

建筑工程项目进度管理是一个动态、循环、复杂的过程。进度管理的一个循环过程包括计划、实施、检查、调整四个步骤。计划是指根据施工项目的具体情况，合理编制符合工期要求的最优计划；实施是指进度计划的落实与执行；检查是指在进度计划的执行过程中，跟踪检查实际进度，并与计划进度对比分析，确定两者之间的关系；调整是指根据检查对比的结果，分析实际进度与计划进度之间的偏差对工期的影响，采取切合实际的调整措施，使计划进度符合新的实际情况，在新的起点上进行下一轮控制循环。如此循环进行下去，直到完成任务。

4.1.2 建筑工程项目进度管理程序

工程项目部应按照以下程序进行进度管理。

(1) 根据施工合同的要求确定施工进度目标，明确计划开工日期、计划总工期和计划竣工日期，确定项目分期分批的开竣工日期。

(2) 编制施工进度计划，具体安排实现计划目标的工艺关系、组织关系、搭接关系、起止时间，并实现劳动力计划、材料计划、机械计划及其他保证性计划。

(3) 进行计划交底，落实责任，并向监理工程师提出开工申请报告，按监理工程师的开工令确定的日期开工。

(4) 实施施工进度计划。随着施工活动的进行，信息管理系统会不断地将施工实际进度信息，按信息流动程序反馈给进度管理者，经过统计整理、比较分析后，确认进度无偏差，则系统继续运行；一旦发现实际进度与计划进度有偏差，系统将发挥调控职能，分析偏差产生的原因，及对后续施工和总工期的影响。必要时，可对原计划进度作出相应的调整，提出纠正偏差方案和实施技术、经济、合同保证措施，以及取得相关单位支持与配合的协调措施，确认切实可行后，将调整后的新进度计划输入到进度实施系统，施工活动继续在新的控制下运行。当新的偏差出现后，再重复上述过程，直到施工项目全部完成。

(5) 任务全部完成后，进行进度管理总结并编写进度管理报告。

项目进度管理的程序如图 4.1 所示。

4.1.3 建筑工程项目进度管理目标体系

保证工程项目按期建成交付使用，是工程项目进度控制的最终目的。为了有效地控制施工进度，首先要将施工进度总目标从不同角度进行层层分解，形成施工进度控制目标体系，从而作为实施进度控制的依据。

项目进度目标是从总的方面对项目建设提出的工期要求，但在施工活动中，是通过对最基础的分部分项工程的施工进度管理来保证各单项(位)工程或阶段工程进度管理目标的完成，进而实现工程项目进度管理总目标的。因而需要将总进度目标进行一系列的从总体到细部、从高层次到基础层次的层层分解，一直分解到在施工现场可以直接控制的分部分项工程或作业过程的施工为止。在分解中，每一层次的进度管理目标都限定了下一级层次的进度管理目标，而较低层次的进度管理目标又是较高一级层次进度管理目标得以实现的

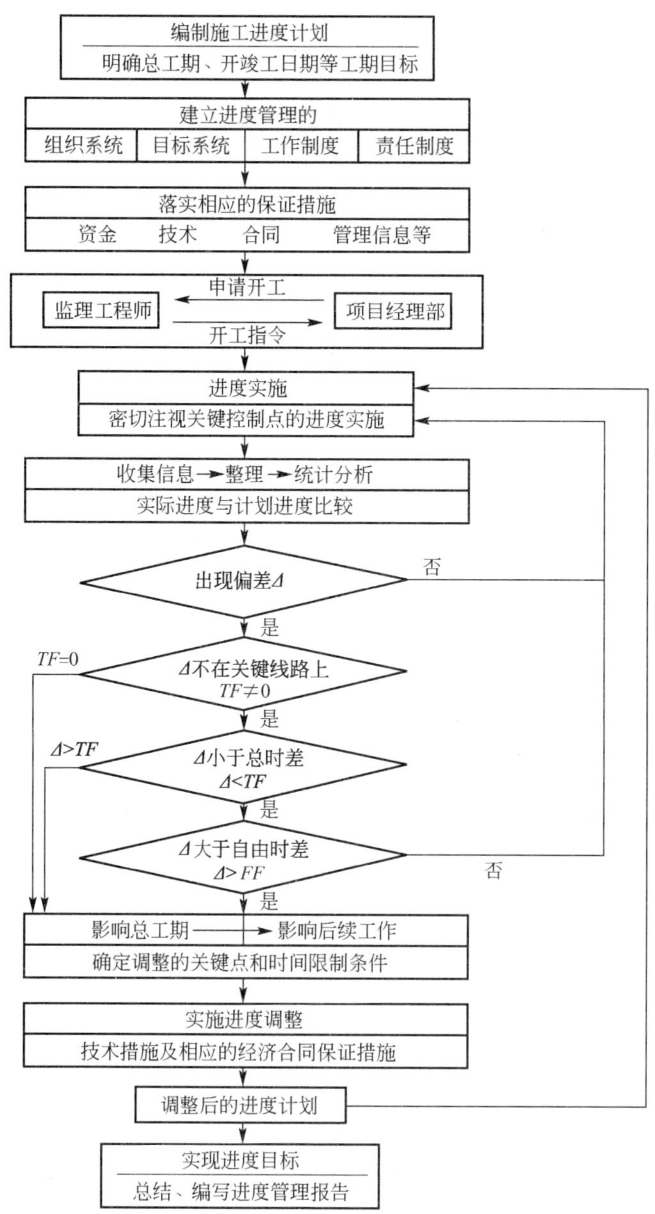

图 4.1 项目进度管理程序示意图

保证。目标体系结构框架如图 4.2 所示。

1. 按项目组成分解，确定各单位工程开工及交工动用日期

在施工阶段应进一步明确各单位工程的开工和交工动用日期，以确保施工总进度目标的实现。

2. 按承包单位分解，明确分工和承包责任

在一个单位工程中有多个承包单位参加施工时，应按承包单位将单位工程的进度目标分解，确定出各分包单位的进度目标，列入分包合同，以便落实分包责任，并根据各专业工程交叉施工方案和前后衔接条件，明确不同承包单位工作面交接的条件和时间。

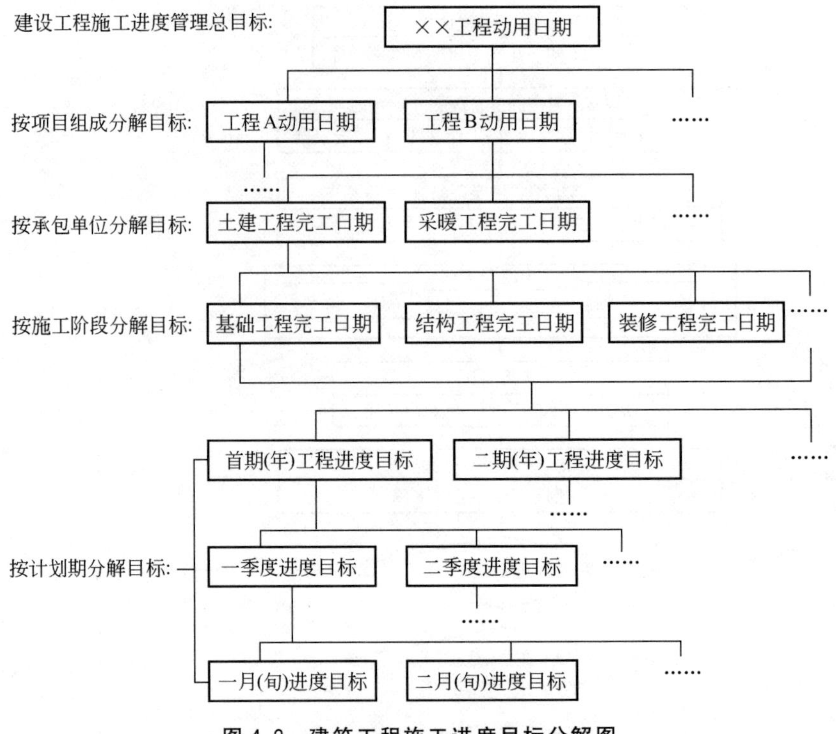

图 4.2　建筑工程施工进度目标分解图

3. 按施工阶段分解，划定进度控制分界点

根据工程项目的特点，应将其施工分解成几个阶段，如土建工程可分为基础、结构和内外装修阶段。每一阶段的起止时间都要有明确的标志。特别是不同单位承包的不同施工段之间，更要明确划定时间分界点，以此作为形象进度的控制标志，从而使单位工程动用目标具体化。

4. 按计划期分解，组织综合施工

将工程项目的施工进度控制目标按年度、季度、月进行分解，并用实物工程、货币工作量及形象进度表示，将更有利于对施工进度的控制。

4.1.4　建筑工程项目进度管理目标的确定

在确定建筑工程项目进度管理目标时，必须全面细致地分析与建设工程有关的各种有利因素和不利因素，只有这样，才能订出一个科学、合理的进度管理目标。确定施工进度管理目标的主要依据有：建设工程总进度目标对施工工期的要求、工期定额、类似工程项目的实际进度、工程难易程度和工程条件的落实情况等。

在确定施工项目进度分解目标时，还要考虑以下方面。

(1) 对于大型建设工程项目，应根据尽早提供可动用单元的原则，集中力量分期分批建设，以便尽早投入使用，尽快发挥投资效益。

(2) 结合工程特点，参考同类建设工程的经验来确定施工进度目标。避免只按主观愿望盲目确定进度目标，从而在实施过程中造成进度失控。

(3) 合理安排土建与设备的综合施工。要按照它们各自的特点，合理安排土建施工与设备基础、设备安装的先后顺序及搭接、交叉或平行作业，明确设备工程对土建工程的要求和土建工程为设备工程提供施工条件的内容及时间。

(4) 做好资金供应能力、施工力量配备、物资供应能力与施工进度的平衡工作，确保工程进度目标的要求而不使其落空。

(5) 考虑外部协作条件的配合情况。包括施工过程中及项目竣工动用所需的水、电、气、通信、道路及其他社会服务项目的满足程序和满足时间。

(6) 考虑工程项目所在地区地形、地质、水文、气象等方面的限制条件。

4.1.5 建筑工程项目进度管理的措施

建筑工程项目进度管理的措施，主要包括组织措施、技术措施、合同措施和经济措施等。

1. 组织措施

(1) 建立建筑工程项目进度管理的组织系统，订立进度管理工作制度，落实各层次进度管理人员、任务和职责。

(2) 确定建筑工程项目进度目标，建立进度管理目标体系。

2. 技术措施

(1) 尽可能采用先进的施工技术、方法，以及新材料、新工艺、新技术，保证进度目标实现。

(2) 施工方案对施工进度有直接的影响，在选择施工方案时，不仅应该分析其技术的先进性与经济合理性，还应考虑其对进度的影响。

3. 合同措施

(1) 总进度目标应该与合同总工期相一致。

(2) 分包合同的工期应该能够满足总包合同工期的要求。

(3) 材料供应合同规定的供货时间应该与有关的进度目标相一致。

4. 经济措施

(1) 编制资金需求计划，落实实现进度目标的保证资金。

(2) 签订并实施关于工期和进度的经济承包责任制。

(3) 建立并实施进度管理的奖惩制度。

任务单元4.2 建筑工程项目进度计划的编制与实施

工作任务单

任务单元 4.2 工作任务单	
工作任务描述	某住宅共有四个单元，其基础工程的施工过程分为：①土方开挖；②铺设垫层；③绑扎钢筋；④浇捣混凝土；⑤砌筑砖基础；⑥回填土。各施工过程的工程量、产量定额、专业工作队人数(或机械台数)见下表。由于铺设垫层施工过程和回填土施工过程的工程量较少，为简化流水施工的组织，将垫层与回填土这两个施工过程所需要的时间作为间歇时间来处理，各自预留 1 天时间。浇捣混凝土与砌基础墙之间的工艺间歇时间为 2 天。

续表

<table>
<tr><th colspan="6">任务单元 4.2 工作任务单</th></tr>
<tr><td rowspan="7">工作任务描述</td><td>施工过程</td><td>工程量</td><td>单位</td><td>产量定额</td><td>人数（台数）</td></tr>
<tr><td>挖土</td><td>780</td><td>m^3</td><td>65m^3/台班</td><td>1台</td></tr>
<tr><td>垫层</td><td>42</td><td>m^3</td><td>—</td><td>—</td></tr>
<tr><td>绑扎钢筋</td><td>10800</td><td>kg</td><td>450 kg/工日</td><td>2</td></tr>
<tr><td>浇混凝土</td><td>216</td><td>m^3</td><td>4.5 m^3/工日</td><td>12</td></tr>
<tr><td>砌墙基</td><td>330</td><td>m^3</td><td>1.25 m^3/工日</td><td>22</td></tr>
<tr><td>回填土</td><td>350</td><td>m^3</td><td>—</td><td>—</td></tr>
<tr><td>工作任务要求</td><td colspan="5">（1）该分部工程应如何划分施工段？计算该基础工程各施工过程在各施工段上的流水节拍以及该基础工程的工期，绘制流水施工的横道计划。
（2）如果该分部工程的合同工期为 18 天，按照等节奏流水施工方式组织施工，则流水节拍应为多少？请绘制横道计划。
（3）针对该住宅工程编制单位工程进度计划的依据一般有哪些？
（4）针对该住宅工程编制的单位工程进度计划有哪些作用？</td></tr>
</table>

建筑工程项目施工进度计划是规定各项工程的施工顺序和开竣工时间及相互衔接关系的计划，是在确定工程施工项目目标工期基础上，根据相应完成的工程量，对各项施工过程的施工顺序、起止时间和相互衔接关系所做的统筹安排。

4.2.1 建筑工程项目进度计划的类型

1. 按计划时间划分

分为总进度计划和阶段性计划。总进度计划是控制项目施工全过程的，阶段性计划包括项目年、季、月(旬)施工进度计划等。月(旬)计划是根据年、季施工计划，结合现场施工条件编制的具体执行计划。

2. 按计划表达形式划分

分为文字说明计划与图表形式计划。文字说明计划是用文字来说明各阶段的施工任务，以及要达到的形象进度要求；图表形式计划是用图表形式表达施工的进度安排，可用横道图表示进度计划或用网络图表示进度计划。

3. 按计划对象划分

分为施工总进度计划、单位工程施工进度计划和分部分项工程进度计划。施工总进度计划是以整个建设项目为对象编制的，它确定各单项工程施工顺序和开竣工时间以及相互衔接关系，是全局性的施工战略部署；单位工程施工进度计划是对单位工程中的各分部、分项工程的计划安排；分部分项工程进度计划是针对项目中某一分部或分项工程的计划安排。

4. 按计划作用划分

分为控制性进度计划和指导性进度计划。控制性进度计划按分部工程来划分施工过程，控制各分部工程的施工时间及其相互搭接配合关系；它主要适用于工程结构较复杂、规模较大、工期较长而需跨年度施工的工程，还适用于虽然工程规模不大或结构不复杂但各种资源(劳动力、机械、材料等)不落实的情况，以及建筑结构设计等可能变化的情况。指导性进度计划按分项工程或施工工序来划分施工过程，具体确定各施工过程的施工时间及其相互搭接、配合关系；它适用于任务具体而明确、施工条件基本落实、各项资源供应正常及施工工期不太长的工程。

4.2.2 建筑工程项目进度计划的编制依据

为了使施工进度计划能更好地、密切地结合工程的实际情况，更好地发挥其在施工中的指导作用，在编制施工进度计划时，按其编制对象的要求，依据下列资料来进行编制。

1. 施工总进度计划的编制依据

(1) 工程项目承包合同及招投标书。主要包括招投标文件及签订的工程承包合同，工程材料和设备的订货、供货合同等。

(2) 工程项目全部设计施工图样及变更洽商。包括建设项目的扩大初步设计、技术设计、施工图设计、设计说明书、建筑总平面图、建筑竖向设计及变更洽商等。

(3) 工程项目所在地区位置的自然条件和技术经济条件。主要包括气象、地形地貌、水文地质情况、地区施工能力、交通、水电条件等，建筑施工企业的人力、设备、技术和管理水平等。

(4) 工程项目设计概算和预算资料、劳动定额及机械台班定额等。

(5) 工程项目拟采用的主要施工方案及措施、施工顺序、流水段划分等。

(6) 工程项目需要的主要资源。主要包括劳动力状况、机具设备能力、物资供应来源条件等。

(7) 建设单位及上级主管部门对施工的要求。

(8) 现行规范、规程和有关技术规定。包括国家现行的施工及验收规范、操作规程、技术规定和技术经济指标。

2. 单位工程进度计划的编制依据

(1) 主管部门的批示文件及建设单位的要求。

(2) 施工图样及设计单位对施工的要求。其中包括单位工程的全部施工图样、会审记录和标准图、变更洽商等有关部门设计资料，对较复杂的建筑工程还要有设备图样和设备安装对土建施工的要求，及设计单位对新结构、新材料、新技术和新工艺的要求。

(3) 施工企业年度计划对该工程的有关指标，如进度、其他项目穿插施工的要求等。

(4) 施工组织总设计或大纲对该工程的有关部门规定和安排。

(5) 资源配备情况，如施工中需要的劳动力、施工机械和设备、材料、预制构件和加工品的供应能力及来源情况。

(6) 建设单位可能提供的条件和水电供应情况，如建设单位可能提供的临时房屋数量，水电供应量，水压、电压能否满足施工需要等。

(7) 施工现场条件和勘察，如施工现场的地形、地貌、地上与地下的障碍物、工程地质和水文地质、气象资料、交通运输通路及场地面积等。

(8) 预算文件和国家及地方规范等资料。工程的预算文件等提供的工程量和预算成本，国家和地方的施工验收规范、质量验收标准、操作规程和有关定额是确定编制施工进度计划的主要依据。

4.2.3 施工总进度计划的编制

施工总进度计划一般是建设工程项目的施工进度计划。它是用来确定建设工程项目中所包含的各单位工程的施工顺序、施工时间及相互衔接关系的计划。施工总进度计划的编制步骤和方法如下。

1. 计算工程量

根据批准的工程项目一览表，按单位工程分别计算其主要实物工程量。工程量的计算可按初步设计(或扩大初步设计)图样和有关定额手册或资料进行。常用的定额、资料有：每万元、每10万元投资工程量、劳动量及材料消耗扩大指标，概算指标和扩大结构定额，已建成的类似建筑物、构筑物的资料。

2. 确定各单位工程的施工期限

各单位工程的施工期限应根据合同工期确定，同时还要考虑建筑类型、结构特征、施工方法、施工管理水平、施工机械化程度及施工现场条件等因素。如果在编制施工总进度计划时没有合同工期，则应保证计划工期不超过工期定额。

3. 确定各单位工程的开竣工时间和相互搭接关系

确定各单位工程的开竣工时间和相互搭接关系主要应考虑以下几点。

(1) 同一时期施工的项目不宜过多，以避免人力、物力过于分散。

(2) 尽量做到均衡施工，以使劳动力、施工机械和主要材料的供应在整个工期范围内达到均衡。

(3) 尽量提前建设可供工程施工使用的永久性工程，以节省临时工程费用。

(4) 急需和关键的工程先施工，以保证工程项目如期交工。对于某些技术复杂、施工周期较长、施工困难较多的工程，也应安排提前施工，以利于整个工程项目按期交付使用。

(5) 施工顺序必须与主要生产系统投入生产的先后次序相吻合。同时还要安排好配套工程的施工时间，以保证建成的工程能迅速投入生产或交付使用。

(6) 应注意季节对施工顺序的影响，使施工季节不导致工期拖延，不影响工程质量。

(7) 安排一部分附属工程或零星项目作为后备项目，用以调整主要项目的施工进度。

(8) 注意主要工种和主要施工机械能连续施工。

4. 编制初步施工总进度计划

施工总进度计划应安排全工地性的流水作业。全工地性的流水作业安排应以工程量大、工期长的单位工程为主导，组织若干条流水线，并以此带动其他工程。施工总进度计划既可以用横道图表示，也可以用网络图表示。如果用横道图表示，则常用格式见表4-1。

表 4-1 施工总进度计划表

序号	单位工程名称	建筑面积	结构类型	工程造价	施工时间	施工进度计划											
						第一年				第二年				第三年			
						Ⅰ	Ⅱ	Ⅲ	Ⅳ	Ⅰ	Ⅱ	Ⅲ	Ⅳ	Ⅰ	Ⅱ	Ⅲ	Ⅳ

5. 编制正式施工总进度计划

初步施工总进度计划编制完成后，要对其进行检查。主要是检查总工期是否符合要求，资源使用是否均衡且其供应是否能得到保证。

4.2.4 单位工程施工进度计划的编制

单位工程施工进度计划是在既定施工方案的基础上，根据规定的工期和各种资源供应条件，对单位工程中的各分部分项工程的施工顺序、施工起止时间及衔接关系进行合理安排。单位工程施工进度计划的编制程序如图 4.3 所示。

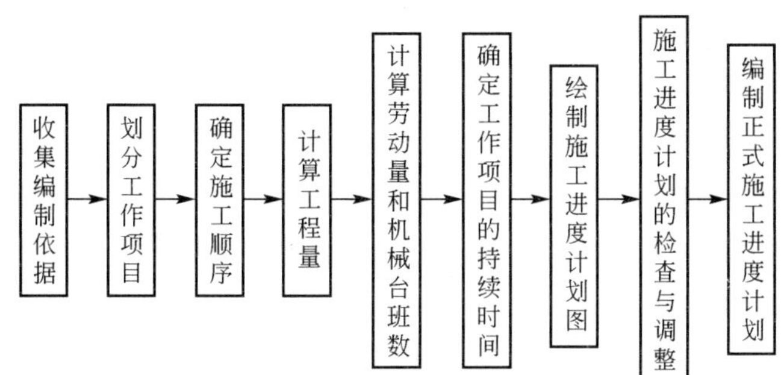

图 4.3 单位工程施工进度计划的编制程序

单位工程施工进度计划的编制步骤及方法如下。

1. 划分施工过程

施工过程是施工进度计划的基本组成单元。编制单位工程施工进度计划时，应按照图样和施工顺序将拟建工程的各个施工过程列出，并结合施工方法、施工条件、劳动组织等因素加以适当调整。施工过程划分应考虑以下因素。

1）施工进度计划的性质和作用

一般来说，对长期计划及建筑群体、规模大、工程复杂、工期长的建筑工程，编制控制性施工进度计划，施工过程划分可粗些，综合性可大些，一般可按分部工程划分施工过程，如开工前准备、打桩工程、基础工程、主体结构工程等。对中小型建筑工程及工期不长的工程，编制实施性计划，其施工过程划分可细些、具体些，要求每个分部工程所包括的主要分项工程均一一列出，起到指导施工的作用。

2）施工方案及工程结构

如厂房基础采用敞开式施工方案时，柱基础和设备基础可合并为一个施工过程；而采用封闭式施工方案时，则必须列出柱基础、设备基础这两个施工过程。又如结构吊装工程，采用分件吊装方法时，应列出柱吊装、梁吊装、屋架扶直就位、屋盖吊装等施工过程；而采用综合吊装法时，只要列出结构吊装一项即可。

砌体结构、大墙板结构、装配式框架与现浇钢筋混凝土框架等不同的结构体系，其施工过程划分及其内容也各不相同。

3）结构性质及劳动组织

现浇钢筋混凝土施工，一般可分为支模、绑扎钢筋、浇筑混凝土等施工过程。一般对于现浇钢筋混凝土框架结构的施工应分别列项，而且可分得细一些，如分为：绑扎柱钢筋、支柱模板、浇捣柱混凝土，支梁、板模板，绑扎梁、板钢筋，浇捣梁、板混凝土，养护，拆模等施工过程。砌体结构工程中，现浇工程量不大的钢筋混凝土工程一般不再细分，可合并为一项，由施工班组的各工种互相配合施工。

施工过程的划分还与施工班组的组织形式有关。如玻璃与油漆的施工，如果是单一工种组成的施工班组，可以划分为玻璃、油漆两个施工过程；同时为了组织流水施工的方便或需要，也可合并成一个施工过程，这时施工班组则是由多工种混合的混合班组。

4）对施工过程进行适当合并，达到简明清晰

施工过程划分太细，则过程越多，施工进度图表就会越显得繁杂，重点不突出，反而失去指导施工的意义，并且增加编制施工进度计划的难度。因此，可考虑将一些次要的、穿插性的施工过程合并到主要施工过程中去，如基础防潮层可合并到基础施工过程，门窗框安装可并入砌筑工程；有些虽然重要但工程量不大的施工过程也可与相邻的施工过程合并，如挖土可与垫层施工合并为一项，组织混合班组施工；同一时期由同一工种施工的施工项目也可合并在一起，如墙体砌筑不分内墙、外墙、隔墙等，而合并为墙体砌筑一项；有些关系比较密切、不容易分出先后的施工过程也可合并，如散水、勒脚和明沟可合并为一项。

5）设备安装应单独列项

民用建筑的水、暖、煤、卫、电等房屋设备安装是建筑工程的重要组成部分，应单独列项；工业厂房的各种机电等设备安装也要单独列项。土建施工进度计划中列出设备安装的施工过程，只是表明其与土建施工的配合关系，一般不必细分，可由专业队或设备安装单位单独编制其施工进度计划。

6）明确施工过程对施工进度的影响程度

有些施工过程直接在拟建工程上进行作业，占用时间等资源，对工程的完成与否起着决定性的作用，它在条件允许的情况下，可以缩短或延长工期。这类施工过程必须列入施工进度计划，如砌筑、安装、混凝土的养护等。另外有些施工过程不占用拟建工程的工作面，虽需要一定的时间和消耗一定的资源，但不占用工期，故不列入施工进度计划，如构件制作和运输等。

2. 计算工程量

当确定了施工过程之后，应计算每个施工过程的工程量。工程量应根据施工图样、工程量计算规则及相应的施工方法进行计算。计算时应注意工程量的计量单位应与采用的施工定额的计量单位相一致。

如果编制单位工程施工进度计划时，已编制出预算文件(施工图预算或施工预算)，则工程量可从预算文件中抄出并汇总。但是，施工进度计划中某些施工过程与预算文件的内容不同或有出入时(如计量单位、计算规则、采用的定额等)，则应根据施工实际情况加以

修改、调整或重新计算。

3. 套用施工定额

确定了施工过程及其工程量之后，即可套用施工定额(当地实际采用的劳动定额及机械台班定额)，以确定劳动量和机械台班量。

在套用国家或当地颁布的定额时，必须注意结合本单位工人的技术等级、实际操作水平、施工机械情况和施工现场条件等因素，确定完成定额的实际水平，使计算出来的劳动量、机械台班量符合实际需要。

有些采用新技术、新材料、新工艺或特殊施工方法的施工过程，定额中尚未编入，这时可参考类似施工过程的定额、经验资料，按实际情况确定。

4. 计算劳动量及机械台班量

根据计算的工程量和实际采用的施工定额水平，即可进行劳动量及机械台班量的计算。

1）劳动量的计算

劳动量也称劳动工日数。凡是以手工操作为主的施工过程，其劳动量均可按下式计算：

$$P_i=\frac{Q_i}{S_i} \quad \text{或}\ P_i=Q_iH_i \tag{4-1}$$

式中 P_i——某施工过程所需劳动量，工日；

Q_i——该施工过程的工程量，m^3、m^2、m、t 等；

S_i——该施工过程采用的产量定额，m^3/工日、m^2/工日、m/工日、t/工日等；

H_i——该施工过程采用的时间定额，工日/m^3、工日/m^2、工日/m、工日/t 等。

应用案例 4-1

某单层工业厂房的柱基坑土方量为 $3240m^3$，采用人工挖土，查劳动定额得产量定额为 $3.9m^3$/工日，试计算完成基坑挖土所需的劳动量。

【案例解析】

$$P=\frac{Q}{S}=\frac{3240}{3.9}\text{工日}=830.8\text{ 工日}$$

取 831 个工日。

当某一施工过程是由两个或两个以上不同分项工程合并而成时，其总劳动量应按下式计算：

$$P_{总}=\sum_{i=1}^{n}P_i=P_1+P_2+\cdots+P_n \tag{4-2}$$

应用案例 4-2

某钢筋混凝土基础工程，其支模板、绑扎钢筋、浇筑混凝土三个施工过程的工程量分别为 $719.6m^2$、6.284t、$287.3m^3$，查劳动定额得时间定额分别为 0.253 工日/m^2、5.28 工日/t、0.833 工日/m^3，试计算完成钢筋混凝土基础所需劳动量。

【案例解析】

$$P_{模}=719.6\times0.253\ 工日=182.1\ 工日$$

$$P_{筋}=6.284\times5.28\ 工日=33.2\ 工日$$

$$P_{混凝土}=287.3\times0.833\ 工日=239.3\ 工日$$

$$P_{基}=P_{模}+P_{筋}+P_{混凝土}=(182.1+33.2+239.3)工日=454.6\ 工日$$

取 455 个工日。

当某一施工过程是由同一工种但涉及不同做法、不同材料的若干个分项工程合并组成时，可以先按以下公式计算其综合产量定额及综合时间定额：

$$\overline{S}=\frac{\sum_{i=1}^{n}Q_i}{\sum_{i=1}^{n}P_i}=\frac{Q_1+Q_2+\cdots+Q_n}{P_1+P_2+\cdots+P_n}=\frac{Q_1+Q_2+\cdots+Q_n}{\frac{Q_1}{S_1}+\frac{Q_2}{S_2}+\cdots+\frac{Q_n}{S_n}} \tag{4-3}$$

$$\overline{H}=\frac{1}{\overline{S}} \tag{4-4}$$

式中　$\overline{S}$——某施工过程的综合产量定额，m^3/工日、m^2/工日、m/工日、t/工日等；

$\overline{H}$——某施工过程的综合时间定额，工日/m^3、工日/m^2、工日/m、工日/t 等；

$\sum_{i=1}^{n}Q_i$——总工程量，m^3、m^2、m、t 等；

$\sum_{i=1}^{n}P_i$——总劳动量，工日；

Q_1，Q_2，…，Q_n——同一施工过程的各分项工程的工程量；

S_1，S_2，…，S_n——同一施工过程的各分项工程的产量定额。

应用案例 4-3

某工程外墙面装饰有外墙涂料、面砖、剁假石三种做法，其工程量分别为 930.5m^2、490.3m^2、185.3m^2，采用的产量定额分别为 7.56m^2/工日、4.05m^2/工日、3.05m^2/工日。试计算它们的综合产量定额。

【案例解析】

$$\overline{S}=\frac{Q_1+Q_2+Q_3}{\frac{Q_1}{S_1}+\frac{Q_2}{S_2}+\frac{Q_3}{S_3}}=\frac{930.5+490.3+185.3}{\frac{930.5}{7.56}+\frac{490.3}{4.05}+\frac{185.3}{3.05}}=\frac{1606.1}{304.90}=5.27(m^2/工日)$$

2) 机械台班量的计算

凡是采用机械为主的施工过程，可采用下式计算其所需的机械台班数：

$$P_{机械}=\frac{Q_{机械}}{S_{机械}}\quad 或\ P_{机械}=Q_{机械}H_{机械} \tag{4-5}$$

式中　$P_{机械}$——某施工过程需要的机械台班数，台班；

$Q_{机械}$——机械完成的工程量，m^3、t 等；

$S_{机械}$——机械的产量定额，m^3/台班、t/台班等；

$H_{机械}$——机械的时间定额，台班/m^3、台班/t 等。

在实际计算中，$S_{机械}$或 $H_{机械}$的采用应根据机械的实际情况、施工条件等因素考虑确定，以便准确地计算需要的机械台班数。

应用案例 4-4

某工程基础挖土采用 W-100 型反铲挖土机，挖方量为 $3010m^3$，经计算采用的机械台班产量为 $120m^3$/台班。计算挖土机所需台班量。

【案例解析】

$$P_{机械}=\frac{Q_{机械}}{S_{机械}}=\frac{3010}{120}台班=25.08台班$$

取 25 个台班。

5. 计算确定施工过程的持续时间

施工过程持续时间的确定方法有三种：定额计算法、经验估算法和倒排计划法。

1) 定额计算法

这种方法是根据施工过程需要的劳动量或机械台班量，以及配备的劳动人数或机械台数，确定施工过程的持续时间。其计算公式如下：

$$D=\frac{P}{NR} \tag{4-6}$$

式中 D——某施工过程的持续时间，天；

P——该施工过程所需的劳动量或机械台班量，工日或台班；

R——该施工过程所配备的施工班组人数或机械台数，人或台；

N——每天采用的工作班制，班。

从上述公式可知，要计算确定某施工过程持续时间，除已确定的 P 外，还必须确定 R 及 N 的数值。

要确定施工班组人数或施工机械台数 R，必须综合考虑以下因素。

(1) 最小劳动组合。即某一施工过程正常施工所必需的最低限度的班组人数及其合理组合。最小劳动组合决定了最低限度应安排多少工人，如砌墙就要按技工和普工的最少人数及合理比例组成施工班组，人数过少或比例不当都将引起劳动生产率的下降。

(2) 最小工作面。即为保证安全生产和发挥效率，施工班组中的每个工人或每台机械所必需的工作面。最小工作面决定了最高限度可安排多少工人或机械。不能为了缩短工期而无限制地增加人数或机械，否则将造成工作面的不足而产生窝工。表 4-2 所列为主要工种操作工作面的大小。

表 4-2 主要工种工作面参考数据

工 作 项 目	每个技工的工作面	说 明
砖基础	7.6m/人	以 $1\frac{1}{2}$砖计；2 砖乘以 0.8；3 砖乘以 0.55
砌砖墙	8.5m/人	以 1 砖计；3/2 砖乘以 0.71；2 砖乘以 0.57
毛石墙基	3m/人	以 60cm 计
毛石墙	3.3m/人	以 40cm 计
混凝土柱、墙基础	$8m^3$/人	机拌、机捣

续表

工　作　项　目	每个技工的工作面	说　　明
混凝土设备基础	$7m^3$/人	机拌、机捣
现浇钢筋混凝土柱	$2.45m^3$/人	机拌、机捣
现浇钢筋混凝土梁	$3.20m^3$/人	机拌、机捣
现浇钢筋混凝土墙	$5m^3$/人	机拌、机捣
现浇钢筋混凝土楼板	$5.3m^3$/人	机拌、机捣
预制钢筋混凝土柱	$3.6m^3$/人	机拌、机捣
预制钢筋混凝土梁	$3.6m^3$/人	机拌、机捣
预制钢筋混凝土屋架	$2.7m^3$/人	机拌、机捣
预制钢筋混凝土平板、空心板	$1.91m^3$/人	机拌、机捣
预制钢筋混凝土大型屋面板	$2.62m^3$/人	机拌、机捣
混凝土地坪及面层	$40m^2$/人	—
外墙抹灰	$16m^2$/人	—
内墙抹灰	$18.5m^2$/人	—
卷材屋面	$18.5m^2$/人	—
防水水泥砂浆屋面	$16m^2$/人	—
门窗安装	$11m^2$/人	—

(3) 可能安排的人数或机械数。是指施工单位所能配备的人数或机械数。一般只要在上述最低和最高限度之间，根据实际情况确定就可以了。

每天工作班制 N 的确定：当工期允许、劳动力和施工机械周转使用不紧迫、施工工艺上无连续施工要求时，通常采用一班制施工，在建筑业中往往采用1.25班制即10h；当工期较紧或为了提高施工机械的使用率及加快机械的周转使用，或工艺上要求连续施工时，某些施工过程可考虑两班甚至三班制施工。但采用多班制施工，必然增加有关设施及费用，因此须慎重研究确定。

应用案例 4-5

某工程砌墙需要劳动量为740工日，每天采用两班制，每班安排20人施工，如果分三个施工段，试求完成砌墙任务的持续时间和流水节拍。

【案例解析】

$D=\frac{P}{NR}=\frac{740}{2\times 20}$天$=18.5$天，取18天。

$t_{砌墙}=\frac{18}{3}$天$=6$天。

上例流水节拍为6天，总工期为3×6天=18天，则计划安排劳动量为18×20×2工日=720工日，比计划定额需要的劳动量减少20工日。能否少用20工日完成任务，即能否提高工效3%(20/740=3%)，这要根据实际情况分析研究后确定。一般应当尽量使定额劳动量和计划劳动量相接近。

2）经验估算法

经验估算法是根据过去的经验进行估计，适用于新结构、新技术、新工艺、新材料等无定额可循的施工过程。为了提高准确程度，可采用三时估算法，即先估计出完成该施工过程的最乐观时间 A、最悲观时间 C 和最可能时间 B 三种施工时间，然后按下式计算出该施工过程的延续时间 D：

$$D=\frac{A+4B+C}{6} \tag{4-7}$$

3）倒排计划法

这种方法是根据施工的工期要求，先确定施工过程的持续时间及工作班制，再确定施工班组人数 R 或机械台数 $R_{机械}$。计算公式如下：

$$R=\frac{P}{ND} \quad 或\ R_{机械}=\frac{P_{机械}}{ND_{机械}} \tag{4-8}$$

如果按上式计算出来的结果，超过了本部门现有的人数或机械台数，则要求有关部门进行平衡、调度及支持，或从技术上、组织上采取措施。

应用案例 4-6

某工程挖土方所需劳动量为 600 个工日，要求在 20 天内完成，采用一班制施工，试求每班工人数。

【案例解析】

$$R=\frac{P}{ND}=\frac{600}{1\times 20}人=30\ 人$$

上例所需施工班组人数为 30 人，是否有这么多劳动人数，是否有足够的工作面，这些都需经分析研究才能确定。

6. 初排施工进度计划(以横道图为例)

上述各项计算内容确定之后，即可编制施工进度计划的初步方案。一般的编制方法如下。

1）根据施工经验直接安排的方法

这种方法是根据经验资料及有关计算，直接在进度表上画出进度线。其一般步骤是：先安排主导施工过程的施工进度，然后再安排其余施工过程，它们应尽可能配合主导施工过程并最大限度地搭接，形成施工进度计划的初步方案。

2）按工艺组合组织流水的施工方法

这种方法是将某些在工艺上有关系的施工过程归并为一个工艺组合，组织各工艺组合内部的流水施工，然后将各工艺组合最大限度地搭接起来。

横道图的表格形式见表 4-3。施工进度计划由两部分组成，一部分反映拟建工程所划分施工过程的工程量、劳动量或台班量、施工人数或机械数、工作班制及工作延续时间等计算内容；另一部分则用图表形式表示各施工过程的起止时间、延续时间及其搭接关系。

表 4-3 单位工程施工进度计划

序号	施工过程	工程量		定额	劳动量		机械		每天工作班数	每班工作人数	施工时间	施工进度																
		单位	数量		定额工日	计划工日	机械名称	台班量				月															月	
												2	4	6	8	10	12	14	16	18	20	22	24	26	28	30	2	4

7. 检查与调整施工进度计划

施工进度计划初步方案编制后，应根据建设单位和有关部门的要求、合同规定及施工条件等，先检查各施工过程之间的施工顺序是否合理、工期是否满足要求、劳动力等资源需要量是否均衡，然后再进行调整，直至满足要求，正式形成施工进度计划。

1）施工顺序的检查与调整

施工顺序应符合建筑施工的客观规律，应从技术上、工艺上、组织上检查各个施工过程的安排是否正确合理。

2）施工工期的检查与调整

施工进度计划安排的计划工期首先应满足上级规定或施工合同的要求，其次应具有较好的经济效益，即安排工期要合理，但并不是越短越好。当工期不符合要求时，应进行必要的调整。检查时主要看各施工过程的持续时间、起止时间是否合理，特别应注意对工期起控制作用的施工过程，即首先要缩短这些施工过程的持续时间，并注意施工人数、机械台数的重新确定。

3）资源消耗均衡性的检查与调整

施工进度计划的劳动力、材料、机械等供应与使用，应避免过分集中，尽量做到均衡。

应当指出，施工进度计划并不是一成不变的，在执行过程中，往往由于人力、物资供应等情况的变化，打破了原来的计划。因此，在执行中应随时掌握施工动态，并经常不断地检查和调整施工进度计划。

4.2.5 施工进度计划的实施

施工进度计划的实施就是用施工进度计划指导施工活动、落实和完成进度计划。施工进度计划逐步实施的过程，就是施工项目建造逐步完成的过程。为了保证施工进度计划的实施，保证各进度目标的实现，应做好如下方面的工作。

1. 施工进度计划的审核

项目经理应进行施工项目进度计划的审核，主要包括以下内容。

(1) 进度安排是否符合施工合同中确定的建设项目总目标和分目标，是否符合开、竣工日期的规定。

(2) 施工进度计划中的项目是否有遗漏，分期施工是否满足分批交工的需要和配套交工的要求。

(3) 进度计划中施工顺序的安排是否合理。

(4) 资源供应计划是否能保证施工进度的实现，供应是否均衡，分包人供应的资源是否能满足进度的要求。

(5) 总分包之间的进度计划是否相协调，专业分工与计划的衔接是否明确、合理。

(6) 对实施进度计划的风险是否分析清楚，是否有相应的对策。

(7) 各项保证进度计划实现的措施是否周到、可行、有效。

2. 施工项目进度计划的贯彻

1) 检查各层次的计划，形成严密的计划保证系统

施工项目的所有施工进度计划包括施工总进度计划、单位工程施工进度计划、分部分项工程施工进度计划，都是围绕一个总任务而编制的，它们之间的关系是高层次的计划为低层次计划的依据，低层次计划是高层次计划的具体化。在其贯彻执行时应当首先检查是否协调一致，计划目标是否层层分解、互相衔接，组成一个计划实施的保证体系，并以施工任务书的方式下达施工队以保证实施。

2) 层层明确责任

施工项目经理、施工队和作业班组之间分别签订承包合同，按计划目标明确规定合同工期、相互承担的经济责任、权限和利益。

3) 进行计划交底，促进计划的全面、彻底实施

施工进度计划的实施需要全体员工的共同行动，要使有关人员都明确各项计划的目标、任务、实施方案和措施，使管理层和作业层协调一致，将计划变成全体员工的自觉行动。在计划实施前要根据计划的范围进行交底工作，使计划得到全面、彻底的实施。

3. 施工进度计划的实施过程

1) 编制施工作业计划

由于施工活动的复杂性，在编制施工进度计划时，不可能考虑到施工过程中的一切变化情况，因而不可能一次安排好未来施工活动中的全部细节，所以施工进度计划很难作为直接下达施工任务的依据。因此，还必须有更为符合当时情况、更为细致具体的短时间的计划，这就是施工作业计划。

施工作业计划一般可分为月作业计划和旬作业计划。月(旬)作业计划应保证年、季度计划指标的完成，其格式见表 4-4。

表 4-4 月(旬)作业计划表

编号	工程地点及名称	计量单位	月计划				上旬		中旬		下旬		形象进度要求					
			数量	单价	定额	天数	数量	天数	数量	天数	数量	天数	1	2	3	…	29	30

2) 签发施工任务书

编制好月(旬)作业计划以后，应将每项具体任务通过签发施工任务书的方式使其进一步落实。施工任务书是向班组下达任务、实行责任承包、全面管理和原始记录的综合性文

件，是计划和实施的纽带。

施工任务书应由工长编制并下达，包括施工任务单、限额领料单和考勤表。施工任务单包括分项工程施工任务、工程量、劳动量、开工日期、完工日期、工艺、质量、安全等要求；限额领料单是根据施工任务书编制的控制班组领用材料的依据，应具体规定材料名称、规格、型号、单位、数量，以及领用记录、退料记录等；考勤表可附在施工任务书背面，按班组人名排列，供考勤时填写。

3）做好施工进度记录，填好施工进度统计表

在计划任务完成的过程中，各级施工进度计划的执行者都要跟踪做好施工记录，记载计划中的每项工作开始日期、工作进度和完成日期，为施工项目进度检查分析提供信息，并填好有关图表。

4）做好施工中的调度工作

施工中的调度是组织施工中各阶段、环节、专业和工种互相配合、进度协调的指挥核心。调度工作是使施工进度计划实施顺利进行的重要手段，其主要任务是掌握计划实施情况，协调各方面关系，采取措施排除各种矛盾、加强各薄弱环节、实现动态平衡，保证完成作业计划和实现进度目标。

调度工作内容主要包括：监督作业计划的实施，调整协调各方面的进度关系；监督检查施工准备工作；督促资源供应单位按计划供应劳动力、施工机具、运输车辆、材料构配件等，并对临时出现的问题采取调配措施；由于工程变更引起资源需求的数量变更和品种变化时，应及时调整供应计划；按施工平面图管理施工现场，结合实际情况进行必要调整，保证文明施工；了解气候、水、电、气的情况，采取相应的防范和保障措施；及时发现和处理施工中各种事故和意外事件；定期、及时召开现场调度会议，贯彻施工项目主管人员的决策，发布调度令。

学习作业单

任务单元 4.2 学习作业单	
工作任务完成	根据任务单元 4.2 工作任务单的工作任务描述和要求，完成任务如下：
任务单元学习总结	（1）单位工程施工进度计划编制的依据。 （2）单位工程施工进度计划编制的步骤和方法。 （3）施工进度计划在实施过程中需做好哪些工作？
任务单元学习体会	

任务单元4.3　建筑工程项目进度计划的检查与调整

任务单元 4.3 工作任务单

<table>
<tr><td>工作任务描述</td><td>某建筑施工企业承接了某工程项目，绘制了该工程项目的双代号网络计划，如下图所示，其持续时间和预算费用见下表。工程施工进行到第 12 周末时，G 工作完成了 1 周，H 工作完成了 3 周，F 工作已经完成。
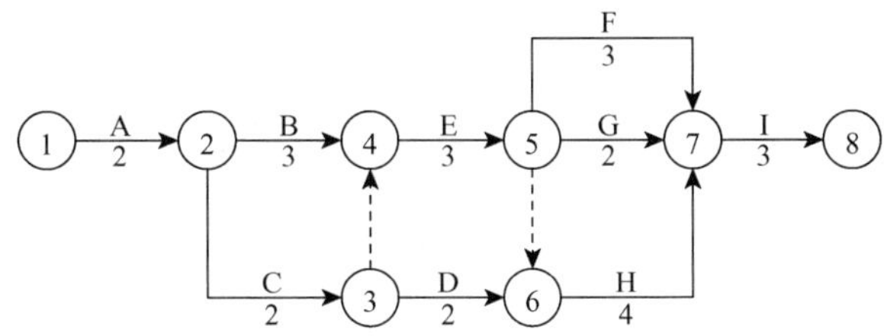
<table>
<tr><td>工作名称</td><td>A</td><td>B</td><td>C</td><td>D</td><td>E</td><td>F</td><td>G</td><td>H</td><td>I</td></tr>
<tr><td>持续时间/周</td><td>2</td><td>3</td><td>2</td><td>2</td><td>3</td><td>3</td><td>2</td><td>4</td><td>3</td></tr>
<tr><td>费用/万元</td><td>8</td><td>12</td><td>8</td><td>8</td><td>12</td><td>15</td><td>10</td><td>16</td><td>12</td></tr>
</table></td></tr>
<tr><td>工作任务要求</td><td>(1) 请绘制实际进度前锋线，计算累计完成的投资额。
(2) 如果后续工作按计划进行，分析上述 G、H、F 三项工作对该计划产生了什么影响。
(3) 在不考虑工作延误的情况下，确定该网络计划的关键线路。
(4) 在不考虑工作延误的情况下，重新绘制第 12 周至完工的时标网络计划。
(5) 如果要保持工期不变，第 12 周后需压缩哪项工作？请绘制调整后的进度计划。</td></tr>
</table>

4.3.1　建筑工程项目进度计划的检查

1. 建筑工程项目进度计划检查的工作内容

在施工项目的实施进程中，为了进行进度控制，进度控制人员应经常地、定期地跟踪检查施工实际进度情况。主要检查工作量的完成情况、工作时间的执行情况、资源使用及与进度的互相配合情况等。进行进度统计整理和对比分析，确定实际进度与计划进度之间的关系，其主要工作包括以下方面。

1）跟踪检查施工实际进度

跟踪检查施工实际进度是项目施工进度控制的关键措施，其目的是收集实际施工进度的有关数据。跟踪检查的时间和收集数据的质量，直接影响控制工作的质量和效果。

一般检查的时间间隔与施工项目的类型、规模、施工条件和对进度执行要求的程度有关，通常可以确定每月、半月、旬或周进行一次。若在施工中遇到天气、资源供应等不利因素的严重影响，检查的时间间隔可临时缩短，次数应频繁，甚至可以每日进行检查，或派人员驻现场督阵。检查和收集资料的方式，一般采用进度报表方式或定期召开进度工作汇报会。为了保证汇报资料的准确性，进度控制的工作人员要经常到现场察看施工项目的实际进度情况，从而保证经常地、定期地准确掌握施工项目的实际进度。

根据不同需要，进行日检查或定期检查的内容包括以下几方面。

（1）检查期内实际完成和累计完成的工程量。

（2）实际参加施工的人数、机械数量和生产效率。

（3）窝工人数、窝工机械台班数及其原因分析。

（4）进度偏差的情况。

（5）进度管理情况。

（6）影响进度的特殊原因及分析。

（7）整理统计检查数据。

2）整理统计检查数据

收集到的施工项目实际进度数据，要进行必要的整理，按计划控制的工作项目进行统计，形成与计划进度具有可比性的数据、相同的量纲和形象进度。一般可以按实物工程量、工作量和劳动消耗量以及累计百分比整理和统计实际检查的数据，以便与相应的计划完成量进行对比。

3）对比实际进度与计划进度

将收集的资料整理和统计成具有与计划进度可比性的数据后，用施工项目实际进度与计划进度的比较方法来进行比较。通常用的比较方法有：横道图比较法、S形曲线比较法、香蕉曲线比较法、前锋线比较法等。

4）进度检查结果的处理

施工项目进度检查的结果，按照检查报告制度的规定，应形成进度报告向有关主管人员和部门汇报。进度报告是把检查比较的结果、有关施工进度现状和发展趋势，提供给项目经理及各级业务职能负责人的最简单的书面形式报告。

根据进度报告的用途和送达对象可分为三个级别：一是项目概要级，是报给项目经理、企业经理或业务部门以及建设单位或业主的，它是以整个施工项目为对象说明进度计划执行情况的报告；二是项目管理级，是报给项目经理及企业的业务部门的，它是以单位工程或项目分区为对象说明进度计划执行情况的报告；三是业务管理级，是就某个重点部位或重点问题为对象编写的报告，供项目管理者及各业务部门为其采取应急措施而使用的。

进度报告的内容主要包括：项目实施概况、管理概况、进度概要的总说明，项目施工进度、形象进度及简要说明，施工图样提供进度，材料、物资、构配件供应进度，劳务记录及预测，日历计划，对建设单位、业主和施工者的变更指令等，进度偏差的状况和导致偏差的原因分析，解决的措施，计划调整意见等。

2. 建筑工程项目进度计划检查对比的方法

1）横道图比较法

横道图比较法是指将项目实施过程中检查实际进度收集到的数据，经加工整理后直接用横道线平行绘于原计划的横道线处，进行实际进度与计划进度的比较方法。采用横道图比较法可以形象、直观地反映实际进度与计划进度的对比情况。

(1) 匀速进展横道图比较法。

匀速进展是指在工程项目中，每项工作在单位时间内完成的任务量都是相等的，即工作的进展速度是均匀的。此时，每项工作累计完成的任务量与时间呈线性关系，如图 4.4 所示。

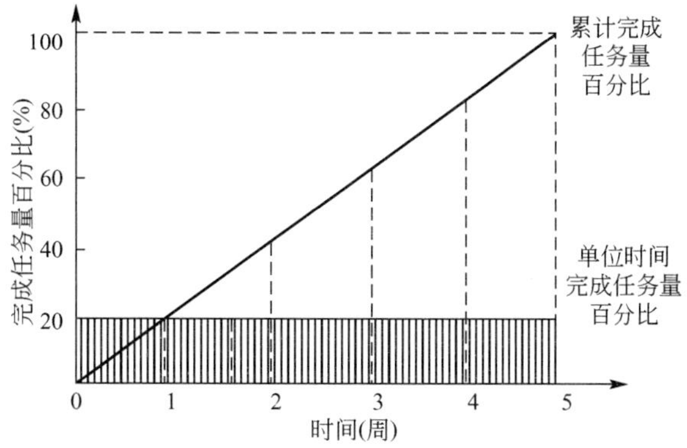

图 4.4　工作匀速进展时任务量与时间关系曲线

完成的任务量可以用实物工程量、劳动消耗量或费用支出表示。为了便于比较，通常用上述物理量的百分比表示。

采用匀速进展横道图比较法时，其步骤如下。

① 编制横道图进度计划。

② 在进度计划上标出检查日期。

③ 将检查收集到的实际进度数据经加工整理后按比例用涂黑的粗线标于计划进度的下方，如图 4.5 所示。

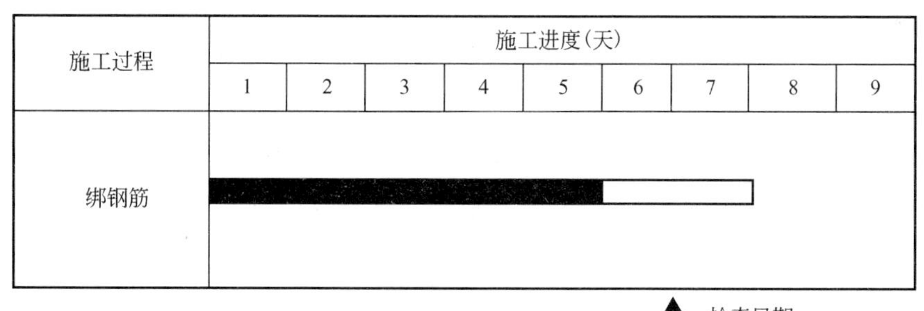

图 4.5　匀速进展横道图比较图

④ 对比分析实际进度与计划进度：如果涂黑的粗线右端落在检查日期左侧，表明实际进度拖后；如果涂黑的粗线右端落在检查日期右侧，表明实际进度超前；如果涂黑的粗线右端与检查日期重合，表明实际进度与计划进度一致。

必须指出，该方法仅适用于工作从开始到结束的整个过程中，其进展速度均为固定不变的情况。如果工作的进展速度是变化的，则不能采用这种方法进行实际进度与计划进度的比较，否则会得出错误的结论。

(2) 非匀速进展横道图比较法。

匀速进展横道图比较法，只适用于施工进展速度是匀速情况下的施工实际进度与计划进度之间的比较。当工作在不同的单位时间里的进展速度不同时，累计完成的任务量与时间的关系不是成直线变化的。按匀速进展横道图比较法绘制的实际进度涂黑粗线，并不能反映实际进度与计划进度完成任务量的比较情况。这种情况下的进度比较可以采用非匀速进展横道图比较法。

非匀速进展横道图比较法适用于工作的进度按变速进展的情况下，工作实际进度与计划进度进行比较。它是在表示工作实际进度的涂黑粗线同时，在表上标出某对应时刻完成任务的累计百分比，将该百分比与其同时刻计划完成任务累计百分比相比较，以判断工作的实际进度与计划进度之间的关系。该方法的步骤如下。

① 编制横道图进度计划。

② 在横道线上方标出各工作主要时间的计划完成任务累计百分比。

③ 在计划横道线的下方标出工作的相应日期实际完成的任务累计百分比。

④ 用涂黑粗线标出实际进度线，并从开工日起，同时反映出施工过程中工作的连续与间断情况。

⑤ 对照横道线上方计划完成累计量与同时间的下方实际完成累计量，比较出实际进度与计划进度之间的偏差，可能有三种情况。

a. 当同一时刻上下两个累计百分比相等时，表明实际进度与计划进度一致。

b. 当同一时刻上面的累计百分比大于下面的累计百分比时，表明该时刻实际施工进度拖后，拖后的量为二者之差。

c. 当同一时刻上面的累计百分比小于下面累计百分比时，表明该时刻实际施工进度超前，超前的量为二者之差。

这种比较法不仅适合于施工速度是变化的情况下的进度比较，同样地(除找出检查日期进度比较情况外)还能提供某一指定时间二者比较情况的信息。当然，这要求实施部门按规定的时间记录当时的完成情况。

值得指出的是，由于工作的施工速度是变化的，因此横道图中进度横线，不管是计划的还是实际的，都只表示工作的开始时间、持续天数和完成的时间，并不表示计划完成量和实际完成量，这两个量分别通过标注在横道线上方及下方的累计百分比数量表示。实际进度的涂黑粗线是从实际工程的开始日期标起，若工作实际施工间断，也可在图中将涂黑粗线作相应的空白。

应用案例 4-7

某工程的土方开挖工程按施工计划安排需要8天完成，每天计划完成任务量百分比、每天工作的实际进度和检查日累计完成任务的百分比如图4.6所示，试论述其编制方法和含义。

【案例解析】

(1) 先编制横道图进度计划，如图4.6中的横道线所示。

(2) 在横道线上方标出土方开挖工程每天计划完成任务的累计百分比，分别为10%、20%、30%、45%、60%、80%、90%、100%。

(3) 在横道线的下方标出工作1天、2天、3天末和检查日期的实际完成任务的百分比，分别为8%、16%、25%、40%。

(4) 用涂黑粗线标出实际进度线。从图中可以看出第一天末实际进度比计划进度落后

2%，以后各天末累计落后分别为4%、5%和5%。

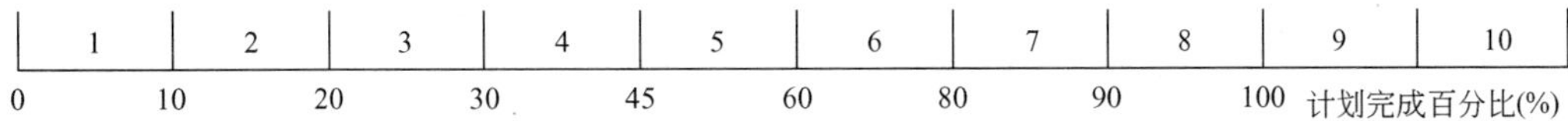

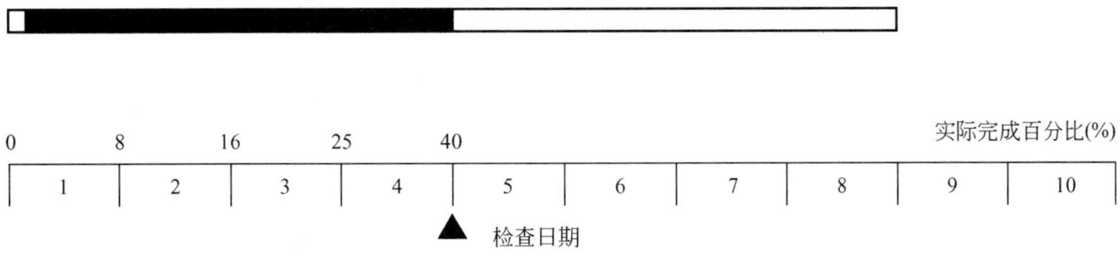

图4.6 某工程横道图比较图

综上所述，横道图比较法具有下列优点：比较方法简单，形象直观，容易掌握，应用方便，因而被广泛地采用于简单的进度监测工作中。但是，由于它以横道图进度计划为基础，因此也带有不可克服的局限性，如各工作之间的逻辑关系不明显，关键工作和关键线路无法确定，一旦某些工作进度产生偏差时，难以预测其对后续工作和整个工期的影响及相应确定调整方法。因此，横道图比较法主要用于工程项目中某些工作实际进度与计划进度的局部比较。

2）S曲线比较法

S曲线比较法是以横坐标表示时间，纵坐标表示累计完成任务量，绘制一条按计划时间累计完成任务量的S曲线；然后将工程项目实施过程中各检查时间实际累计完成任务量的S曲线也绘制在同一坐标系中，进行实际进度与计划进度的比较。

从整个工程项目实际进展全过程看，若施工过程是匀速时，时间与累计完成任务量之间的曲线呈正比例直线；若施工过程是变速的，则呈曲线形态。具体而言，若施工速度是先快后慢，该曲线呈抛物线形态；若施工速度是先慢后快，该曲线呈指数曲线形态；若施工速度是中期快首尾慢(工程中多是这种情况)，随工程进展累计完成的任务量则呈S形变化。由于其形似英文字母“S”，S曲线因此得名。在实际施工过程中，由于单位时间投入的资源量一般是开始和结束时较少，中间阶段较多，因此累计完成任务量曲线多呈S曲线形态。施工速度与累计完成任务量的具体关系见表4-5。

表4-5 施工速度与累计完成任务量的具体关系

施工速度与时间的关系	累计完成任务量与时间的关系
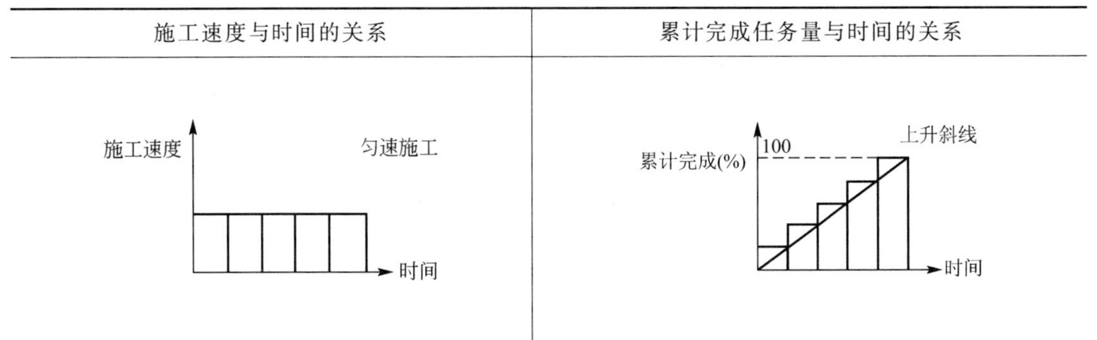	

续表

施工速度与时间的关系	累计完成任务量与时间的关系
施工速度 变速施工 先快后慢 时间	累计完成(%) 100 抛物线 时间
施工速度 变速施工 先慢后快 时间	累计完成(%) 100 指数曲线 时间
施工速度 变速施工 快慢相间 时间	累计完成(%) 100 上升波浪线 时间
施工速度 中间快 首尾慢 时间	累计完成(%) 100 S形曲线 时间

（1）S 曲线的绘制方法。

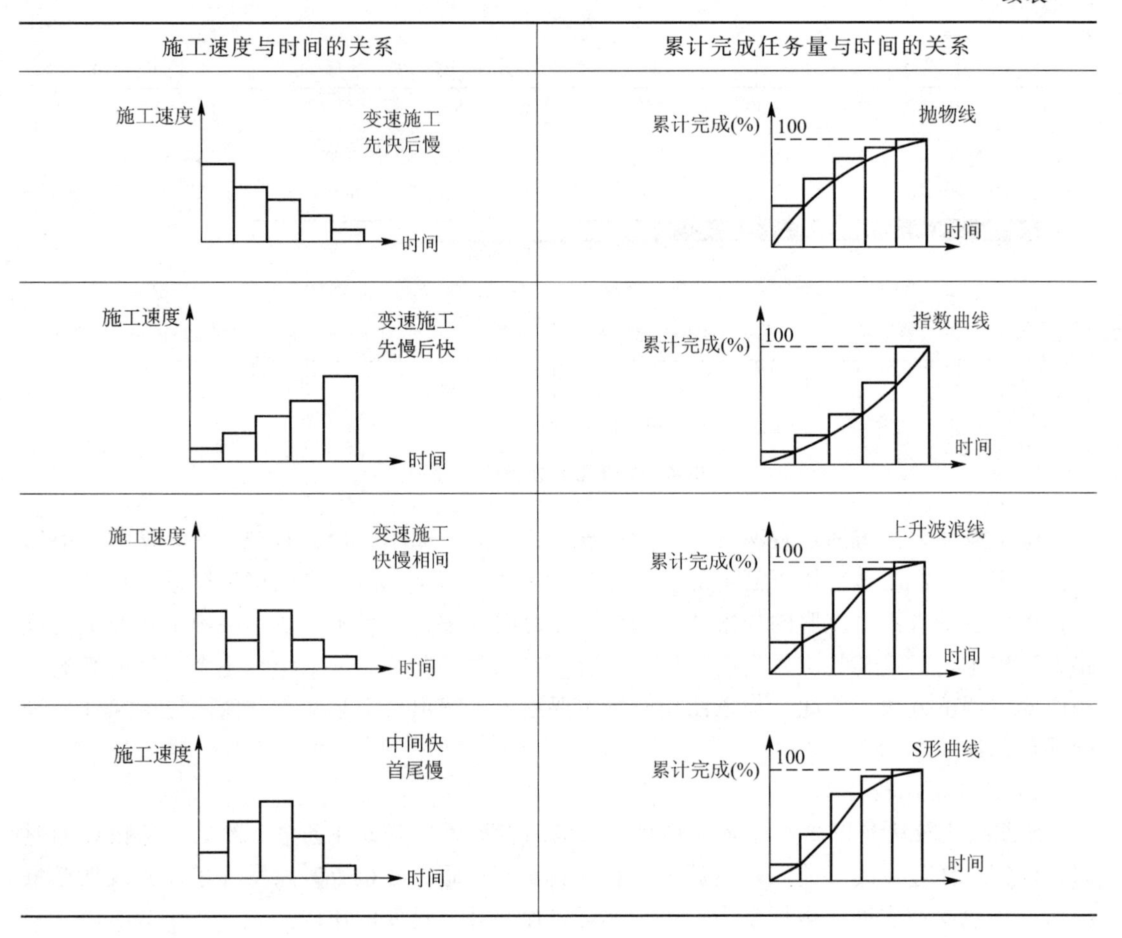

① 确定单位时间完成任务量 q_j。在实际工程中，可以根据每单位时间内计划完成的实物工程量或投入的劳动力与费用，计算出计划单位时间的量值 q_j。

② 计算不同时间累计完成任务量 Q_j。累计完成任务量，可按下式确定：

$$Q_j = \sum_{j=1}^{j} q_j \tag{4-9}$$

式中 Q_j——某时间 j 计划累计完成的任务量；

q_j——单位时间 j 的计划完成任务量；

j——某规定计划时间。

③ 根据累计完成任务量绘制 S 曲线。

下面通过例题说明 S 曲线的绘制方法。

应用案例 4-8

某分项工程计划 10 天完成，每天的计划完成任务量如图 4.7 所示，试绘制该分项工程的计划 S 曲线。

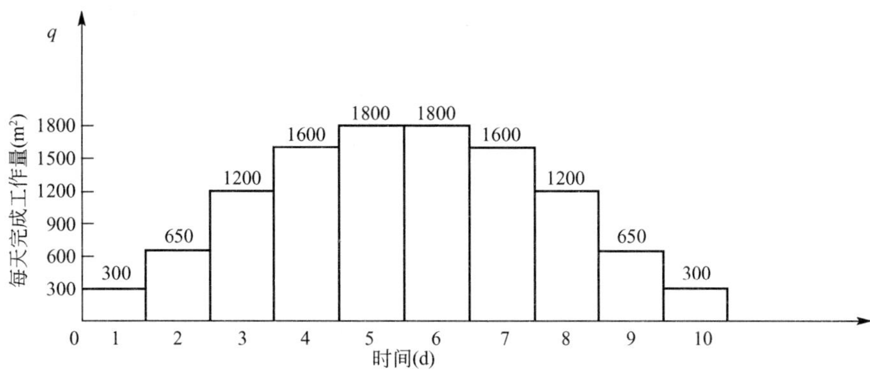

图 4.7 每天的计划完成任务量

【案例解析】

(1) 确定单位时间计划完成任务量。本例中，每天计划完成的任务量列于表4－6中。

(2) 计算不同时间累计完成任务量。计算结果也见表 4－6。

表 4－6 计算过程表

时间/天	j	1	2	3	4	5	6	7	8	9	10
每天完成量/m^2	q_j	300	650	1200	1600	1800	1800	1600	1200	650	300
累计完成量/m^2	Q_j	300	950	2150	3750	5550	7350	8950	10150	10800	11100
累计完成百分比/(%)	μ_j	2.7	8.6	19.4	33.8	50.0	66.2	80.6	91.4	97.3	100

(3) 根据累计计划完成任务量绘制 S 曲线，如图 4.8 所示。

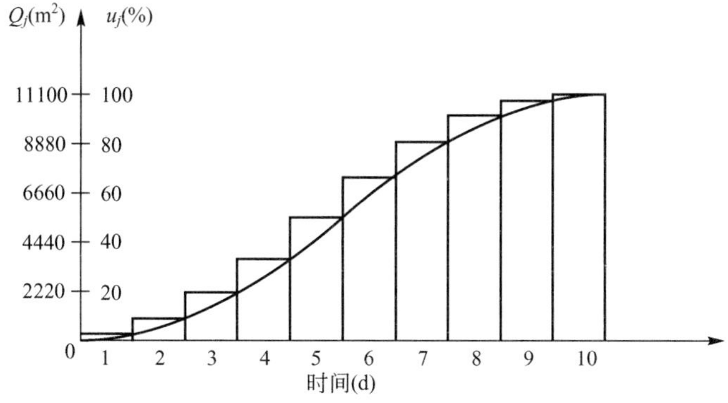

图 4.8 某工程 S 曲线图

(2) 实际进度与计划进度的比较。

同横道图比较法一样，S 曲线比较法也是在图上进行工程项目实际进度与计划进度的比较。在工程项目实施过程中，按照规定时间将检查收集到的实际累计完成任务量绘制在原计划 S 曲线图上，即可得到实际进度 S 曲线，如图 4.9 所示。通过比较实际进度 S 曲线与计划进度 S 曲线，可获得以下信息。

① 工程项目实际进展状况。如果工程实际进展点落在计划 S 曲线左侧，表明此时实际进度比计划进度超前，如图 4.9 中的 a 点；如果工程实际进展点落在 S 计划曲线右侧，

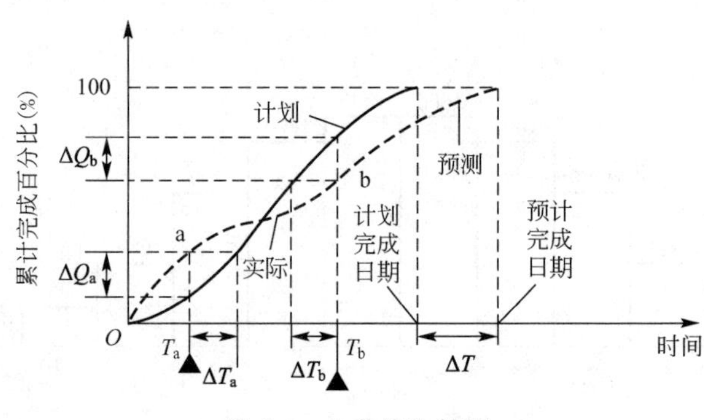

图 4.9　S 曲线比较图

表明此时实际进度拖后，如图 4.9 中的 b 点；如果工程实际进展点正好落在计划 S 曲线上，则表示此时实际进度与计划进度一致。

② 工程项目实际进度超前或拖后的时间。

在 S 曲线比较图中可以直接读出实际进度比计划进度超前或拖后的时间。如图 4.9 所示，ΔT_a 表示 T_a 时刻实际进度超前的时间，ΔT_b 表示 T_b 时刻实际进度拖后的时间。

③ 工程项目实际超额或拖欠的任务量。

在 S 曲线比较图中也可直接读出实际进度比计划进度超额或拖欠的任务量。如图 4.9 所示，ΔQ_a 表示 T_a 时刻超额完成的任务量，ΔQ_b 表示 T_b 时刻拖欠的任务量。

④ 后期工程进度预测。

如果后期工程按原计划速度进行，则可做出后期工程计划 S 曲线，如图 4.9 中虚线所示，从而可以确定工期拖延预测值 ΔT。

3）香蕉形曲线比较法

（1）香蕉形曲线的定义。

香蕉形曲线是两条 S 曲线组合成的闭合曲线。对于一个施工项目的网络计划，在理论上总是分为最早和最迟两种开始与完成时间的。因此，一般情况，任何一个施工项目的网络计划，都可以绘制出两条 S 曲线。其一是计划以各项工作的最早开始时间安排进度而绘制的 S 曲线，称为 ES 曲线；其二是计划以各项工作的最迟开始时间安排进度而绘制的 S 曲线，称为 LS 曲线。两条 S 曲线都是从计划的开始时刻开始和完成时刻结束，因此两条曲线是闭合的。一般情况下，其余时刻 ES 曲线上的各点均落在 LS 曲线相应点的左侧，形成一个形如香蕉的曲线，故此称为香蕉形曲线，如图 4.10 所示。

在项目实施中，进度控制的理想状况，是任一时刻按实际进度描绘的点应落在该香蕉形曲线的区域内。

（2）香蕉形曲线比较法的作用。

香蕉形曲线比较法能直观地反映工程项目的实际进度情况，并可以获得比 S 曲线更多的作用。其主要作用如下。

① 利用香蕉形曲线进行进度的合理安排。如果工程项目中的各项工作均按其最早开始时间安排进度，将导致项目的投资加大；而如果各项工作均按其最迟开始时间安排进度，则一旦受到进度影响因素的干扰，又将导致工期拖延，使工程进度风险加大。因此，一个科学合理的进度计划优化曲线应处于香蕉形曲线所包络的区域之内，如图 4.10 所示。

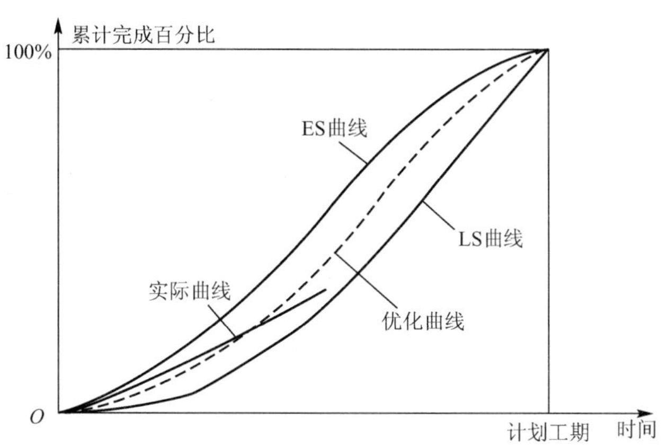

图 4.10 香蕉形曲线控制方法示意图

② 进行施工实际进度与计划进度比较。在工程项目实施过程中，根据每次检查收集到的实际完成任务量，绘制出实际进度 S 曲线，便可以与计划进度进行比较。工程项目实施进度的理想状态是任一时刻工程实际进展点应落在香蕉形曲线图的范围之内。如果工程实际进展点落在 ES 曲线的左侧，表明此刻实际进度比各工作按其最早开始时间安排的计划进度超前；如果工程实际进展点落在 LS 曲线的右侧，则表明此刻实际进度比各项工作按其最迟开始时间安排的计划进度拖后。

③ 确定在检查状态下，后期工程的 ES 曲线和 LS 曲线的发展趋势。利用香蕉形曲线可以对后期工程的进展情况进行预测。如图 4.11 所示，该工程项目在检查日实际进度超前。检查日期之后的后期工程进度安排如图中虚线所示，预计该工程项目将提前完成。

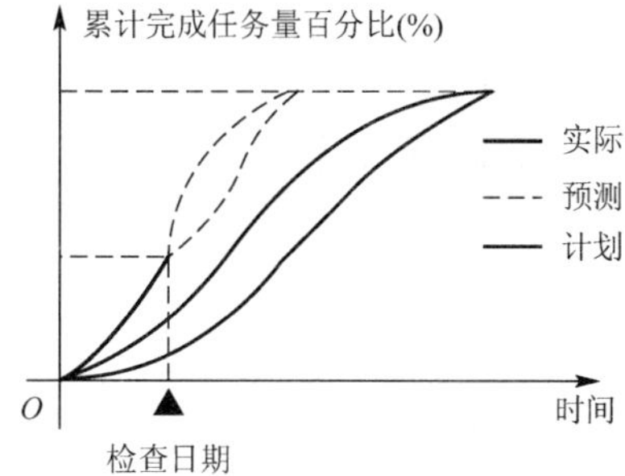

图 4.11 工程进展趋势预测图

(3) 香蕉形曲线的作图方法。

香蕉形曲线的作图方法与 S 曲线的作图方法基本一致，不同之处在于它是分别以工作的最早开始时间和最迟开始时间而绘制的两条 S 曲线的结合。其具体绘制步骤如下。

① 以施工项目的网络计划为基础，确定该施工项目的工作数目 n 和计划检查次数 m，并计算各项工作的最早开始时间和最迟开始时间。

② 确定各项工作在各单位时间的计划完成任务量。分别按两种情况确定：根据各项工作按最早开始时间安排的进度计划，确定各项工作在各单位时间的计划完成任务量；根据各项工作按最迟开始时间安排的进度计划，确定各项工作在各单位时间的计划完成任务量。

③ 计算工程项目总任务量，即对所有工作在各单位时间计划完成的任务量累加求和。

④ 分别根据各项工作按最早开始时间、最迟开始时间安排的进度计划，确定施工项目在各单位时间计划完成的任务量，即将各项工作在某一单位时间内计划完成的任务量求和。

⑤ 分别根据各项工作按最早开始时间、最迟开始时间安排的进度计划，确定不同时间累计完成的任务量或任务量的百分比。

⑥ 绘制香蕉形曲线。分别根据各项工作按最早开始时间、最迟开始时间安排的进度计划而确定的累计完成任务量或任务量的百分比描绘各点，并连接各点得到 ES 曲线和 LS

曲线，由 ES 曲线和 LS 曲线组成香蕉形曲线。

应用案例 4-9

已知某工程项目网络计划如图 4.12 所示，图中箭线上方括号内数字表示各项工作计划完成的任务量，以劳动消耗量表示；箭线下方数字表示各项工作的持续时间。试绘制香蕉形曲线。

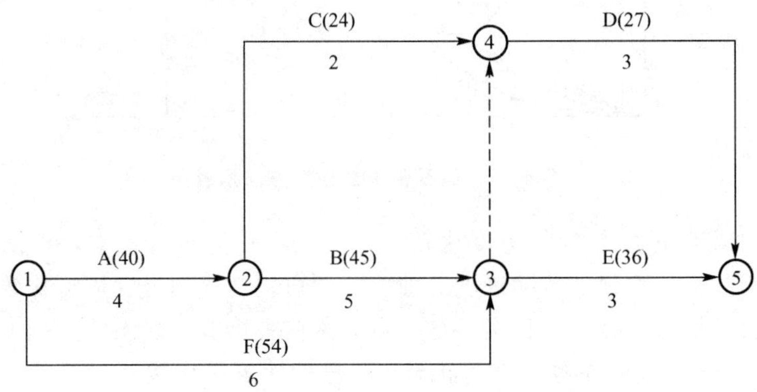

图 4.12　某工程项目的网络计划

【案例解析】

假设各项工作均为匀速进展，即各项工作每周的劳动消耗量相等。

(1) 确定各项工作每周的劳动消耗量。

工作 A：40÷4=10　　工作 B：45÷5=9　　工作 C：24÷2=12

工作 D：27÷3=9　　工作 E：36÷3=12　　工作 F：54÷6=9

(2) 计算工程项目劳动消耗总量 Q：

$$Q=40+45+24+27+36+54=226$$

(3) 各项工作按最早开始时间安排的进度计划，如图 4.13 所示。确定工程项目每周计划劳动消耗量及各周累计劳动消耗量，见表 4-7。

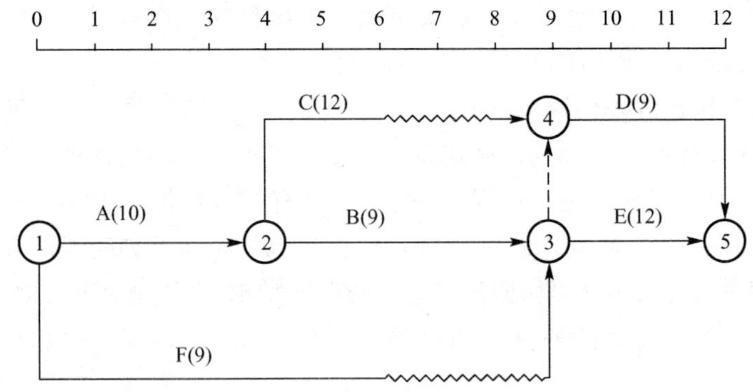

图 4.13　按工作最早开始时间安排的进度计划

表4-7 按工作最早开始时间安排的劳动消耗量

时间	1	2	3	4	5	6	7	8	9	10	11	12
每周劳动消耗量	19	19	19	19	30	30	9	9	9	21	21	21
累计劳动消耗量	19	38	57	76	106	136	145	154	163	184	205	226

(4) 各项工作按最迟开始时间安排的进度计划，如图4.14所示。确定工程项目每周计划劳动消耗量及各周累计劳动消耗量，见表4-8。

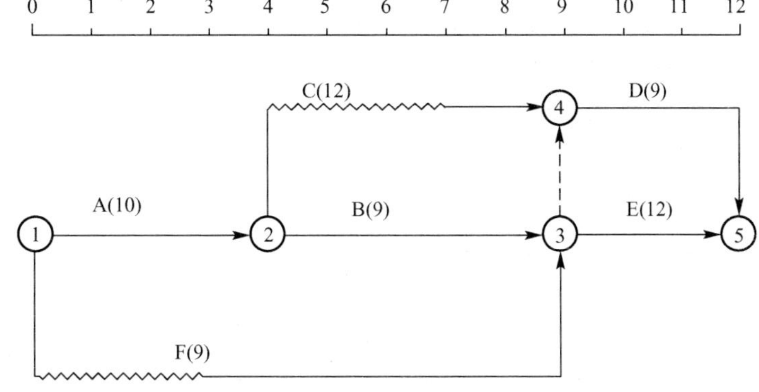

图4.14 按工作最迟开始时间安排的进度计划

表4-8 按工作最迟开始时间安排的劳动消耗量

时间	1	2	3	4	5	6	7	8	9	10	11	12
每周劳动消耗量	10	10	10	19	18	18	18	30	30	21	21	21
累计劳动消耗量	10	20	30	49	67	85	103	133	163	184	205	226

(5) 根据不同的累计劳动消耗量分别绘制ES曲线和LS曲线，便得到香蕉形曲线，如图4.15所示。

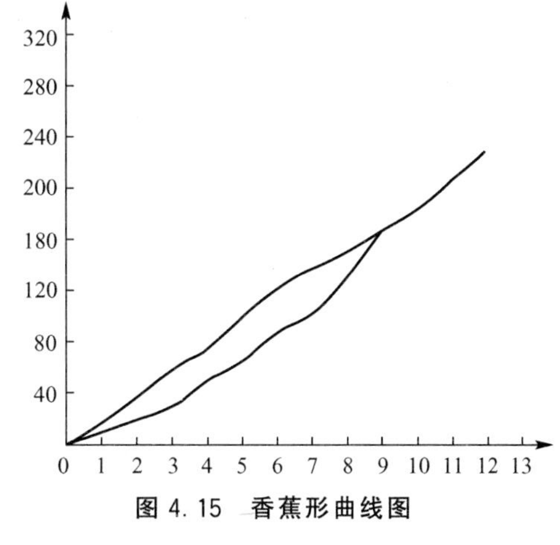

图4.15 香蕉形曲线图

4) 前锋线比较法

前锋线比较法也是一种简单地进行工程实际进度与计划进度的比较方法，它主要适用于时标网络计划。前锋线是指在原时标网络计划上，从检查时刻的时标点出发，用点画线依次将各项工作实际进展点连接而成的折线。前锋线比较法就是通过实际进度的前锋线与原进度计划中各工作箭线交点的位置来判断工作实际进度与计划进度的偏差，进而判定该偏差对后续工作及总工期影响程度的一种方法。

采用前锋线比较法进行实际进度与原进度计划的比较，其步骤如下。

(1) 绘制时标网络计划图。

工程项目实际进度的前锋线是在时标网络计划图上标示，为清楚起见，可在时标网络计划图的上方和下方各设一时间坐标。

(2) 绘制实际进度前锋线。

一般从时标网络计划图上方时间坐标的检查日期开始绘制，依次连接相邻工作的实际进展位置点，最后与时标网络计划图下方坐标的检查日期相连接。工作实际进展位置点的标定方法有两种。

① 按该工作已完成任务量比例进行标定。假设工程项目中各项工作均为匀速进展，根据实际进度检查时刻该工作已完成任务量占其计划完成总任务量的比例，在工作箭线上从左至右按相同的比例标定其实际进展位置点。

② 按尚需作业时间进行标定。当某些工作的持续时间难以按实物工程量来计算而只能凭经验估算时，可以先估算出检查时刻到该工作全部完成尚需作业的时间，然后在该工作箭线上从右向左逆向标定其实际进展位置点。

(3) 进行实际进度与计划进度的比较。

前锋线可以直观地反映出检查日期有关工作实际进度与计划进度之间的关系。对某项工作来说，其实际进度与计划进度之间的关系可能存在以下三种情况：

① 工作实际进展位置点落在检查日期的左侧，表明该工作实际进度拖后，拖后的时间为二者之差。

② 工作实际进展位置点与检查日期重合，表明该工作实际进度与计划进度一致。

③ 工作实际进展位置点落在检查日期的右侧，表明该工作实际进度超前，超前的时间为二者之差。

(4) 预测进度偏差对后续工作及总工期的影响。

通过实际进度与计划进度的比较确定进度偏差后，还可根据工作的自由时差和总时差预测该进度偏差对后续工作及项目总工期的影响。由此可见，前锋线比较法既适用于工作实际进度与计划进度之间的局部比较，又可用来分析和预测工程项目整体进度状况。

应用案例 4-10

某工程项目的时标网络计划如图 4.16 所示。该计划执行到第 40 天末检查施工进度完成情况，发现 A、B、C、D 工作已完成，E 工作已进行 10 天，F 工作已进行 10 天，而工

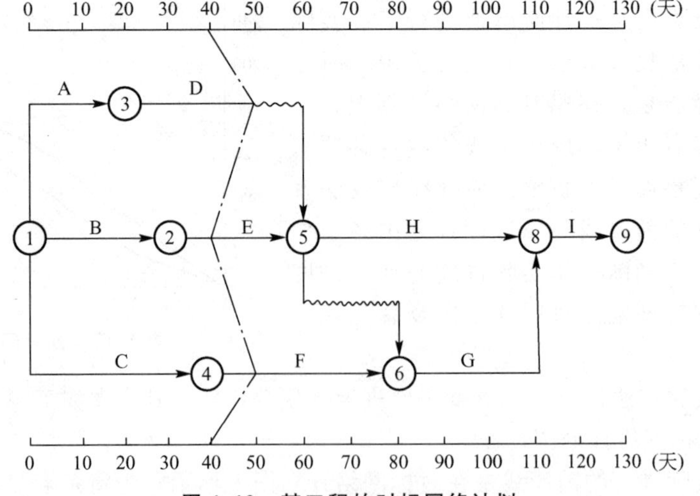

图 4.16 某工程的时标网络计划

作G、H、I尚未开始。试用前锋线比较法进行实际进度与计划进度的比较。

【案例解析】

根据第40天末实际进度检查结果绘制前锋线，如图中点画线所示。通过比较可以看出：

(1) 工作D实际进度提前10天，由于其为非关键工作，所以总工期不变。

(2) 工作E与计划一致。

(3) 工作F提前10天，虽然其在关键线路①→④→⑥→⑧→⑨上，但由于关键线路还有①→②→⑤→⑧→⑨，所以总工期不会提前。

4.3.2 建筑工程项目进度计划的调整

施工进度计划在执行过程中呈现出波动性、多变性和不均衡性的特点，因此在施工项目进度计划执行中，要经常检查进度计划的执行尾部，及时发现问题，当实际进度与计划进度存在差异时，必须对进度计划进行调整，以实现进度目标。

1. 分析偏差对后续工作及总工期的影响

1) 分析出现进度偏差的工作是否为关键工作

若出现偏差的工作为关键工作，则无论偏差大小，都对后续工作及总工期产生影响，必须采取相应的调整措施；若出现偏差的工作不为关键工作，需要根据偏差值与总时差和自由时差的大小关系，确定对后续工作和总工期的影响程度。

2) 分析进度偏差是否超过总时差

若工作的进度偏差大于该工作的总时差，说明此偏差必将影响后续工作和总工期，必须采取相应的调整措施；若工作的进度偏差小于或等于该工作的总时差，说明此偏差对总工期无影响，但它对后续工作的影响程度，需要根据比较偏差与自由时差的情况来确定。

3) 分析进度偏差是否超过自由时差

若工作的进度偏差大于该工作的自由时差，说明此偏差对后续工作产生影响，应该如何调整，应根据后续工作允许影响的程度而定；若工作的进度偏差小于或等于该工作的自由时差，则说明此偏差对后续工作无影响，因此，原进度计划可以不作调整。

经过如此分析，进度控制人员可以确认应该调整产生进度偏差的工作和调整偏差值的大小，以便确定采取调整措施，获得新的符合实际进度情况和计划目标的进度计划。

2. 施工项目进度计划的调整方法

在对实施的进度计划分析的基础上，应确定调整原计划的方法，主要有以下两种。

1) 改变某些工作间的逻辑关系

若检查的实际施工进度产生的偏差影响了总工期，在工作之间的逻辑关系允许改变的条件下，可改变关键线路和超过计划工期的非关键线路上的有关工作之间的逻辑关系，达到缩短工期的目的。用这种方法调整的效果是很显著的，例如可以把依次进行的有关工作改变为平行的或互相搭接的，以及分成几个施工段进行流水施工的等，都可以达到缩短工期的目的。

应用案例 4-11

某工程项目基础工程包括挖基槽、做垫层、砌基础、回填土四个施工过程，各施工过程的持续时间分别为 21 天、15 天、18 天和 9 天，如果采取依次施工方式进行施工，则其总工期为 63 天。为缩短该基础工程总工期，在工作面及资源供应允许的条件下，将基础工程划分为工程量大致相等的三个施工段组织流水作业。试绘制该基础工程流水作业网络计划，并确定其计算工期。

【案例解析】

该基础工程流水作业网络计划如图 4.17 所示。通过组织流水作业，使得该基础工程的计算工期由 63 天缩短为 35 天。

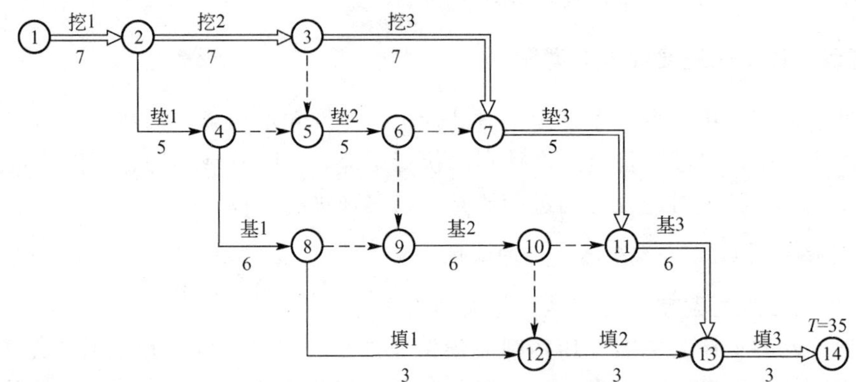

图 4.17　某基础工程流水施工网络计划

2）缩短某些工作的持续时间

这种方法是不改变工程项目中各项工作之间的逻辑关系，而通过采取增加资源投入、提高劳动效率等措施来缩短某些工作的持续时间，使工程进度加快，以保证按计划工期完成该工程项目。具体调整方法视限制条件及对其后续工作的影响程度的不同而有所区别，一般可分为以下三种情况。

(1) 计划中某项工作进度拖延的时间未超过其总时差

此时该工作的实际进度不会影响总工期，而只对其后续工作产生影响。因此，在进行调整前，需要确定其后续工作允许拖延的时间限制，并以此作为进度调整的限制条件。

应用案例 4-12

某工程项目双代号时标网络计划如图 4.18 所示，该计划执行到第 6 天下班时刻检查时，其实际进度如图中前锋线所示。试分析目前实际进度对后续工作和总工期的影响，并提出相应的进度调整措施。

【案例解析】

从图中可以看出，工作 B、D 的实际进度拖后 1 天，其他工作的实际进度均正常。由于工作 B 的总时差为 1 天，工作 D 的总时差为 2 天，故此时工作的实际进度不影响总工期。

进度计划是否需要调整，取决于后续工作的限制条件。

(1) 后续工作拖延的时间无限制。当后续工作拖延的时间完全被允许时，可将拖延后的时间参数带入原计划，并化简网络图，即去掉已执行部分，以进度检查日期为起点，将

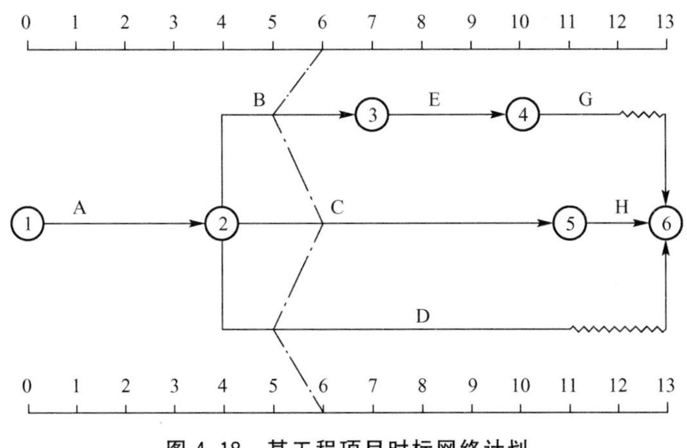

图 4.18 某工程项目时标网络计划

实际数据带入，绘制出未实施部分的进度计划，即可得到调整方案，如图 4.19 所示。

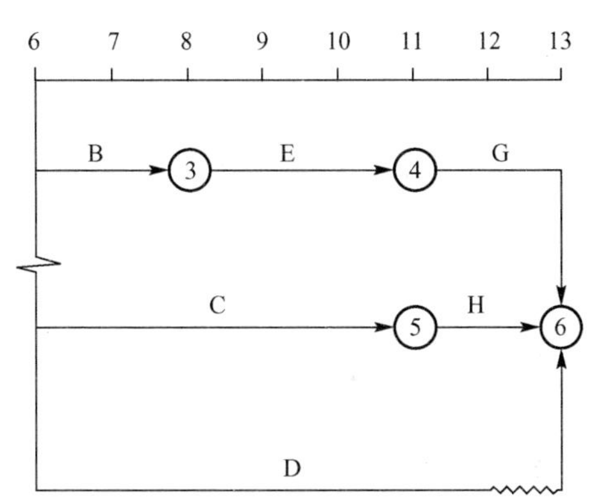

图 4.19 后续工作拖延时间无限制的网络计划

(2) 后续工作拖延的时间有限制。当后续工作不允许拖延或拖延的时间有限制时，需要根据限制条件对网络计划进行调整，寻求最优方案。例如本例中，如果工作 E 的开始时间不允许超过 7 天，则只能将其紧前工作B的持续时间由还需要 2 天压缩为 1 天，可保证工作 E 按原计划执行。

(2) 网络计划中某项工作进度拖延的时间超过其总时差。

如果网络计划中某项工作进度拖延的时间超过其总时差，则无论该工作是否为关键工作，其实际进度都将对后续工作和总工期产生影响。此时，进度计划的调整方法又可分为以下三种情况。

① 项目总工期不允许拖延。如果工程项目必须按照原计划工期完成，则只能采取缩短关键线路上后续工作持续时间的方法来达到调整计划的目的。

应用案例 4-13

以图 4.18 所示工程为例，如果在计划执行到第 6 天下班时刻检查时，其实际进度如图 4.20 所示，试分析目前实际进度对后续工作和总工期的影响。

【案例解析】

从图 4.20 中可看出：工作 B 实际进度拖后 2 天，由于其只有 1 天总时差，故影响总工期 1 天；工作 C 按计划进行，进度正常，既不影响其后续工作，也不影响总工期；工作 D 实际进度拖后 2 天，由于有 2 天总时差，不影响总工期。综上所述，由于 B 工作的拖延导致工期拖延 1 天。

如果该项目总工期不允许拖延，则为了保证其按原计划工期 13 天完成，必须缩短关键线路上后续工作的持续时间。现假设缩短B工作所需费用最低，则可将B的持续时间缩短1天，调整后的网络计划如图4.21所示。

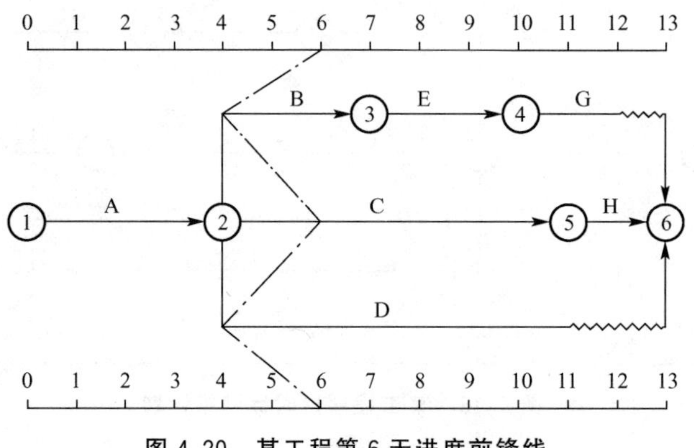

图4.20　某工程第6天进度前锋线

② 项目总工期允许拖延。如果项目总工期允许拖延，则此时只需以实际数据取代原计划数据，并重新绘制实际进度检查日期之后的简化网络计划即可。

应用案例4-14

以图4.20所示前锋线为例，如果项目总工期允许拖延，此时只需以检查日期第6天为起点，用其后各工作尚需作业时间取代相应的原计划数据，绘制出网络计划，如图4.22所示。方案调整后，项目总工期为14天。

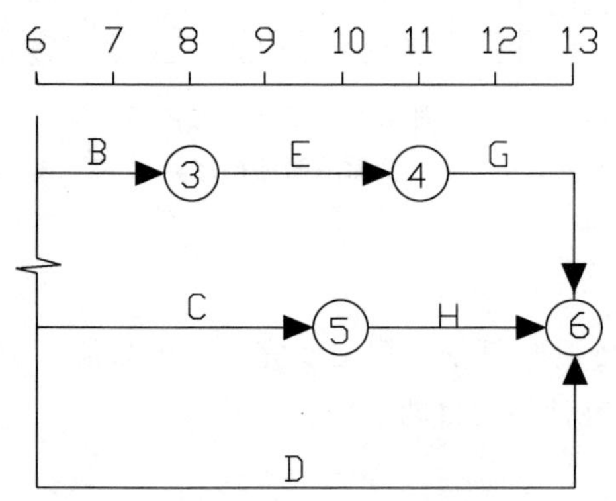

图4.21　调整后工期不拖延的网络计划

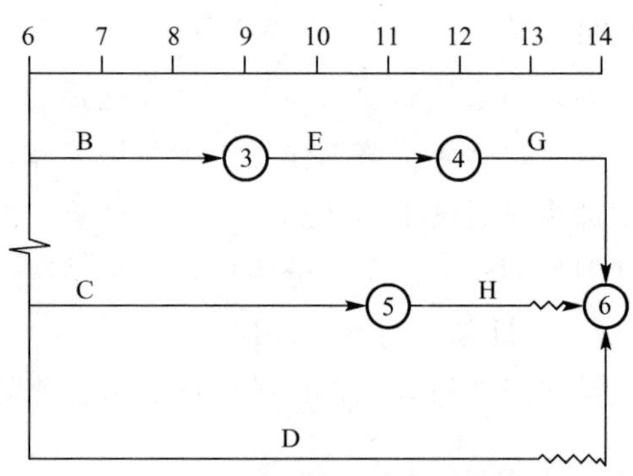

图4.22　调整后拖延工期的网络计划

③ 项目总工期允许拖延的时间有限。如果项目总工期允许拖延，但时间有限，则当实际进度拖延的时间超过此限制时，也需要对网络计划进行调整，以便满足要求。

具体的调整方法是以总工期的限制时间作为规定工期，对检查日期之后尚未实施的网络计划进行工期优化，即通过缩短关键线路上后续工作持续时间的方法来使总工期满足规定工期的要求。

学习作业单

任务单元4.3学习作业单	
工作任务完成	根据任务单元4.3工作任务单的工作任务描述和要求，完成任务如下：
任务单元学习总结	(1) 施工进度计划检查的主要工作内容。 (2) 施工实际进度与计划进度对比的方法。 (3) 施工进度计划调整的方法。
任务单元学习体会	

模块小结

通过本模块的学习，要对建筑工程项目进度管理的过程有一个正确、全面的认识。首先根据进度目标制订工程项目进度计划，在计划执行过程中不断检查工程实际进展状况，并将实际状况与进度计划进行对比，从中得出偏离计划的信息。然后在分析偏差及其产生原因的基础上，通过采取组织、技术、合同、经济等措施来维持原计划，使之能正常实施；如果采取措施后仍不能维持原计划，则需对原计划进行调整，再按新的进度计划实施。如此在进度计划的执行过程中进行不断检查和调整，以保证建设工程进度得到有效的控制。

在学习过程中，应注意理论联系实际，通过解析案例来初步掌握理论知识，训练建筑工程项目进度管理的扎实技能，提高实践能力。

思考与练习

一、单选题

1. 进度管理的一个循环过程中包括(　　)四个过程。

A. 策划、计划、实施、检查　　B. 计划、实施、检查、调整

C. 计划、实施、检查、改进　　D. 计划、实施、调整、检查

2. 建筑工程项目进度管理目标体系应在(　　)的基础上形成。

A. 项目定义　　B. 项目分解　　C. 项目规划　　D. 项目实施

3. 建筑工程项目进度管理的(　　)涉及对实现进度目标有利的施工技术方案的选用。

A. 组织措施　　B. 管理措施　　C. 经济措施　　D. 技术措施

4. 由于项目实施过程中主观和客观条件的变化，进度控制必须是一个(　　)的管理过程。

A. 静态　　B. 动态　　C. 经常　　D. 主动

5. 施工总进度计划是以(　　)为对象编制的。

A. 建设项目　　B. 单项工程　　C. 单位工程　　D. 分部工程

6. 针对(　　)建设工程项目，需要编制控制性、指导性、实施性三个层次的施工进度计划。

A. 零星　　B. 小型　　C. 中小型　　D. 大中型

7. 项目施工的月度施工计划和旬施工作业计划属于(　　)施工进度计划。

A. 控制性　　B. 总进度计划性　　C. 阶段性　　D. 规划性

8. 以下关于单位工程施工进度计划的编制步骤，正确的是(　　)。其中各数字含义如下：①套用施工定额；②计算工程量；③划分施工过程；④计算劳动量及机械台班量；⑤初排施工进度计划；⑥检查与调整施工进度计划；⑦计算确定施工过程的持续时间。

A. ①②③④⑤⑥⑦　　B. ③②①④⑦⑤⑥

C. ④①⑥③②⑤⑦　　D. ③②①⑦④⑤⑥

9. 某钢筋混凝土基础工程，其支模板、绑扎钢筋、浇筑混凝土三个施工过程的工程量分别为 823.6m^2、9.386t、334.3m^3，查劳动定额得时间定额分别为 0.253 工日/m^2、5.28 工日/t、0.833 工日/m^3，则完成钢筋混凝土基础所需劳动量为(　　)工日。

A. 536　　B. 455　　C. 179　　D. 3658

10. 某工程外墙面装饰有外墙涂料、面砖、剁假石三种做法，其工程量分别为 930.5m^2、490.3m^2、185.3m^2，采用的产量定额分别为 7.56m^2/工日、4.05m^2/工日、3.05m^2/工日。则它们的综合产量定额为（　　）。

A. 0.19　　B. 5.27　　C. 4.89　　D. 239

11. 某工程需挖土 4800m^3，分成四段组织施工，拟采用两个队组倒班作业，每个队组用两台挖土机挖土，每台挖土机的产量定额为 50m^3/台班，则该工程土方开挖的流水节拍为(　　)天。

A. 24　　B. 15　　C. 12　　D. 6

12. 某工作经专家估计最乐观的时间为 10 天，最悲观的时间为 16 天，最可能的时间为 14 天，则完成该工作的期望时间为(　　)天(取整数)。

A. 12　　B. 13　　C. 14　　D. 15

13. 施工项目进度计划检查的工作顺序为(　　)。其中各数字含义如下：①整理统计检查数据；②对比实际进度与计划进度；③进度检查结果的处理；④跟踪检查施工实际进度。

A. ①②③④　　B. ②①④③　　C. ④①②③　　D. ③②①④

14. 与匀速进展横道图比较法相比，非匀速进展横道图比较法具有(　　)的特点。

A. 需要绘制横道图进度计划

B. 需要标注检查日期

C. 进度横道的长短既表示施工的持续时间，又表示任务完成量

D. 进度横道的长度只表示工作的持续时间，并不表示任务完成量，完成量通过标注

在横道线上方及下方的累计百分比数量表示

15. 若施工过程中的施工速度是中期快首尾慢，则时间与累计完成任务量之间的关系呈(　　)。

A. 正比例直线　　B. 抛物线　　C. 指数曲线　　D. S 曲线

16. 采用 S 曲线比较法进行进度检查时，如果工程实际进展点落在计划 S 曲线左侧，表明此时实际进度比计划进度(　　)。

A. 拖后　　B. 超前　　C. 一致　　D. 无法确定

17. 采用前锋线比较法进行进度检查时，如果工作实际进展位置点落在检查日期的左侧，则表明该工作实际进度比计划进度(　　)。

A. 拖后　　B. 超前　　C. 一致　　D. 无法确定

18. 图 4.23 所示为匀速进展横道图比较图，表示实际进度(　　)。

A. 拖后　　B. 超前　　C. 与计划进度一致　D. 无法确定

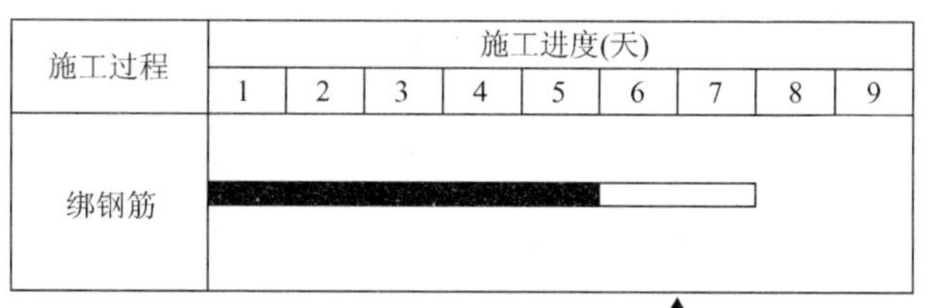

图 4.23　某工作计划进度与实际进度横道图

二、多选题

1. 项目进度管理是一个(　　)的过程。

A. 动态　　B. 静态　　C. 循环　　D. 复杂　　E. 非循环

2. 建筑工程项目进度管理主要包括(　　)等内容。

A. 进度计划跟踪检查与调整　B. 进度计划实施　　C. 进度计划编制

D. 工期索赔条件的分析与比较　E. 建立辅助进度控制的信息处理平台

3. 建筑工程项目进度管理的组织措施包括(　　)等。

A. 建立进度管理的组织系统　B. 选择先进合理的施工方案　C. 资金需求分析

D. 订立进度管理工作制度　　E. 建立进度管理目标体系

4. 建筑工程项目进度管理的经济措施包括(　　)等。

A. 经济鼓励措施

B. 签订并实施进度管理的经济承包责任制

C. 落实各层次进度管理的人员、任务和职责

D. 编制进度管理的工作流程

E. 编制资金需求计划

5. 建筑工程项目进度计划按照计划时间可以划分为(　　)。

A. 总进度计划　　B. 文字说明计划　　C. 年度进度计划

D. 季度施工计划　　E. 控制性进度计划

6. 建筑工程项目进度计划按照计划的作用可以划分为(　　)。

A. 总进度计划　　B. 文字说明计划　　C. 年度进度计划

D. 指导性进度计划　　E. 控制性进度计划

7. 以下(　　)属于单位工程施工进度计划的编制依据。

A. 施工图样及设计单位对施工的要求　　B. 施工企业年度计划对该工程的有关指标

C. 资源配备情况　　D. 施工现场条件和勘察

E. 分部分项工程施工进度计划

8. 编制单位工程施工进度计划时需要划分施工过程，划分施工过程时应考虑以下(　　)因素。

A. 施工进度计划的性质和作用　　B. 工程量的多少

C. 施工方案　　D. 工程结构

E. 明确施工过程对施工进度的影响程度

9. 实际工程中，确定施工班组人数或施工机械台数时，应考虑以下(　　)因素。

A. 最小劳动组合　　B. 工程量的多少　　C. 最小工作面

D. 工程结构　　E. 可能安排的人数或机械台数

10. 施工进度检查时，可以采用以下(　　)等方法。

A. 排列图法　　B. 横道图比较法　　C. S曲线比较法

D. 香蕉形曲线比较法　　E. 前锋线比较法

11. 非匀速进展横道图比较法中，以下(　　)等说法是正确的。

A. 进度横道只表示工作的开始时间、持续天数和完成时间

B. 进度横道不表示计划完成量和实际完成量

C. 表示实际进度的涂黑粗线可以间断

D. 进度横道既表示工作的开始时间、持续天数和完成时间，同时又表示计划完成量和实际完成量

E. 计划完成量和实际完成量分别通过标注在横道线上方及下方的累计百分比数量表示

12. 采用S曲线比较法进行进度检查时，可以获得(　　)等信息。

A. 预测进度偏差对后续工作及总工期的影响　　B. 工程项目实际进展状况

C. 工程项目实际超额或拖欠的任务量　　D. 后期工程进度预测

E. 工程项目实际进度超前或拖后的时间

13. 图 4.24 所示为采用S曲线进行实际进度与计划进度的比较，下列说法正确的是(　　)。

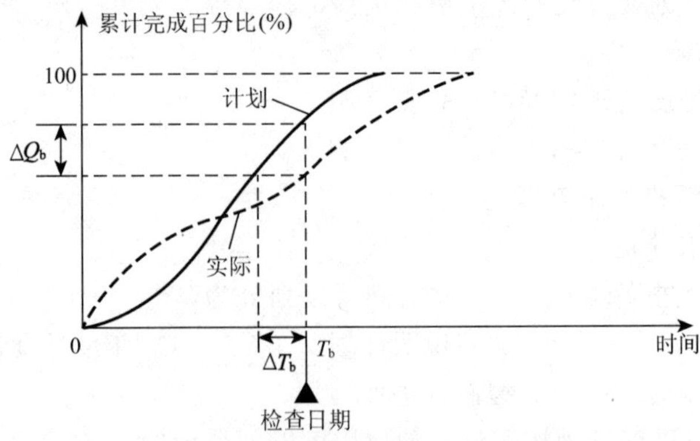

图 4.24　某工作计划进度与实际进度横道图

A. 在检查日期，实际进度比计划进度拖后，拖后时间为 ΔT_b

B. 在检查日期，实际进度比计划进度超前，超前时间为 ΔT_b

C. 在检查日期，实际进度比计划进度拖后，拖后的任务量为 ΔQ_b

D. 在检查日期，实际进度比计划进度超前，超前完成的任务量为 ΔQ_b

E. 在检查日期，实际进度与计划进度一致

三、简答题

1. 试述单位工程进度计划的编制方法与步骤。
2. 在划分单位工程的施工过程时应考虑哪些因素？
3. 施工进度计划的检查常采用哪些方法？
4. 匀速进展与非匀速进度横道图比较法的区别是什么？
5. 什么是香蕉形曲线？其作用有哪些？
6. 怎样运用前锋线进行作业进度的观察、分析与预测？

四、实训题

1. 某工作计划进度与实际进度如图 4.25 所示，从中可以得到什么样的信息？

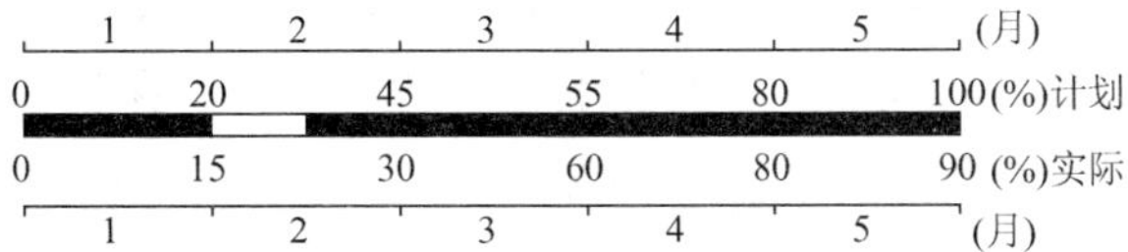

图 4.25 某工作计划进度与实际进度图

2. 某工程双代号时标网络计划执行到第 6 天结束时，检查其实际进度如图 4.26 所示，试比较 B、C、D 三项工作实际进度与计划进度之间的偏差，并说明各自对工期的影响。

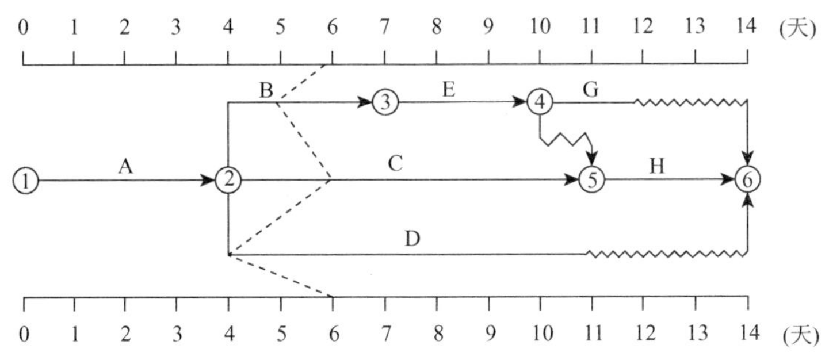

图 4.26 某工程双代号时标网络计划

3. 某工程项目的时标网络计划如图 4.27 所示。该计划执行到第 50 天末检查施工进度完成情况，发现 A、B、C 工作已完成，D 工作还需 10 天能够完成，E 工作已进行 10 天，F 工作已进行 10 天，工作 G、H、I 尚未开始。

(1)根据施工进度完成情况，绘制正确的实际进度前锋线。

(2) 试比较检查时各项工作实际进度与计划进度之间的偏差，并说明各自对工期的影响。

4. 某建筑公司中标某体育学院教学楼工程，该工程结构形式为框架-剪力墙结构，于 2009 年 4 月 3 日开工建设，合同工期为 200 天。该公司根据项目特点组建了项目经理部，工地不设混凝土搅拌站，全部采用商品混凝土。

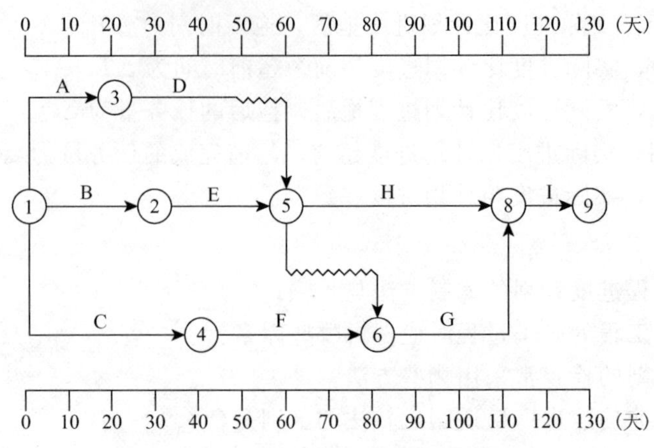

图 4.27　某工程双代号时标网络计划

(1) 如果预拌混凝土的供应能够保证满足施工顺利进行，则该工程预拌混凝土的运输过程是否应列入进度计划？为什么？

(2) 如果在进度控制时，混凝土的浇筑是关键工作，由于预拌混凝土的运输原因，使该项工作拖后两天，这会对工期造成什么影响？为什么？为了保证按合同工期完成施工任务，施工单位进行了进度计划调整，其依据是什么？

模块5

建筑工程项目质量管理

能力目标

通过本模块的学习，要求对建筑工程项目质量管理的全过程有一个清晰、完整的认识，能够按照科学的程序展开建筑工程项目质量的策划、计划、实施控制和改进等环节；能够采用合理的数理统计分析方法对施工过程中出现的质量问题进行分析，为决策提供依据。在学习过程中，学生应培养对事物全过程管理的能力、运用专业知识分析和处理问题的能力，以及判断是非的能力。

知识目标

任务单元	知识点	学习要求
建筑工程项目质量管理概述	质量管理的基本概念	了解
	质量管理体系的建立、运行和意义	了解
	建筑工程项目质量管理的程序	熟悉
	建筑工程项目质量管理的特征	熟悉
建筑工程项目质量管理程序	建筑工程项目质量策划	熟悉
	建筑工程项目质量计划	熟悉
	建筑工程项目质量控制	掌握
	建筑工程项目质量改进	熟悉
质量控制的数理统计分析方法	排列图法	掌握
	统计调查表法	掌握
	分层法	掌握
	因果分析图法	掌握
	直方图法	掌握
	控制图法	掌握
	相关图法	掌握

引例

天津公交集团停车修保中心工程施工质量管理

1. 项目概况

天津公交集团停车修保中心工程是天津市政府20件民心工程之一。该工程坐落在天津市北辰区龙州路与外环西路交口处，总建筑面积共计59333.7m^2，包括四个单体工程，其中以修保联合厂房为主建筑。工程由天津住宅建设发展集团有限公司承建。

2. 工程施工特点及难点

工程主体为2层大跨度预应力混凝土框架结构，楼板采用无黏结预应力技术，框架梁采用有黏结预应力技术，最大跨度18m，预应力施工难度大，公司预应力施工经验较少，工程难度大。

3. 工程质量管理过程及方法

1）确定了预应力混凝土施工质量的管理目标

(1) 保证预应力原材料质量合格率、预应力钢筋施工合格率达到100%。

(2) 保证工程质量符合规范要求，张拉弹性伸长值做到“95%设计伸长值＜实测伸长＜105%设计伸长值”。

(3) 保证混凝土施工质量一次达标。

2）编制了质量计划

(1) 按项目生产要素管理的规定，对人力、技术、资金、机械、材料等进行优化配置，实行动态控制。

(2) 认真贯彻质量管理体系标准及公司管理手册、程序文件、过程文件，制定项目质量计划，并从规章制度、组织机构、人员组成、职责范围等方面进一步完善项目的管理系统。

(3) 针对本工程工期短、任务重、质量要求高、预应力施工难度大的特点及难点，编制详细的施工方案、分部分项工程的施工质量标准、预控措施及控制方法。

3）进行严格的质量控制

(1) 保证预应力原材料质量合格率达到100%。项目部制定了严格的原材料检验制度，对进场预应力钢绞线、锚具、波纹管等材料合格证、检测报告等逐一检查，并登记造册，在监理的监督下对进场材料进行抽样复试检测，检测合格后方可使用。

(2) 保证预应力钢筋施工质量合格率达到100%。

(3) 严把质量关，确保混凝土施工一次成优。

(4) 严格执行方案，确保预应力工程质量。

4. 管理成效

混凝土质量达到了预期效果，钢筋张拉应力达到设计值，整个工程实现了一次质量创优的目标，同时保证了工程按期竣工，降低了工程成本1.8%，获得天津建筑工程结构“海河杯”奖。

引言

工程项目质量管理是一个系统过程，包括质量策划、计划、控制、改进等环节，依照一定的原则、程序和方法，对项目实施全过程中影响工程质量的要素，如人力、机具、材料、施工方法、检测手段、环境等加以计划、组织、指挥和控制，以达到项目质量目标。上述案例中的工程就是按照这样的管理程序进行质量管理，取得了很好的成效。

任务单元5.1 建筑工程项目质量管理概述

5.1.1 质量管理的基本概念

1. 质量管理

质量管理是指确定质量方针、目标和职责并在质量体系中通过诸如质量策划、质量控制、质量保证和质量改进使其实施的全部管理职能的所有活动。质量管理是下述管理职能中的所有活动：

(1) 确定质量方针和目标。

(2) 确定岗位职责和权限。

(3) 建立质量体系并使其有效运行。

2. 质量方针

质量方针是由组织的最高管理者正式颁布的、该组织总的质量宗旨和方向。

质量方针是组织总方针的一个组成部分，由最高管理者批准。它是组织的质量政策，是组织全体职工必须遵守的准则和行动纲领，是企业长期或较长时期内质量活动的指导原则，反映了企业领导的质量意识和决策。

3. 质量目标

质量目标是与质量有关的、所追求或作为目的的事物。

质量目标应覆盖那些为了使产品满足要求而确定的各种需求。它反映了企业对产品要求的具体目标，既要满足企业内部所追求的质量品质目标，也要不断满足市场、顾客的要求，是建立在质量方针基础上的。

质量方针是总的质量宗旨、总的指导思想，而质量目标是比较具体的、定量的要求。因此，质量目标是可测的，并且应该与质量方针包括与持续改进的承诺相一致。

4. 质量体系

质量体系是指为实施质量管理所需的组织结构、程序、过程和资源。

组织结构是一个组织为行驶其职能按某种方式建立的职责、权限及其相互关系，通常以组织结构图予以规定。一个组织的组织结构图应能显示其机构设置、岗位设置以及它们之间的相互关系。资源可包括人员、设备设施、资金、技术和方法，质量体系应提供适宜的各项资源以确保过程和产品的质量。

一个组织所建立的质量体系应既满足本组织管理的需要，又满足顾客对本组织的质量体系要求，但主要目的应是满足本组织管理的需要。顾客仅仅评价组织质量体系中与顾客订购产品有关的部分，而不是组织质量体系的全部。

质量体系和质量管理的关系是：质量管理需通过质量体系运行来运作，即建立质量体系并使之有效运行是质量管理的主要任务。

5. 质量策划

质量策划是指质量管理中致力于设定质量目标并规定必要的作业过程和相关资源以实现其质量目标的部分。

最高管理者应对实现质量方针、目标和要求所需的各项活动和资源进行质量策划，并且该策划的输出应文件化。质量策划是质量管理中的筹划活动，是组织领导和管理部门的质量职责之一。

6. 质量控制

质量控制是指为达到质量要求所采取的作业技术和活动。

质量控制的对象是过程，控制的结果应能使被控制对象达到规定的质量要求。为使控制对象达到规定的质量要求，就必须采取适宜的有效的措施，包括作业技术和方法。

7. 质量保证

质量保证是指为了提供足够的信任表明实体能够满足质量要求，而在质量体系中实施并根据需要进行证实的全部有计划和有系统的活动。

质量保证定义的关键是信任，对达到预期质量要求的能力提供足够的信任，而不是买到不合格产品以后的保修、保换、保退。信任的依据是质量体系的建立和运行，因为质量体系对所有影响质量的因素，包括技术、管理和人员方面的，都采取了有效的方法进行控制，因而具有减少、消除特别是预防不合格的机制。供方规定的质量要求，包括产品的、过程的和质量体系的要求，必须完全反映顾客的需求，才能让顾客给以足够的信任。

质量保证总是在有两方的情况下才存在，由一方向另一方提供信任。由于两方的具体情况不同，质量保证分为内部和外部两种。内部质量保证是企业向自己的管理者提供信任，外部质量保证是供方向顾客或第三方认证机构提供信任。

8. 质量改进

质量改进是指质量管理中致力于提高有效性和效率的部分。

质量改进的目的是向组织自身和顾客提供更多的利益，如更低的消耗、更低的成本、更多的收益以及更新的产品和服务等。质量改进是通过整个组织范围内的活动和过程的效果以及效率的提高来实现的。组织内的任何一个活动和过程的效果以及效率的提高都会导致一定程度的质量改进。质量改进是质量管理的一项重要组成部分或者说支柱之一，它通常在质量控制的基础上进行。

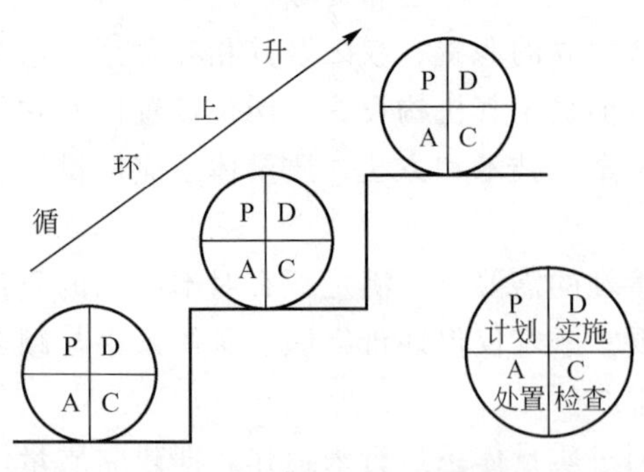

图 5.1　PDCA 循环示意图

9. 质量管理的 PDCA 循环

PDCA 循环是在长期的生产实践过程和理论研究中形成的，是确立质量管理和建立质量体系的基本原理。其循环如图 5.1 所示。每一循环都围绕着实现预期的目标，进行计划、实施、检查和处置活动，随着对存在问题的克服、解决和改进，来不断增强质量能力，提高质量水平。一个循环的四大职能活动相互联系，共同构成了质量管理的系统过程。

1）计划 P(Plan)

质量管理的计划职能，包括确定或明确质量目标和制定实现质量目标的行动方案两方面。实践表明质量计划的严谨周密、经济合理和切实可行，是保证工作质量、产品质量和服务质量的前提条件。

建设工程项目的质量计划，是由项目干系人根据其在项目实施中所承担的任务、责任范围和质量目标，分别进行质量计划而形成的质量计划体系，其中，建设单位的工程项目质量计划，包括确定和论证项目总体的质量目标，提出项目质量管理的组织、制度、工作程序、方法和要求。项目其他各方干系人，则根据工程合同规定的质量标准和责任，在明确各自质量目标的基础上，制定实施相应范围质量管理的行动方案，包括技术方法、业务流程、资源配置、检验试验要求、质量记录方式、不合格处理、管理措施等具体内容和做法的质量管理文件，同时也须对其实现预期目标的可行性、有效性、经济合理性进行分析论证，并按照规定的程序与权限，经过审批后执行。

2）实施 D(Do)

实施职能在于将质量的目标值，通过生产要素的投入、作业技术活动和产出过程，转换为质量的实际值。为保证工程质量的产出或形成过程能够达到预期的结果，在各项质量活动实施前，要根据质量管理计划进行行动方案的部署和交底，交底的目的在于使具体的作业者和管理者明确计划的意图和要求，掌握质量标准及其实现的程序与方法。在质量活动的实施过程中，要求严格执行计划的行动方案，规范行为，把质量管理计划的各项规定和安排落实到具体的资源配置和作业技术活动中去。

3）检查 C(Check)

应对计划实施过程进行各种检查，包括作业者的自检、互检和专职管理者专检。各类检查也都包含两大方面：一是检查是否严格执行了计划的行动方案，实际条件是否发生了变化，不执行的原因；二是检查计划执行的结果，即产出的质量是否达到了标准的要求，对此进行确认和评价。

4）处置 A(Action)

对于质量检查所发现的问题或质量不合格现象，及时进行原因分析，采取必要的措施予以纠正，保持工程质量形成过程的受控状态。处置分纠偏和预防改进两个方面。前者是采取应急措施，解决当前的质量偏差、问题或事故；后者是提出目前质量状况信息，并反馈给管理部门，反思问题症结或计划时的不周，确定改进目标和措施，为今后类似问题的质量预防提供借鉴。

5.1.2 质量管理体系的建立、运行和意义

1. 质量管理体系的建立

企业质量管理体系的建立，是在确定市场及顾客需求的前提下，制定企业的质量方针、质量目标、质量手册、程序文件、质量记录等体系文件，并将质量目标分解落实到相关层次、相关岗位的职能、职责中，形成企业质量管理体系的执行系统。

企业质量管理体系的建立要求组织对不同层次的员工进行培训，使体系的运行要求、工作内容为员工所理解，从而为全员参与的质量管理体系运行创造条件。

企业质量管理体系的建立，需识别并提供实现质量目标和持续改进所需的资源，包括

人员、基础设施、环境、信息等。

2. 质量管理体系的运行

保持质量管理体系的正常运行和持续实用有效，是企业质量管理的一项重要任务，是质量管理体系发挥实际效能、实现质量目标的主要阶段。质量管理体系的有效运行，是依靠体系的组织机构进行组织协调、实施质量监督、开展信息反馈、进行质量管理体系审核和评审来实现的。

(1) 组织协调。质量管理体系的运行涉及企业众多部门的活动，组织和协调工作是维护质量管理体系运行的动力。

(2) 质量监督。质量管理体系在运行过程中，各项活动及其结果不可避免地会有偏离标准的可能，为此必须实施质量监督。质量监督有企业内部监督和外部监督两种，需方或第三方对企业进行的监督是外部质量监督，外部质量监督应与企业本身的质量监督考核工作相结合，杜绝重大质量问题的发生。

(3) 质量信息管理。在质量管理体系的运行中，应通过质量信息反馈系统对异常信息做反馈和处理，进行动态控制，使各项质量活动和工程实体质量保持受控状态。质量信息管理和质量监督、组织协调工作是密切联系在一起的，异常信息一般来自质量监督，异常信息的处理要依靠组织协调工作，三者的有机结合，是使质量管理体系有效运行的保证。

(4) 质量管理体系审核与评审。企业进行定期的质量管理体系审核与评审，一是对体系要素进行审核、评价，确定其有效性；二是对运行中出现的问题采取纠正措施，对体系的运行进行管理，保持体系的有效性；三是评价质量管理体系对环境的适应性，对体系结构中不适用的采取改进措施。

3. 建立和有效运行质量管理体系的意义

ISO 9000标准是一套精心设计、结构严谨、定义明确、内容具体、适用性很强的管理标准。它不受具体行业和企业性质等制约，为质量管理提供了指南，为质量保证提供通用的质量要求，具有广泛的应用空间。经过许多企业的应用证明其作用表现为以下几点。

(1) 提高供方企业的质量信誉。

(2) 促进企业完善质量管理体系。

(3) 增强企业的国际市场竞争能力。

(4) 有利于保护消费者利益。

5.1.3 建筑工程项目质量管理的程序

建筑工程项目质量管理应按下列程序实施。

(1) 进行质量策划，确定质量目标。

(2) 编制质量计划。

(3) 实施质量计划，进行质量控制。

(4) 总结项目质量管理工作，提出持续改进的要求。

5.1.4 建筑工程项目质量管理的特征

由于建筑工程项目涉及面广，是一个极其复杂的综合过程，再加上建筑产品的固定性、生产的流动性、结构类型不一、质量要求不一、施工方法不一、体型大、整体性强、建设周期长、受自然条件影响大等特点，因此项目质量管理比一般工业产品的质量管理更难以实施，主要表现在以下方面。

1. 影响质量的因素多

建设工程质量受到多种因素的影响，如决策、设计、材料、机具设备、施工方法、施工工艺、技术措施、人员素质、工期、工程造价等，这些因素直接或间接影响施工项目质量。

2. 质量波动大

由于建筑生产的单件性、流动性，不像一般工业产品的生产有固定的生产流水线、规范化的生产工艺和完善的检测技术，以及成套的生产设备和稳定的生产环境，所以工程质量容易产生波动且波动大。

3. 质量隐蔽性

施工项目在施工过程中，分项工程交接多，中间产品多、隐蔽工程多，因此质量存在隐蔽性。若在施工中不及时进行质量检查，事后只能从表面上检查，就很难发现内在的质量问题，这样容易产生判断错误。

4. 终检的局限性

工程项目建成后不可能像一般工业产品那样依靠终检来判断产品质量，或将产品拆卸、解体来检查其内在的质量，或对不合格零部件进行更换。工程项目的终检无法进行工程内在质量的检验，发现隐蔽的质量缺陷。因此，工程项目的终检存在一定的局限性，这就要求工程质量控制应以预防为主，防患于未然。

5. 评价方法的特殊性

工程质量的检查评定及验收是按检验批、分项工程、单位工程进行的。检验批的质量是分项工程乃至整个工程质量检验的基础，检验批合格质量主要取决于主控项目和一般项目经抽样检验的结果。隐蔽工程在隐蔽前要检查合格后验收，涉及结构安全的试块、试件及有关材料，应按规定进行见证取样检测，涉及结构安全和使用功能的重要分部工程要进行抽样检测。

任务单元5.2 建筑工程项目质量管理程序

工作任务单

任务单元5.2工作任务单

工作任务描述	某建筑公司投标某一新建工业厂房工程，该工程建筑面积5466m²，建筑高度12.9m，基础为独立基础，结构类型为单层钢结构，要求质量达到国家施工验收规范合格标准，总工期为100日历日。 公司中标后，组建了工程项目经理部，并要求项目经理部及时编制项目质量计划。

续表

任务单元 5.2 工作任务单	
工作任务要求	(1) 项目经理部对项目进行质量管理的全过程应该包括哪几个环节? (2) 什么是施工项目质量计划?它包括哪些内容?其编制依据有哪些? (3) 请你查阅相关资料,对该工程项目草拟一份项目质量计划提纲。

5.2.1 建筑工程项目质量策划

国际标准 ISO 9000:2000 中对质量策划的定义是:质量策划是质量管理的一部分,致力于制定质量目标并规定必要的运行过程和相关资源以实现质量目标。

项目质量策划是围绕项目所进行的质量目标策划、运行过程策划、确定相关资源等活动的过程。项目质量策划的结果是明确项目质量目标;明确为达到质量目标应采取的措施,包括必要的作业过程;明确应提供的必要条件,包括人员、设备等资源条件;明确项目参与各方、部门或岗位的质量职责。质量策划的结果可用质量计划、质量技术文件等质量管理文件形式加以表达。

1. 项目质量目标策划

项目的质量目标是项目在质量方面所追求的目的。无论何种项目,其质量目标都包括总目标和具体目标。项目质量总目标表达了项目拟达到的总体质量水平,如某建筑工程的质量目标是合格品率 100%,优良品率 80%。项目质量的具体目标包括项目的性能性目标、可靠性目标、安全性目标、经济性目标、时间性目标和环境适应性目标等。项目质量的具体目标一般应定量加以描述,如某基础工程项目,其混凝土的抗压强度等级为 40MPa。不同的项目,其质量目标策划的内容和方法也不相同,但通常要考虑以下因素。

(1) 项目本身的功能性要求。每一个项目都有其特定的功能,在进行项目质量目标策划时,必须考虑其功能要求。

(2) 项目的外部条件。项目的质量目标应与其外部条件相适应,所以在确定项目的质量目标时,应充分掌握工程项目的外部条件,如环境条件、地质条件、水文条件等。

(3) 市场因素。在进行项目质量目标策划时,应通过市场调查,了解社会或用户对项目的一种期望,并将其纳入质量目标之中。

(4) 质量的经济性。项目质量的提高,往往会导致项目成本的增加。在确定项目质量目标时,要求既满足项目的功能要求和社会或用户的期望,又不至于造成成本的不合理增加。在项目质量目标策划时,应综合考虑项目质量的成本之间的关系,合理确定项目的质量目标。

2. 运行过程策划

项目的质量管理是通过一系列活动、环节和过程实现的,项目的质量策划应对这些活动、环节、过程加以识别和明确。具体而言,需要明确:影响项目质量的各个环节;质量管理程序;质量管理措施,包括质量管理的技术措施、组织措施等;质量管理方法,包括项目质量控制方法和质量评价方法等。

3. 确定相关资源

为进行项目质量管理，需建立相应的组织机构，配备人力、材料、检验试验机具等必备资源。这些都应通过项目质量策划过程加以确定。

4. 质量策划的依据

(1) 项目特点。不同类型、不同规模、不同特点的项目，其质量目标、质量管理运行过程及需要的资源各不相同。因此，应针对项目的具体情况进行质量策划。

(2) 项目质量方针。项目的质量方针反映了项目总的质量宗旨和质量方向，质量方针提供了质量目标制订的框架，是项目质量策划的基础之一。

(3) 范围说明。以文件形式规定主要项目成果和工程项目的目标(即业主对项目的需求)，它是工程项目质量策划所需的关键依据之一。

(4) 标准和规则。不同的行业、领域，对其相关项目都有相应的质量要求，这些要求往往是通过标准、规范、规程等形式加以明确的，将对质量策划产生重要影响。

5.2.2 建筑工程项目质量计划

1. 质量计划的概念

质量计划是指确定施工项目的质量目标并规定达到这些质量目标必要的作业过程、专门的质量措施和资源等工作。质量计划往往不是一个单独文件，而是由一系列文件所组成的。项目开始时，应从总体考虑，编制规划性的质量计划，如质量管理计划，随着项目的进展，编制各阶段较详细的质量计划，如项目操作规范。项目质量计划的格式和详细程度并无统一规定，但应与工程的复杂程度及施工单位的施工部署相适应，计划应尽可能简明。其作用是，对外可作为针对特定工程项目的质量保证，对内可作为针对特定工程项目质量管理的依据。

2. 质量计划编制的依据

(1) 合同中有关产品(或过程)的质量要求。

(2) 与产品(或过程)有关的其他要求。

(3) 质量管理体系文件。

(4) 组织针对项目的其他要求。

3. 质量计划的编制要求

施工项目的质量计划应由项目经理主持编制。质量计划作为对外质量保证和对内质量控制的依据文件，应体现施工项目从分项工程、分部工程到单位工程的系统控制过程，同时也要体现从资源投入到完成工程质量最终检验和试验的全过程控制。施工项目质量计划编制的要求主要包括以下方面。

1) 质量目标

质量目标一般由企业技术负责人、项目经理部管理层认真分析项目特点、项目经理部情况及企业生产经营总目标后决定。其基本要求是施工项目竣工交付业主使用时，质量要达到合同范围内全部工程的所有使用功能；符合设计图样要求；检验批、分项、分部、单位工程质量达到施工质量验收统一标准，合格率为100%。

2）管理职责

施工项目质量计划应规定项目经理部管理人员及操作人员的岗位职责。

(1) 项目经理是本工程实施的最高负责人，对工程符合设计、验收规范、标准要求等负责，对工程按期交工负责，以保证整个工程项目质量符合合同要求。

(2) 项目生产副经理要对施工项目进度负责，调配人力、物力，保证按图样和规范施工，协调同业主、分包商的关系，负责审核结果、整改措施和质量纠正措施的实施。

(3) 施工队长、工长、测量员、试验员、计量员在项目质量副经理的直接指导下，负责所管部位和分项施工全过程的质量，使其符合图样和规范要求，有更改的要符合更改要求，有特殊规定的要符合特殊要求。

(4) 材料员、机械员对进场的材料、构件、机械设备进行质量验收和退货、索赔，对业主或分包商提供的物资和机械设备要按合同规定进行验收。

3）资源提供

施工项目质量计划要规定各项资源的提供方式和考核方式等。

如规定项目经理部管理人员及操作工作的岗位任职标准及考核认定方法，规定项目人员流动时进出人员的管理程序，规定人员进场培训内容、考核、记录等，规定对新技术、新结构、新材料、新设备修订的操作方法和对操作人员进行的培训并记录，规定施工项目所需的临时设施、支持性服务手段、施工设备及通信设施。

4）施工项目实现过程的策划

施工项目质量计划中，要规定施工组织设计或专项项目质量计划的编制要点及接口关系，规定重要施工过程技术交底的质量策划要求，规定新技术、新材料、新结构、新设备的策划要求，规定重要过程验收的准则或技艺评定方法。

5）材料、机械设备、劳务及试验等采购过程的控制

施工项目质量计划对施工项目所需的材料、设备等，要规定供方产品标准及质量管理体系的要求、采购的法规要求，有可追溯性要求时，要明确其记录、标志的主要方法等。

6）施工工艺过程的控制

施工项目质量计划，对工程从合同签订到交付全过程的控制方法作出规定，对工程的总进度计划、分段进度计划、分包工程的进度计划、特殊部位进度计划、中间交付的进度计划等作出过程识别和管理规定。

7）搬运、存储、包装、成品保护和交付过程的控制

施工项目的质量计划，要对搬运、存储、包装、成品保护和交付过程的控制方法作出相应的规定。具体包括：施工项目实施过程所形成的分项、分部、单位工程的半成品、成品保护方案、措施、交接方式等内容；工程中间交付、竣工交付工程的收尾、维护、验收、后续工作处理的方案、措施和方法；材料、构件、机械设备的运输、装卸、存收的控制方案及措施等。

8）检验、试验和测量过程及设备的控制

施工项目的质量计划，要对施工项目中所进行和使用的所有检验、试验、测量和计量过程及设备的控制、管理制度等作出相应的规定。

9）不合格品的控制

施工项目的质量计划，要编制作业、分项或分部工程不合格品出现的补救方案和预防

措施，规定合格品与不合格品之间的标志，并制订隔离措施。

4. 建筑工程项目质量计划的主要内容

建筑工程项目质量计划的主要内容包括以下几个方面。

(1) 质量目标和要求。

(2) 质量管理组织和职责。

(3) 所需的过程、文件和资源。

(4) 产品(或过程)所要求的评审、验证、确认、监视、检验和试验活动及接收准则。

(5) 记录的要求。

(6) 所采取的措施。

5.2.3 建筑工程项目质量控制

质量控制是质量管理的一部分，致力于满足质量要求。质量控制的目标就是确保项目质量能满足有关方面所提出的质量要求。质量控制的范围涉及项目质量形成全过程的各个环节，任何一个环节的工作没有做好，都会使项目质量受到影响而不能满足质量要求。质量控制的工作内容包括专业技术和管理技术两方面。质量控制应贯彻预防为主与检验把关相结合的原则，在项目形成的每一个阶段和环节，都应对影响其工作质量的人、机、料、法、环境因素进行控制，并对质量活动的成果进行分阶段验证，以便及时发现问题，查明原因，采取措施，防止类似问题重复发生，并使问题在早期得到解决，减少经济损失。

1. 施工生产要素的质量控制

建设工程项目质量影响因素很多，归纳起来主要有五方面，即人(Man)、材料(Material)、机械(Machine)、方法(Method)和环境(Environment)，简称4M1E因素。

1) 人的控制

人是生产经营活动的主体，也是工程项目建设的决策者、管理者和操作者，工程建设的全过程，如项目的规划、决策、勘察、设计和施工，都是通过人来完成的。人员的素质将直接和间接地对规划、决策、勘察、设计和施工的质量产生影响，因此，建筑行业实行经营资质管理和各类专业从业人员持证上岗制度是保证人员素质的重要管理措施。

2) 材料的控制

材料控制包括原材料、成品、半成品、构配件等的质量控制。材料质量控制是工程质量的基础，材料质量不符合要求，工程质量就不可能符合标准。所以加强材料的质量控制，是提高工程质量的重要保证。材料的控制，要做到进入现场的工程材料必须有产品合格证或质量保证书、性能检测报告，并能符合设计标准要求；凡需复试检测的建筑材料必须复试合格才能使用；使用进口的工程材料必须符合我国相应的质量标准，并持有商检部门签发的商检合格证书；严禁易污染、易反应的材料混放，造成材性蜕变；注意设计、施工过程对材料、构配件、半成品的合理选用，严禁混用、少用、多用，避免造成质量失控。

3) 机械设备的控制

机械设备的控制，包括工程项目设备和施工机械设备的质量控制。工程项目设备是指组成工程实体配套的工艺设备和各类机具，如电梯、泵机、通风空调设备等，它们是工程项目的重要组成部分，其质量的优劣，直接影响工程使用功能的质量。施工机械设备是工程项目实施的重要物质基础，合理选择和正确使用施工机械设备是保证施工质量的重要物质基础。因此，必须对工程项目设备和施工机械设备的购置、检查验收、安装质量和试车运转加以控制，确保工程项目质量目标的实现。

4）施工方法的控制

施工方法的控制，主要包括施工技术方案、施工工艺、施工技术措施等方面的控制。采用科学合理的施工方法有利于保证工程的质量。对施工方法的控制，重点应做好以下方面的工作：首先，施工方案应随工程的进展而不断细化和深化；其次，在选择施工方案时，对主要的施工项目要事先拟订几个可行的方案，找出主要矛盾，明确各方案的优缺点，通过反复论证和比较，选出最佳方案；此外，对主要项目、关键部位和难度较大的项目，如新结构、新材料、大跨度、高大结构部位等，制订方案时应充分考虑到可能发生的施工质量问题及处理方法。

5）环境因素的控制

环境因素的控制，主要包括现场自然环境条件、施工质量管理环境和施工作业环境的控制。环境因素对工程质量的影响经常是复杂多变的，而且具有不确定性，因此事先必须要进行深入的调查研究，提前采取措施，充分做好各种准备工作。

(1) 现场自然环境条件的控制。

现场自然环境条件，主要指工程地质、水文、气象、周边建筑、地下管道线路及其他不可抗力因素等。在编制施工方案、施工计划和措施时，应从自然环境的特点和规律出发，制定切实可行且具有针对性的技术方案和施工对策，防止地下水、地面水对施工的影响，保证周围建筑和地下管线的安全。从实际条件出发做好冬雨期施工项目的安排和防范措施，加强环境保护和建设公害的治理。

(2) 施工质量管理环境的控制。

施工质量管理环境，主要指施工单位质量保证体系、质量管理制度等。应根据承发包的合同结构，理顺各参建施工单位之间的管理关系，建立现场施工组织系统和质量管理的综合运行机制，保证质量保证体系处于良好的状态。

(3) 施工作业环境的控制。

施工作业环境，主要指施工现场的水电供应、施工照明、通风、安全防护设施、施工场地空间条件和通道、交通运输和道路条件等，这些条件是否良好，直接影响到施工能否顺利进行。施工时，应做好施工平面图合理规划和管理，规范施工现场的机械设备、材料构件、道路管线和各种大型设施的布置，落实好现场各种安全防护措施，做出明确标志，保证施工道路的畅通，采取特殊环境下施工作业的通风、照明措施。

2. 建筑工程项目事前、事中和事后的质量控制

施工阶段的质量控制，是从投入资源的质量控制(即施工项目的事前质量控制)开始，进而对施工过程及各个环节质量进行控制(即施工项目的事中质量控制)，直到对所完成的产品质量的检验与控制(即施工项目的事后质量控制)为止的全过程的系统控制过程。因此，施工阶段的质量控制，可以根据施工项目实体质量形成的不同阶段划分为事前控制、事中控制和事后控制。

1）建筑工程项目的事前质量控制

施工项目的事前质量控制是指正式施工前的质量控制，具体包括以下方面。

（1）技术准备。

技术准备是各项施工准备工作在正式开展作业技术活动前，按预先计划的安排落实到位，包括配置的人员、材料机具、场所环境、通风、照明、安全设施等。技术准备控制主要内容包括：熟悉和审查施工图样，做好设计交底和图样会审；对建设项目地点的自然条件、技术经济条件进行调查分析；编制施工项目管理的实施规划并进行审查；制定施工质量控制计划，设置质量控制点(所谓质量控制点是根据施工项目的特点，为保证工程质量而确定的重点控制对象、关键部位或薄弱环节)，明确关键部位的质量管理点。

（2）现场施工准备的质量控制。

① 工程定位和标高基准的控制。工程测量放线是建设工程产品由设计转化为实物的第一步。施工测量质量的好坏，直接影响工程的质量，并且制约施工过程有关工序的质量。因此，施工单位必须对建设单位提供的原始基准点、基准线和标高等测量控制点进行复核，并将复测结果上报监理工程师审核，批准后施工单位才能建立施工测量控制网，进行工程定位和标高基准的控制。

② 施工平面布置的控制。建设单位应按照合同约定并考虑施工单位施工的需要，事先划定并提供施工占用和使用现场的用地范围。施工单位要科学合理地使用规划好的施工场地，保证施工现场的道路畅通、材料的合理堆放、良好的防洪排水能力、通畅的给水和供电设施以及正确的机械设备的安装布置。应制定施工现场质量管理制度，并做好施工现场的质量检查记录。

③ 材料、构配件的质量控制。首先应做好采购订货的质量控制，施工单位应制订合理科学的材料加工、运输的组织计划，掌握相应的材料信息，优选供货厂家，建立严密的计划、调度、管理体系，确保材料的供应质量；其次应做好对进场材料的质量控制，凡运到施工现场的材料、半成品或构配件都应出具产品合格证及技术说明书，并按规定进行试验和检验，经抽查合格后，方能允许进入施工现场；同时应加强材料的存储和使用的质量控制，避免材料变质和使用规格、性能不符合要求的材料，造成工程质量事故。

④ 机械设备的质量控制。机械设备的控制，包括工程项目设备和施工机械设备的质量控制。根据工程特点和施工要求，对机械设备进行质量控制，是保证工程质量和施工正常进行，防止因机械设备事故导致发生重大质量和安全事故的重要措施。工程设备的质量控制，主要包括设备的检查验收、设备的安装质量、设备的调试和试车运转。施工机械设备的质量控制使施工机械设备的类型、性能、参数等与施工现场的实际条件、施工工艺、技术要求等因素相匹配，符合施工生产的实际要求；施工机械设备质量控制，主要从机械设备的选型、主要性能参数指标的确定和使用操作要求等方面进行。

（3）施工分包单位的选择和资质的审查。

对分包商资格与能力的控制是保证工程施工质量的一个重要方面，确定分包内容、选择分包单位及分包方式，既直接关系到施工总承包方的利益和风险，更关系到建设工程质量的保障问题。因此，施工总承包企业必须有健全有效的分包选择程序，同时，按照我国现行法规的规定，在订立分包合同前，施工单位必须将所联络的分包商情况报送项目监理机构进行资格审查。

2）建筑工程项目的事中质量控制

施工项目的事中质量控制是指施工过程中的质量控制。具体内容包括以下方面。

（1）进行技术交底。

做好技术交底是保证施工质量的重要保证措施之一。技术交底应由项目技术人员编制，并经项目技术负责人批准实施。作业前应由项目技术负责人向承担施工的负责人或分包人进行书面技术交底，技术交底资料应办理签字手续并归档保存。技术交底的内容主要包括：施工方法、质量标准和验收标准，施工中应注意的问题，可能出现意外的措施及应急方案，文明施工和安全措施要求及成品保护等。交底的形式，有书面、口头、会议、挂牌、样板和示范操作等。

（2）测量控制。

项目开工前应编制测量控制方案，经项目技术负责人批准后实施。对相关部门提供的测量控制点应做好复核工作，经审批后进行施工测量放线，并保存测量记录。在施工过程中应对设置的测量控制点线妥善保护，不准擅自移动。同时在施工过程中必须认真进行施工测量复核工作，其复核结果应报送监理工程师复核确认后，方能进行后续相关工序的施工。

（3）计量控制。

计量控制是保证工程项目质量的重要手段和方法，是施工项目开展质量管理的一项重要基础工作。施工过程中的计量工作，包括施工生产时的投料计量、施工测量、监测计量及对项目、产品或过程的测试、检验、分析计量等。计量控制的工作重点是：建立计量管理部门和配置计量人员；建立健全和完善计量管理的规章制度；严格按规定有效控制计量器具的使用、保管、维修和检验；监督计量过程的实施，保证计量的准确。

（4）工序施工质量控制。

施工过程是由一系列相互联系和制约的工序构成，工序是人、材料、机械设备、施工方法和环境因素对工程质量起综合作用的过程，所以对施工过程的质量控制，必须以工序质量控制为基础和核心。工序施工质量控制，主要包括工序施工条件质量控制和工序施工效果质量控制。

工序施工条件是指从事工序活动的各生产要素质量及生产环境条件。工序施工条件控制，就是控制工序活动的各种投入要素质量和环境条件质量。控制的依据主要是：设计质量标准、材料质量标准、机械设备技术性能标准、施工工艺标准及操作规程等。

工序施工效果主要反映工序产品的质量特征和特性指标。对工序施工效果的控制，就是控制工序产品的质量特征和特性指标以达到设计质量标准及施工质量验收标准的要求。

（5）特殊过程的控制。

特殊过程，是指该施工过程或工序施工质量不易或不能通过其后的检验和试验而得到充分验证的过程，或者万一发生质量事故则难以挽救的施工对象。特殊过程的质量控制是施工阶段质量控制的重点，对在项目质量计划中界定的特殊过程，应设置工序质量控制点，抓住影响工序施工质量的主要因素进行强化控制。

质量控制点的选择，应以那些保证质量难度大、对质量影响大或是发生质量问题时危害较大的对象进行设置。具体选择原则是：对工程质量形成过程产生直接影响的关键部位、工序及隐蔽工程；施工过程中的薄弱环节，或者质量不稳定的工序、部位或对象；对下道工序有较大影响的上道工序；采用新技术、新工艺、新材料的部位或环节；在施工上无把握的、施工条件困难的或技术难度大的工序或环节；用户反馈和过去有过返工的不良工序。

(6) 工程变更的控制。

工程变更的范围包括设计变更、工程量的变动、施工时间的变更、施工合同文件的变更等。设计变更的主要原因是投资者对投资规模的扩大或压缩，而需要重新设计，或是对已交付的设计图纸提出新的设计要求，需对原设计进行修改；工程量的变动是指对工程量清单中数量的增加或减少；施工时间的变更是指对已批准的承包单位施工计划中安排的施工时间或完成时间的变动；施工合同文件的变更，包括施工图样的变更、承包单位提出修改设计的合理化建议及其节约价值的分配导致的合同变更、由于不可抗力或双方事先未能预料而无法防止的事件发生而允许进行的合同变更。

工程变更的程序为：提出工程变更的申请→监理工程师审查工程变更→监理工程师与业主、承包商协商→监理工程师审批工程变更→编制变更文件→监理工程师发布变更指令。

3) 建筑工程项目的事后质量控制

施工项目的事后质量控制，主要是进行已完施工的成品保护、质量验收和不合格品的处理，以保证最终验收的建设工程质量。

(1) 已完施工成品保护。

所谓成品保护，一般是指在项目施工过程中，某些部位已经完成，而其他部位还在施工，在这种情况下，施工单位必须负责对已完成部分采取妥善的措施予以保护，以免因成品缺乏保护或保护不善而造成损伤或污染，影响工程的实体质量。

已完施工的成品保护问题和措施，在工程施工组织设计与计划阶段就应该从施工顺序上进行考虑，防止施工顺序不当或交叉作业造成相互干扰、污染和损坏，成品形成后可采取防护、覆盖、封闭、包裹等相应措施进行保护。

(2) 施工质量检查验收。

施工质量检查验收作为事后控制的途径，强调按照施工质量验收统一标准规定的质量等级划分，从施工作业工序开始，依次做好检验批、分项工程、分部工程及单位工程的施工质量验收。通过多层次的设防把关，严格验收，控制建设工程项目的质量目标。

(3) 建筑工程项目竣工质量验收。

建筑工程项目竣工质量验收分为三个阶段，即竣工验收的准备阶段、初步验收和正式验收。

参与工程建设的各方应做好竣工验收的准备工作，包括建设单位、监理工程师、施工单位、设计单位等。

当工程项目达到竣工验收条件后，施工单位在自检合格的基础上，填写工程竣工报验单，并将全部资料报送监理单位，申请竣工验收。经监理单位检查验收合格后，由总监工程师签署工程竣工报验单，并向建设单位提出质量评估报告。

当初步验收检查结果符合竣工验收要求时，监理工程师应将施工单位的竣工申请报告报送建设单位，建设单位着手组织勘察、设计、施工、监理等单位和其他方面的专家组成竣工验收小组，并制订验收方案。

5.2.4 建筑工程项目质量改进

1. 项目质量改进的基本规定

(1) 项目经理部应定期对项目质量状况进行检查、分析，向组织提出质量报告，提出目前质量状况、发包人及其他相关方满意程度、产品要求的符合性及项目经理部的质量改进措施。

(2) 组织应对项目经理部进行检查、考核，定期进行内部审核，并将审核结果作为管理评审的输入，推动项目经理部的质量改进。

(3) 组织应了解发包人及其他相关方对质量的意见，对质量管理体系进行审核，确定改进目标，提出相应措施并检查落实。

2. 项目质量改进方法

1）坚持全面质量管理的PDCA循环方法

随着质量管理的不断进行，原有的问题解决了，新的问题又产生了，问题不断产生而又不断被解决，如此循环下去，每一次循环都把质量管理活动推向一个新的高度。

2）坚持全面质量管理的TQC思想

全面质量管理就是强调在企业或组织的最高管理者的质量方针的指引下，实行全方位、全过程和全员参与的质量管理。

全方位质量管理，是指建设工程项目各方干系人所进行的工程项目质量管理的总称，其中包括工程质量和工作质量的全面管理。工作质量直接影响产品质量的形成，业主、监理单位、勘察单位、设计单位、施工总包单位、施工分包单位、材料设备供应商等，任何一方、任何环节的怠慢疏忽或质量责任不到位，都会造成对建设工程质量的影响。

全过程质量管理是根据工程质量的形成规律，从源头抓起，强调全过程质量控制。

全员参与质量管理是按照全面质量管理的思想，组织内部的各部门和工作岗位均承担相应的质量职能，组织的最高管理者确定了质量方针和目标，就应组织和动员全体员工参与到实施质量方针的系统活动中去，发挥自己的角色作用。开展全员参与质量管理的重要手段就是运用目标管理方法，将组织的质量总目标逐级进行分解，使之形成自上而下的质量目标分解体系和自下而上的质量目标保证体系。发挥组织系统内部每个工作岗位、部门或团队在实现质量总目标过程中的作用。

3）运用先进的管理办法、专业技术和数理统计方法

任务单元5.2学习作业单

工作任务完成	根据任务单元5.2工作任务单的工作任务描述和要求，完成任务如下：

续表

<table>
<tr><th colspan="2">任务单元 5.2 学习作业单</th></tr>
<tr><td>任务单元学习总结</td><td>(1) 建筑工程项目质量管理过程的各个环节。
(2) 建筑工程项目质量管理过程中各个环节的内容。</td></tr>
<tr><td>任务单元学习体会</td><td></td></tr>
</table>

任务单元5.3 质量控制的数理统计分析方法

工作任务单

<table>
<tr><th colspan="2">任务单元 5.3 工作任务单</th></tr>
<tr><td>工作任务描述</td><td>施工现场制作混凝土预制构件，在检查的项目中发现不合格点 138 个，见下表所列。
<table>
<tr><th>不合格项目</th><th>不合格构件/件</th></tr>
<tr><td>表面有麻面</td><td>30</td></tr>
<tr><td>局部有露筋</td><td>15</td></tr>
<tr><td>振捣不密实</td><td>10</td></tr>
<tr><td>养护不良早期脱水</td><td>5</td></tr>
<tr><td>构件强度不足</td><td>78</td></tr>
<tr><td>合　计</td><td>138</td></tr>
</table></td></tr>
<tr><td>工作任务要求</td><td>(1) 请绘制排列图。
(2) 利用排列图确定影响混凝土预制构件质量的主要因素、次要因素和一般因素。</td></tr>
</table>

数理统计就是用统计的方法，通过收集、整理质量数据，分析、发现质量问题，从而及时采取对策和措施，纠正和预防质量事故。

利用数理统计方法控制质量可以分为三个步骤，即统计调查和整理、统计分析及统计判断。

(1) 统计调查和整理。根据解决某方面质量问题的需要收集数据，将收集到的数据加以整理和归档，用统计表和统计图的方法，并借助于一些统计特征值(如平均数、标准差等）来表达这批数据所代表的客观对象的统计性质。

(2) 统计分析。对经过整理、归档的数据进行统计分析，研究其统计规律。

(3) 统计判断。根据统计分析的结果，对总体的现状或发展趋势作出具有科学根据的判断。

5.3.1 排列图法

1. 排列图法的概念

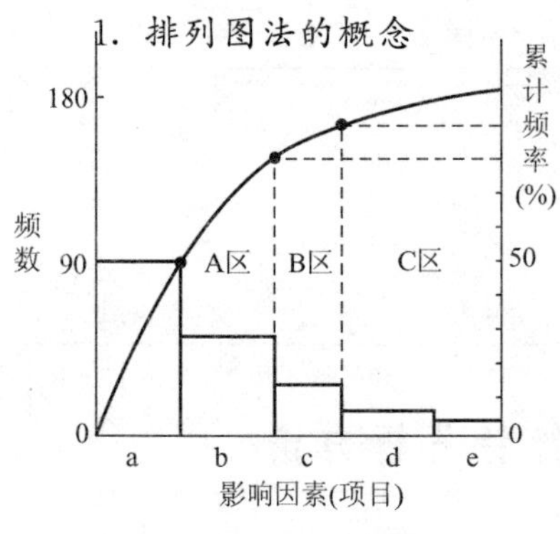

图 5.2 排列图

排列图又称主次因素排列图，其原理是按照出现各种质量问题的频数，按大小次序排列，寻找出造成质量问题的主要因素和次要因素，以便抓住关键，采取措施加以解决。

排列图由两条纵坐标，一条横坐标、若干个矩形和一条曲线组成，如图 5.2 所示。图中左边的纵坐标表示频数，即影响调查对象质量的因素重复发生或出现的次数；横坐标表示影响质量的各种因素，按其影响程度的大小，由左至右依次排列；右边的纵坐标表示频率，即表示横坐标所示的各种质量影响因素在整个因素频数中所占的比率（以百分比）表示。

通常按累计频率划分为三个区：累计频率在 0～80%以内的区称为 A 区，其所包含的质量因素是主要因素或关键项目，是应解决的重点问题；累计频率在 80%～90%的区域为 B 区，其所包含的因素为次要因素；累计频率在 90%～100%的区域为 C 区，为一般因素，一般不作为解决的重点。

2. 排列图的作图方法与步骤

下面结合实例说明排列图的作图方法与步骤。

应用案例 5-1

某建筑工程对房间地坪质量不合格问题进行了调查，发现有 80 间房间起砂，调查结果统计见表 5-1。试应用排列图法，找出地坪起砂的主要原因。

表 5-1 不合格房间统计表

地坪起砂的原因	不合格的房间数	地坪起砂的原因	不合格的房间数
砂含量过大	16	水泥强度等级太低	2
砂粒径过细	45	砂浆终凝前压光不足	2
后期养护不良	5	其他	3
砂浆配合比不当	7		

【案例解析】

1) 整理数据

对表 5-1 中所列数据进行整理，将不合格的房间数按由大到小的顺序排列，以全部不合格点数为总数，计算各项的频数和累计频率，结果见表 5－2。

表 5－2 不合格房间频数及频率统计表

序号	地坪不合格的原因	频数	累计频数	累计频率/(%)
1	砂粒径过细	45	45	56.2
2	砂含量过大	16	61	76.2
3	砂浆配合比不当	7	68	85
4	后期养护不良	5	73	91.3
5	水泥强度等级太低	2	75	93.8
6	砂浆终凝前压光不足	2	77	96.2
7	其他	3	80	100

2）画排列图

(1) 画横坐标。将横坐标按项目数等分，并按项目频数由大到小的顺序从左至右排列，本例中横坐标分为7 等份。

(2) 画纵坐标。左侧的纵坐标表示项目不合格点数即频数，右侧纵坐标表示累计频率。要求总频数对应累计频率。

(3) 画频率直方形。以频数为高画出各项目的直方形。

(4) 画累计频率曲线。从横坐标左端点开始，依次连接各项目直方形右边线及所对应的累计频率值的交点，得到的曲线即为累计频率曲线，如图 5.3 所示。

3）排列图的观察与分析

(1) 观察直方图，大致可看出各项目的影响程度。排列图中的每个直方形都表示一个质量问题或影响因素，影响程度与各直方形的高度成正比。

(2) 利用 ABC 分类法，确定主次因素。本例中 A 区(即主要因素)是砂粒径过细、砂含量过大；B 区(即次要因素)是砂浆配合比不当、后期养护不良；C 区(即一般因素)有水泥强度等级太低、砂浆终凝前压光不足及其他因素。综上分析，下一步应重点解决 A 区质量问题。

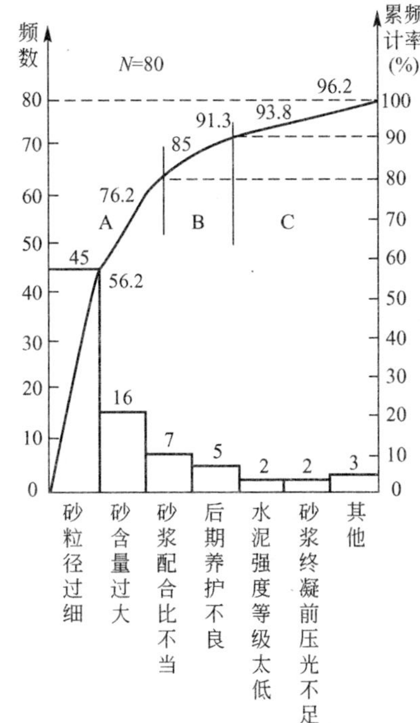

图 5.3 地坪起砂原因排列图

5.3.2 统计调查表法

统计调查表法又称统计调查分析法，是利用专门设计的统计表对质量数据进行收集、整理和粗略分析质量状态的一种方法。

在质量控制活动中，利用统计调查表收集数据，简便灵活，便于整理，实用有效。它没有固定格式，可根据需要和具体情况设计出不同统计调查表。常用的统计调查表有：

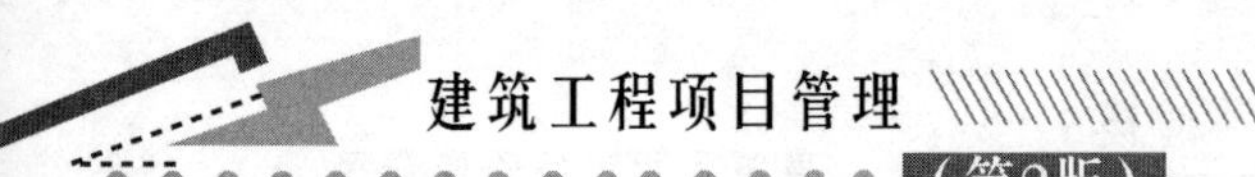

(1) 分项工程作业质量分布调查表。

(2) 不合格项目调查表。

(3) 不合格原因调查表。

(4) 施工质量检查评定用调查表。

表 5-3 是混凝土空心板外观质量问题调查表。

表 5-3 混凝土空心板外观质量问题调查表

产品名称	混凝土空心板		生产班组		
日生产总数	200 块	生产时间	年 月 日	检查时间	
检查方式	全数检查		检查员		
项目名称	检查记录			合计	
露筋	正下			9	
蜂窝	正正一			11	
孔洞	丅			2	
裂缝	一			1	
其他	下			3	
总计				26	

应当指出，统计调查表在应用时往往同分层法结合起来，这样可以更好更快地找出问题的原因，以便采取改进的措施。

5.3.3 分层法

分层法又称分类法，是将调查收集的原始数据，根据不同的目的和要求，按某一性质进行分组和整理的分析方法。分层的结果是使数据各层间的差异突出地显示出来，层内的数据差异减少了。在此基础上再进行层间和层内的比较分析，可以更深入地发现和认识质量问题的原因。由于产品质量是多方面因素共同作用的结果，因而对同一批数据可以按不同性质分层，从不同角度来考虑，分析产品存在的质量问题和影响因素。

常用的分层标志有如下几种。

(1) 按操作班组或操作者分层。

(2) 按使用机械设备型号分层。

(3) 按操作方法分层。

(4) 按原材料供应单位、供应时间或等级分层。

(5) 按施工时间分层。

(6) 按检查手段、工作环境等分层。

应用案例 5-2

一个焊工班组有 A、B、C 三位工人实施焊接作业，共抽检 60 个焊接点，发现有 18 个点不合格，占总焊接点的 30%。采用分层法调查的统计数据见表 5-4。

表 5-4 分层调查的统计数据表

作业工人	抽检点数	不合格点数	个体不合格率	占不合格点总数百分率
A	20	2	10%	1%
B	20	4	20%	22%
C	20	12	60%	67%
合计	60	18	—	100%

通过表 5-4 分析可知：焊接点不合格的主要原因，是作业工人 C 的焊接质量影响了总体的质量水平。

5.3.4 因果分析图法

1. 因果分析图法的概念

因果分析图法是利用因果分析图来系统整理和分析某个质量问题(结果)与其产生原因之间关系的有效工具。因果分析图也称特性要因图，又因其形状而常被称为树枝图或鱼刺图，如图 5.4 所示。

由图 5.4 可看出，因果分析图由质量特性(即质量结果，指某个质量问题)、要因(产生质量问题的主要原因)、枝干(指一系列箭线表示的不同层次的原因)、主干(指较粗的直接指向质量结果的水平箭线)等组成。

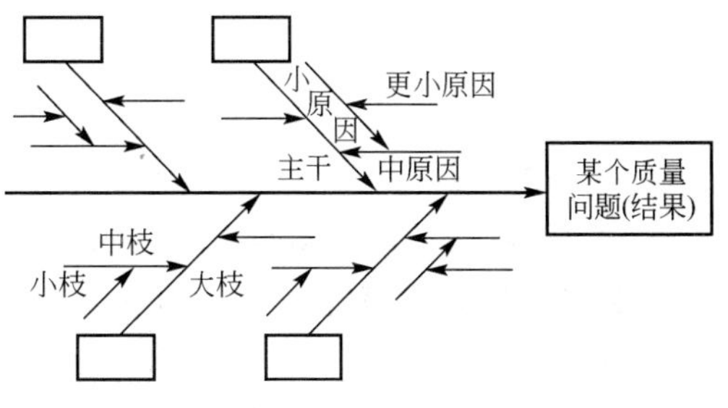

图 5.4 因果分析图的基本形式

2. 因果分析图的绘制

下面结合具体实例说明因果分析图的绘制方法和步骤。

应用案例 5-3

试绘制混凝土强度不足的因果分析图。

【案例解析】

因果分析图的绘制步骤与图中箭头方向恰恰相反，是从“结果”开始将原因逐层分解的，具体步骤如下。

(1) 明确质量问题与结果。本例分析的质量问题是“混凝土强度不足”，作图时首先由左至右画出一条水平主干线，箭头指向一个矩形框，框内注明研究的问题，即结果。

(2) 分析确定影响质量特性的大方面原因。一般来说，影响质量的因素涉及五大方面，即人、机械、材料、方法、环境等。另外，还可以按产品的生产过程进行分析。

(3) 将每种大原因进一步分解为中原因、小原因，直至分解的原因可以采取具体措施解决为止。

(4) 检查图中所列原因是否齐全，可以对初步分析结果广泛征求意见，并做必要的补充及修改。

(5) 选择出影响大的关键因素，作出标记“Δ”，以便重点采取措施。图 5.5 所示为混凝土强度不足的因果分析图。

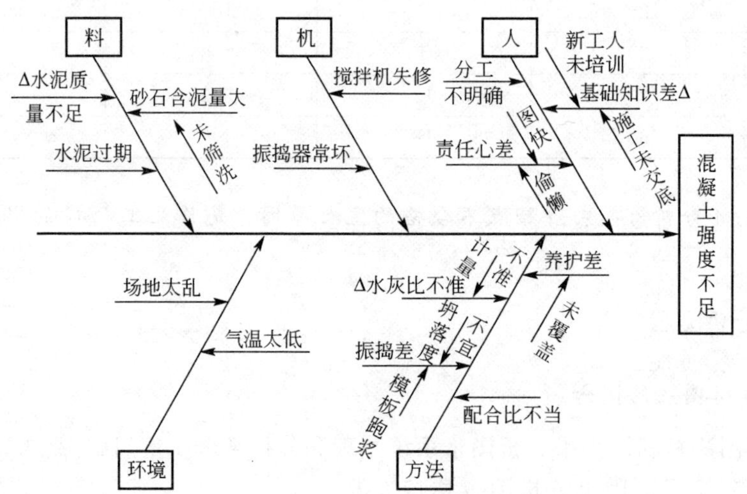

图 5.5　混凝土强度不足的因果分析图

3. 绘制和使用因果分析图时应注意的问题

(1) 集思广益。绘制时要求绘制者熟悉专业施工方法技术，调查、了解施工现场实际条件和操作的具体情况。要以各种形式广泛收集现场工人、班组长、质量检查员、工程技术人员的意见，集思广益，相互启发、相互补充，使因果分析更加符合实际。

(2) 制定对策。绘制因果分析图不是目的，而是要根据图中所反映的主要原因，制定改进的措施和对策，限期解决问题，保证产品质量。

5.3.5 直方图法

直方图法即频数分布直方图法，它是将收集到的质量数据进行分组整理，绘制成频数分布直方图，用以描述质量分布状态的一种分析方法，又称质量分布图法。

1. 直方图法的主要用途

(1) 整理统计数据，了解数据分布的集中或离散状况，从中掌握质量的波动情况。

(2) 观察分析生产过程质量是否处于正常、稳定和受控状态及质量水平是否保持在公差允许的范围内。

2. 直方图的绘制方法

1) 收集整理数据

用随机采样的方法抽取数据，一般要求数据在 50 个以上，并按先后顺序排列。

应用案例 5-4

某建筑施工工地浇筑 C30 混凝土，为对其抗压强度进行质量分析，共收集了 50 份抗压强度试验报告单，整理结果见表 5-5。

表 5－5 数据整理表 单位：N/mm^2

序号	抗压强度数据					最大值	最小值
1	39.8	37.7	33.8	31.5	36.1	39.8	31.5*
2	37.2	38.0	33.1	29.0	36.0	39.0	33.1
3	35.8	35.2	31.8	37.1	34.0	37.1	31.8
4	39.9	34.3	33.2	40.4	41.2	41.2	33.2
5	39.2	35.4	34.4	38.1	40.3	40.3	34.4
6	42.3	37.5	35.5	39.3	37.3	42.3	35.5
7	35.9	42.4	41.8	36.3	36.2	42.4	35.9
8	46.2	37.6	38.3	39.7	38.0	46.2*	37.6
9	36.4	38.3	43.4	38.2	38.0	42.4	36.4
10	44.4	42.0	37.9	38.4	39.5	44.4	37.9

2）计算极差 R

极差是一组测量数据中最大值与最小值之差。本例计算结果如下：

$$x_{max}=46.2\text{N/mm}^2$$

$$x_{min}=31.5\text{N/mm}^2$$

$$R=x_{max}-x_{min}=(46.2-31.5)\text{N/mm}^2=14.7\text{N/mm}^2$$

3）对数据分组

一批数据究竟分为几组，并无一定规则，一般采用表 5－6 的经验数值来确定。

表 5－6 数据分组参考表

数据个数(n)	组数(k)
50 以内	5～6
50～100	6～10
100～250	7～12
250 以上	10～20

4）计算组距

组距是组与组之间的差距。分组要恰当，如果分得太多，则画出的直方图呈“锯齿状”，从而看不出明显的规律；如分得太少，会掩盖组内数据变动的情况。组距 h 可按下式计算：

$$h=\frac{R}{k} \tag{5-1}$$

式中 R——极差；

k——组数。

本例计算结果为

$$h=\frac{R}{k}=\frac{14.7}{8}\text{N/mm}^2=1.84\text{N/mm}^2\approx2\text{N/mm}^2$$

5）计算组界 r_i

一般情况下，组界计算方法如下：

$$r_1=x_{min}-\frac{h}{2} \tag{5-2}$$

$$r_i = r_{i-1} + h \tag{5-3}$$

对正好处于组限值上的数据，其解决方法有两种：一是规定每组上(或下)组限不计在该组内，而应计入相邻较高(或较低)组内；二是将组限较原始数据提高半个最小测量单位。

对本例，首先确定第一组下限：

$$r_1 = x_{\min} - \frac{h}{2} = \left(31.5 - \frac{2.0}{2}\right) \mathrm{N/mm^2} = 30.5 \mathrm{N/mm^2}$$

第一组上限：

$$r_2 = (30.5 + h)\ \mathrm{N/mm^2} = 32.5 \mathrm{N/mm^2}$$

$$\text{第二组下限} = \text{第一组上限} = 32.5 \mathrm{N/mm^2}$$

$$\text{第二组上限} = (32.5 + h) \mathrm{N/mm^2} = 34.5 \mathrm{N/mm^2}$$

依此类推，最高组界为 44.5～46.5N/mm^2，分组结果覆盖了全部数据。

6）编制数据频数统计表

统计各组频数，频数总和应等于全部数据个数。本例频数统计结果见表 5-7。

表 5-7　频数统计表

组号	组限/(N/mm^2)	频数统计数	组号	组限/(N/mm^2)	频数统计数
1	30.5～32.5	2	5	38.5～40.5	9
2	32.5～34.5	6	6	40.5～42.5	5
3	34.5～36.5	10	7	42.5～44.5	2
4	36.5～38.5	15	8	44.5～46.5	1
合计					50

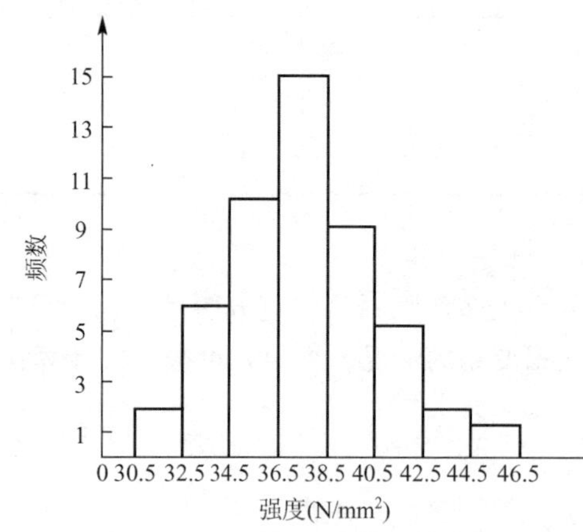

图 5.6　混凝土强度分布直方图

7）绘制频数直方图

在频数直方图中，横坐标表示质量特性值，本例中为混凝土强度，并标出各组的组限值。根据表 5-7 可画出以组距为底、以频数为高的 k 个直方形，便得到混凝土强度的频数分布直方图，如图 5.6 所示。

3. 直方图的观察与分析

1）观察直方图的形状，判断质量分布状态

作完直方图后，首先要认真观察直方图的整体形状，看其是否属于正常型直方图。正常型直方图就是中间高、两侧底、左右接近对称的图形，如图 5.7(a)所示。

出现非正常型直方图时，表明生产过程或收集数据作图有问题。这就要求进一步分析判断，找出原因，从而采取措施加以纠正。凡属非正常型直方图，其图形分布有各种不同缺陷，归纳起来一般有以下五种类型，如图 5.7 所示。

(1) 折齿形[图 5.7(b)]，是由于分组组数不当或者组距确定不当出现的直方图。

(2) 左(或右)缓坡形[图 5.7 (c)]，主要是由于操作中对上限(或下限)控制太严造成的。

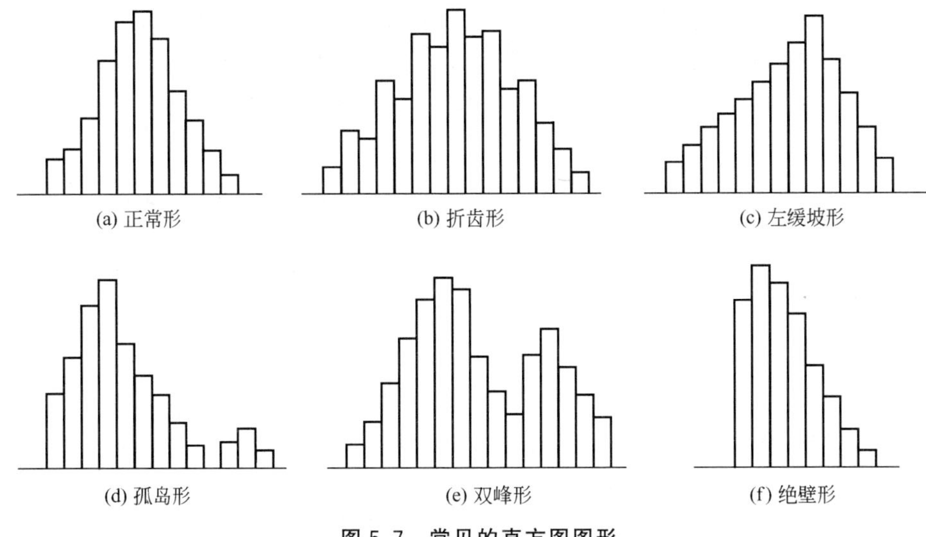

图 5.7 常见的直方图图形

(3) 孤岛形［图 5.7(d)］，是原材料发生变化，或者临时由他人顶班作业造成的。

(4) 双峰形［图 5.7(e)］，是由于用两种不同方法或两台设备或两组工人进行生产，然后把两方面数据混在一起整理产生的。

(5) 绝壁形［图 5.7(f)］，是由于数据收集不正常，可能有意识地去掉下限以下的数据，或是在检测过程中存在某种人为因素造成的。

2) 将直方图与质量标准比较，判断实际生产过程能力

作出直方图后，除了观察直方图形状，分析质量分布状态外，再将正常型直方图与质量标准比较，从而判断实际生产过程能力。正常型直方图与质量标准相比较，一般有如图 5.8 所示六种情况。

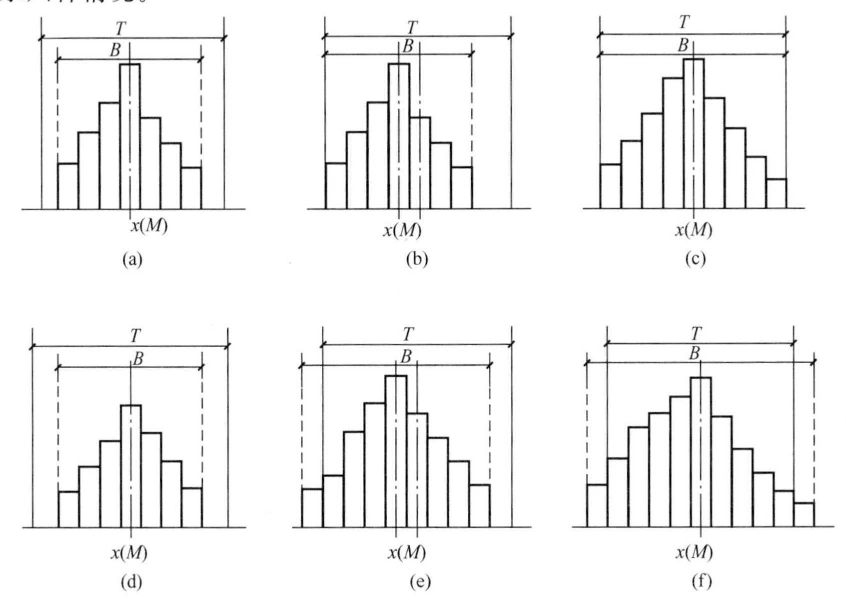

图 5.8 实际质量分析与标准比较

T—质量标准要求界限；B—实际质量特性分布范围

(1) 图 5.8(a)，B 在 T 中间，质量分布中心与质量标准中心 M 重合，实际数据分布与质量标准相比较两边还有一定余地。这样的生产过程质量是很理想的，说明生产过程处于正常的稳定状态。在这种情况下生产出来的产品可认为全都是合格品。

(2) 图 5.8(b)，B 虽然落在 T 内，但质量分布中心与 T 的中心 M 不重合，偏向一边。这样生产状态一旦发生变化，就可能超出质量标准下限而出现不合格品。出现这种情况时应迅速采取措施，使直方图移到中间来。

(3) 图 5.8(c)，B 在 T 中间，且 B 的范围接近了 T 的范围，没有余地，生产过程一旦发生小的变化，产品的质量特性值就可能超出质量标准。出现这种情况时，必须立即采取措施，以缩小质量分布范围。

(4) 图 5.8(d)，B 在 T 中间，但两边余地太大，说明加工过于精细，不经济。在这种情况下，可以对原材料、设备、工艺、操作等控制要求适当放宽些，有目的地使 B 扩大，从而降低成本。

(5) 图 5.8(e)，质量分布范围 B 已超出标准下限之外，说明已出现不合格品。此时必须采取措施进行调整，使质量分布位于标准之内。

(6) 图 5.8(f)，质量分布范围完全超出了质量标准上、下界限，散差太大，产生许多废品，说明过程能力不足，应提高过程能力，使质量分布范围 B 缩小。

5.3.6 控制图法

控制图又称管理图，是用于分析和判断施工生产工序是否处于稳定状态所使用的一种带有控制界限的图形。它的主要作用是反映施工过程的运动状况，分析、监督、控制施工过程，对工程质量的形成过程进行预先控制。

1. 控制图的基本形式

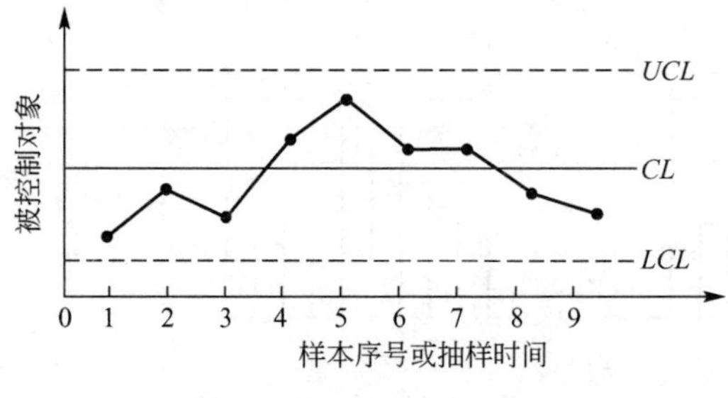

图 5.9 控制图的基本形式

控制图的基本形式如图 5.9 所示。横坐标为样本序号或抽样时间，纵坐标为被控制对象，即被控制的质量特性值。控制图上一般有三条线：在上面的一条虚线称为上控制界线，用符号 UCL 表示；在下面的一条虚线称为下控制界限，用符号 LCL 表示；中间的一条实线称为中心线，用符号 CL 表示。中心线标志着质量特性值分布的中心位置，上下控制界限标志着质量特性值允许波动范围。

在生产过程中通过抽样取得数据，把样本统计量描在图上来分析判断生产过程状态。如果数据点随机散落在上、下控制界限内，则表明过程处于稳定状态，不会产生不合格品；如果数据点超出控制界限，或点排列有缺陷，则表明生产条件发生了异常变化，生产过程处于失控状态。

2. 控制图控制界限的确定

根据数理统计的原理，考虑经济原则，通常采用“三倍标准偏差法”来确定控制界限，即将中心线定在被控制对象的平均值上，以中心线为基准，向上、向下各量三倍被控制对象的标准偏差，即作为上、下控制界限，如图 5.10 所示。

采用三倍标准偏差法是因为控制图是以正态分布为理论依据的。采用这种方法可以在最经济的条件下实现生产过程控制，保证产品质量。

在采用三倍标准偏差法确定控制界限时，其计算公式如下：

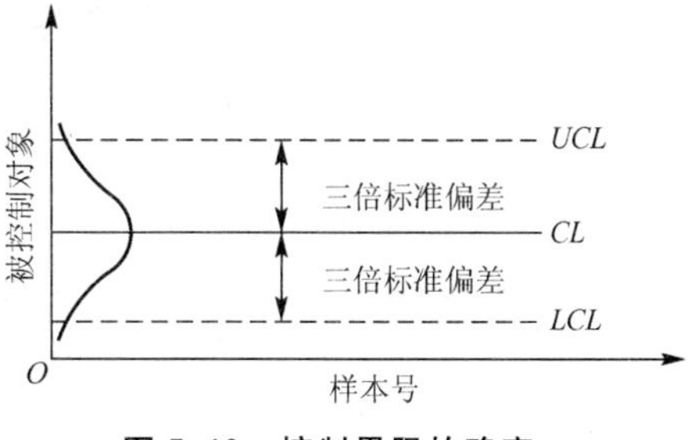

图 5.10 控制界限的确定

$$\begin{cases}\text{中心线 } CL = E(X) \\ \text{上控制界限 } UCL = E(X) + 3D(X) \\ \text{下控制界限 } LCL = E(X) - 3D(X)\end{cases} \quad (5-4)$$

式中 X——样本统计量，可取平均值、中位数、单值、极差、不合格数、不合格率缺陷数等；

$E(X)$——X 的平均值；

$D(X)$——X 的标准偏差。

3. 控制图的用途

控制图是用样本数据进行分析和判断生产过程是否处于稳定状态的有效工具。它的用途主要有以下两个。

(1) 过程分析，即分析生产过程是否稳定。因此，应随机连续收集数据，绘制控制图，观察数据点分布情况并判定生产过程状态。

(2) 过程控制，即控制生产过程质量状态。因此，要定时抽样取得数据，将其变为点描在图上，发现并及时消除生产过程中的失调现象，预防不合格品的产生。

前面讲述的排列图法、直方图法是质量控制的静态分析法，反映的是质量在某一段时间里的静止状态。然而产品都是在动态的生产过程中形成的，因此，在质量控制中单用静态分析法显然是不够的，还必须有动态分析法。只有动态分析法才能随时了解生产过程中质量的变化情况，及时采取措施，使生产处于稳定状态，起到预防出现废品的作用。控制图法就是典型的动态分析法。

控制图按用途可分为分析用控制图和管理用控制图。分析用控制图主要用来调查分析生产过程是否处于控制状态。绘制分析用控制图时，一般需连续抽取 20～25 组样本数据，计算控制界限。

管理用控制图主要用来控制生产过程，使之经常保持在稳定状态下。

4. 控制图的观察与分析

绘制控制图的目的是分析判断生产过程是否处于稳定状态。这主要是通过对控制图上数据点的分布情况的观察与分析进行的。因为控制图上数据点作为随机抽样的样本，可以反映出生产过程(总体)的质量分布状态。

当控制图同时满足以下两个条件，一是点几乎全部落在控制界限之内，二是控制界限内的点排列没有缺陷时，就可以认为生产过程基本上处于稳定状态。如果点的分布不满足其中任何一条，都应判断生产过程为异常。

1）点几乎全部落在控制界线内

点几乎全部落在控制界线内，是指应符合以下三个要求。

(1) 连续 25 点以上处于控制界限内。

(2) 连续 35 点中仅有 1 点超出控制界限。

(3) 连续 100 点中不多于 2 点超出控制界限。

2）点排列没有缺陷

点排列没有缺陷，是指点的排列是随机的，而没有出现异常现象。这里的异常现象是指点排列出现了“链”“多次同侧”“趋势或倾向”“周期性变动”“点排列接近控制界限”等情况。

(1) 链。是指点连续出现在中心线一侧的现象。出现 5 点链，应注意生产过程发展状况；出现 6 点链，应开始调查原因；出现 7 点链，应判定工序异常，需采取处理措施，如图 5.11 所示。

(2) 多次同侧。是指点在中心线一侧多次出现的现象，或称偏离。下列情况说明生产过程已出现异常：在连续 11 点中有 10 点在同侧，如图 5.12 所示；在连续 14 点中有 12 点在同侧；在连续 17 点中有 14 点在同侧；在连续 20 点中有 16 点在同侧。

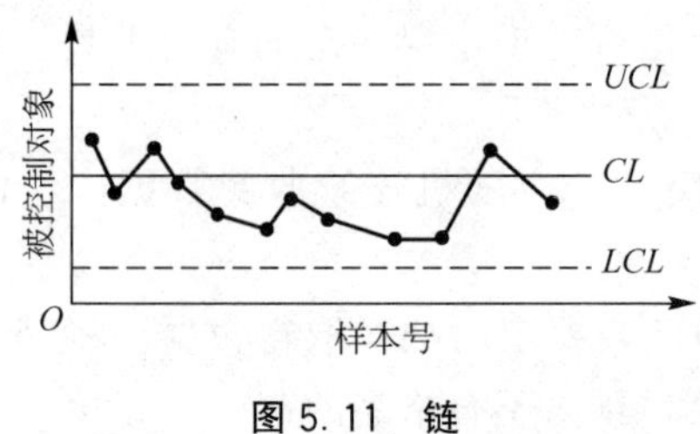

图 5.11　链

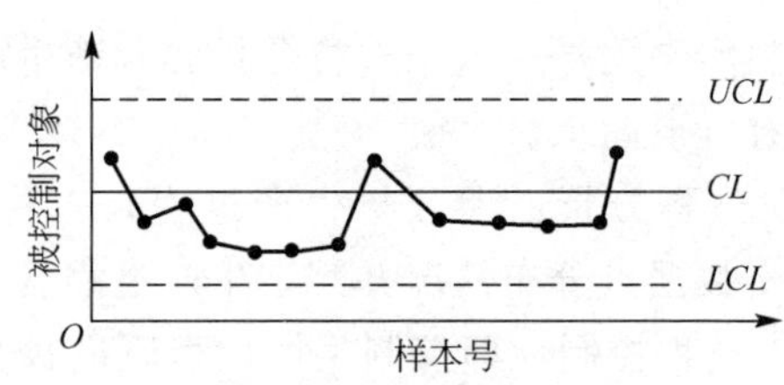

图 5.12　多次同侧

(3) 趋势或倾向。是指点连续上升或连续下降的现象。连续 7 点或 7 点以上上升或下降排列，就应判定生产过程有异常因素影响，要立即采取措施，如图 5.13 所示。

(4) 周期性变动。即点的排列显示周期性变化的现象。这样即使所有点都在控制界限内，也应认为生产过程为异常，如图 5.14 所示。

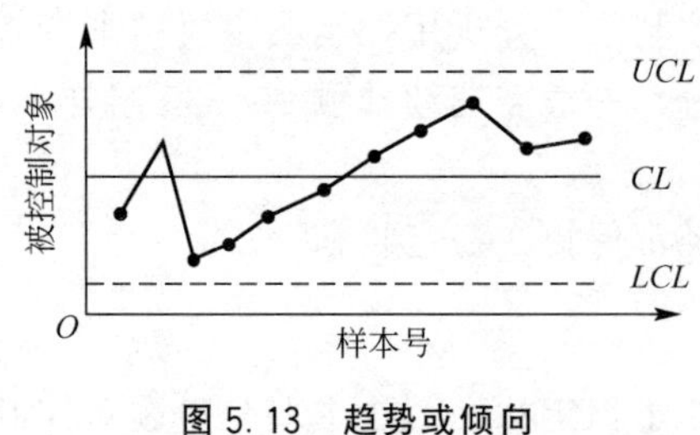

图 5.13　趋势或倾向

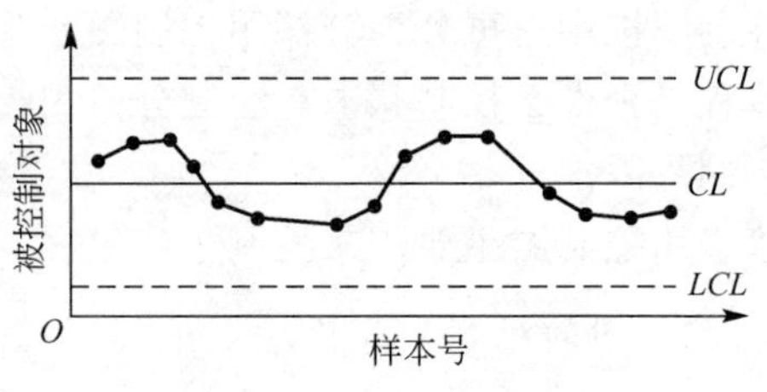

图 5.14　周期性变动

(5) 点排列接近控制界限。是指点落在了 $\mu\pm2\sigma$ 以外和 $\mu\pm3\sigma$ 以内。如属下列情况的判定为异常：连续 3 点至少有 2 点接近控制界限；连续 7 点至少有 3 点接近控制界限；连续 10 点至少有 4 点接近控制界限，如图 5.15 所示。

以上是分析用控制图判断生产过程是否正常的准则。如果生产过程处于稳定状态，则把分析用控制图转为管理用控制图。分析用控制图是静态的，而管理用控制图是动态的。随着生产过程的进展，通过抽样取得质量数据点描在图上，随时观察点的变化，一旦点落在控制界限外或界限上，即判断生产过程异常，点即使在控制界限内，也应随时观察其排列有无缺陷，以对生产过程正常与否作出判断。

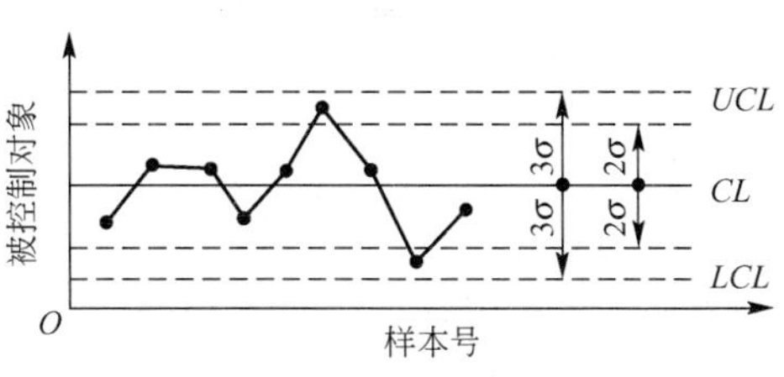

图 5.15 点排列接近控制界限

5.3.7 相关图法

1. 相关图的定义

相关图又称散布图，在质量控制中是用来显示两种质量数据之间关系的一种图形。质量数据之间的关系多属相关关系，一般有三种类型：一是质量特性和影响因素之间的关系；二是质量特性和质量特性之间的关系；三是影响因素和影响因素之间的关系。

可以用 y 和 x 分别表示质量特性值和影响因素，通过绘制散布图，计算相关系数等，分析研究两个变量之间是否存在相关关系，以及这种关系密切程度如何，进而对相关程度密切的两个变量，通过对其中一个变量的观察控制来估计控制另一个变量的数值，以达到保证产品质量的目的。这种统计分析方法，称为相关图法。

2. 相关图的绘制方法

应用案例 5-5

试分析混凝土抗压强度和水灰比之间的关系。

【案例解析】

(1) 收集数据。

要成对地收集两种质量数据，数据不得过少。本例中数据见表 5-8。

表 5-8 混凝土抗压强度与水灰比统计资料

序号	1	2	3	4	5	6	7	8
水灰比 x(W/C)	0.4	0.45	0.5	0.55	0.6	0.65	0.7	0.75
抗压强度 $y/(N/mm^2)$	36.3	35.3	28.2	24.0	23.0	20.6	18.4	15.0

(2) 绘制相关图。

在直角坐标系中，一般 x 轴用来代表原因的量或较易控制的量，本例中表示水灰比；y 轴用来代表结果的量或不易控制的量，本例中表示抗压强度。然后将数据在相应的坐标位置上描点，便得到散布图，如图 5.16 所示。

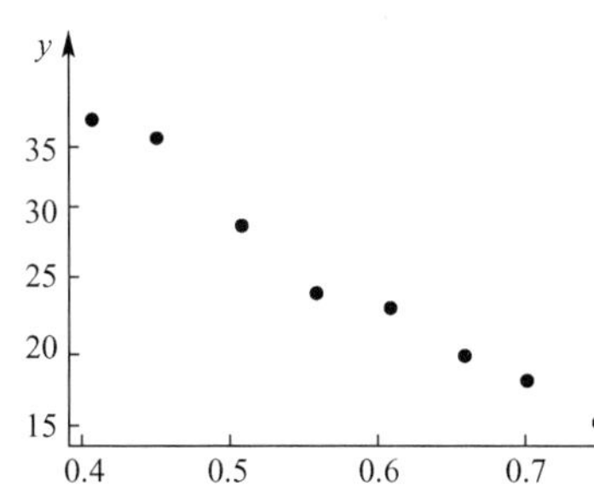

图 5.16 抗压强度与水灰比相关图

3. 相关图的观察与分析

相关图中点的集合，反映了两种数据之间的散布状况，根据散布状况我们可以分析两个变量之间的关系。归纳起来有以下六种类型，如图 5.17 所示。

(1) 正相关［图 5.17(a)］。散布点基本形成由左至右向上变化的一条直线带，即随 x

增加，y 值也相应增加，说明 x 与 y 有较强的制约关系。此时，可通过对 x 控制而有效控制 y 的变化。

(2) 弱正相关［图 5.17(b)］。散布点形成向上较分散的直线带，随 x 值的增加，y 值也有增加趋势，但 x、y 的关系不如正相关明确。说明 y 除受 x 影响外，还受其他更重要的因素影响，需要进一步利用因果分析图法分析其他的影响因素。

(3) 不相关［图 5.17(c)］。散布点形成一团或平行于 x 轴的直线带，说明 x 变化不会引起 y 的变化或其变化无规律，分析质量原因时可排除 x 因素。

(4) 负相关［图 5.17(d)］。散布点形成由左向右向下的一条直线带，说明 x 对 y 的影响与正相关恰恰相反。

(5) 弱负相关［图 5.17(e)］。散布点形成由左至右向下分布的较分散的直线带，说明 x 与 y 的相关关系较弱，且变化趋势相反，应考虑寻找影响 y 的其他更重要的因素。

(6) 非线性相关［图 5.17(f)］。散布点呈一曲线带，即在一定范围内 x 增加，y 也增加；超过这个范围 x 增加，y 则有下降趋势，或改变变动的斜率呈曲线形态。

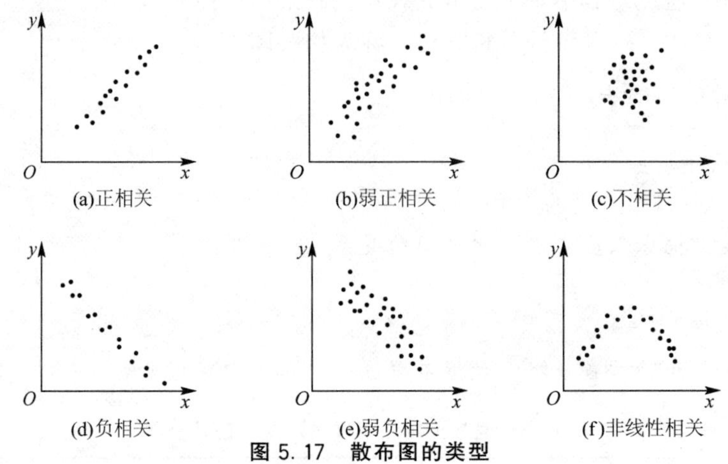

图 5.17　散布图的类型

从图 5.16 可以看出例题中水灰比对抗压强度的影响属于负相关。初步结果是，在其他条件不变的情况下，混凝土强度随着水灰比增大有逐渐降低的趋势。

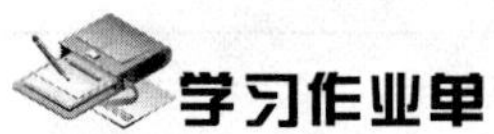

学习作业单

任务单元 5.3 学习作业单	
工作任务完成	根据任务单元 5.3 工作任务单的工作任务描述和要求，完成任务如下：
任务单元学习总结	按照下表对质量控制的数理统计分析方法进行总结：

续表

<table>
<tr><th colspan="4">任务单元5.3学习作业单</th></tr>
<tr><td rowspan="8">工作任务描述</td><td>方法名称</td><td>主要用途</td><td>解决问题的步骤</td></tr>
<tr><td>统计调查法</td><td></td><td></td></tr>
<tr><td>分层法</td><td></td><td></td></tr>
<tr><td>排列图法</td><td></td><td></td></tr>
<tr><td>直方图法</td><td></td><td></td></tr>
<tr><td>因果分析图法</td><td></td><td></td></tr>
<tr><td>相关图法</td><td></td><td></td></tr>
<tr><td>控制图法</td><td></td><td></td></tr>
<tr><td>任务单元学习体会</td><td colspan="3"></td></tr>
</table>

模块小结

建筑工程项目质量管理的程序为：进行质量策划，确定质量目标；编制质量计划；实施质量计划，进行质量控制；总结项目质量管理工作，提出持续改进的要求。

质量控制中常用的统计方法有七种：排列图法、分层法、统计调查法、因果分析图法、直方图法、控制图法和相关图法，这七种方法通常又称为质量管理的七种工具。

在学习过程中应注意理论联系实际，通过解析案例，初步掌握理论知识，训练建筑工程项目质量管理的扎实技能，提高实践能力。

思考与练习

一、单选题

1. 质量方针是指由组织的(　　)正式发布的、该组织总的质量宗旨和方向。

A. 项目经理　　B. 项目工程师　　C. 最高管理者　　D. 总经理

2. 质量控制是指为达到(　　)所采取的作业技术和活动。

A. 质量方针　　B. 质量目标　　C. 质量要求　　D. 体系有效运行

3. (　　)是进行建筑工程项目质量管理的基础。

A. 设计文件　　B. 合同文件　　C. 质量体系文件　D. 施工组织设计

4. 企业的质量管理工作是各级管理者的职责，但必须由(　　)领导。

A. 质检科　　B. 最高管理者　　C. 总工程师　　D. 管理者代表

5. PDCA 循环的含义为(　　)。

A. 计划—检查—实施—处置　　B. 计划—实施—检查—处置

C. 计划—检查—处置—实施　　D. 计划—处置—检查—实施

6. 建筑工程项目质量管理程序正确的是(　　)。其中各数字含义如下：①进行质量策划，确定质量目标；②实施质量计划，进行质量控制；③总结项目质量管理工作，提出持续改进的要求；④编制质量计划。

A. ①②③④　　B. ①③②④　　C. ①④②③　　D. ①③④②

7. 质量管理的计划职能，包括确定质量目标和(　　)两方面。

A. 开展质量活动　　B. 加强过程管理

C. 组织落实　　D. 规定实现质量目标的行动方案

8. 工程项目的施工过程由一系列相互关联和制约的工序构成，对施工过程的质量控制，必须以(　　)为基础和核心。

A. 工序操作检查　　B. 工序质量预控

C. 工序质量控制　　D. 隐蔽工程作业检查

9. 工序质量控制包括对(　　)的控制。

A. 施工工艺和操作规程　　B. 工序施工条件质量和工序施工效果质量

C. 施工人员行为　　D. 质量控制点

10. 特殊过程质量控制应以(　　)的控制为核心。

A. 质量控制点　　B. 施工预检　　C. 工序质量　　D. 隐蔽工程和中间验收

11. 采用排列图法时，通常按累计频率划分为三个区，累计频率在(　　)以内的区称为 A 区，其所包含的质量因素是主要因素或关键项目，是应解决的重点问题。

A. 0～70%　　B. 0～80%　　C. 0～90%　　D. 80%～90%

12. 在控制图中，上、下控制界限与中心线的距离为(　　)。

A. 一倍标准偏差　　B. 二倍标准偏差　　C. 三倍标准偏差　　D. 四倍标准偏差

13. 图 5.18 所示的控制图，具有(　　)排列的缺陷。

A. 链　　B. 多次同侧　　C. 趋势或倾向　　D. 周期性变动

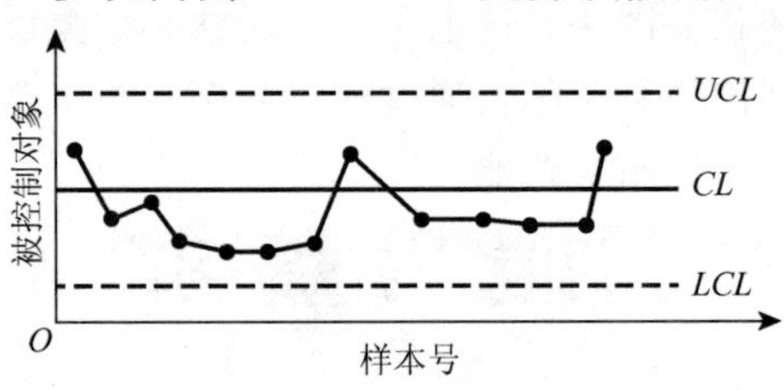

图 5.18　某控制图

14. 质量控制中采用因果分析图的目的在于(　　)。

A. 动态地分析工程中的质量问题　　B. 找出工程中存在的主要问题

C. 全面分析工程中的质量问题　　D. 找出影响工程质量问题的因素

15. 图 5.19 所示的散布图，表示 x 和 y 两个变量的关系为正相关的是(　　)。

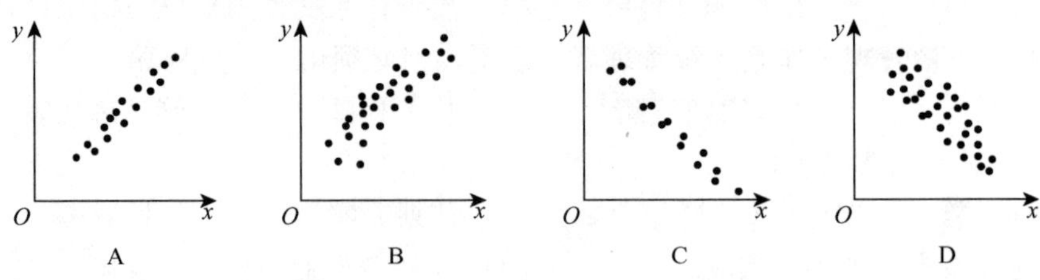

图 5.19　散布图

二、多选题

1. 以下(　　)属于建筑工程质量管理的特点。

A. 影响质量的因素多　　B. 质量波动大　　C. 质量隐蔽性

D. 终检的局限性　　E. 采用一般的方法检验即可

2. 以下(　　)属于在施工过程中对材料的控制。

A. 进入现场的工程材料必须有产品合格证或质量保证书、性能检测报告，并能符合设计标准要求

B. 凡需复试检测的建材必须复试合格才能使用

C. 严禁将易污染、易反应的材料混放，造成材性蜕变

D. 实行各类专业从业人员持证上岗制度

E. 注意设计、施工过程对材料、构配件、半成品的合理选用

3. 以下(　　)属于在施工过程中对施工方法的控制。

A. 进入现场的工程材料必须有产品合格证或质量保证书、性能检测报告，并能符合设计标准要求

B. 施工方案应随工程的进展而不断细化和深化

C. 在施工方案的选择时，对主要的施工项目要事先拟订几个可行的方案，选出最佳方案

D. 实行各类专业从业人员持证上岗制度

E. 对主要项目、关键部位和难度较大的项目，制订方案时应充分考虑到可能发生的施工质量问题及处理方法

4. 环境因素的控制主要包括(　　)。

A. 进入现场的工程材料必须有产品合格证或质量保证书、性能检测报告，并能符合设计标准要求

B. 施工方案应随工程的进展而不断细化和深化

C. 现场自然环境条件

D. 施工质量管理环境

E. 施工作业环境

5. 以下(　　)属于建筑工程项目的事前质量控制。

A. 熟悉和审查施工图样，做好设计交底和图样会审

B. 编制施工项目管理的实施规划并进行审查

C. 计量控制

D. 工程定位和标高基准的控制

E. 施工分包单位的选择和资质的审查

6. 以下(　　)属于建筑工程项目的事中质量控制。

A. 熟悉和审查施工图样，做好设计交底和图样会审

B. 进行技术交底　　C. 工序施工质量控制

D. 测量控制　　E. 施工分包单位的选择和资质的审查

7. 以下(　　)属于建筑工程项目的事后质量控制。

A. 对建设项目地点的自然条件、技术经济条件进行调查分析

B. 特殊过程的控制　　　　　　C. 已完施工成品保护

D. 施工质量检查验收　　　　　E. 建筑工程项目竣工质量验收

8. 依照全面质量管理(TQC)的思想，建筑工程项目的质量管理应实行(　　)的措施。

A. 全心全意抓管理　　　　　　B. 全方位质量管理

C. 全过程质量管理　　　　　　D. 全面推行职业道德建设

E. 全员参与质量管理

9. 图 5.20 所示排列图，引起地坪起砂的主要原因是(　　)。

A. 砂粒径过细　　　　　　　　B. 砂浆配合比不当、后期养护不良

C. 水泥强度等级太低　　　　　D. 砂含量过大

E. 砂浆终凝前压光不足及其他因素

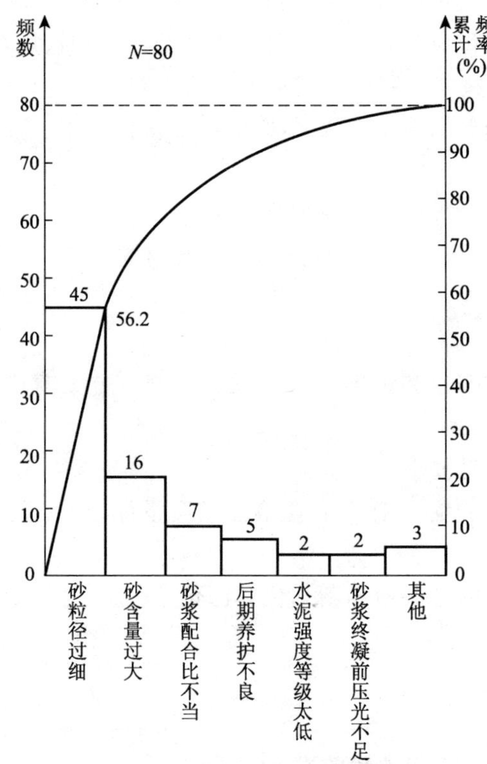

图 5.20　地坪起砂原因排列图

10. 因果分析图主要由(　　)等所组成。

A. 影响调查对象质量的因素重复发生或出现的次数

B. 主干(指较粗的直接指向质量结果的水平箭线)

C. 质量特性(即质量结果，指某个质量问题)

D. 要因(产生质量问题的主要原因)

E. 枝干(指一系列箭线表示的不同层次的原因)

11. 以下(　　)属于控制图的用途。

A. 分析两个变量之间的关系

B. 寻找造成质量问题的主要因素和次要因素

C. 分析某个质量问题(结果)与其产生原因之间的关系

D. 过程分析，即分析生产过程是否稳定

E. 过程控制，即控制生产过程质量状态

三、简答题

1. 解释质量管理的 PDCA 循环的含义。
2. 质量管理体系有效运行的要求有哪些?
3. 施工项目的事前、事中、事后质量控制包括哪些内容?
4. 简述全面质量管理的思想。
5. 简述因果分析图的绘制步骤。
6. 控制图的控制原理是什么? 其控制界限是如何确定的?

四、实训题

某工地浇筑 C20 混凝土时，先后共抽样取得了 60 个混凝土抗压强度数据报告单(每个数据是 3 个试块抗压强度平均值)，整理后见表 5 - 9。试绘制混凝土强度频数分布直方图，并分析混凝土强度质量数据分布状态。

表 5 - 9　混凝土抗压强度数据表

序号	试块抗压强度数据/(N/mm²)					
1	21.2	21.5	16.5	17.3	18.2	22.1
2	20.2	20.9	19.8	21.3	21.7	20.2
3	19.6	19.5	22.3	23.5	16.2	19.7
4	14.0	18.6	27.2	29.0	23.4	21.7
5	19.6	27.3	23.8	24.2	16.2	20.5
6	18.0	24.1	23.8	23.4	15.2	25.9
7	21.2	19.8	21.6	22.0	27.0	27.7
8	23.4	26.7	22.4	27.3	24.9	21.3
9	25.4	11.8	20.9	27.2	25.2	17.9
10	21.7	19.1	17.9	15.5	17.6	15.3

模块 6

建筑工程项目成本管理

能力目标

通过本模块的学习，要求能够识别建筑工程项目成本的构成，认识到成本管理的重要性，掌握成本管理的内容按程序来讲所包括的成本预测、成本计划、成本控制、成本核算、成本分析与成本考核，并能针对一个建筑工程项目初步完成成本预测、成本计划、成本控制、成本分析等环节。在学习过程中，学生要锻炼对事物全过程管理的能力、运用专业知识分析和处理问题的能力，培养严谨的工作态度。

知识目标

任务单元	知识点	学习要求
建筑工程项目成本管理概述	建筑工程项目成本的概念及形式	熟悉
	建筑工程项目成本管理的概念	了解
	建筑工程项目成本管理的内容	掌握
	建筑工程项目成本管理的措施	熟悉
建筑工程项目成本预测	建筑工程项目成本预测的概念、意义	了解
	建筑工程项目成本预测的程序	熟悉
	建筑工程项目成本预测的方法	熟悉
建筑工程项目成本计划	项目成本计划的概念	了解
	建筑工程项目成本目标的分解	熟悉
	建筑工程项目成本计划的编制依据、编制程序	熟悉
	建筑工程项目成本计划的内容	掌握
	建筑工程项目成本计划编制的方法	掌握

续表

任务单元	知识点	学习要求
建筑工程项目成本控制	建筑工程项目成本控制的概念和依据	了解
	建筑工程项目成本控制实施的步骤	熟悉
	建筑工程项目成本控制的对象和内容	掌握
	建筑工程项目成本控制的实施方法	掌握
	赢得值法在建筑工程项目成本控制中的应用	掌握
建筑工程项目成本核算	建筑工程项目成本核算的对象	熟悉
	建筑工程项目成本核算的要求	了解
	建筑工程项目成本核算的过程	了解
	建筑工程项目成本会计的账表	了解
建筑工程项目成本分析与考核	建筑工程项目成本分析的概念、作用和内容	了解
	建筑工程项目成本分析的依据	熟悉
	建筑工程项目成本分析的基本方法	掌握
	建筑工程项目成本考核	了解

引例

太原景观桥工程项目成本管理

1. 项目概况

太原市长风文化岛跨汾河学府景观桥全长1054m，由下部桩基工程、主体钢结构工程、上部桥面装饰工程三大部分组成，主桥钢箱梁为分离式双箱梁截面，南北梁桥以DNA双螺旋造型交叉错落。由中交一航局第四工程有限公司承建。

2. 管理重点与目标

该工程实施精细化管理，重点为安全质量控制、提高员工成本意识并节约施工成本，为公司创益增收，将工程效益控制在工程造价的10%以上。

3. 成本管理措施

1）招标优选钢结构加工厂，以确保质量降低成本

2）优化施工方案，降低工程成本

在施工方案确定过程中，对于灌注桩钢筋连接、钢结构施工支架搭设、主桥钢结构吊装、主桥钢箱梁制作等方案均进行了多方案比选和优化，选定的方案既能保证质量、提高效率，同时又降低了成本。

3）工艺革新，以缩短工期降低成本

(1) 使用了桥梁钢墩柱预埋件基础调节托架，可以非常精确地控制预埋件的安装标高精度，有效地克服了由于施工过程引起的预埋件标高变化和基础沉降引起的标高误差。

(2) 在桥侧面装饰板安装过程中，量身打造了可移动小车式吊篮，其应用大大加快了侧面装饰板的施工进度，同时又未对其他交叉施工的工序造成影响。

(3) 吊装过程中引入了三维坐标体系控制。

4) 落实精细化管理，降低成本

(1) 向管理要效益是贯穿工程始终的控制过程。在施工过程中严格精细化管理，要求每一位管理人员树立成本意识，工作要有效率和效益。

(2) 对工程的总体成本进行分析，结合现场实际找出工程中的利润增长点和成本控制关键，制定成本控制方案。如通过控制钢筋利用率及废料回收，获得效益4.5万元，通过控制机械利用率，获得效益16.0万元。

(3) 桥梁下部施工完成后，根据项目部的统一部署陆续进行人员调整，控制好项目的管理成本，共节省管理成本近70万元。

(4) 对合同外发生的工程量或产生的变更工程量，积极与监理、业主沟通形成现场签证和变更，共产生变更与签证610万元，产生效益92万元。

(5) 由项目经理、项目副经理、总工、财务部门、预算部门组成成本分析控制小组，按照公司要求每季度进行一次经济活动分析，每月定期开展成本控制会议，针对上月完成的产值和实际成本做全面分析，并制订下一步工作计划。

4. 管理成效

该工程在资金紧张、施工难度大的情况下，通过项目部领导精心组织，最终如期完成，被评为“山西省建筑安全标准化工地”，且项目总盈利在10%以上，达到了预期目标。

引言

随着全球经济一体化进程的加快，建筑市场的竞争愈加激烈，“低成本竞争、高品质管理”日益成为建筑企业生存和发展的基本策略。因此，加强工程项目成本管理是为企业积累财富、增强竞争力的必然途径，实现工程项目成本管理目标也是每个项目经理的首要责任和重要任务。

任务单元6.1　建筑工程项目成本管理概述

6.1.1　建筑工程项目成本的概念及形式

1. 建筑工程项目成本的概念

成本是指为进行某项生产经营活动所发生的全部费用。它是一种耗费，是耗费劳动(物化劳动和活劳动)的货币表现形式。

建筑工程项目成本(又称施工项目成本)是以施工项目作为成本核算对象，在施工过程中所耗费的生产资料转移价值和劳动者的必要劳动所创造的价值的货币形式，包括消耗的原材料、辅助材料、构配材料等费用，周转材料的摊销费或租赁费，施工机械的使用费或租赁费，支付给生产工人的工资、奖金、工资性质的津贴等，以及进行施工组织与管理所发生的全部费用支出。

2. 建筑安装工程费用项目组成与成本的关系

如图6.1所示，目前我国的建筑安装工程费由人工费、材料费、施工机具使用费、措施费、企业管理费、规费、利润和税金组成。

施工项目成本管理的对象是某一个具体的工程施工项目，仅对施工项目的成本进行核算，包括人工费、材料费、施工机具使用费、措施费，以及企业管理费中的施工现场管理费；企业成本是施工企业从事工程建设所花费的全部费用，既包括了施工现场支出的施工费用和管理费用，也包括了施工管理机构发生的管理费用。至于劳动者剩余劳动创造的价值(税金和利润)，其作为社会的纯收入，并未支付给劳动者，故而不构成成本。

企业下列支出不仅不得列入施工项目成本，也不能列入企业成本，如购置和建造固定资产、无形资产和其他资产的支出，对外投资的支出，被没收的财物、支付的滞纳金、罚款、违约金、赔偿金、企业赞助、捐赠支出等。

在项目法施工的管理模式下，强调项目经理部的职能，对项目经理来说，成本管理的对象就是施工项目成本。本书讨论的即为施工项目成本。

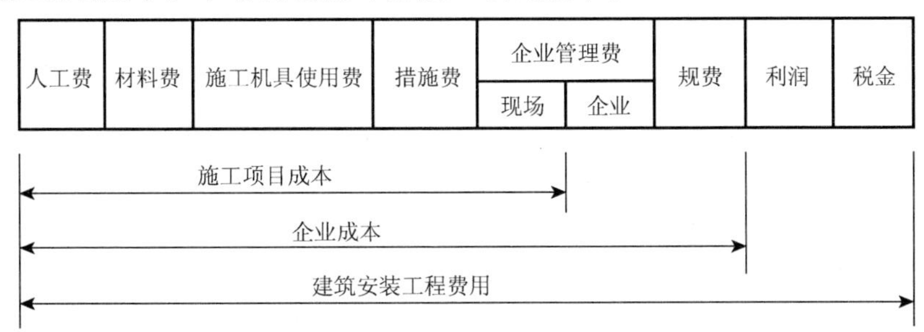

图 6.1 建筑安装工程费用项目组成及其与成本的关系

3. 建筑工程项目成本的主要形式

在经济运行过程中，没有一种单一的成本概念能适用于各种不同的场合，不同的研究目的需要不同的成本概念。依据成本管理的需要，施工项目成本的形式要求从不同的角度来考察。

1) 直接成本和间接成本

按照国家现行制度的规定，施工过程中所发生的各项费用支出均应计入施工项目成本。成本费用按性质可将其划分为直接成本和间接成本两部分。

(1) 直接成本。是指施工过程中耗费的构成工程实体或有助于工程实体形成的各项费用支出，是可以直接计入工程对象的费用，包括人工费、材料费、施工机械使用费和措施费。

(2) 间接成本。是指用于施工准备、组织和管理施工生产的全部费用的支出，是非直接用于也无法直接计入工程对象，但为进行工程施工所必须发生的费用，包括管理人员工资、办公费、差旅交通费等，即施工现场管理费。

成本如此分类，能正确反映工程成本的构成，考核各项生产费用的使用是否合理，便于找出降低成本的途径。

2) 预算成本、计划成本和实际成本

根据成本控制要求，施工项目成本可分为预算成本、计划成本和实际成本。

(1) 预算成本。是指按照建筑安装工程实物量和国家或地区、企业制定的预算定额及取费标准计算的社会平均成本或企业平均成本，是以施工图预算为基础进行分析、预测、归集和计算来确定的，又称施工图预算成本。它是确定工程成本的基础，也是编制计划成本、评价实际成本的依据。

(2) 计划成本。是指在预算成本的基础上，根据企业自身的要求如内部承包合同的规定，结合施工项目的具体条件和为实施该项目的各项技术组织措施等情况，在实际成本发生前所预先计算的成本。计划成本反映了企业在计划期内应达到的成本水平，是成本管理的目标，又称目标成本。计划成本对于加强施工企业和项目经理部的经济核算、建立和健全施工项目成本管理责任制、控制施工过程中的生产费用以及降低施工项目成本，都具有十分重要的作用。

(3) 实际成本。是指施工项目在报告期内实际发生的各项生产费用支出的总和。实际成本与计划成本比较，可提示成本的节约和超支，考核企业施工技术水平及技术组织措施的贯彻执行情况和企业的经营效果。实际成本与预算成本比较，可以反映工程盈亏情况。因此，计划成本和实际成本都反映了施工企业的成本水平，它与施工企业本身的生产技术水平、施工条件及生产管理水平相对应。

3）固定成本和可变成本

按生产费用与工程量的关系，工程成本又可划分为固定成本和可变成本。

(1) 固定成本。是指在一定期间和一定的工程量范围内，其发生的成本额不受工程量增减变动的影响而相对固定的成本，如折旧费、大修理费、管理人员工资、办公费等。这一成本是为了保持一定的生产管理条件而发生的，项目的固定成本每月基本相同，但是，当工程量超过一定范围需要增添机械设备或管理人员时，固定成本将会发生变动。此外，所谓固定是指其总额而言，分配到单位工程量上的固定成本则是变动的。

(2) 可变成本。是指发生总额随着工程量的增减变动而成比例变动的费用，如直接用于工程的材料费、实行计件工资制的人工费等。所谓可变也是指其总额而言，分配到单位工程量上的可变成本则是不变的。

将施工过程中发生的全部费用划分为固定成本和可变成本，对于成本管理和成本决策具有重要作用。由于固定成本是维持生产能力必需的费用，要降低单位工程量的固定费用，就需从提高劳动生产率、增加总工程量数额并降低固定成本的绝对值入手；而要降低变动成本，就需从降低单位分项工程的消耗入手。

6.1.2　建筑工程项目成本管理的概念

施工成本管理，就是指在保证工期和质量满足要求的情况下，采取相应管理措施，包括组织措施、经济措施、技术措施、合同措施，把成本控制在计划范围内，并进一步寻求最大限度的成本节约。

项目成本管理的重要性主要体现在以下方面。

(1) 项目成本管理是项目实现经济效益的内在基础。

(2) 项目成本管理是动态反映项目一切活动的最终水准。

(3) 项目成本管理是确立项目经济责任机制，实现有效控制和监督的手段。

6.1.3　建筑工程项目成本管理的内容

建筑工程项目成本管理的内容包括：成本预测、成本计划、成本控制、成本核算、成本分析和成本考核等。项目经理部在项目施工过程中对所发生的各种成本信息，通过有组织、有系统地进行预测、计划、控制、核算和分析等工作，使工程项目系统内各种要素按照一定的目标运行，从而将工程项目的实际成本控制在预定的计划成本范围内。

1. 成本预测

项目成本预测是通过成本信息和工程项目的具体情况，并运用一定的专门方法，对未来的成本水平及其可能发展趋势作出科学的估计，其实质就是在施工以前对成本进行核算。项目成本预测是项目成本决策与计划的依据。

2. 成本计划

项目成本计划是项目经理部对项目施工成本进行计划管理的工具。它是以货币形式编制工程项目在计划期内的生产费用、成本水平、成本降低率以及为降低成本所采取的主要措施和规划的书面方案，是建立项目成本管理责任制、开展成本控制和核算的基础。一般来说，一个项目成本计划应包括从开工到竣工所必需的施工成本，它是降低项目成本的指导文件，是设立目标成本的依据。

3. 成本控制

项目成本控制是指在施工过程中，对影响项目成本的各种因素加强管理，并采取各种有效措施，将施工中实际发生的各种消耗和支出严格控制在成本计划范围内，随时揭示并及时反馈，严格审查各项费用是否符合标准，计算实际成本和计划成本之间的差异并进行分析，消除施工中的损失浪费现象，及发现和总结先进经验。通过成本控制，使之最终实现甚至超过预期的成本节约目标。项目成本控制应贯穿在工程项目从招投标阶段开始直到项目竣工验收的全过程，它是企业全面成本管理的重要环节。

4. 成本核算

项目成本核算是指对项目施工过程中所发生的各种费用和各种形式项目成本的核算。一是按照规定的成本开支范围对施工费用进行归集，计算出施工费用的实际发生额；二是根据成本核算对象，采用适当的方法，计算出该工程项目的总成本和单位成本。项目成本核算所提供的各种成本信息，是成本预测、成本计划、成本控制、成本分析和成本考核等各个环节的依据。因此，加强项目成本核算工作，对降低项目成本、提高企业的经济效益有积极的作用。

5. 成本分析

项目成本分析是在成本形成过程中，对项目成本进行的对比评价和剖析总结工作，它贯穿于项目成本管理的全过程，主要利用工程项目的成本核算资料(成本信息)，与计划成本、预算成本以及类似的工程项目的实际成本等进行比较，了解成本的变动情况，同时分析主要技术经济指标对成本的影响，系统地研究成本变动的因素，检查成本计划的合理性，并通过成本分析深入揭示成本变动的规律，寻找降低项目成本的途径，以便有效地进行成本控制。

6. 成本考核

成本考核是指在项目完成后，对项目成本形成中的各责任者，按项目成本目标责任制的有关规定，将成本的实际指标与计划、定额、预算进行对比和考核，评定项目成本计划的完成情况和各责任者的业绩，并以此给以相应的奖励和处罚。通过成本考核做到有奖有惩、赏罚分明，才能有效地调动企业的每一个职工在各自的施工岗位上努力完成目标成本的积极性，为降低项目成本和增加企业的积累做出自己的贡献。

综上所述，项目成本管理中每一个环节都是相互联系和相互作用的。成本预测是成本决策的前提，成本计划是成本决策所确定目标的具体化，成本控制则是对成本计划的实施进行监督，保证决策的成本目标实现，而成本核算是成本计划是否实现的最后检验，它所提供的成本信息又对下一个项目成本预测和决策提供了基础资料。成本考核是实现成本目标责任制的保证和实现决策目标的重要手段。

6.1.4 建筑工程项目成本管理的措施

为了取得施工成本管理的理想成效，应当从多方面采取措施实施管理，通常可以将这些措施归纳为组织措施、技术措施、经济措施和合同措施。

1. 组织措施

组织措施是从施工成本管理的组织方面采取的措施。施工成本控制是全员的活动，如实行项目经理责任制，落实施工成本管理的组织机构和人员，明确各级施工成本管理人员的任务和职能分工、权利和责任。施工成本管理不仅是专业成本管理人员的工作，各级项目管理人员也负有成本控制责任。

组织措施的另一方面是编制施工成本控制工作计划，确定合理详细的工作流程。要做好施工采购规划，通过生产要素的优化配置、合理使用、动态管理，有效控制实际成本；加强施工定额管理和施工任务单管理，控制活劳动和物化劳动的消耗；加强施工调度，避免因施工计划不周和盲目调度造成窝工损失、机械利用率降低、物料积压等而使施工成本增加。成本控制工作只有建立在科学管理的基础之上，具备合理的管理体制、完善的规章制度、稳定的作业秩序、完整准确的信息传递，才能取得成效。组织措施是其他各类措施的前提和保障，而且一般不需要增加什么费用，运用得当可以收到良好的效果。

2. 技术措施

施工过程中降低成本的技术措施，包括：进行技术经济分析，确定最佳的施工方案；结合施工方法，进行材料使用的比选，在满足功能要求的前提下，通过代用、改变配合比、使用添加剂等方法降低材料消耗的费用；确定最合适的施工机械、设备使用方案；结合项目的施工组织设计及自然地理条件，降低材料的库存成本和运输成本；对先进的施工技术的应用、新材料的运用、新开发机械设备的使用等。在实践中，也要避免仅从技术角度选定方案而忽视对其经济效果的分析论证。

技术措施不仅对解决施工成本管理过程中的技术问题是不可缺少的，而且对纠正施工成本管理目标偏差也有相当重要的作用。运用技术纠偏措施的关键，一是要能提出多个不同的技术方案，二是要对不同的技术方案进行技术经济分析。

3. 经济措施

经济措施是最易为人们所接受和采用的措施。管理人员应编制资金使用计划，确定、分解施工成本管理目标；对施工成本管理目标进行风险分析，并制定防范性对策；对各种支出，应认真做好资金的使用计划，并在施工中严格控制各项开支；及时准确地记录、收集、整理、核算实际发生的成本；对各种变更，及时做好增减账，及时落实业主签证，及时结算工程款；通过偏差分析和未完工程预测，可发现一些潜在的问题将引起未完工程施工成本增加，对这些问题应以主动控制为出发点，及时采取预防措施。由此可见，经济措施的运用绝不仅仅是财务人员的事情。

4. 合同措施

采用合同措施控制施工成本，应贯穿整个合同周期，包括从合同谈判开始到合同终结的全过程。首先是选用合适的合同结构，对各种合同结构模式进行分析、比较，在合同谈判时，要争取选用适合于工程规模、性质和特点的合同结构模式。其次，在合同的条款中应仔细考虑一切影响成本和效益的因素，特别是潜在的风险因素；通过对引起成本变动的风险因素的识别和分析，采取必要的风险对策，如通过合理的方式增加承担风险的个体数量、降低损失发生的比例，并最终使这些策略反映在合同的具体条款中。在合同执行期间，合同管理的措施既要密切注视对方合同执行的情况，以寻求合同索赔的机会，同时也要密切关注自己履行合同的情况，以防止被对方索赔。

任务单元6.2　建筑工程项目成本预测

6.2.1　建筑工程项目成本预测的概念

成本预测，就是依据成本的历史资料和有关信息，在认真分析当前各种技术经济条件、外界环境变化及可能采取的管理措施的基础上，对未来的成本与费用及其发展趋势所作的定量描述和逻辑推断。

项目成本预测是通过成本信息和工程项目的具体情况，对未来的成本水平及其发展趋势作出科学的估计，其实质就是工程项目在施工以前对成本进行核算。通过成本预测，使项目经理部在满足业主和企业要求的前提下，确定工程项目降低成本的目标，克服盲目性，提高预见性，为工程项目降低成本提供决策与计划的依据。

6.2.2　建筑工程项目成本预测的意义

1. 成本预测是投标决策的依据

建筑施工企业在选择投标项目过程中，往往需要根据项目是否盈利、利润大小等诸因素来确定是否对工程投标。

2. 成本预测是编制成本计划的基础

计划是管理的第一步。正确可靠的成本计划，必须遵循客观经济规律，从实际出发，对成本作出科学的预测，这样才能保证成本计划不脱离实际，切实起到控制成本的作用。

3. 成本预测是成本管理的重要环节

推算其成本水平变化的趋势及规律性，预测实际成本，反映了预测和分析相结合，事后反馈与事前控制相结合。通过成本预测，发现问题，找出薄弱环节，以有效控制成本。

6.2.3　建筑工程项目成本预测的程序

科学、准确的预测，必须遵循合理的预测程序。项目成本预测程序如图 6.2 所示。

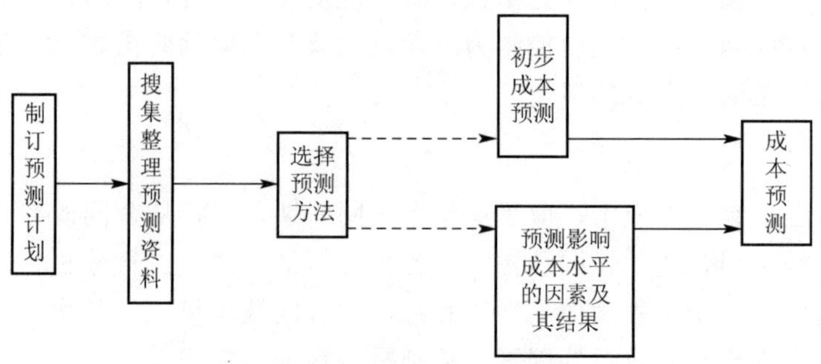

图 6.2 成本预测程序示意图

6.2.4 建筑工程项目成本预测的方法

1. 定性预测方法

成本的定性预测指成本管理人员根据专业知识和实践经验，通过调查研究，利用已有资料，对成本的发展趋势及可能达到的水平所做的分析和推断。由于定性预测主要依靠管理人员的素质和判断能力，因而这种方法必须建立在对项目成本耗费的历史资料、现状及影响因素深刻了解的基础之上。

定性预测偏重于对市场行情的发展方向和施工中各种影响项目成本因素的分析，发挥专家经验和主观能动性，比较灵活，可以较快地提出预测结果。但进行定性预测时，也要尽可能地搜集数据，运用数学方法，其结果通常也是从数量上测算。这种方法简便易行，在资料不多、难以进行定量预测时最为适用。

在项目成本预测的过程中，经常采用的定性预测方法，主要有经验评判法、专家会议法、德尔菲法和主观概率法等。

2. 定量预测方法

定量预测方法又称统计预测方法，是根据已掌握的比较完备的历史统计数据，运用一定数学方法进行科学的加工整理，借以揭示有关变量之间的规律性联系，从而推判未来的发展变化情况。

定量预测偏重于数量方面的分析，重视预测对象的变化程度，能将变化程度在数量上准确地描述；它需要积累和掌握历史统计数据、客观实际资料，作为预测的依据，运用数学方法进行处理分析，受主观因素影响较少。

定量预测的主要方法，有算术平均法、回归分析法、高低点法、量本利分析法和因素分析法等。

6.2.5 回归分析法和高低点法

1. 回归分析法

在具体的预测过程中，经常会涉及几个变量或几种经济现象，并且需要探索它们之间的相互关系。例如成本与价格及劳动生产率等都存在着数量上的一定相互关系。对客观存在的现象之间相互依存关系进行分析研究，测定两个或两个以上变量之间的关系，寻求其发展变化的规律性，从而进行推算和预测，称为回归分析。在进行回归分析时，不论变量的个数多少，都必须选择其中的一个变量为因变量，而把其他变量作为自变量，然后根据已知的历史统计数据资料，研究测定因变量和自变量之间的关系。利用回归分析法进行预测，称为回归预测。

在回归分析预测中，所选定的因变量是指需要求得预测值的那个变量，即预测对象。自变量则是影响预测对象变化的、与因变量有密切关系的那个或那些变量。

回归分析有一元线性回归分析、多元线性回归分析和非线性回归分析等。这里仅介绍一元线性回归分析在成本预测中的应用。

1）一元线性回归分析预测的基本原理

一元线性回归分析预测法，是根据历史数据在直角坐标系上描绘出相应的点，再在各点间作一直线，使直线到各点的距离为最小，即偏差平方和为最小，因而这条直线就最能代表实际数据变化的趋势(或称倾向线)，用这条直线适当延长来进行预测是合适的，如图 6.3 所示。

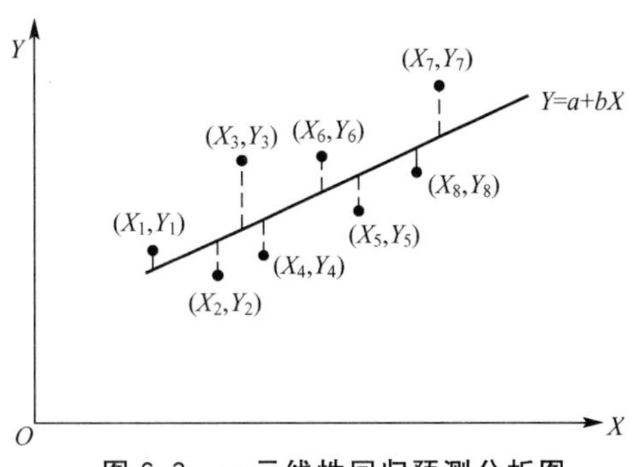

图 6.3　一元线性回归预测分析图

一元线性回归分析预测的基本公式如下：

$$Y=a+bX \tag{6-1}$$

式中　X——自变量；

Y——因变量；

a、b——回归系数，为待定系数。

2）一元线性回归分析预测的步骤

(1) 先根据 X、Y 两个变量的历史统计数据，把 X 与 Y 作为已知数，寻求合理的 a、b 回归系数，然后依据 a、b 回归系数来确定回归方程。这是运用回归分析法的基础。

(2) 利用已求出的回归方程中 a、b 回归系数的经验值，把 a、b 作为已知数，根据具体条件，测算 Y 值随 X 值的变化而呈现的未来演变。这是运用回归分析法的目的。

3）回归系数 a 和 b 的求解

求解回归直线方程中 a、b 两个回归系数，要运用最小二乘法。计算公式如下：

$$b=\frac{N\sum X_iY_i-\sum X_i\cdot\sum Y_i}{N\sum X_i^2-(\sum X_i)^2} \tag{6-2}$$

$$a=\frac{\sum Y_i-b\sum X_i}{N} \tag{6-3}$$

式中　X_i——自变量的历史数据；

Y_i——相应的因变量的历史数据；

N——所采用的历史数据的组数。

应用案例 6－1

表 6－1 为某建筑公司 2006 年 3—9 月成本核算资料，10 月和 11 月预算成本分别为 40 万元和 50 万元。试分别预测 10 月、11 月的实际成本。

表6-1　某建筑公司成本核算资料　　单位：万元

月　份	3	4	5	6	7	8	9	合计
预算成本 X	20.9	17.2	25.0	30.1	38.2	45.1	50.6	$\sum X=227.1$
实际成本 Y	22.8	20.4	26.0	28.5	35.3	40.2	47.1	$\sum Y=220.3$
X^2	436.81	295.84	625.00	906.01	1459.24	2034.01	2560.36	$\sum X^2=8317.27$
XY	476.52	350.88	650.00	857.85	1348.46	1813.02	2383.26	$\sum XY=7879.99$

【案例解析】

根据表6-1的资料计算 a 和 b：

$$b=\frac{N\sum X_iY_i-\sum X_i\cdot\sum Y_i}{N\sum X_i^2-(\sum X_i)^2}=\frac{7\times 7879.99-227.1\times 220.3}{7\times 8317.27-227.1^2}=0.7718$$

$$a=\frac{\sum Y_i-b\sum X_i}{N}=\frac{220.3-0.7718\times 227.1}{7}=6.4320$$

因此，回归方程为 $Y=6.4320+0.7718X$。

如果本年10月预算成本为40万元，即 $X=40$，则实际成本为

$$Y_{10}=(6.4320+0.7718\times 40)\text{万元}=37.304\text{万元}$$

实际成本将比预算成本降低2.696万元。

如果本年11月预算成本为50万元，即 $X=50$，则实际成本为

$$Y_{11}=(6.4320+0.7718\times 50)\text{万元}=45.022\text{万元}$$

实际成本将比预算成本降低4.978万元。

2. 高低点法

高低点法是成本预测的一种常用方法，它是根据统计资料中完成业务量(产量或产值)最高和最低两个时期的成本数据，通过计算总成本中的固定成本、变动成本和变动成本率来预测成本的。其基本公式如下：

$$\begin{aligned}\text{总成本}&=\text{固定成本}+\text{变动成本}\\&=\text{固定成本}+\text{变动成本率}\times\text{施工产值}\end{aligned}\tag{6-4}$$

$$\text{变动成本率}=\frac{\text{最高点总成本}-\text{最低点总成本}}{\text{最高点产值}-\text{最低点产值}}\tag{6-5}$$

$$\begin{aligned}\text{固定成本}&=\text{总成本}-\text{变动成本}\\&=\text{最高点总成本}-\text{变动成本率}\times\text{最高点产值}\\&=\text{最低点总成本}-\text{变动成本率}\times\text{最低点产值}\end{aligned}\tag{6-6}$$

应用案例6-2

根据表6-2所列本企业同类项目的产值和成本历史统计数据，作出该项目成本的预测。该项目2014年合同价为8950万元，试问其预测成本应为多少？

表 6-2　某项目同类项目的产值和历史成本统计表　　单位：万元

年　份	2007	2008	2009	2010	2011	2012	2013
施工产值	5100	5500	6000	6600	6700	6900	7150
总成本	4907	4960	5420	5960	6160	6279	6578

【案例解析】

$$变动成本率=\frac{6578-4907}{7150-5100}=0.8151$$

$$固定成本=(6578-0.8151\times7150)万元=750.035万元$$

$$2014年该项目的预测成本=(750.035+0.8151\times8950)万元=8045.18万元$$

任务单元6.3　建筑工程项目成本计划

工作任务单

任务单元 6.3 工作任务单	
工作任务描述	某建筑工程项目需要编写成本计划，请协助项目经理完成任务。
工作任务要求	(1) 建筑工程项目成本计划的编制依据有哪些？ (2) 建筑工程项目成本计划的内容包括哪些？请设计所需要的表格。 (3) 建筑工程项目成本计划编制的方法有哪些？请结合实际情况考虑采用什么方法。 (4) 请查阅相关资料，对该工程项目草拟一份项目成本计划编写提纲与编写要求。

6.3.1　项目成本计划的概念和重要性

成本计划，是在多种成本预测的基础上，经过分析、比较、论证、判断之后，以货币形式预先规定计划期内项目施工的耗费和成本所要达到的水平，并且确定各个成本项目比预计要达到的降低额和降低率，提出保证成本计划实施所需要的主要措施方案。

项目成本计划是项目成本管理的一个重要环节，是实现降低项目成本任务的指导性文件，也是项目成本预测的继续。

项目成本计划的过程，是动员项目经理部全体职工挖掘降低成本潜力的过程，也是检验施工技术质量管理、工期管理、物资消耗和劳动力消耗管理等效果的全过程。

项目成本计划的重要性，具体表现为以下方面。

(1) 它是对生产耗费进行控制、分析和考核的重要依据。

(2) 它是编制核算单位其他有关生产经营计划的基础。

(3) 它是国家编制国民经济计划的一项重要依据。

(4) 可以动员全体职工深入开展增产节约、降低产品成本的活动。

(5) 它是建立企业成本管理责任制、开展经济核算和控制生产费用的基础。

6.3.2 成本计划与目标成本

所谓目标成本，即项目(或企业)对未来产品成本所规定的奋斗目标，它比已经达到的实际成本水平要低，但又是经过努力可以达到的。目标成本管理是现代化企业经营管理的重要组成部分，它是市场竞争的需要，是企业挖掘内部潜力、不断降低产品成本、提高企业整体工作质量的需要，是衡量企业实际成本节约或开支，考核企业在一定时期内成本管理水平高低的依据。

施工项目的成本管理实质就是一种目标管理。项目管理的最终目标是低成本、高质量、短工期，而低成本是这三大目标的核心和基础。目标成本有很多形式，可以计划成本、定额成本或标准成本作为目标成本，它随成本计划编制方法的变化而变化。

一般而言，目标成本的计算公式如下：

$$\text{项目的目标成本}=\text{预计结算收入}-\text{税金}-\text{项目目标利润} \tag{6-7}$$

$$\text{目标成本降低额}=\text{项目的预算成本}-\text{项目的目标成本} \tag{6-8}$$

$$\text{目标成本降低率}=\frac{\text{目标成本降低额}}{\text{项目的预算成本}} \tag{6-9}$$

6.3.3 建筑工程项目成本目标的分解

通过计划目标成本的分解，使项目经理部的所有成员和各个单位、部门明确自己的成本责任，并按照分工去开展工作，以及将各分部分项工程成本控制目标和要求、各成本要素的控制目标和要求，落实到成本控制的责任者中。

项目经理部进行目标成本分解，方法有两个：一是按工程成本项目分解，如图 6.4 所示；二是按项目组成分解，大中型工程项目通常是由若干单项工程构成的，而每个单项工程又包括了多个单位工程，每个单位工程又由若干个分部分项工程所构成；因此，首先要把项目总施工成本分解到单项工程和单位工程中，再进一步分解到分部工程和分项工程中，如图 6.5 所示。

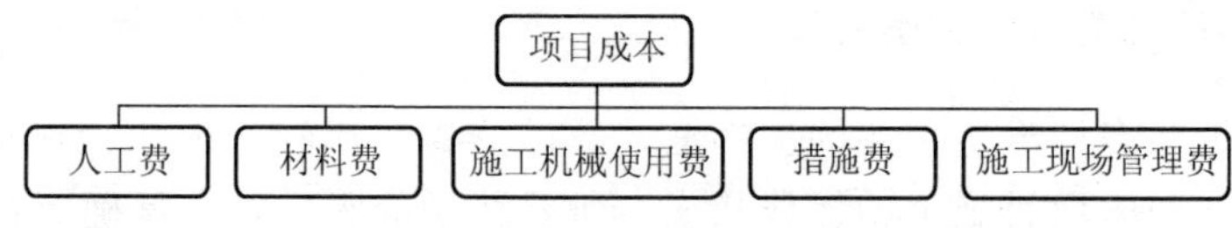

图 6.4 按成本项目分解

在完成施工项目成本分解之后，接下来就要具体地分析成本，编制分项工程的成本支出计划，从而得到详细的成本计划表，见表 6-3。

表 6-3 分项工程成本计划表

分项工程编码	工程内容	计量单位	工程数量	计划成本	本分项总计
(1)	(2)	(3)	(4)	(5)	(6)

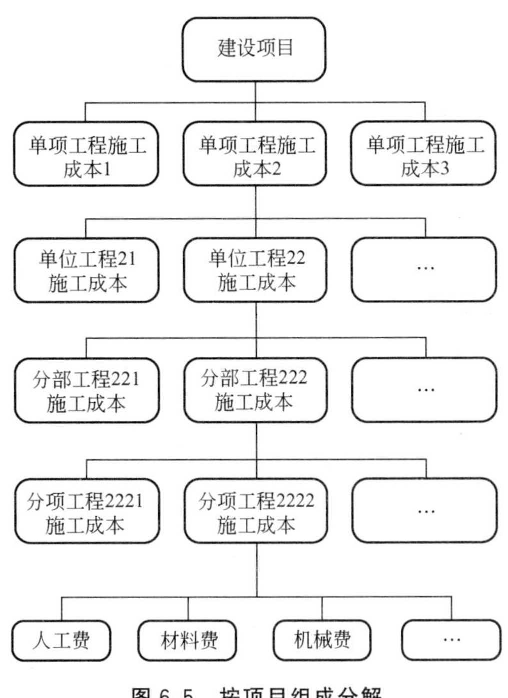

图 6.5 按项目组成分解

6.3.4 建筑工程项目成本计划的编制依据

建筑工程项目成本计划的编制依据有如下几个方面。

(1) 承包合同。合同文件除了包括合同文本外，还包括招标文件、投标文件、设计文件等，合同中的工程内容、数量、规格、质量、工期和支付条款都将对工程的成本计划产生重要的影响，因此，承包方在签订合同前应进行认真的研究与分析，在正确履约的前提下降低工程成本。

(2) 项目管理实施规划。其中工程项目施工组织设计文件为核心的项目实施技术方案与管理方案，是在充分调查和研究现场条件及有关法规条件的基础上制定的，不同实施条件下的技术方案和管理方案，将导致工程成本的不同。

(3) 可行性研究报告和相关设计文件。

(4) 已签订的分包合同(或估价书)。

(5) 生产要素价格信息。包括人工、材料、机械台班的市场价，企业颁布的材料指导价、企业内部机械台班价格、劳动力内部挂牌价格，周转设备内部租赁价格、摊销损耗标准，结构件外加工计划和合同等。

(6) 反映企业管理水平的消耗定额(企业施工定额)，以及类似工程的成本资料。

6.3.5 建筑工程项目成本计划的编制程序

编制成本计划的程序，因项目的规模大小、管理要求不同而不同。大中型项目一般采用分级编制的方式，即先由各部门提出部门成本计划，再由项目经理部汇总编制全项目工程的成本计划；小型项目一般采用集中编制方式，即由项目经理部先编制各部门成本计划，再汇总编制全项目的成本计划。项目成本计划编制程序如图 6.6 所示。

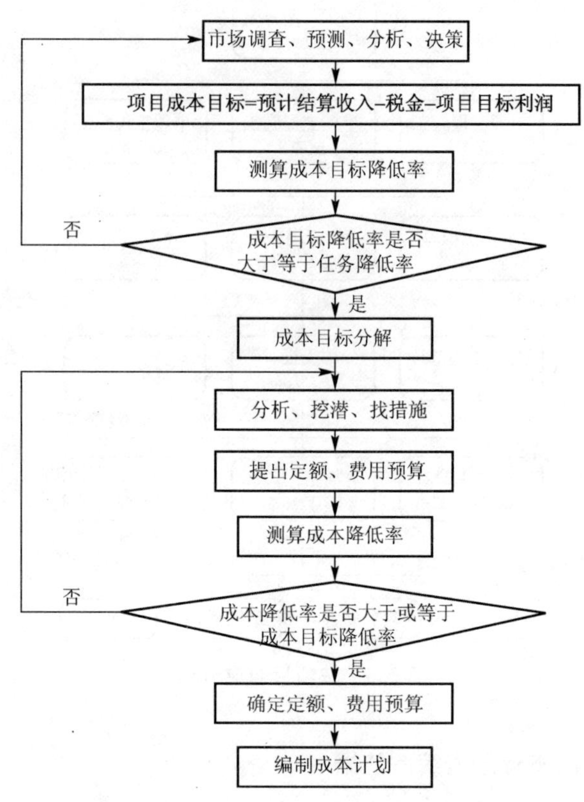

图 6.6　项目成本计划编制程序

6.3.6　建筑工程项目成本计划的内容

建筑工程项目的成本计划，一般由直接成本计划和间接成本计划组成。如果项目设有附属生产单位，成本计划还包括产品成本计划和作业成本计划。

1. 直接成本计划

直接成本计划主要反映工程成本的预算价值、计划降低额和计划降低率。直接成本计划的具体内容，包括总则、成本目标及核算原则、降低成本计划总表或总控制方案、对成本计划中的计划成本估算过程的说明、计划降低成本的途径分析等。

2. 间接成本计划

间接成本计划主要反映施工现场管理费用的计划数、预算收入数及降低额。间接成本计划应根据工程项目的成本核算期，以项目总收入费的管理费为基础，制订各部门费用的收支计划，汇总后作为工程项目的间接成本计划。在间接成本计划中，收入应与取费口径一致，支出应与会计核算中间接成本项目的内容一致。各部门应按照节约开支、压缩费用的原则，制订施工现场管理费用计划表，以保证计划的实施。

3. 项目成本计划表

1）项目成本计划任务表

项目成本计划任务表是主要反映项目预算成本、计划成本、成本降低额、成本降低率的文件，是落实成本降低任务的依据，其格式见表 6-4。

2）项目间接成本计划表

项目间接成本计划表主要指施工现场管理费计划表，其反映发生在项目经理部的各项施工管理费的预算收入、计划数和降低额，相关格式见表 6-5。

3）项目技术组织措施表

项目技术组织措施表由项目经理部有关人员分别就应采取的技术组织措施预测它的经济效益，最后汇总编制而成。编制技术组织措施表的目的，是为了在不断采用新工艺、新技术的基础上提高施工技术水平，改善施工工艺过程，推广工业化和机械化施工方法，以及通过采纳合理化建议来达到降低成本的目的，其格式见表 6-6。

表 6-4 项目成本计划任务表

工程名称：　　工程项目：　　项目经理：　　日期：　　单位：

项　　目	预算成本	计划成本	计划成本降低额	计划成本降低率
1. 直接成本				
人工费				
材料费				
机械使用费				
措施费				
2. 间接成本				
施工现场管理费				
合计				

表 6-5 施工现场管理费计划表

项　　目	预算收入	计划数	降低额
1. 工作人员工资			
2. 生产工人辅助工资			
3. 工资附加费			
4. 办公费			
5. 差旅交通费			
6. 固定资产使用费			
7. 工具用具使用费			
8. 劳动保护费			
9. 检验试验费			
10. 工程保养费			
11. 财产保险费			
12. 取暖、水电费			
13. 排污费			
14. 其他			
15. 合计			

表 6-6　技术组织措施表

工程名称：　　　　　　　　　　　　　　　　　　　　　　　　　　　　日期：

项目经理：　　　　　　　　　　　　　　　　　　　　　　　　　　　　单位：

<table>
<tr><td rowspan="2">措施项目</td><td rowspan="2">措施内容</td><td colspan="3">涉及对象</td><td colspan="2">降低成本来源</td><td colspan="5">成本降低额</td></tr>
<tr><td>实物名称</td><td>单价</td><td>数量</td><td>预算收入</td><td>计划开支</td><td>合计</td><td>人工费</td><td>材料费</td><td>机械费</td><td>措施费</td></tr>
<tr><td></td><td></td><td></td><td></td><td></td><td></td><td></td><td></td><td></td><td></td><td></td><td></td></tr>
</table>

4) 项目降低成本计划表

根据企业下达给该项目的降低成本任务和该项目经理部自己确定的降低成本指标而制订出项目成本降低计划。它是编制成本计划任务表的重要依据，是由项目经理部有关业务和技术人员编制的。其根据是项目的总包和分包的分工，项目中的各有关部门提供的降低成本资料及技术组织措施计划。在编制降低成本计划表时，还应参照企业内外以往同类项目成本计划的实际执行情况，计划表格式见表 6-7。

表 6-7　降低成本计划表

工程名称：　　　　　　　　　　　　　　　　　　　　　　　　　　　　日期：

项目经理：　　　　　　　　　　　　　　　　　　　　　　　　　　　　单位：

<table>
<tr><td rowspan="3">分项工程名称</td><td colspan="6">成本降低额</td></tr>
<tr><td rowspan="2">总计</td><td colspan="4">直接成本</td><td rowspan="2">间接成本</td></tr>
<tr><td>人工费</td><td>材料费</td><td>机械费</td><td>措施费</td></tr>
<tr><td></td><td></td><td></td><td></td><td></td><td></td><td></td></tr>
</table>

6.3.7　建筑工程项目成本计划编制的方法

成本计划编制的核心是确定计划成本(目标成本)，通常以项目成本总降低额和降低率表示。成本计划中计划成本的编制方法通常有以下几种。

1. 施工预算法

施工预算法，是指以施工图中的工程实物量，套以施工工料消耗定额来计算工料消耗量，并进行工料汇总，然后统一以货币形式反映其施工生产耗费水平。以施工工料消耗定额所计算出的施工生产耗费水平，基本是一个不变的常数。一个施工项目要实现较高的经济效益(即提高降低成本的水平)，就必须在这个常数基础上采取技术节约措施，来达到成本计划的目标成本水平。其计算公式如下：

施工预算法计划成本＝施工预算工料消耗费用－技术节约措施计划节约额 (6-10)

应用案例 6-3

某工程项目按照施工预算的工程量，套用施工工料消耗定额所计算消耗费用为 1280.98 万元，技术节约措施计划节约额为 45.64 万元。试计算计划成本。

【案例解析】

该工程项目计划成本＝(1280.98－45.64)万元＝1235.34 万元

施工图预算和施工预算的区别：施工图预算是以施工图为依据，按照预算定额和规定的取费标准以及图样工程量计算出项目成本，反映为完成施工项目建筑安装任务所需的直接成本和间接成本；它是招标投标中计算标底的依据和评标的尺度，是控制项目成本支出、衡量成本节约或超支的标准，也是施工项目考核经营成果的基础。施工预算是施工单位(各项目经理部)根据施工定额编制的、作为施工单位内部经济核算的依据。两算对比的差额，实质是反映两种定额——施工定额和预算定额所产生的差额，因此又称定额差。

2. 技术节约措施法

技术节约措施法，是指以工程项目计划采取的技术组织措施和节约措施所能取得的经济效果为项目成本降低额，然后求工程项目的计划成本的方法。用公式表示为

$$\text{工程项目计划成本}=\text{工程项目预算成本}-\text{技术节约措施计划节约额(成本降低额)} \tag{6-11}$$

$$\text{计划成本降低率}=\frac{\text{计划成本降低额}}{\text{工程项目预算成本}}\times 100\% \tag{6-12}$$

采用这种方法首先确定的是降低成本指标和降低成本技术节约措施，然后再编制成本计划。

应用案例 6－4

某工程项目造价 679.38 万元，扣除规费、企业管理费、利润及税金，经计算该项目的预算成本为 557.08 万元，该项目的技术节约措施节约额为 37.03 万元。试计算其计划成本和计划成本降低率。

【案例解析】

该工程项目计划成本＝(557.08－37.03)万元＝520.05 万元

该工程项目计划成本降低率＝(37.03÷557.08)×100%＝6.65%

应用案例 6－5

某工程项目造价为 2550.13 万元，扣除计划利润和税金及企业管理费，经计算，该项目预算成本总额为 2065.6 万元，其中人工费为 204.6 万元，材料费为 1613.2 万元，机械使用费为 122.4 万元，措施费为 31.2 万元，施工管理费为 94.2 万元。项目部综合各部门做出该项目技术节约措施，各项成本降低指标分别为人工费 0.29%，材料费 1.93%，机械使用费 3.76%，措施费 1.60%，施工管理费 14.44%。试计算其节约额和计划成本，并编制项目成本计划表。

【案例解析】

计划成本、计划成本降低额、计划成本降低率的计算过程见表 6－8。

表6-8 项目成本计划表

工程名称： 项目经理： 日期： 单位：

项 目	预算成本/万元	计划成本/万元	计划成本降低额/万元	计划成本降低率/(%)
1. 直接成本	1971.4	1934.5	36.9	1.87
人工费	204.6	204	0.6	0.29
材料费	1613.2	1582	31.2	1.93
机械使用费	122.4	117.8	4.6	3.76
措施费	31.2	30.7	0.5	1.60
2. 间接成本	94.2	80.6	13.6	14.44
施工现场管理费	94.2	80.6	13.6	14.44
合 计	2065.6	2015.1	50.5	2.44

该工程项目计划成本＝(2065.6－50.5)万元＝2015.1万元

计划成本降低率＝(50.5÷2065.6)×100%＝2.44%

3. 成本习性法

成本习性法是固定成本和变动成本在编制成本计划中的应用，主要按照成本习性，将成本分成固定成本和变动成本两类，以此计算计划成本。具体划分可采用如下的按费用分解的方法。

(1) 材料费。与产量有直接联系，属于变动成本。

(2) 人工费。在计时工资形式下，生产工人工资属于固定成本，因为不管生产任务完成与否，工资照发，与产量增减无直接联系。如果采用计件超额工资形式，其计件工资部分属于变动成本，奖金、效益工资和浮动工资部分，亦应计入变动成本。

(3) 机械使用费。其中有些费用随产量增减而变动，如燃料费、动力费等，属变动成本；有些费用不随产量变动，如机械折旧费、大修理费、机修工和操作工的工资等，属于固定成本；此外还有机械的场外运输费和机械组装拆卸、替换配件、润滑擦拭等经常修理费，由于不直接用于生产，也不随产量增减成正比例变动，而是在生产能力得到充分利用，产量增长时，所分摊的费用就少些，在产量下降时，所分摊的费用就要大一些，所以这部分费用为介于固定成本和变动成本之间的半变动成本，可按一定比例划为固定成本和变动成本。

(4) 措施费。水、电、风、气等费用，以及现场发生的其他费用，多数与产量发生联系，属于变动成本。

(5) 施工管理费。其中大部分在一定产量范围内与产量的增减没有直接联系，如工作人员工资、生产工人辅助工资、工资附加费、办公费、差旅交通费、固定资产使用费、职工教育经费、上级管理费等，基本上属于固定成本。检验试验费、外单位管理费等与产量增减有直接联系，则属于变动成本范围。此外，劳动保护费中的劳保服装费、防暑降温费、防寒用品费，劳动部门都有规定的领用标准和使用年限，基本上属于固定成本范围。技术安全措施费、保健费，大部分与产量有关，属于变动成本。工具用具使用费中，行政使用的家具费属固定成本。工人领用工具，随管理制度不同而不同，有些企业对机修工、电工、钢筋工、车工、钳工、刨工的工具按定额配备，规定使用年限，定期以旧换新，属于固定成本；而对民工、木工、抹灰工、油漆工的工具采取定额人工数、定价包干，则又属于变动成本。

在成本按习性划分为固定成本和变动成本后，可用下式计算计划成本：

工程项目计划成本＝项目变动成本总额＋项目固定成本总额　　(6－13)

应用案例 6－6

某工程项目，经过分部分项测算，测得其变动成本总额为 1950.71 万元，固定成本总额为 234.11 万元。试计算其计划成本。

【案例解析】

该工程项目计划成本＝(1950.71＋234.11)万元＝2184.82 万元

4. 按实计算法

按实计算法，就是工程项目经理部有关职能部门(人员)以该项目施工图预算的工料分析资料作为控制计划成本的依据，根据项目经理部执行施工定额的实际水平和要求，由各职能部门归口计算各项计划成本。

(1) 人工费的计划成本，由项目管理班子的劳资部门(人员)计算，其公式为

人工费的计划成本＝计划用工量×实际水平的工资率　　(6－14)

式中，计划用工量＝$\sum$(分项工程量×工日定额)。工日定额宜根据实际水平，考虑先进性，适当提高定额。

(2) 材料费的计划成本，由项目管理班子的材料部门(人员)计算，其公式为

材料费的计划成本＝各种材料的计划用量×实际价格＋工程用水的水费　(6－15)

(3) 机械使用费的计划成本，由项目管理班子的机管部门(人员)计算，其公式为

机械使用费的计划成本＝机械计划台班数×规定单价＋机械用电的电费　(6－16)

(4) 措施费的计划成本，由项目管理班子的施工生产部门和材料部门(人员)共同计算。计算内容包括现场二次搬运费、临时设施摊销费、生产工具用具使用费、工程定位复测费、工程交点费以及场地清理费等。

(5) 间接费用的计划成本，由工程项目经理部的财务成本人员计算。一般根据工程项目管理部内的计划职工平均人数，按历史成本的间接费用以及压缩费用的人均支出数进行测算。

学习作业单

任务单元 6.3 学习作业单	
工作任务完成	根据任务单元 6.3 工作任务单的工作任务描述和要求，完成任务如下：

续表

任务单元 6.3 学习作业单	
任务单元学习总结	（1）建筑工程项目成本计划的内容。 （2）建筑工程项目成本计划的编制方法。
任务单元学习体会	

任务单元6.4　建筑工程项目成本控制

工作任务单

任务单元 6.4 工作任务单	
工作任务描述	某工程项目有 2000m²缸砖面层地面施工任务，交由某分包商承担，计划于六个月内完成，计划的各工作项目单价和工作量见下表，该工程进行了三个月后，发现某些工作项目实际已完成的工作量及实际单价与原计划有偏差，数值如下。
工作任务要求	（1）试计算并用表格法列出至第三个月末时各工作的计划工作预算费用(BCWS)、已完工作预算费用(BCWP)、已完工作实际费用(ACWP)，并分析费用局部偏差值、费用绩效指数 CPI、进度局部偏差值、进度绩效指数 SPI，以及费用累计偏差和进度累计偏差。 （2）用横道图法表明各项工作的进度，分析并在图上标明其偏差情况。 （3）用曲线法表明该项施工任务总的计划和实际进展情况，标明其费用及进度偏差情况(说明：各工作项目在三个月内均是按等速、等值进行的)。

工作项目名称	平整场地	室内夯填土	垫层	缸砖面砂浆结合	踢脚
单位	$100m^2$	$100m^2$	$10m^2$	$100m^2$	$100m^2$
计划工作量(三个月)	180	30	70	110	15
计划单价/(元/单位)	15	45	420	1500	1600
已完成工作量(三个月)	180	28	58	0	10
实际单价/(元/单位)	15	45	420	1700	1620

6.4.1 建筑工程项目成本控制的概念和依据

1. 建筑工程项目成本控制的概念

建筑工程项目成本控制，是指项目经理部在项目成本形成的过程中，为控制人、材、机消耗和费用支出，降低工程成本，达到预期的项目成本目标，所进行的一系列活动。

项目成本控制是在成本发生和形成的过程中，对成本进行的监督检查。成本的发生和形成是一个动态的过程，这就决定了成本的控制也应该是一个动态过程，因此，也可称其为成本的过程控制。

项目成本控制的重要性，具体可表现为以下方面。

(1) 监督工程收支，实现计划利润。

(2) 做好盈亏预测，指导工程实施。

(3) 分析收支情况，调整资金流动。

(4) 积累资料，指导今后投标。

2. 建筑工程项目成本控制的依据

(1) 项目承包合同文件。项目成本控制要以工程承包合同为依据，围绕降低工程成本这个目标，从预算收入和实际成本两方面，努力挖掘增收节支潜力，以求获得最大的经济效益。

(2) 项目成本计划。项目成本计划是根据工程项目的具体情况制定的施工成本控制方案，既包括预定的具体成本控制目标，又包括实现控制目标的措施和规划，是项目成本控制的指导文件。

(3) 进度报告。进度报告提供了每一时刻工程实际完成量、工程施工成本实际支付情况等重要信息。施工成本控制工作正是通过实际情况与施工成本计划相比较，找出二者之间的差别，分析偏差产生的原因，从而采取措施改进以后的工作。此外，进度报告还有助于管理者及时发现工程实施中存在的隐患，并在事态还未造成重大损失之前采取有效措施，以尽量避免损失。

(4) 工程变更与索赔资料。在项目的实施过程中，由于各方面的原因，工程变更是很难避免的。工程变更一般包括设计变更、进度计划变更、施工条件变更、技术规范与标准变更、施工次序变更、工程数量变更等。一旦出现变更，工程量、工期、成本都必将发生变化，从而使得施工成本控制工作变得更加复杂和困难。因此，施工成本管理人员应当通过对变更要求当中各类数据的计算、分析，随时掌握变更情况，包括已发生的工程量、将要发生的工程量、工期是否拖延、支付情况等重要信息，判断变更形态以及变更可能带来的索赔额度等。

除了上述几种项目成本控制工作的主要依据外，有关施工组织设计、分包合同文本等也都是项目成本控制的依据。

6.4.2 建筑工程项目成本控制实施的步骤

在确定了项目施工成本计划之后，必须定期地进行施工成本计划值与实际值的比较，当实际值偏离计划值时，应分析产生偏差的原因，采取适当的纠偏措施，以确保施工成本控制目标的实现。其实施步骤如下。

(1) 比较。按照某种确定的方式，将施工成本计划值与实际值逐项进行比较，以发现施工成本是否已超支。

(2) 分析。在比较的基础上，对比较的结果进行分析，以确定偏差的严重性及偏差产生的原因。这是施工成本控制工作的核心，其主要目的在于找出产生偏差的原因，从而采取具有针对性的措施，减少或避免相同原因的事件再次发生，或减少由此造成的损失。

(3) 预测。根据项目实施情况，估算整个项目完成时的施工成本。预测的目的在于为决策提供支持。

(4) 纠偏。当工程项目的实际施工成本出现偏差时，应当根据工程的具体情况、偏差分析和预测的结果，采取适当的措施，以期达到使施工成本偏差尽可能小的目的。纠偏是施工成本控制中最具实质性的一步，只有通过纠偏，才能最终达到有效控制施工成本的目的。

(5) 检查。指对工程的进展进行跟踪和检查，及时了解工程进展状况以及纠偏措施的执行情况和效果，为今后的工作积累经验。

6.4.3 建筑工程项目成本控制的对象和内容

1. 建筑工程项目成本控制的对象

(1) 以项目成本形成的过程作为控制对象。根据对项目成本实行全面、全过程控制的要求，具体包括工程投标阶段成本控制，施工准备阶段成本控制，施工阶段成本控制，竣工交付使用及保修期阶段的成本控制。

(2) 以项目的职能部门、施工队和生产班组作为成本控制的对象。成本控制的具体内容是日常发生的各种费用和损失。项目的职能部门、施工队和班组还应对自己承担的责任成本进行自我控制，这是最直接、最有效的项目成本控制。

(3) 以分部分项工程作为项目成本的控制对象。项目应该根据分部分项工程的实物量，参照施工预算定额，联系项目管理的技术素质、业务素质和技术组织措施的节约计划，编制包括工、料、机消耗数量以及单价、金额在内的施工预算，作为对分部分项工程成本进行控制的依据。

(4) 以对外经济合同作为成本控制对象。

2. 建筑工程项目成本控制的内容

1) 工程投标阶段

中标以后，应根据项目的建设规模，组建与之相适应的项目经理部，同时以标书为依据确定项目的成本目标，并下达给项目经理部。

2) 施工准备阶段

根据设计图样和有关技术资料，对施工方法、施工顺序、作业组织形式、机械设备选型、技术组织措施等进行认真的研究分析，并运用价值工程原理，制定出科学先进、经济合理的施工方案。

3) 施工阶段

(1) 将施工任务单和限额领料单的结算资料与施工预算进行核对，计算分部分项工程的成本差异，分析差异产生的原因，并采取有效的纠偏措施。

(2) 做好月度成本原始资料的收集和整理，正确计算月度成本。实行责任成本核算。

(3) 经常检查对外经济合同的履约情况，为顺利施工提供物质保证。定期检查各责任部门和责任者的成本控制情况。

4) 竣工验收阶段

(1) 重视竣工验收工作，以顺利交付使用。在验收前，要准备好验收所需要的各种书面资料(包括竣工图)送甲方备查；对验收中甲方提出的意见，应根据设计要求和合同内容认真处理，如果涉及费用，应请甲方签证，列入工程结算。

(2) 及时办理工程结算。

(3) 在工程保修期间，应由项目经理指定保修工作的责任者，并责成保修责任者根据实际情况提出保修计划(包括费用计划)，以此作为控制保修费用的依据。

6.4.4 建筑工程项目成本控制的实施方法

1. 以项目成本目标控制成本支出

通过确定成本目标并按计划成本进行施工、资源配置，对施工现场发生的各种成本费用进行有效控制，其具体方法如下。

1) 人工费的控制

人工费的控制实行“量价分离”的原则，将作业用工及零星用工按定额工日的一定比例综合确定用工数量与单价，通过劳务合同进行控制。

2) 材料费的控制

材料费控制同样按照“量价分离”的原则，控制材料用量和材料价格。

首先是材料用量的控制。在保证符合设计要求和质量标准的前提下，应合理使用材料，通过材料需用量计划、定额管理、计量管理等手段有效控制材料物资的消耗，具体方法如下。

(1) 材料需用量计划的编制实行适时性、完整性、准确性控制。在工程项目施工过程中，每月应根据施工进度计划，编制材料需用量计划。计划的适时性是指材料需用量计划的提出和进场要适时；计划的完整性是指材料需用量计划的材料品种必须齐全，材料的型号、规格、性能、质量要求等要明确；计划的准确性是指材料需用量的计算要准确，绝不能粗估冒算。需用量计划应包括需用量和供应量。需用量计划应包括两个月工程施工的材料用量。

(2) 材料领用控制。材料领用控制是通过实行限额领料制度来控制。限额领料制度可采用定额控制和指标控制。定额控制指对于有消耗定额的材料，以消耗定额为依据，实行限额发料制度；指标控制指对于没有消耗定额的材料，实行计划管理和按指标控制。

(3) 材料计量控制。准确做好材料物资的收发计量检查和投料计量检查。计量器具要按期检验、校正，必须受控；计量过程必须受控；计量方法必须全面、准确并受控。

(4) 工序施工质量控制。工程施工前道工序的施工质量往往影响后道工序的材料消耗量。从每个工序的施工来讲，应时时受控，一次合格，避免返修而增加材料消耗。

其次是材料价格的控制。材料价格主要由材料采购部门控制。由于材料价格是由买价、运杂费、运输中的合理损耗等组成，因此控制材料价格，主要是通过掌握市场信息，应用招标和询价等方式控制材料、设备的采购价格。

施工项目的材料物资，包括构成工程实体的主要材料和结构件，以及有助于工程实体形成的周转使用材料和低值易耗品。从价值角度看，材料物资的价值，约占建筑安装工程造价的60%～70%，甚至70%以上，其重要程度自然是不言而喻的。材料物资的供应渠道和管理方式各不相同，控制的内容和方法也有所不同。

3）施工机械使用费的控制

合理选择、合理使用施工机械设备对成本控制具有十分重要的意义，尤其是高层建筑施工。据某些工程实例统计，在高层建筑地面以上部分的总费用中，垂直运输机械费用占6%～10%。由于不同的起重运输机械有不同的用途和特点，因此在选择起重运输机械时，首先应根据工程特点和施工条件确定采取何种起重运输机械的组合方式。

施工机械使用费主要由台班数量和台班单价两方面决定，为有效控制施工机械使用费支出，主要从以下方面进行控制。

（1）合理安排施工生产，加强设备租赁计划管理，减少因安排不当引起的设备闲置。

（2）加强机械设备的调度工作，尽量避免窝工，提高现场设备利用率。

（3）加强现场设备的维修保养，避免因不正确使用造成机械设备的停置。

（4）做好机上人员与辅助生产人员的协调与配合，提高施工机械台班产量。

4）施工分包费用的控制

分包工程价格的高低，必然对项目经理部的施工项目成本产生一定的影响。因此，施工项目成本控制的重要工作之一是对分包价格的控制。项目经理部应在确定施工方案的初期确定需要分包的工程范围。决定分包范围的因素主要是施工项目的专业性和项目规模。对分包费用的控制，主要是要做好分包工程的询价、订立平等互利的分包合同、建立稳定的分包关系网络、加强施工验收和分包结算等工作。

2. 以施工方案控制资源消耗

资源消耗数量的货币表现大部分是成本费用。因此，资源消耗的减少，就等于成本费用的节约；控制了资源消耗，也就是控制了成本费用。

以施工方案控制资源消耗的实施步骤和方法如下。

（1）在工程项目开工前，根据施工图样和工程现场的实际情况，制定施工方案。

（2）组织实施。施工方案是进行工程施工的指导性文件，有步骤、有条理地按施工方案组织施工，可以合理配置人力和机械，可以有计划地组织物资进场，从而做到均衡施工。

（3）采用价值工程，优化施工方案。价值工程又称价值分析，是一门技术与经济相结合的现代化管理科学，应用价值工程，即研究在提高功能的同时不增加成本，或在降低成本的同时不影响功能，把提高功能和降低成本统一在最佳方案中。

6.4.5 赢得值(挣值)法在建筑工程项目成本控制中的应用

赢得值法(Earned Value Management，EVM)作为一项先进的项目管理技术，最初是美国国防部于1967年首次确立的。到目前为止国际上先进的工程公司已普遍采用赢得值法进行工程项目的费用、进度综合分析控制。赢得值法也称挣值法，是通过分析项目实际完成情况与计划完成情况的差异，判断项目费用、进度是否存在偏差的一种方法。用赢得值法进行费用、进度综合分析控制，基本参数有三项，即已完工作预算费用、计划工作预算费用和已完工作实际费用。

1. 赢得值法的三个基本参数

1）已完工作预算费用

已完工作预算费用为BCWP(Budgeted Cost for Work Performed)，是指在某一时间已经完成的工作(或部分工作)，以批准认可的预算为标准所需要的资金总额，由于业主正是根据这个值为承包人完成的工作量支付相应的费用，也就是承包人获得(挣得)的金额。故称赢得值或挣值。其计算公式为

$$BCWP=已完成工作量\times预算(计划)单价 \tag{6-17}$$

2）计划工作预算费用

计划工作预算费用为BCWS(Budgeted Cost for Work Scheduled)，即根据进度计划，在某一时间应当完成的工作(或部分工作)，以预算为标准所需要的资金总额，一般来说，除非合同有变更，BCWS在工程实施过程中应保持不变。其计算公式为

$$BCWS=计划工作量\times预算(计划)单价 \tag{6-18}$$

3）已完工作实际费用

已完工作实际费用为ACWP(Actual Cost for Work Performed)，即到某一时刻为止，已完成的工作(或部分工作)所实际花费的总金额。其计算公式为

$$ACWP=已完成工作量\times实际单价 \tag{6-19}$$

2. 赢得值法的四个评价指标

在这三个基本参数的基础上，可以确定赢得值法的四个评价指标，它们也都是时间的函数。

1）费用偏差CV

$$CV=BCWP-ACWP \tag{6-20}$$

当费用偏差CV为负值时，即表示项目运行超出预算费用；当费用偏差CV为正值时，表示项目运行节支，实际费用没有超出预算费用：当CV为零时，表示实际费用等于预算费用。

2）进度偏差SV

$$SV=BCWP-BCWS \tag{6-21}$$

当进度偏差SV为负值时，表示进度延误，即实际进度落后于计划进度；当进度偏差SV为正值时，表示进度提前，即实际进度快于计划进度；当SV为零时，表示实际进度与计划进度一致。

3）费用绩效指数CPI

$$CPI=BCWP/ACWP \tag{6-22}$$

当$CPI<1$时，表示超支，即实际费用高于预算费用；当$CPI>1$时，表示节支，即实际费用低于预算费用；当$CPI=1$时，表示实际费用等于预算费用。

4）进度绩效指数SPI

$$SPI=BCWP/BCWS \tag{6-23}$$

当$SPI<1$时，表示进度延误，即实际进度比计划进度拖后；当$SPI>1$时，表示进度提前，即实际进度比计划进度快；当$SPI=1$时，表示实际进度等于计划进度。

费用(进度)偏差反映的是绝对偏差，结果直观，有助于管理人员了解项目费用出现偏差的绝对数额，并依次采取一定措施，制定或调整费用支出计划和资金筹措计划。但是，

绝对偏差有其不容忽视的局限性。如同样是 10 万元的费用偏差，对于总费用 1000 万元的项目和总费用 1 亿元的项目而言，其严重性显然是不同的。因此，费用(进度)偏差仅适合于对同一项目作偏差分析。费用(进度)绩效指数反映的是相对偏差，它不受项目层次的限制，也不受项目实施时间的限制，因而在同一项目和不同项目比较中均可采用。

在项目的费用、进度综合控制中引入赢得值法，可以克服过去进度、费用分开控制的缺点，即那时当我们发现费用超支时，很难立即知道是由于费用超出预算，还是由于进度提前；相反，当我们发现费用低于预算时，也很难立即知道是由于费用节省，还是由于进度拖延。而引入赢得值法即可定量地判断进度、费用的执行效果。

3. *偏差分析的表达方法*

偏差分析可以采用不同的表达方法，常用的有横道图法、表格法和曲线法。

1）横道图法

用横道图法进行费用偏差分析，是用不同的横道标记已完工作预算费用(BCWP)、计划工作预算费用(BCWS)和已完工作实际费用(ACWP)，横道的长度与其金额成正比，如图 6.7 所示。

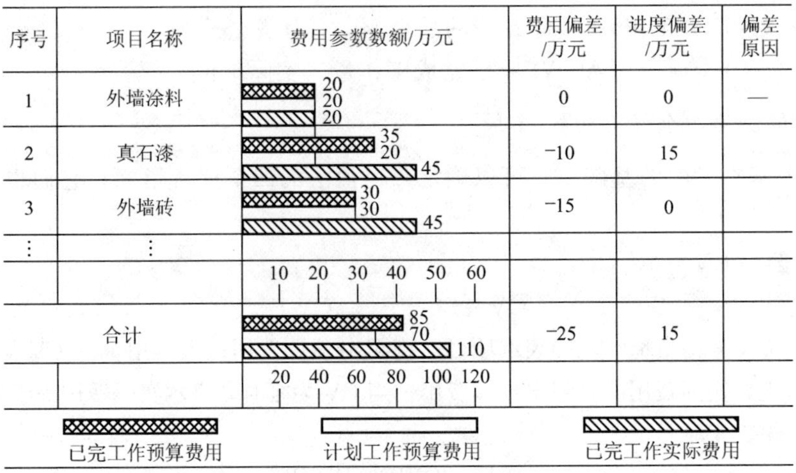

序号	项目名称	费用参数数额/万元	费用偏差/万元	进度偏差/万元	偏差原因
1	外墙涂料	20 20 20	0	0	—
2	真石漆	35 20 45	−10	15	
3	外墙砖	30 30 45	−15	0	
⋮	⋮				
		10 20 30 40 50 60			
合计		85 70 110	−25	15	
		20 40 60 80 100 120			

已完工作预算费用　计划工作预算费用　已完工作实际费用

图 6.7　费用偏差分析的横道图

横道图法具有形象、直观等优点，能够准确表达出费用的绝对偏差，而且能明显看出偏差的严重性。但这种方法反映的信息量少，一般在项目的较高管理层中应用。

2）表格法

表格法是进行偏差分析最常用的一种方法。它将项目编号、名称、各费用参数及费用偏差数综合归纳入一张表格中，并且直接在表格中进行比较。由于各偏差参数都在表中列出，使得费用管理者能够综合地了解并处理这些数据。

用表格法进行偏差分析具有以下优点。

(1) 灵活、适用性强。可根据实际需要设计表格，进行增减项。

(2) 信息量大。可以反映偏差分析所需的资料，从而有利于费用控制人员及时采取针对性措施，加强控制。

(3) 表格处理可借助于计算机，从而节约了处理大量数据所需的人力，并大大提高了速度。

表 6－9 是用表格法进行偏差分析的一个例子。

表 6－9　费用偏差分析表

序　　号	(1)	1	2	3
项目名称	(2)	外墙涂料	真石漆	外墙砖
单位	(3)			
预算(计划)单价	(4)			
计划工作量	(5)			
计划工作预算费用(BCWS)	(6)＝(5)×(4)	20	20	30
已完成工作量	(7)			
已完工作预算费用(BCWP)	(8)＝(7)×(4)	20	35	30
实际单价	(9)			
其他款项	(10)			
已完工作实际费用(ACWP)	(11)＝(7)×(9)＋(10)	20	45	45
费用局部偏差 CV	(12)＝(8)－(11)	0	－10	－15
费用绩效指数 CPI	(13)＝(8)÷(11)	1	0.78	0.67
费用累计偏差	(14)＝$\sum$(12)	－25		
进度局部偏差 SV	(15)＝(8)－(6)	0	15	0
进度绩效指数 SPI	(16)＝(8)÷(6)	1	1.75	1
进度累计偏差	(17)＝$\sum$(15)	15		

3）曲线法

挣值法评价曲线如图 6.8 所示，横坐标表示时间，纵坐标则表示费用(以实物工程量、工时或金额表示)。图中 BCWS 按 S 形曲线路径不断增加，直至项目结束达到它的最大值。可见 BCWS 是一种 S 形曲线。ACWP 同样是进度的时间参数，随项目推进而不断增加，也是 S 形曲线。

在项目实施过程中，以上三个参数可以形成三条曲线，即计划工作预算费用(BCWS)、已完工作预算费用(BCWP)和已完工作实际费用(ACWP)曲线。在图 6.8 中，CV＝BCWP－ACWP，由于两项参数均以已完工作为计算基准，所以两项参数之差，反映出项目进展的费用偏差；SV＝BCWP－BCWS，由于两项参数均以预算值(计划值)作为计算基准，所以两者之差，反映出项目进展的进度偏差。

采用赢得值法进行费用、进度综合控制，还可以根据当前的进度、费用偏差情况，通过原因分析，对趋势进行预测，预测项目结束时的进度、费用情况。

利用赢得值法评价曲线进行费用进度评价时，CV＜0，SV＜0，表示项目执行效果不佳，即费用超支，进度延误，应采取相应的补救措施。

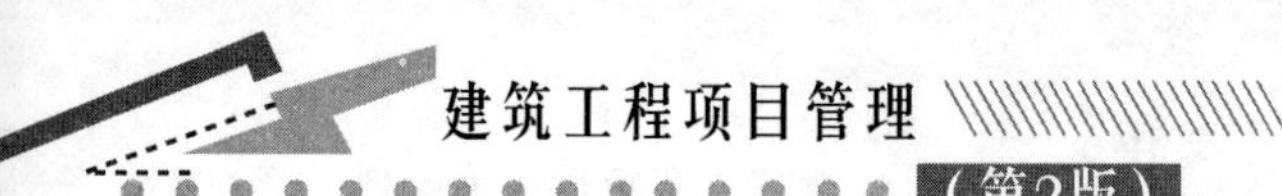

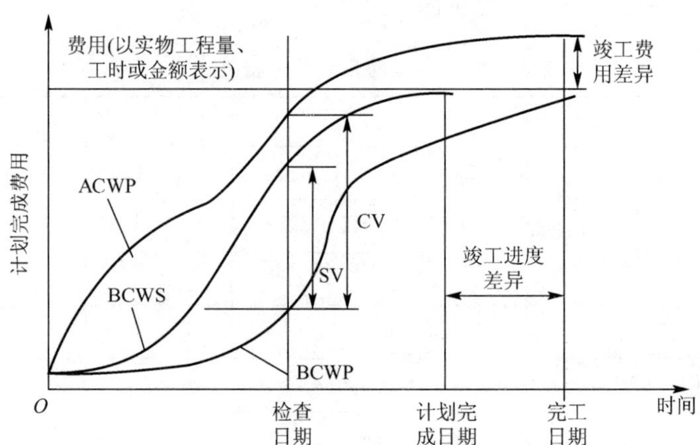

图 6.8 挣值评价曲线

应用案例 6-7

某工程公司承接一项办公楼装修改造工程，合同总价 1420 万元，总工期 6 个月，前 5 个月完成费用情况见表 6-10。

表 6-10 检查记录表

月 份	计划完成工作预算费用 BCWS/万元	已经完成工作量/(%)	实际发生费用 ACWP/万元	赢 得 值/万元
1	100	96	105	
2	140	100	125	
3	160	110	170	
4	220	105	230	
5	200	102	195	

(1) 计算各月的已完工程预算费用 BCWP 及 5 个月的 BCWP。

(2) 计算 5 个月的计划完成预算费用 BCWS 及实际完成预算费用 ACWP。

(3) 计算 5 个月的费用偏差 CV、进度偏差 SV，并分析成本和进度状况。

(4) 计算 5 个月的费用绩效指数 CPI 及进度绩效指数 SPI，并分析成本和进度状况。

【案例解析】

(1) 各月的 BCWP 计算结果见表 6-11。

表 6-11 费用计算

①月 份	②计划完成工作预算费用 BCWS/万元	③已经完成工作量/(%)	④实际发生费用 ACWP/万元	⑤赢得值 BCWP/万元 ⑤=②×③
1	100	96	105	96
2	140	100	125	140

续表

①月 份	②计划完成工作预算费用 BCWS/万元	③已经完成工作量/(%)	④实际发生费用 ACWP/万元	⑤赢得值 BCWP/万元 ⑤=②×③
3	160	110	170	176
4	220	105	230	231
5	200	102	195	204
合计	820	—	825	847

显然 BCWP=BCWS×已经完成工作量的百分比。5 个月的已完工作预算费用 BCWP 合计为 847 万元。

(2) 从表 6-11 中可见，5 个月累计的计划完成预算费用 BCWS 为 820 万元，实际完成预算费用 ACWP 为 825 万元。

(3) 5 个月的费用偏差 CV 为

$$CV=BCWP-ACWP=(847-825)\text{万元}=22\text{ 万元}$$

由于 CV 为正，说明费用节约。

5 个月的进度偏差 SV 为

$$SV=BCWP-BCWS=(847-820)\text{万元}=27\text{ 万元}$$

由于 SV 为正，说明进度提前。

(4) 费用绩效指数 CPI=BCWP/ACWP=847/825=1.0267，由于 CPI 大于 1，说明费用节约。

进度绩效指数 SPI=BCWP/BCWS=847/820=1.0329，由于 SPI 大于 1，说明进度提前。

4. 分析与建议

1) 原因分析

在实际执行过程中，最理想的状态是 ACWP、BCWS、BCWP 三曲线靠得很近，平稳上升，表示项目按预定计划目标前进。如果三条曲线离散度不断增加，则预示可能发生关系到项目成败的重大问题。

经过对比分析，发现某一方面已经出现费用超支或预计最终将会出现费用超支，则应将它提出，作进一步的原因分析。原因分析是费用责任分析和提出费用控制措施的基础，费用超支的原因一般如下。

(1) 宏观因素。如总工期延拖，物价上涨，工作量大幅度增加。

(2) 微观因素。如分项工作效率低，协调不好，局部返工。

(3) 内部原因。如管理失误，不协调，采购了劣质材料，工人培训不充分，材料消耗增加，出现事故，返工。

(4) 外部原因。如上级、业主的干扰，设计的修改，阴雨天气，其他风险等。

(5) 技术、如经济、管理、合同等方面的原因。

原因分析可以采用因果关系分析图进行定性分析，在此基础上又可以利用因素差异分析法进行定量分析。

2）建议

通常要压缩已经超支的费用，而不损害其他目标是十分困难的，一般只有当给出的措施比原计划已选定的措施更为有利，或使工程范围减少，或提高了生产效率，成本才能降低。建议的措施如下。

（1）寻找新的、更好的、更省的、效率更高的技术方案。

（2）购买部分产品，而不是采用完全由自己生产的产品。

（3）重新选择供应商，但会产生供应风险，选择需要时间。

（4）改变实施过程。

（5）删去工作包，这会提高风险，降低质量。

（6）变更工程范围。

（7）索赔。如向业主、承(分)包商、供应商索赔以弥补费用超支等。

当发现费用超支时，人们常常通过其他手段，在其他工作包上节约开支，这常常是十分困难的。这往往会损害工程，包括工程质量和工期的目标，甚至有时贸然采取措施、主观上企图降低成本，而最终却导致更大的费用超支。表 6－12 为赢得值法参数分析与对应措施表。

表 6－12　赢得值法参数分析与对应措施表

图　型	三参数关系	分　析	措　施
ACWP BCWS BCWP	ACWP>BCWS>BCWP SV<0　CV<0	效率低、进度较慢、投入超前	用工作效率高的人员更换一批工作效率低的人员
BCWP BCWS ACWP	BCWP>BCWS>ACWP SV>0　CV>0	效率高、进度较快、投入延后	若偏离不大，维持现状
BCWP ACWP BCWS	BCWP>ACWP>BCWS SV>0　CV>0	效率较高、进度快、投入超前	抽出部分人员，放慢进度
ACWP BCWP BCWS	ACWP>BCWP>BCWS SV>0　CV<0	效率较低、进度较快、投入超前	抽出部分人员，增加少量骨干人员

续表

图　　型	三参数关系	分　　析	措　　施
BCWS ACWP BCWP	BCWS>ACWP>BCWP SV<0　CV<0	效率较低、进度慢、投入延后	增加高效人员投入
BCWS BCWP ACWP	BCWS>BCWP>ACWP SV<0　CV>0	效率较高、进度较慢、投入延后	迅速增加人员投入

学习作业单

任务单元 6.4 学习作业单	
工作任务完成	根据任务单元 6.4 工作任务单的工作任务描述和要求，完成任务如下：
任务单元学习总结	（1）建筑工程项目成本控制的步骤、对象和内容。 （2）赢得值法的三个基本参数、四个评价指标、偏差分析方法、项目成本与进度的综合分析及建议。
任务单元学习体会	

任务单元6.5　建筑工程项目成本核算

建筑工程项目成本核算是建筑工程项目成本管理中最基本的职能，离开了成本核算，就谈不上成本管理，也就谈不上其他职能的发挥。成本核算在建筑工程项目成本管理中的重要性体现在两个方面：第一，它是施工项目进行成本预测、制订成本计划和实行成本控制所需信息的重要来源；第二，它是施工项目进行成本分析和成本考核的基本依据。

6.5.1 建筑工程项目成本核算的对象

项目成本核算的对象是指在计算工程成本中确定的归集和分配生产费用的具体对象，即生产费用承担的客体。确定成本核算对象，是设立工程成本明细分类账户、归集和分配生产费用以及正确计算工程成本的前提。

成本核算对象主要根据企业生产的特点与成本管理上的要求确定。由于建筑产品的多样性和设计、施工的单件性，在编制施工图预算、制订成本计划以及与建设单位结算工程价款时，都是以单位工程为对象。因此，按照财务制度规定，在成本核算中，施工项目成本一般应以独立编制施工图预算的单位工程为成本核算对象，但也可以按照承包工程项目的规模、工期、结构类型、施工组织和现场情况等，结合成本管理要求，灵活划分成本核算对象。一般说来有以下几种划分核算对象的方法。

(1) 一个单位工程由几个施工单位共同施工时，各施工单位都应以同一单位工程为成本核算对象，各自核算自行完成的部分。

(2) 规模大、工期长的单位工程，可以将工程划分为若干部位，以分部位的工程作为成本核算对象。

(3) 同一建设项目，由同一施工单位施工，并在同一地点施工，则将属于同一建设项目的各个单位工程合并作为一个成本核算对象。

(4) 改建、扩建的零星工程，可根据实际情况和管理需要，以一个单项工程为成本核算对象，或将同一施工地点的若干个工程量较少的单项工程合并作为一个成本核算对象。

6.5.2 建筑工程项目成本核算的要求

项目成本核算的基本要求如下。

(1) 项目经理部应根据财务制度和会计制度的有关规定，建立项目成本核算制，明确项目成本核算的原则、范围、程序、方法、内容、责任及要求，并设置核算台账，记录原始数据。

(2) 项目经理部应按照规定的时间间隔进行项目成本核算。

(3) 项目成本核算应坚持三同步的原则。所谓项目经济核算的三同步，是指统计核算、业务核算、会计核算三者同步进行。统计核算即产值统计，业务核算即人力资源和物质资源的消耗统计，会计核算即成本会计核算。根据项目形成的规律，这三者之间必然存在同步关系，即完成多少产值、消耗多少资源、发生多少成本，三者应该同步，否则项目成本就会出现盈亏异常情况。

(4) 建立以单位工程为对象的项目生产成本核算体系。因为单位工程是施工企业的最终产品(成品)，可独立考核。

(5) 项目经理部应编制定期成本报告。

6.5.3 建筑工程项目成本核算的过程

成本的核算过程，实际上也是各成本项目的归集和分配的过程。成本的归集是指通过一定的会计制度，以有序的方式进行成本数据的搜集和汇总；而成本的分配是指将归集的间接成本分配给成本对象的过程，也称间接成本的分摊或分派。

工程直接费在计算工程造价时可按定额和单位估价表直接列入，但是在项目较多的单位工程施工情况下，实际发生时却有相当一部分的费用也需要通过分配方法计入。间接成本一般按一定标准分配计入成本核算对象——单位工程。核算的内容如下。

(1) 人工费的归集和分配。

(2) 材料费的归集和分配。

(3) 周转材料的归集和分配。

(4) 结构件的归集和分配。

(5) 机械使用费的归集和分配。

(6) 施工措施费的归集和分配。

(7) 施工间接费的归集和分配。

(8) 分包工程成本的归集和分配。

6.5.4 建筑工程项目成本会计的账表

项目经理部应根据会计制度的要求，设立核算必要的账户，进行规范的核算。首先应建立三本账(即三账)，再由三本账编制施工项目成本的会计报表，即四表。

1) 三账

三账包括工程施工账、其他直接费账和施工间接费账。

(1) 工程施工账。用于核算工程项目进行建筑安装工程施工所发生的各项费用支出，是以组成工程项目成本的成本项目设专栏记载的。

工程施工账按照成本核算对象核算的要求，又分为单位工程成本明细账和工程项目成本明细账。

(2) 其他直接费账。先以其他直接费费用项目设专栏记载，月终再分配计入受益单位工程的成本。

(3) 施工间接费账。用于核算项目经理部为组织和管理施工生产活动所发生的各项费用支出，以项目经理部为单位设账，按间接成本费用项目设专栏记载，月终再按一定的分配标准计入受益单位工程的成本。

2) 四表

四表包括在建工程成本明细表、竣工工程成本明细表、施工间接费表和工程项目成本表。

(1) 在建工程成本明细表。要求分单位工程列示，以组成单位工程成本项目的三本账汇总形成报表，账表相符，按月填表。

(2) 竣工工程成本明细表。要求在竣工点交后，以单位工程列示，实际成本账表相符，按月填表。

(3) 施工间接费表。要求按核算对象的间接成本费用项目列示，账表相符，按月填表。

(4) 工程项目成本表。该报表属于工程项目成本的综合汇总表，表中除按成本项目列示外，还增加了工程成本合计、工程结算成本合计、分建成本、工程结算其他收入和工程结算成本总计等项，综合了前三个报表，汇总反映项目成本。

任务单元6.6 建筑工程项目成本分析与考核

工作任务单

任务单元 6.6 工作任务单

<table>
<tr><td>工作任务描述</td><td>某项目经理部承接了一栋框架结构办公楼，墙体采用焦渣空心砌块砌筑。目标成本为 241570 元，实际成本为 258825 元，比目标成本超支 17255 元，有关对比数据见下表。

<table>
<tr><th>项目</th><th>目标值</th><th>实际值</th><th>差额</th></tr>
<tr><td>砌筑量/千块</td><td>850</td><td>875</td><td>+25</td></tr>
<tr><td>单价/(元/千块)</td><td>280</td><td>290</td><td>+10</td></tr>
<tr><td>损耗率/(%)</td><td>1.5</td><td>2</td><td>+0.5</td></tr>
<tr><td>成本/元</td><td>241570</td><td>258825</td><td>17255</td></tr>
</table></td></tr>
<tr><td>工作任务要求</td><td>用因素分析法分析砌筑量、单价、损耗率等的变动对实际成本的影响程度。</td></tr>
</table>

6.6.1 建筑工程项目成本分析概要

1. 项目成本分析的概念

项目成本分析，就是根据统计核算、业务核算和会计核算提供的资料，对项目成本的形成过程和影响成本升降的因素进行分析，以寻求进一步降低成本的途径(包括项目成本中的有利偏差的挖潜和不利偏差的纠正)；另外，通过成本分析，可从账簿、报表反映的成本现象看清成本的实质，从而增强项目成本的透明度和可控性，为加强成本控制、实现项目成本目标创造条件。由此可见，项目成本分析，也是降低成本、提高项目经济效益的重要手段之一。

2. 项目成本分析的作用

(1) 有助于恰当评价成本计划的执行结果。

(2) 揭示成本节约和超支的原因，进一步提高企业管理水平。

(3) 寻求进一步降低成本的途径和方法，不断提高企业的经济效益。

3. 项目成本分析的方法和内容

1) 项目成本分析的方法

一般来说，项目成本分析主要包括以下三种方法。

(1) 随着项目施工的进展而进行的成本分析。

① 分部分项工程成本分析。

② 月(季)度成本分析。

③ 年度成本分析。

④ 竣工成本分析。

(2) 按成本项目进行的成本分析。

① 人工费分析。

② 材料费分析。

③ 机具使用费分析。

④ 措施费分析。

⑤ 间接成本分析。

(3) 针对特定问题和与成本有关事项的分析。

① 成本盈亏异常分析。

② 工期成本分析。

③ 资金成本分析。

④ 质量成本分析。

⑤ 技术组织措施、节约效果分析。

⑥ 其他有利因素和不利因素对成本影响的分析。

2) 项目成本分析的内容

项目成本分析的内容，主要包括以下方面。

(1) 人工费用水平的合理性。

(2) 材料、能源利用效果。

(3) 机械设备的利用效果。

(4) 施工质量水平的高低。

(5) 其他影响项目成本变动的因素。

6.6.2 建筑工程项目成本分析的依据

1. 会计核算

会计核算主要是价值核算。会计是对一定单位的经济业务进行计量、记录、分析和检查，作出预测、参与决策、实行监督，旨在实现最优经济效益的一种管理活动。由于会计记录具有连续性、系统性、综合性等特点，所以是施工成本分析的重要依据。

2. 业务核算

业务核算是各业务部门根据业务工作的需要而建立的核算制度，它包括原始记录和计算登记表，如单位工程及分部分项工程进度登记，质量登记，工效、定额计算登记，物资消耗定额记录，测试记录等。业务核算的范围比会计、统计核算要广，会计和统计核算一般是对已经发生的经济活动进行核算，而业务核算不但可以针对已经发生的，而且还可以对尚未发生或正在发生的经济活动进行核算，看是否可以做，是否有经济效果。它的特点是，对个别的经济业务进行单项核算。业务核算的目的在于迅速取得资料，在经济活动中及时采取措施进行调整。

3. 统计核算

统计核算是利用会计核算资料和业务核算资料，把企业生产经营活动客观现状的大量数据按统计方法加以系统整理，表明其规律性。它的计量尺度比会计宽，可以用货币计算，也可以用实物或劳动量计量。它通过全面调查和抽样调查等特有的方法，不仅能提供绝对数指标，还能提供相对数和平均数指标，既可以计算当前的实际水平，确定变动速度，也可以预测发展的趋势。

6.6.3 建筑工程项目成本分析的基本方法

建筑工程项目成本分析的基本方法，包括比较法、因素分析法、差额计算法和比率法等。

1. 比较法

比较法又称“指标对比分析法”，就是通过技术经济指标的对比，检查目标的完成情况，分析产生差异的原因，进而挖掘内部潜力的方法。这种方法具有通俗易懂、简单易行、便于掌握的特点，因而得到了广泛的应用，但在应用时必须注意各技术经济指标的可比性。比较法的应用，通常有以下三种形式：

(1) 将实际指标与目标指标对比。

(2) 将本期实际指标与上期实际指标对比。

(3) 与本行业平均水平、先进水平对比。

应用案例 6-8

某教学楼施工项目 2011 年度节约钢筋的目标为 60 万元，实际节约 65 万元；2010 年节约 50 万元，本企业先进水平节约 80 万元。根据上述资料编制分析表，见表 6-13。

表 6-13 实际指标与目标指标、上期指标、先进水平对比表 单位：万元

指标	2011 年计划值	2010 年实际值	企业先进水平	2011 年实际值	差异值		
					2011 年与计划比	2011 年与 2010 年比	2011 年与先进比
钢筋节约额	60	50	80	65	5	15	−15

从表 6-13 中可以很清楚地看出：实际指标与目标指标对比节支 5 万元，本期实际指标与上期实际指标对比节支 15 万元，说明施工项目管理水平有了一定提高；而与本企业先进水平对比仍存在差距，说明应采取措施进一步提高管理水平。

2. 因素分析法

因素分析法又称连环置换法，这种方法可用来分析各种因素对成本的影响程度。在进行分析时，首先要假定众多因素中的一个因素发生了变化，而其他因素不变，然后逐个替换，分别比较其计算结果，以确定各个因素的变化对成本的影响程度。因素分析法的计算步骤如下。

(1) 确定分析对象，并计算出实际值与目标值的差异。

(2) 确定该指标是由哪几个因素组成的，并按其相互关系进行排序(排序规则是：先实物量，后价值量；先绝对值，后相对值)。

(3) 以目标值为基础，将各因素的目标值相乘，作为分析替代的基数。

(4) 将各个因素的实际值按照上面的排列顺序进行替换计算，并将替换后的实际值保留下来。

(5) 将每次替换计算所得的结果与前一次的计算结果相比较，两者的差异即为该因素对成本的影响程度。

(6) 各个因素的影响程度之和，应与分析对象的总差异相等。

因素分析法是把项目成本综合指标分解为各个相关联的原始因素，以确定指标变动的各因素的影响程度。它可以衡量各项因素影响程度的大小，以查明原因，改进措施，降低成本。

应用案例 6-9

某商品混凝土目标成本为 748800 元，实际成本为 804636 元，比目标成本增加 55836 元，资料见表 6-14。试用因素分析法进行分析处理。

表 6-14　某商品混凝土目标成本与实际成本对比表

项　　目	单　　位	目标值	实际值	差　　额
产　　量	m^3	900	930	+30
单　　价	元	800	840	+40
损 耗 率	%	4	3	−1
成　　本	元	748800	804636	+55836

【案例解析】

分析成本增加的原因如下。

(1) 分析对象是该商品混凝土的成本，实际成本与目标成本的差额为 55836 元，该指标是由产量、单价、损耗率三个因素组成的，其排序见表 6-14。

(2) 以目标值 748800 元[=(900×800×1.04)元]为分析替代的基础。

第一次替代产量因素，以 930 替代 900，可得

$$(930\times800\times1.04)元=773760元$$

第二次替代单价因素，以 840 替代 800，并保留上次替代后的值，可得

$$(930\times840\times1.04)元=812448元$$

第三次替代损耗率因素，以 1.03 替代 1.04，并保留上两次替代后的值，可得

$$(930\times840\times1.03)元=804636元$$

(3) 计算差额：

第一次替代与目标值的差额=(773760−748800)元=24960 元

第二次替代与第一次替代的差额=(812448−773760)元=38688 元

第三次替代与第二次替代的差额=(804636−812448)元=−7812 元

(4) 由以上结果可知，产量增加使成本增加了 24960 元，单价提高使成本增加了 38688 元，而损耗率下降使成本减少了 7812 元。

(5) 各因素的影响程度之和=(24960+38688−7812)元=55836 元，跟实际成本与目

标成本的总差额相等。

为了使用方便，企业也可以通过运用因素分析表来求出各因素变动对实际成本的影响程度，其具体形式见表6-15。

表6-15 某商品混凝土成本变动因素分析表

顺　　序	连环替代计算值/元	差额/元	因　素　分　析
目标值	900×800×1.04	—	—
第一次替代	930×800×1.04	24960	由于产量增加 $30m^3$，成本增加24960元
第二次替代	930×840×1.04	38688	由于单价提高40元，成本增加38688元
第三次替代	930×840×1.03	-7812	由于损耗率下降1%，成本减少7812元
合计	24960+38688-7812=55836	55836	—

因素分析法在计算时，各个因素的排列顺序是固定不变的。

3. 差额计算法

差额计算法是因素分析法的一种简化形式，它利用各个因素的目标值与实际值的差额来计算其对成本的影响程度。

应用案例6-10

某工程项目某月的实际成本降低额比目标值提高了3.10万元。根据表6-16所列资料，试应用“差额计算法”分析预算成本和成本降低率对成本降低额的影响程度。

表6-16 降低成本目标与实际对比表

项　　目	单　　位	目标值	实际值	差　　额
预算成本	万元	400	420	+20
成本降低率	%	5	5.5	+0.5
成本降低额	万元	20	23.1	+3.10

【案例解析】

(1) 预算成本增加对成本降低额的影响程度为

(420-400)×5%万元=1.00万元

(2) 成本降低率提高对成本降低额的影响程度为

(5.5%-5%)×420万元=2.10万元

以上两项合计为(1.00+2.10)万元=3.10万元。

4. 比率法

比率法是指用两个以上指标的比例进行分析的方法。它的基本特点是：先把对比分析的数值变成相对数，再观察其相互之间的关系。

常用的比率法有以下几种。

(1) 相关比率法。由于项目经济活动的各个方面是相互联系、相互依存又相互影响的，因而可以将两个性质不同而又相关的指标加以对比，求出比率，并以此来考察经营成果的好坏。

(2) 构成比率法，又称比重分析法或结构对比分析法。通过构成比率，可以考察成本总量的构成情况及各成本项目占成本总量的比重，同时也可看出量、本、利的比例关系(即预算成本、实际成本与降低成本的比例关系)，从而为寻求降低成本的途径指明方向，其实例见表6-17。

表6-17 成本构成比例分析表 单位：万元

成本项目	预算成本		实际成本		降低成本		
	金额	比例/(%)	金额	比例/(%)	金额	占本项/(%)	占总量/(%)
一、直接成本	1441.27	93.86	1313.08	94.11	128.19	8.89	8.35
1. 人工费	104.60	6.81	105.70	7.58	−1.10	−1.05	−0.07
2. 材料费	1213.20	79.01	1079.63	77.38	133.57	11.01	8.70
3. 机械使用费	82.20	5.35	89.65	6.43	−7.45	−9.06	−0.49
4. 措施费	41.27	2.69	38.10	2.73	3.17	7.68	0.21
二、间接成本	94.26	6.14	82.20	5.89	12.06	12.79	0.79
成本总量	1535.53	100.00	1395.28	100.00	140.25	9.13	9.13
量本利比例/(%)	100.00	—	90.87	—	9.13	—	—

(3) 动态比率法。就是将同类指标不同时期的数值进行对比，求出比率，用以分析该项指标的发展方向和发展速度。动态比率法的计算通常采用基期指数和环比指数两种方法，其实例见表6-18。

表6-18 指标动态比较表

指　　标	第一季度	第二季度	第三季度	第四季度
降低成本/万元	82.10	85.82	92.32	98.30
基期指数/(%) (一季度=100)	—	104.53	112.45	119.73
环比指数/(%) (上一季度=100)	—	104.53	107.57	106.48

6.6.4 综合成本分析和专项成本分析

1. 综合成本的分析方法

所谓综合成本，是指涉及多种生产要素并受多种因素影响的成本费用，如分部分项工程成本、月(季)度成本、年度成本等。由于这些成本都是随着项目施工的进展而逐步形成的，与生产经营有着密切的关系，因此做好上述成本的分析工作，将促进项目的生产经营管理，提高项目的经济效益。

1) 分部分项工程成本分析

分部分项工程成本分析是施工项目成本分析的基础。分部分项工程成本分析的对象为已完成分部分项工程，分析的方法是：进行预算成本、目标成本和实际成本的“三算”对比，分别计算实际偏差和目标偏差，分析偏差产生的原因，为今后的分部分项工程成本寻求节约途径。

分部分项工程成本分析的资料来源如下：预算成本来自投标报价成本，目标成本来自施工预算，实际成本来自施工任务单的实际工程量、实耗人工和限额领料单的实耗材料。

施工项目包括很多分部分项工程，不可能也没有必要对每一个分部分项工程进行成本分析。但是，那些主要分部分项工程必须进行成本分析，而且要做到从开工到竣工进行系统的成本分析。这是一项很有意义的工作，因为通过主要分部分项工程成本的系统分析，可以基本上了解项目成本形成的全过程，为竣工成本分析和今后的项目成本管理提供一份宝贵的参考资料。

2）月(季)度成本分析

月(季)度成本分析，是施工项目定期的、经常性的中间成本分析。对于具有一次性特点的施工项目来说，有着特别重要的意义。因为通过月(季)度成本分析，可以及时发现问题，以便按照成本目标指定的方向进行监督和控制，保证项目成本目标的实现。

月(季)度成本分析的依据是当月(季)的成本报表。分析的方法通常有以下几种。

(1) 作实际成本与预算成本的对比。

(2) 作实际成本与目标成本的对比。

(3) 通过对各成本项目的成本分析，可以了解成本总量的构成比例和成本管理的薄弱环节。

(4) 通过主要技术经济指标的实际值与目标值对比，分析产量、工期、质量、“三材”节约率、机械利用率等对成本的影响。

(5)通过对技术组织措施执行效果的分析，寻求更加有效的节约途径。

(6) 分析其他有利条件和不利条件对成本的影响。

3）年度成本分析

企业成本要求一年结算一次，不得将本年成本转入下一年度。而项目成本则以项目的寿命周期为结算期，要求从开工、竣工到保修期结束连续计算，最后结算出成本总量及其盈亏。由于项目的施工周期一般较长，除进行月(季)度成本核算和分析外，还要进行年度成本的核算和分析。这不仅是为了满足企业汇编年度成本报表的需要，同时也是项目成本管理的需要。因为通过年度成本的综合分析，可以总结一年来成本管理的成绩和不足，为今后的成本管理提供经验和教训，从而对项目成本进行更有效的管理。

年度成本分析的依据是年度成本报表。年度成本分析的内容，除了月(季)度成本分析的六个方面以外，重点是针对下一年度的施工进展情况规划切实可行的成本管理措施，以保证施工项目成本目标的实现。

4）竣工成本的综合分析

凡是有几个单位工程而且是单独进行成本核算(即作为成本核算对象)的施工项目，其竣工成本分析应以各单位工程竣工成本分析资料为基础，再加上项目经理部的经营效益(如资金调度、对外分包等所产生的效益)进行综合分析。如果施工项目只有一个成本核算对象(单位工程)，就以该成本核算对象的竣工成本资料作为成本分析的依据。

单位工程竣工成本分析，应包括以下三方面的内容。

(1) 竣工成本分析。

(2) 主要资源节超对比分析。

(3) 主要技术节约措施及经济效果分析。

通过以上分析，可以全面了解单位工程的成本构成和降低成本的来源，对今后同类工程的成本管理有一定的参考价值。

2. 项目专项成本的分析方法

1) 成本盈亏异常分析

检查成本盈亏异常的原因，应从经济核算的“三同步”入手。因为，项目经济核算的基本规律是：在完成多少产值、消耗多少资源、发生多少成本之间，有着必然的同步关系。如果违背这个规律，就会发生成本的盈亏异常。

2) 工期成本分析

工期成本分析，就是计划工期成本与实际工期成本的比较分析。

3) 资金成本分析

资金与成本的关系，就是工程收入与成本支出的关系。根据工程成本核算的特点，工程收入与成本支出有很强的配比性。在一般情况下，都希望工程收入越多越好，成本支出越少越好。

4) 技术组织措施执行效果分析

技术组织措施必须与工程项目的工程特点相结合，技术组织措施有很强的针对性和适应性(当然也有各工程项目通用的技术组织措施)。节约效果一般按下式计算：

$$措施节约效果=措施前的成本-措施后的成本 \tag{6-24}$$

对节约效果的分析，需要联系措施的内容和执行过程来进行。

5) 其他有利因素和不利因素对成本影响的分析

6.6.5 建筑工程项目成本考核

1. 建筑工程项目成本考核的概念

项目成本考核，是指对项目成本目标(降低成本目标)完成情况和成本管理工作业绩两方面的考核。这两方面的考核，都属于企业对项目经理部成本监督的范畴。应该说，成本降低水平与成本管理工作之间有着必然的联系，又受偶然因素的影响，但都是对项目成本评价的一个方面，都是企业对项目成本进行考核和奖罚的依据。

项目的成本考核，特别要强调施工过程中的中间考核，这对具有一次性特点的施工项目来说尤其重要。

2. 建筑工程项目成本考核的内容

1) 企业对项目经理考核的内容

(1) 项目成本目标和阶段成本目标的完成情况。

(2) 建立以项目经理为核心的成本管理责任制的落实情况。

(3) 成本计划的编制和落实情况。

(4) 对各部门、各作业队和班组责任成本的检查和考核情况。

(5) 在成本管理中贯彻责、权、利相结合原则的执行情况。

2) 项目经理对所属各部门、各作业队和班组考核的内容

(1) 对各部门的考核内容：本部门、本岗位责任成本的完成情况，本部门、本岗位成

本管理责任的执行情况。

（2）对各作业队的考核内容：对劳务合同规定的承包范围和承包内容的执行情况，劳务合同以外的补充收费情况，对班组施工任务单的管理情况以及班组完成施工任务后的考核情况。

（3）对生产班组的考核内容(平时由作业队考核)：以分部分项工程成本作为班组的责任成本；以施工任务单和限额领料单的结算资料为依据，与施工预算进行对比，考核班组责任成本的完成情况。

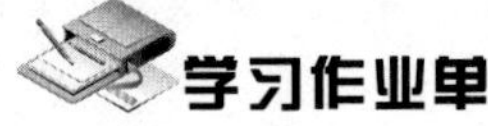

学习作业单

任务单元 6.6 学习作业单	
工作任务完成	根据任务单元 6.6 工作任务单的工作任务描述和要求，完成任务如下：
任务单元学习总结	（1）因素分析法的作用与分析步骤。 （2）建筑工程项目成本分析的基本方法。
任务单元学习体会	

模块小结

建筑工程项目成本管理的内容依次涉及成本预测、成本计划、成本控制、成本核算、成本分析、成本考核六个环节，各个环节都是相互联系和相互作用的。

在学习过程中，应注意理论联系实际，通过解析案例初步掌握理论知识和基本技能，同时还要建立起“以人为本，全员参与”的全面成本管理思想。成本管理工作是一个系统工程，是项目管理的核心工作，只有把每个员工的积极性都调动起来，做到人人有责有目标，将每一项管理职能、各个要素均纳入成本管理轨道，才能提高企业成本管理的水平。

思考与练习

一、单选题

1. 建筑工程施工项目成本不包含(　　)费用。

A. 人工费　　B. 材料费　　C. 施工现场管理费　　D. 企业管理费

2. 根据费用是否可以直接计入工程对象，建筑工程项目成本可划分为(　　)。

A. 直接成本和间接成本　　B. 固定成本和可变成本

C. 预算成本和计划成本　　D. 计划成本和实际成本

3. 按生产费用与工程量的关系，建筑工程项目成本可划分为(　　)。

A. 直接成本和间接成本　　B. 固定成本和可变成本

C. 预算成本和计划成本　　D. 计划成本和实际成本

4. 建筑工程项目成本管理的内容依次为(　　)。

A. 计划→预测→控制→核算→分析→考核

B. 预测→计划→控制→核算→分析→考核

C. 预测→计划→控制→考核→分析→核算

D. 预测→分析→计划→控制→核算→考核

5. 某建筑工程项目进行成本管理，采取了多项措施，其中实行项目经理责任制、编制工作流程等措施属于成本管理的(　　)。

A. 组织措施　　B. 技术措施　　C. 经济措施　　D. 合同措施

6. 下列属于建筑工程项目成本管理经济措施的是(　　)。

A. 进行技术经济分析，确定最佳的施工方案

B. 通过生产要素的优化配置、合理使用、动态管理，控制实际成本

C. 密切注视对方合同执行的情况，以寻求合同索赔的机会

D. 对建筑工程项目成本管理目标进行分析，并制定防范性对策

7. 采用一元线性回归预测法进行成本预测，回归方程为 $Y=6.4320+0.7718X$，其中 X 为预算成本，Y 为实际成本。如果本年 10 月份预算成本为 100 万元，则预测 10 月份实际成本为(　　)。

A. 100 万元　　B. 83.612 万元　　C. 121.233 万元　　D. 45 万元

8. 建筑工程项目成本计划的编制以(　　)为基础，关键是确定目标成本。

A. 成本预测　　B. 成本控制　　C. 成本核算　　D. 成本分析

9. 某建筑工程项目按照施工预算的工程量，套用施工工料消耗定额，所计算的消耗费用为 2890.98 万元，技术节约措施计划节约额为 56.64 万元，则计划成本为(　　)。

A. 2834.34 万元　　B. 2890.98 万元　　C. 56.64 万元　　D. 2947.62 万元

10. 某建筑工程项目造价 1038.42 万元，其中规费、企业管理费、利润及税金为 194.35 万元，该项目的技术节约措施节约额为 54.89 万元，则计划成本降低率为(　　)。

A. 789.18 万元　　B. 6.50%　　C. 5.29%　　D. 7.12%

11. 建筑工程项目成本控制实施的步骤为(　　)。

A. 预测→分析→比较→纠偏→检查　　B. 预测→分析→比较→检查→纠偏

C. 检查→比较→分析→预测→纠偏　　D. 比较→分析→预测→纠偏→检查

12. 建筑工程项目成本控制的实施方法中，材料费控制的原则是(　　)。

A. 定量定价　　B. 放量定价　　C. 定量放价　　D. 量价分离

13. 施工机械使用费主要由台班数量和(　　)两方面决定。

A. 台班效率　　B. 台班时间　　C. 台班单价　　D. 操作人员

14. 赢得值法作为一项先进的项目管理技术，可以用来综合分析和控制工程项目的(　　)。

A. 质量和费用　　B. 安全和进度　　C. 费用和质量　　D. 进度和费用

15. 在赢得值法计算过程中，成本偏差的计算公式为（　　）。

A. 已完工作预算成本－计划工作预算成本

B. 计划工作预算成本－已完工作实际成本

C. 已完工作预算成本－已完工作实际成本

D. 已完工作实际成本－计划工作预算成本

16. 对某建筑工程项目采用赢得值法进行分析，发现其效率低、进度较慢、投入超前，则下列参数关系表达正确的是（　　）。

A. ACWP＞BCWS＞BCWP　　B. BCWS＞BCWP＞ACWP

C. BCWS＞ACWP＞BCWP　　D. ACWP＞BCWP＞BCWS

17. 施工成本管理过程中，进行施工项目总成本和单位成本计算、确定施工费用实际发生额的工作属于（　　）。

A. 成本分析　　B. 成本考核　　C. 成本核算　　D. 成本控制

18. 建筑工程项目成本核算中，一般以（　　）为成本核算对象，但也可以按照承包工程项目的规模、工期、结构类型、施工组织和现场情况等，结合成本管理要求，灵活划分成本核算对象。

A. 群体工程　　B. 单位工程　　C. 分部工程　　D. 分项工程

19. 建筑工程项目成本的核算过程，实际上也是各成本项目（　　）的过程。

A. 控制　　B. 分析　　C. 考核　　D. 归集和分配

20. 建筑工程项目成本分析是对（　　）的过程和结果进行分析，也是对成本升降的因素进行分析，为加强成本控制创造有利条件。

A. 成本预测　　B. 成本计划　　C. 成本控制　　D. 成本核算

21. 建筑工程项目成本分析的基本方法中，通过技术经济指标的对比，检查目标的完成情况，分析产生差异的原因，进而挖掘内部潜力的方法是（　　）。

A. 比较法　　B. 因素分析法　　C. 差额计算法　　D. 比率法

22. 建筑工程项目成本分析方法中，（　　）可以分析各种因素对成本形成的影响。

A. 比较法　　B. 因素分析法　　C. 差额计算法　　D. 比率法

23. 在因素分析法中，影响成本变化的几个因素按其相互关系进行排序，一般排序规则是（　　）。

A. 先绝对值，后相对值；先实物量，后价值量

B. 先价值量，后实物量；先相对值，后绝对值

C. 先实物量，后价值量；先相对值，后绝对值

D. 先实物量，后价值量；先绝对值，后相对值

24. 某建筑工程项目运用因素分析法对钢筋的成本进行分析，影响因素包括损耗率、消耗量及单价，则进行分析替代的顺序是（　　）。

A. 损耗率→消耗量→单价　　B. 消耗量→损耗率→单价

C. 单价→消耗量→损耗率　　D. 消耗量→单价→损耗率

25. 根据表 6－19 的资料，某建筑工程工程项目某月的实际成本降低额比目标值提高了 3.10 万元，则预算成本增加对成本降低额的影响程度为（　　）。

表6-19 降低成本目标与实际对比表

项　目	单位	目标值	实际值	差　额
预算成本	万元	400	420	+20
成本降低率	%	5	5.5	+0.5
成本降低额	万元	20	23.1	+3.10

A 1.00万元　　B. 2.10万元　　C. 3.10万元　　D. 106.48万元

26. 已知第一季度至第四季度的成本降低额分别为92.10万元、95.82万元、102.32万元和108.30万元，以第一季度作为基期，则第四季度的基期指数为(　　)%。

A. 104.04　　B. 111.10　　C. 117.59　　D. 105.84

27. 已知第一季度至第四季度的成本降低额分别为92.10万元、95.82万元、102.32万元和108.30万元，则第四季度的环比指数为(　　)%。

A. 104.04　　B. 106.78　　C. 105.84　　D. 117.59

二、多选题

1. 以下(　　)属于建筑工程施工项目成本。

A. 材料费　　B. 利润　　C. 人工费　　D. 现场管理费　　E. 企业管理费

2. 以下(　　)属于建筑工程施工项目直接成本。

A. 材料费　　B. 人工费　　C. 企业管理费

D. 现场管理人员工资　　E. 机械使用费

3. 以下(　　)属于建筑工程施工项目间接成本。

A. 人工费　　B. 企业财务费　　C. 现场管理人员办公费

D. 现场管理人员工资　　E. 现场管理人员差旅交通费

4. 以下(　　)属于建筑工程项目成本管理的技术措施。

A. 编制施工成本控制工作计划，确定合理详细的工作流程

B. 进行技术经济分析，确定最佳的施工方案

C. 进行材料使用的比选，在满足功能要求的前提下，降低材料消耗的费用

D. 对各种变更，及时做好增减账，及时落实业主签证，及时结算工程款

E. 确定最合适的施工机械、设备使用方案

5. 以下(　　)属于建筑工程项目成本管理的合同措施。

A. 选用合适的合同结构

B. 进行技术经济分析，确定最佳的施工方案

C. 在合同的条款中应仔细考虑一切影响成本和效益的因素，特别是潜在的风险因素

D. 采取必要的风险对策，并最终使这些策略反映在合同的具体条款中

E. 密切注视对方合同执行的情况，以寻求合同索赔的机会

6. 以下(　　)属于成本的定性预测方法。

A. 经验评判法 B. 算术平均法 C. 专家会议法 D. 回归分析法　　E. 德尔菲法

7. 以下(　　)属于成本的定量预测方法。

A. 德尔菲法　　B. 算术平均法 C. 回归分析法 D. 专家会议法　　E. 高低点法

8. 以下(　　)属于建筑工程项目成本计划编制的方法。

A. 施工预算法　　B. 技术节约措施法　　C. 成本习性法
D. 按实计算法　　E. 赢得值(挣值)法

9. 建筑工程项目成本控制的依据有(　　)。

A. 施工合同　B. 进度报告　C. 成本计划　D. 工程变更　E. 汇率变化

10. 建筑工程项目人工费的控制，主要是控制(　　)。

A. 用工数量　　B. 用工定额　　C. 用工数量标准
D. 人工单价　　E. 人工价格指数

11. 若需采用赢得值法对不同的建筑工程项目做费用和进度比较，适宜采用的评价指标有(　　)。

A. 费用偏差　　B. 进度偏差　　C. 费用绩效指数
D. 进度绩效指数　　E. 项目完工预算

12. 以下(　　)属于材料用量的控制方法。

A. 加强现场设备的维修保养，避免因不正确使用造成机械设备的停置
B. 材料需用量计划的编制适时性、完整性、准确性控制
C. 材料领用控制　　D. 材料计量控制　　E. 工序施工质量控制

13. 按赢得值法进行费用、进度综合分析控制，基本参数包括(　　)。

A. 费用偏差　　B. 进度偏差　　C. 计划工作预算费用
D. 已完工作实际费用　　E. 已完工作预算费用

14. 建筑工程项目成本分析的依据有(　　)。

A. 会计核算　B. 业务核算　C. 统计核算　D. 成本核算　E. 单项核算

15. 建筑工程项目成本分析的基本方法包括(　　)等。

A. 比较法　B. 赢得值法　C. 因素分析法　D. 差额计算法　E. 比率法

16. 建筑工程项目成本考核是指在项目完成后，对项目成本形成中的各责任者，按项目成本目标责任制的有关规定，将成本的实际指标与(　　)进行对比和考核，评定项目成本计划的完成情况和各责任者的业绩，并以此给以相应的奖励和处罚。

A. 初步预测　B. 定额　C. 成本计划　D. 成本核算　E. 工程预算

三、简答题

1. 简述建筑工程项目成本费用的构成。
2. 简述建筑工程项目成本管理的内容及其相互之间的关系。
3. 建筑工程项目成本计划的内容包括哪些?
4. 建筑工程项目成本控制的实施步骤是什么?
5. 赢得值法的优势有哪些?
6. 建筑工程项目成本考核有什么意义?

四、案例分析

1. 某建筑工程项目计划工期为4年，预算总成本为800万元。在项目的实施过程中，通过对成本的核算和有关成本与进度的记录得知，在开工后第二年末的实际情况是：实际成本发生额为200万元，实际完成工作的预算成本额为100万元；而结合进度计划，当工期过半时，项目的计划工作预算费用应该为400万元。

(1) 试采用赢得值法计算三个基本参数和四个评价指标。

(2) 结合评价指标，对该项目的成本、进度进行综合分析，并提出相应的措施。

2. 某工程浇筑一层结构商品混凝土，成本目标为 645840 元，实际成本为 714305 元，比成本目标增加 68465 元。试根据表 6-20 的资料，用“因素分析法”(连环置换法)分析其成本增加的原因。

表 6-20　某商品混凝土成本目标与实际成本对比表

项目	计划值	实际值	差额
产量/m^3	900	950	+50
单价/元	690	730	+40
损耗率/(%)	4	3	−1
成本/元	645840	714305	68465

模块 7

建筑工程项目职业健康安全与环境管理

能力目标

通过本模块的学习，要求认识到建筑工程项目职业健康安全管理与环境管理的重要性，具有安全第一、预防为主，绿色施工、保护环境的强烈意识。在建筑工程项目职业健康安全管理过程中，应独立或辅助完成以下工作：识别危险源并进行风险评价，确定职业健康安全管理目标，编制职业健康安全技术措施计划并实施，控制职业健康安全隐患，处理职业健康安全事故。在建筑工程项目环境管理过程中，应独立或辅助完成以下工作：组织建筑工程项目文明施工，进行建筑工程项目现场管理，制定并实施施工现场环境保护措施。

知识目标

任务单元	知识点	学习要求
建筑工程项目职业健康安全管理	建筑工程职业健康安全管理体系	了解
	建筑工程项目职业健康安全管理的内容和程序	熟悉
	危险源的识别与风险评价	熟悉
	确定职业健康安全管理目标	熟悉
	职业健康安全技术措施计划的编制	熟悉
	职业健康安全技术措施计划的实施	掌握
	职业健康安全隐患和事故处理	掌握
建筑工程项目环境管理	建筑工程环境管理体系	了解
	建筑工程项目文明施工	熟悉
	建筑工程项目现场管理	熟悉
	建筑工程项目现场环境保护措施	掌握

引例

天津柏丽花园住宅工程项目的绿色施工管理

1. 项目概况

天津柏丽花园住宅工程位于天津市河东区卫国道与红星路交口，由江苏南通二建集团有限公司总承包。该工程为高层住宅商品房，由8栋楼组成，地下一、二层，地上11～25层，建筑面积67000m^2，结构形式为短肢剪力墙结构。

2. 管理重点与难点

该项目管理重点是绿色施工管理，管理难点是施工面积大、工期紧、地下车库结构复杂、参建作业人员多，给绿色施工管理带来很大困难。为了搞好绿色施工的过程管理，总承包单位按照天津市绿色施工检查评分标准，结合以往施工过程的经验教训，全面分析了影响绿色施工管理的8类22个难点问题。

3. 管理过程与方法

1）管理目标策划

根据文明、节约、绿色、环保的要求，针对8类22个难点，策划了以下管理目标。

(1) 扬尘控制：达到环保要求，目测控制扬尘高度在0.5m以下。

(2) 噪声控制：噪声排放控制在65dB以下。

(3) 污水排放：达到国家污水综合排放标准，杜绝涌堵、流溢现象。

(4) 固体废弃物处理：废弃物封闭，分类存放并有标识，定期进行清运。

(5) 水电消耗：制定节水、节电措施，杜绝跑冒滴漏，实现节能降耗。

(6) 节材控制：施工过程做到材料节约率达5%。

(7) 职业培训：农民工接受教育和培训率达100%，合格率达100%。

(8) 管理创优：努力创建天津市市级和国家级“文明示范工地”和“劳动用工管理标准化工地”。

2）管理实施

坚持以安全生产为前提，工程质量为基础，绿色施工为过程，实现上述管理目标。

(1) 建立组织保证体系。建立以项目经理为首、现场生产与安全负责人为主的创优小组。

(2) 编制方案。结合现场实际，做好平面布置，正确划分区域，制定绿色环保方案。

(3) 辨识和评价危险因素和环境因素。制定重要危险因素及控制措施表、重要环境因素及管理方案表。

(4) 关爱生命、关注健康、安全发展。项目部引入人性化管理机制，努力营造舒适、温馨的工作和生活环境。现场配备保健箱和急救药材，定期开展防病宣传教育。为了预防和减少事故发生，在施工现场安装了6个监控点，实行对全现场各区域24h的监控，确保在第一时间发现问题，解决问题。

(5) 培训与教育。通过入场教育、知识培训、班前活动、专题案例分析、组织观摩等活动，大大提高了员工的安全生产、环保意识，培训和普及率达到了100%。

(6) 扬尘控制、噪声控制、固废处理、污水排放、节水节电节能控制、节材控制、现场布置等方面都采取了有效的措施。

4. 管理成效

该工地被评为天津市“文明示范工地”，国家AAA级安全文明标准化诚信工地；经专业监测机构检测，工程的综合排污及噪声控制各项指标均符合国家标准；实现了安全生产零事故的目标；被天津市建委评为农民工管理先进集体，天津城市快报连续3次对项目部以人为本，关心、丰富农民工生活进行了连续报道。

引 言

绿色施工作为“项目职业健康、安全与环境管理”的一个重点，具有其自身的特点及深远的意义。随着社会经济、科技的发展，人们生活水平的不断提高，资源短缺和环境污染成为这个时代所面临的重大主题。从可持续发展的角度出发，绿色生态建筑越来越受到世人的青睐。我国正大力推广工业工程的节能减排，践行可持续发展的理念，施工行业作为消耗大户更是要做到绿色施工、绿色管理。上述案例分析了绿色施工难点问题，制定了相应的目标，提高了绿色施工执行过程中的针对性和可操作性。

任务单元7.1 建筑工程项目职业健康安全与环境管理概述

世界经济的快速增长和科学技术的发展给人类带来了一系列问题。市场竞争日益加剧，在这样的情况下，人们往往专注于追求低成本、高利润，而忽视了劳动者的劳动条件和环境的改善，甚至以牺牲劳动者的职业健康安全和破坏人类赖以生存的自然环境为代价；生产事故和劳动疾病有增无减，特别是发展中国家和发达国家尤为严重；资源的过度开发和利用以及由此产生的废物使人类面临着巨大的挑战。因此，在建设工程生产过程中，要加强职业健康安全与环境管理。施工方在工程建设中除了对工程项目的施工成本、施工进度和施工质量进行严格管理外，还必须对职业健康安全与环境进行管理。

7.1.1 职业健康安全与环境管理的目的和任务

1. 职业健康安全与环境管理的目的

建设工程项目职业健康安全管理的目的是防止和减少生产安全事故，保护产品生产者的健康与安全，保障人民群众的生命和财产免受损失。控制影响工作场所内所有人员健康和安全的条件和因素，考虑和避免因管理不当对员工的健康和安全造成的危害。

建设工程项目环境管理的目的是保护生态环境，使社会的经济发展与人类的生存环境相协调。控制作业现场的各种粉尘、废水、废气、固体废弃物以及噪声、振动对环境的污染和危害，考虑能源节约和避免资源的浪费。

2. 职业健康安全与环境管理的任务

职业健康安全与环境管理的任务是：建筑生产组织（企业）根据自身的实际情况制定方针，并为实施、实现、评审和保持（持续改进）方针来建立组织机构，策划活动、明确职责、遵守有关法律法规和惯例、编制程序控制文件，实行过程控制并提供人员、设备、资金和信息资源，保证职业健康安全环境管理任务的完成。对于职业健康安全与环境密切相关的任务，可一同完成。表7－1给出了实现职业健康安全和环境方针的14个方面的管理任务。

表7-1 职业健康安全与环境管理的任务

类别	组织机构	计划活动	职责	惯例（法律法规）	程序文件	过程	资源
职业健康安全方针							
环境方针							

7.1.2 建筑工程职业健康安全与环境管理的特点

建筑产品及其生产与工业产品不同，其特殊性决定了建筑工程职业健康安全与环境管理的特点，主要包括以下几个特点。

（1）建筑产品的固定性，这决定了施工的流动性，而且施工生产露天作业和高空作业多，手工作业和湿作业多，对施工人员的职业健康安全影响较大，环境污染因素多，从而导致施工现场的职业健康安全与环境管理比较复杂。

（2）建筑产品的单件性，使施工作业形式多样化，从而决定了职业健康安全与环境管理的多样性。

（3）建筑工程市场在供大于求的情况下，业主经常会压低标价，造成施工单位对职业健康安全与环境管理费用投入的减少，不符合职业健康安全与环境管理有关规定的现象时有发生。

（4）项目施工涉及的内部专业多、外界单位广、综合性强。这就要求施工方做到各专业之间、单位之间互相配合，共同注意施工过程中接口部分的职业健康安全与环境管理的协调性。

（5）施工作业人员文化素质低，并处在动态调整的不稳定状态中，从而给施工现场的职业健康安全与环境管理带来很多不利因素。

7.1.3 建筑工程职业健康安全与环境管理体系

建立、实施和保持质量、环境与职业健康安全三项国际通行的管理体系认证，是现代企业管理的一个重要标志。随着我国加入国际贸易组织(WTO)，企业更加关注现代化管理，积极地进行质量、环境、职业健康安全管理体系的认证工作。企业实施并通过国际通行的认证标准，将为企业增强国际市场竞争能力、提高企业经济效益和社会效益带来巨大影响。

1. 建筑工程职业健康安全管理体系

1）职业健康安全管理体系的概念

职业健康安全管理体系是企业组织全部管理体系中专门管理健康安全工作的部分。实施职业健康安全管理体系的目的，是辨别组织内部存在的危险源，控制其所带来的风险，从而避免或减少事故的发生。

2）职业健康安全管理体系的作用

（1）实施职业健康安全管理体系标准，将为企业提高职业健康安全绩效提供科学、有效的管理手段。

(2) 有助于推动职业健康安全法规和制度的贯彻执行。职业健康安全管理体系标准要求组织必须对遵守法律、法规作出承诺，并定期进行评审以判断其遵守的情况。

(3) 能使组织的职业健康安全管理由被动强制行为转变为主动自愿行为，从而促进企业职业健康安全管理水平的提高。

(4) 可以促进我国职业健康安全管理标准与国际接轨，有助于消除贸易壁垒。很多国家和国际组织把职业健康安全与贸易挂钩，形成贸易壁垒，实施职业健康安全管理体系标准成为参与国际市场竞争的必备条件。

(5) 会对企业产生直接和间接的经济效益。通过实施职业健康安全管理体系标准，可以明显提高企业安全生产的管理水平和管理效益。此外，由于改善劳动作业条件，增强了劳动者的身心健康，可显著提高职工的劳动效率。

(6) 有助于提高全民的安全意识。实施职业健康安全管理体系标准，组织必须对员工进行系统的安全培训，这将使全民的安全意识得到很大的提高。

(7) 不仅可以强化企业的安全管理，还可以完善企业安全生产的自我约束机制，使企业具有强烈的社会关注力和责任感，对企业树立良好形象具有重要的促进作用。

2011 年 12 月 30 日，我国颁布了《职业健康安全管理体系　要求》(GB/T 28001—2011)，并于 2012 年 2 月 1 日正式实施。本标准覆盖了目前国际社会普遍采用的《职业健康安全管理体系　要求》(OHSAS 18001：2007) 的所有技术内容。

2. 建筑工程环境管理体系

1) 环境管理体系的概念

存在于以中心事物为主体的外部周边事物的客体，称为环境。

ISO 14000 环境管理体系标准是 ISO (国际标准化组织) 在总结了世界各国的环境管理标准化成果，于 1996 年年底正式推出的一整套环境系列标准，2004 年又推出 ISO 14000：2004。它是一个庞大的标准系统，由环境管理体系、环境审核、环境标志、环境行为评价、生命周期评价、术语和定义、产品标准中的环境指标等系列标准构成。该标准的总目的是支持环境保护和预防污染，协调它们与社会需求和经济需求的关系，指导各类组织取得并表现出良好的环境行为。

2) ISO 14000 系列标准的作用

(1) 在全球范围内通过实施 ISO 14000 系列标准，可以规范所有组织的环境行为，降低环境风险和法律风险，最大限度地节约能源和资源消耗，从而减少人类活动对环境造成的不利影响，维持和改善人类生存和发展的环境。

(2) 实施 ISO 14000 系列标准，是实现经济可持续发展的需要。

(3) 实施 ISO 14000 系列标准，是实现环境管理现代化的途径。

我国将 ISO 14000 等同转换为国家标准《环境管理体系　要求及使用指南》(GB/T 24001—2004)，并于 2005 年 5 月 15 日正式实施。

任务单元 7.2　建筑工程项目职业健康安全管理

企业应遵照《建设工程安全生产管理条例》和《职业健康安全管理体系　要求》，坚持安全第一、预防为主和防治结合的方针，建立并持续改进职业健康安全管理体系。项目经理应负责工程项目职业健康安全的全面管理工作。由于安全工作的专业性，各级安全管理人员应通过相应的资格考试，持证上岗。

7.2.1 建筑工程项目职业健康安全管理概述

1. 建筑工程项目职业健康安全管理内容

建筑工程项目职业健康安全管理包括以下内容。

(1) 职业健康安全组织管理。

(2) 职业健康安全制度管理。

(3) 施工人员操作规范化管理。

(4) 职业健康安全技术管理。

(5) 施工现场职业健康安全设施管理。

2. 建筑工程项目职业健康安全管理程序

建筑工程项目职业健康安全管理应遵循以下程序。

(1) 识别并评价危险源及风险。

(2) 确定职业健康安全管理目标。

(3) 编制并实施项目职业健康安全技术措施计划。

(4) 进行职业健康安全技术措施计划实施结果验证。

(5) 持续改进相关措施和绩效。

7.2.2 危险源的识别与风险评价

1. 危险源的概念

危险源是可能导致人身伤害或疾病、财产损失、工作环境破坏或这些情况组合的危险因素和有害因素。危险因素是强调突发性和瞬间作用的因素，有害因素则强调是在一定时期内有慢性损害和累积作用的因素。

危险源是职业健康安全控制的主要对象。

2. 危险源的辨识

1) 危险源辨识的方法

(1) 专家调查法。专家调查法是向有经验的专家咨询、调查、辨识、分析和评价危险源的一类方法。其优点是简便、易行，缺点是受专家的知识、经验和占有资料的限制，可能出现遗漏。常用的专家调查法有头脑风暴法和德尔菲法。

头脑风暴法是通过专家创造性的思考，产生大量的观点、问题和议题的方法。其特点是多人讨论，集思广益，可以弥补个人判断的不足，常采取专家会议的方式来相互启发、交换意见，使危险、危害因素的辨识更加细致、具体。

德尔菲法是采用背对背的方式对专家进行调查的方法。其特点是避免了集体讨论中的从众性倾向，更能代表专家的真实意见。要求对调查的各种意见进行汇总统计处理，再反馈给专家，反复征求意见。

(2) 安全检查表法。安全检查表实际上就是实施安全检查和诊断项目的明细表。本方法运用已编制好的安全检查表，进行系统的安全检查，辨识工程项目存在的危险源。检查表的内容一般包括分类项目、检查内容及要求、检查以后处理意见等，可以用“是”“否”作回答或用“√”“×”符号做标记，同时注明检查日期，并由检查人员和被检单位同时签字。

安全检查表法的优点是简单易懂、容易掌握，可以事先组织专家编制检查项目，使安全检查做到系统化、完整化。其缺点是一般只能作出定性评价。

2）施工过程中危险因素的分析

施工过程中危险因素一般存在于以下方面。

（1）安全防护工作，如脚手架作业防护、基坑开挖防护、洞口防护、临边防护、高空作业防护、模板防护、起重及其他施工机械设备防护。

（2）关键特殊工序防护，如洞内作业、潮湿作业、桩基人工挖孔、易燃和易爆品、防尘、防触电的防护。

（3）特殊工种防护，如电工、电焊工、架子工、爆破工、机械工、起重工、机械司机等，除一般安全教育外，还要进行专业安全技能的培训，经考试合格持证后方可上岗。

（4）临时用电的安全系统防护，如用电总体布置、变压器周围防护和各施工阶段的临时用电(电闸箱、电路、施工机具用电等)布置。

（5）消防保卫工作的安全系统管理，如临时消防用水、临时消防管道、消防灭火器材的布置等。

3. 风险评价方法

风险评价是评估危险源所带来的风险大小及确定风险是否可容许的全过程。根据评价结果对风险进行分级，按不同级别的风险有针对性地采取风险控制措施。以下介绍一种常用的风险评价方法。

这种方法是将安全风险的大小(R)用事故发生的可能性(p)与发生事故后果的严重程度(f)的乘积来衡量，即 $R=pf$。根据计算结果，按表 7-2 对风险进行分级。其中Ⅰ级为可忽略风险，Ⅱ级为可容许风险，Ⅲ级为中度风险，Ⅳ级为重大风险，Ⅴ级为不容许风险。

表 7-2　风险级别表

可能性(p)	后果(f)		
	轻度损失(轻微伤害)	中度损失(伤害)	重大损失(严重伤害)
很　大	Ⅲ	Ⅳ	Ⅴ
中　等	Ⅱ	Ⅲ	Ⅳ
极　小	Ⅰ	Ⅱ	Ⅲ

4. 风险的控制策略

不同的工程项目应根据不同的条件和不同的风险量选择适合的控制策略，见表 7-3。

表 7-3　风险控制策略表

风　险	措　施
可忽略风险	不采取措施且不必保留文件记录
可容许风险	不需要另外的控制措施，应考虑投资效果更佳的解决方案或不增加额外成本的改进措施，需要监视来确保控制措施得以维持

续表

风　　险	措　　施
中度风险	应努力降低风险，但应仔细测定并限定预防成本，并在规定的时间期限内实施降低风险的措施。在中度风险与严重伤害后果相关的场合，必须进一步地评价，以便更准确地确定伤害的可能性，以及确定是否需要改进控制措施
重大风险	直至风险降低后才能开始工作。为降低风险有时必须配给大量的资源。当风险涉及正在进行中的工作时，就应采取应急措施
不容许风险	只有当风险已经降低时，才能开始或继续工作。如果无限的资源投入也不能降低风险，就必须禁止工作

7.2.3　确定职业健康安全管理目标

建筑工程项目职业健康安全管理目标是根据企业的整体职业健康安全目标，结合本工程的性质、规模、特点、技术复杂程度等实际情况，确定职业健康安全生产所要达到的目标。

1. 控制目标

(1) 控制和杜绝因公负伤、死亡事故的发生(负伤频率在3.6%以下、死亡率为零)。

(2) 达到一般事故频率控制目标(通常在0.6%以内)。

(3) 无重大设备、火灾和中毒事故。

(4) 无环境污染和严重扰民事件。

2. 管理目标

(1) 及时消除重大事故隐患，实现一般隐患整改率达到的目标(不应低于95%)。

(2) 达到扬尘、噪声、职业危害作业点合格率(应为100%)。

(3) 保证施工现场达到当地省(市)级文明安全工地标准。

3. 工作目标

(1) 施工现场实现全员职业健康安全教育，特种作业人员持证上岗率达到100%，操作人员三级职业健康安全教育率为100%。

(2) 按期开展安全检查活动，隐患整改达到“五定”要求，即定整改责任人、定整改措施、定整改完成时间、定整改完成人、定整改验收人。

(3) 必须把好职业健康安全生产的“七关”要求，即教育关、措施关、交底关、防护关、文明关、验收关、检查关。

(4) 认真开展重大职业健康安全活动和施工项目的日常职业健康安全活动。

(5) 实现职业健康安全生产达标合格率100%、优良率80%以上。

7.2.4　职业健康安全技术措施计划的编制

建筑工程项目职业健康安全技术措施计划应在项目管理实施规划中由项目经理主持编制，经有关部门批准后，由专职安全管理员进行现场监督实施。

1. 职业健康安全技术措施计划的编制依据

职业健康安全技术措施计划的编制是依据以下方面的情况来进行的。

(1) 国家职业健康安全法规、条例、规程、政策及企业有关的职业健康安全规章制度。

(2) 在职业健康安全生产检查中发现的但尚未解决的问题。

(3) 造成工伤事故与职业病的主要设备与技术原因，应采取的有效防止措施。

(4) 生产发展需要所采取的职业健康安全技术与工业卫生技术措施。

(5) 职业健康安全技术革新项目和职工提出的合理化建议项目。

2. 职业健康安全技术措施计划的编制内容

建筑工程项目职业健康安全技术措施计划的编制，应根据工程特点、施工方法、施工程序、安全法规和标准的要求，采取可靠的技术措施，消除安全隐患，保证施工安全。其内容可根据项目运行实际情况增减，一般应包括工程概况、控制目标、控制程序、组织结构、职责权限、规章制度、资源配置、职业健康安全技术措施、检查评价和奖惩制度以及对分包的职业健康安全管理等内容。

3. 建筑工程施工职业健康安全技术措施简介

建筑工程结构复杂多变，工程施工涉及专业和工种很多，职业健康安全技术措施内容很广泛。但归结起来，可以分为一般工程施工职业健康安全技术措施、特殊工程施工职业健康安全技术措施、季节性施工职业健康安全技术措施和应急措施等。

1) 一般工程施工职业健康安全技术措施

一般工程是指结构共性较多的工程，其施工生产作业既有共性，也有不同之处。由于施工条件、环境等不同，同类工程的不同之处在共性措施中就无法解决。应根据相关法规，结合以往的施工经验与教训，制定职业健康安全技术措施。一般工程施工职业健康安全技术措施主要包括以下方面。

(1) 土石方开挖工程，应根据开挖深度和土质类别，选择开挖方法，确保边坡稳定，或采取支护结构措施，防止边坡滑动和塌方。

(2) 脚手架、吊篮等的选用，及设计搭设方案和安全防护措施。

(3) 高处作业的上下安全通道。

(4) 安全网(平网、立网)的设置要求和范围。

(5) 对施工电梯、井架(龙门架)等垂直运输设备的位置搭设要求，及稳定性、安全装置等的要求。

(6) 施工洞口的防护方法和主体交叉施工作业区的隔离措施。

(7) 场内运输道路及人行通道的布置。

(8) 编制临时用电的施工组织设计和绘制临时用电图样，在建工程(包括脚手架具)的外侧边缘与外电架空线路的间距达到最小安全距离所采取的防护措施。

(9) 防火、防毒、防爆、防雷等安全措施。

(10) 在建工程与周围人行通道及民房的防护隔离设置。

(11) 起重机回转半径达到项目现场范围以外的，要设置安全隔离设施。

2）特殊工程施工职业健康安全技术措施

结构比较复杂、技术含量高的工程称为特殊工程。对于特殊工程，应编制单项的职业健康安全技术措施。例如，对爆破、大型吊装、沉箱、沉井、烟囱、水塔、特殊架设作业，高层脚手架、井架和拆除工程必须制定专项施工职业健康安全技术措施，并注明设计依据，做到有计算、有详图、有文字说明。

3）季节性施工职业健康安全技术措施

季节性施工职业健康安全技术措施是考虑不同季节的气候条件对施工生产带来的不安全因素和可能造成的各种突发性事件，从技术上、管理上采取的各种预防措施。一般工程施工方案中的职业健康安全技术措施中，都需要编制季节施工职业健康安全技术措施。对危险性大、高温期长的建筑工程，应单独编制季节性的施工职业健康安全技术措施。季节主要指夏季、雨季和冬季。各季节性施工职业健康安全的主要内容如下。

(1) 夏季气候炎热，高温时间持续较长，主要是做好防暑降温工作，避免员工中暑和因长时间暴晒引发的职业病。

(2) 雨季作业，主要做好防触电、防雷击、防水淹泡、防塌方、防台风和防洪等工作。

(3) 冬季作业，主要做好防冻、防风、防火、防滑、防煤气中毒等工作。

4）应急措施

应急措施是在事故发生或各种自然灾害发生的情况下采取的应对措施。为了在最短的时间内达到救援、逃生、防护的目的，必须在平时就准备好各种应急措施和预案，并进行模拟训练，尽量使损失减小到最低限度。应急措施可包括以下方面。

(1) 应急指挥和组织机构。

(2) 施工场内应急计划、事故应急处理程序和措施。

(3) 施工场外应急计划和向外报警程序及方式。

(4) 安全装置、报警装置、疏散口装置、避难场所等。

(5) 有足够数量并符合规格的安全进、出通道。

(6) 急救设备(担架、氧气瓶、防护用品、冲洗设施等)。

(7) 通信联络与报警系统。

(8) 与应急服务机构(医院、消防等)建立联系渠道。

(9) 定期进行事故应急训练和演习。

7.2.5 职业健康安全技术措施计划的实施

1. 设置职业健康安全管理机构

1）公司职业健康安全管理机构的设置

公司应设置以法定代表人为第一责任人的职业健康安全管理机构，并根据企业的施工规模及职工人数设置专门的职业健康安全生产管理机构部门，并配备专职的职业健康安全管理人员。

2）项目经理部职业健康安全管理机构的设置

项目经理部是施工现场第一线管理机构，应根据工程特点和规模，设置以项目经理为第一责任人的职业健康安全管理领导小组，其成员由项目经理、技术负责人、专职安全员、工长及各工种班组长组成。

3）施工班组职业健康安全管理

施工班组要设置不脱产的兼职职业健康安全员，协助班组长搞好班组的职业健康安全生产管理。班组要坚持班前班后岗位职业健康安全检查、职业健康安全值日和安全日活动制度，并认真做好班组的职业健康安全记录。

2. 职业健康安全生产教育

职业健康安全是施工生产赖以正常进行的前提，职业健康安全教育又是职业健康安全管理工作的重要环节，是提高全体人员职业健康安全素质、职业健康安全管理水平，从而防止事故、实现职业健康安全生产的重要手段。职业健康安全教育有以下要求。

(1) 广泛开展职业健康安全生产的宣传教育，使全体员工真正认识到职业健康安全生产的重要性和必要性，懂得职业健康安全生产和文明施工的科学知识，牢固树立安全第一的思想，自觉遵守各项安全生产法律法规和规章制度。

(2) 职业健康安全教育的内容应该包括职业健康安全思想教育、职业健康安全知识教育、职业健康安全技能教育和职业健康安全法制教育。

(3) 职业健康安全教育的对象包括：项目经理、项目执行经理、项目技术负责人、项目基层管理人员、分包负责人、分包队伍管理人员、特种操作人员、操作工人。

(4) 新工人必须进行公司、项目、作业班组三级职业健康安全教育；电工、电焊工、架子工、司炉工、爆破工、机操工、起重工、机械司机、机动车辆司机等特殊工种工人，除一般安全教育外，还要经过专业安全技能培训，经考试合格持证后，方可独立操作；转换施工现场的工人必须进行转场职业健康安全教育；采用新技术、新工艺、新设备施工和调换工作岗位的工人必须进行职业健康安全培训。

(5) 建立经常性的职业健康安全教育考核制度，考核成绩要记入员工档案。

3. 职业健康安全生产责任制度

建立职业健康安全生产责任制度是建筑工程项目职业健康安全技术措施计划实施的重要保证。在职业健康安全生产责任制度中，企业对项目经理部及其各职能部门、各成员规定了他们对职业健康安全生产应负的责任。

4. 职业健康安全技术交底

职业健康安全技术交底是指导工人安全施工的技术措施，是建筑工程项目职业健康安全技术方案的具体落实。职业健康安全技术交底是在工程施工前，项目部的技术人员向施工班组和作业人员进行有关工程安全施工的详细说明，并由双方签字确认。职业健康安全技术交底一般由技术管理人员根据分部分项工程的实际情况、特点和危险因素编写，是操作者的法令性文件，因而要具体、明确、针对性强，不得用施工现场的职业健康安全纪律等制度代替。

1）职业健康安全技术交底的基本要求

(1) 职业健康安全技术交底应优先采用新的职业健康安全技术措施。

(2) 在工程开工前，应将工程概况、施工方法、安全技术措施等情况，向工地负责人、工长及全体职工进行交底。

(3) 每天工作前，工长应向班组长进行职业健康安全技术交底，班组长对工人进行有关施工要求、作业环境等方面的职业健康安全技术交底。

(4) 有两个以上施工队或工种配合施工时，要根据工程进度情况定期或不定期地向有关施工队或班组进行交叉作业施工的职业健康安全技术交底。

(5) 职业健康安全技术交底应一式两份，交底人与接底人各持一份，记录交底的时间、内容，双方签字后生效。

(6) 职业健康安全技术交底书要按单位工程归放在一起，以备查验。

2) 职业健康安全技术交底的主要内容

(1) 建设工程项目、单项工程和分部分项工程的概况、施工特点以及职业健康安全要求。

(2) 确保职业健康安全的关键环节、危险部位、安全控制点及采取相应的技术、安全和管理措施。

(3) 做好“四口”“五临边”的防护设施。“四口”为通道口、楼梯口、电梯井口和预留洞口；“五临边”为未安栏杆的阳台周边、无外架防护的屋面周边、框架工程的楼层周边、卸料平台的外侧边及上下跑道和斜道的两侧边。

(4) 项目管理人员应做好的职业健康安全管理事项和作业人员应注意的职业健康安全防范事项。

(5) 各级管理人员应遵守的职业健康安全标准和职业健康安全操作规程及注意事项。

(6) 对于出现异常征兆、事态或发生事故的应急救援措施。

5. 职业健康安全检查

职业健康安全检查是职业健康安全管理的一项重要内容，其目的是为了消除隐患、防止事故、改善劳动条件及提高员工的职业健康安全意识。通过职业健康安全检查，及时发现工程中的危险因素，以便有计划地采取措施，保证安全生产。

1) 职业健康安全检查的内容

在工程施工的不同阶段，职业健康安全检查的具体内容也有所不同，但都应该包括以下方面的内容。

(1) 查思想。主要检查各级领导和职工对职业健康安全生产工作的认识。

(2) 查管理。主要检查工程项目的职业健康安全管理是否有效，包括职业健康安全组织机构、职业健康安全技术措施计划、职业健康安全保证措施、职业健康安全教育、持证上岗、职业健康安全责任制、职业健康安全技术交底、职业健康安全设施、职业健康安全标识、操作规程、违规行为、职业健康安全记录等。

(3) 查隐患。主要检查作业现场是否符合职业健康安全生产的要求。

(4) 查整改。主要检查对过去提出问题的整改情况。

(5) 查事故处理。对职业健康安全事故的处理应达到查明事故原因、明确责任并对责任者作出处理、明确和落实整改措施等要求，同时还应检查对伤亡事故是否及时报告，认真调查、严肃处理。

职业健康安全检查的重点为是否违章指挥和违章作业。职业健康安全检查后应编制检查报告，说明已达标项目、未达标项目、存在问题、原因分析、纠正和预防措施。

2) 职业健康安全检查的形式

职业健康安全检查的形式有很多，通常有经常性检查、定期和不定期检查、专业性检查、季节性检查、节假日前后检查、上级检查、班组自检和互检、交接检查及复工检查等。

3）职业健康安全检查的方法

随着职业健康安全管理科学化、标准化、规范化的发展，目前职业健康安全检查基本上均采用职业健康安全检查表和一般检查方法，进行定性、定量的职业健康安全评价。

（1）职业健康安全检查表是一种初步定性分析的方法，它通过事先拟定的职业健康安全检查明细表或清单，对职业健康安全生产进行初步的诊断和控制。

（2）职业健康安全检查的一般方法，主要是通过看、听、嗅、问、查、测、验、析等手段进行检查。

7.2.6 职业健康安全隐患和事故处理

1. 职业健康安全隐患的控制

1）职业健康安全隐患的概念

职业健康安全隐患是指可能导致职业健康安全事故的缺陷和问题，包括安全设施、过程和行为等诸方面的缺陷问题。因此，对检查和检验中发现的事故隐患，应采取必要的措施及时处理和化解，以确保不合格设施不使用、不合格过程不通过、不安全行为不放过，防止职业健康安全事故的发生。

2）职业健康安全隐患的分类

（1）按危害程度分类。可分为一般隐患(危险性较小，事故影响或损失较小的隐患)、重大隐患(危险性较大，事故影响或损失较大的隐患)和特别重大隐患(危险性大，事故影响或损失大的隐患，如发生事故可能造成死亡10人以上，或直接经济损失500万元以上的)。

（2）按危害类型分类。可分为火灾隐患、爆炸隐患、危房隐患、坍塌和倒塌隐患、滑坡隐患、交通隐患、泄漏隐患和中毒隐患。

（3）按表现形式分类。可分为人的隐患(认识隐患和行为隐患)、机的状态隐患、环境隐患和管理隐患。

3）职业健康安全隐患的控制要求

项目经理部对各类事故隐患应确定相应的处理部门和人员，规定其职责和权限，要求一般问题当天解决，重大问题限期解决。根据隐患的危害程度提出相应的处理方式，进行整改，只有当险情排除并采取了可靠措施后方可恢复使用或施工。

2. 职业健康安全事故的分类

事故是指人们在进行有目的的活动过程中，发生了违背人们意愿的不幸事件，使其有目的的行动暂时或永久地停止。事故可能造成人员的死亡、疾病、伤害、损坏、财产损失或其他损失。

职业健康安全事故分为两大类型，即职业伤害事故与职业病。职业伤害事故是指因生产过程及工作原因或与其相关的其他原因造成的伤亡事故；职业病是指因从事接触有毒有害物质或不良环境的工作而造成的急慢性疾病。

1）按事故类别分类

根据《企业职工伤亡事故分类标准》(GB 6441—1986)规定，将事故类别划分为20类，其中与建筑工程密切相关的有11类：物体打击、车辆伤害、机械伤害、起重伤害、触电、灼烫、火灾、高处坠落、坍塌、中毒和窒息、其他伤害。

2）按事故后果严重程度分类

根据国务院令第493号《生产安全事故报告和调查处理条例》，按照事故造成的人员伤亡或者直接经济损失，事故一般分为以下四个等级。

(1) 特别重大事故。指造成30人以上死亡，或者100人以上重伤(包括急性工业中毒，下同)，或者1亿元以上直接经济损失的事故。

(2) 重大事故。指造成10人以上30人以下死亡，或者50人以上100人以下重伤，或者5000万元以上1亿元以下直接经济损失的事故。

(3) 较大事故。指造成3人以上10人以下死亡，或者10人以上50人以下重伤，或者1000万元以上5000万元以下直接经济损失的事故。

(4) 一般事故。指造成3人以下死亡，或者10人以下重伤，或者1000万元以下直接经济损失的事故。

3. 职业健康安全事故的处理原则

根据国家法律法规的要求，施工项目一旦发生安全事故，在进行事故处理时必须实施“四不放过”的原则，即事故原因不清楚不放过，事故责任者和员工没有受到教育不放过，事故责任者没有处理不放过，没有制定防范措施不放过。

4. 职业健康安全事故的处理程序

根据国务院令第493号《生产安全事故报告和调查处理条例》，安全事故的处理程序如下。

1）事故报告

事故发生后，事故现场有关人员应当立即向本单位负责人报告；单位负责人接到报告后，应当于一小时内向事故发生地县级以上人民政府安全生产监督管理部门和负有安全生产监督管理职责的有关部门报告。情况紧急时，事故现场有关人员可以直接向事故发生地县级以上人民政府安全生产监督管理部门和负有安全生产监督管理职责的有关部门报告。安全生产监督管理部门和负有安全生产监督管理职责的有关部门接到事故报告后，应当依照有关规定上报事故情况，并通知公安机关、劳动保障行政部门、工会和人民检察院，同时报告本级人民政府。国务院安全生产监督管理部门和负有安全生产监督管理职责的有关部门以及省级人民政府接到发生特别重大事故、重大事故的报告后，应当立即报告国务院。

报告事故应当包括下列内容：事故发生单位概况；事故发生的时间、地点以及事故现场情况；事故的简要经过；事故已经造成或者可能造成的伤亡人数(包括下落不明的人数)和初步估计的直接经济损失；已经采取的措施；其他应当报告的情况。

事故发生单位负责人接到事故报告后，应当立即启动事故相应应急预案，或者采取有效措施，组织抢救，防止事故扩大，减少人员伤亡和财产损失；事故发生地有关地方人民政府、安全生产监督管理部门和负有安全生产监督管理职责的有关部门接到事故报告后，其负责人应当立即赶赴事故现场，组织事故救援；事故发生后，有关单位和人员应当妥善保护事故现场以及相关证据，任何单位和个人不得破坏事故现场、毁灭相关证据；事故发生地公安机关根据事故的情况，对涉嫌犯罪的，应当依法立案侦查，采取强制措施和侦查措施，犯罪嫌疑人逃匿的，公安机关应当迅速追捕归案；安全生产监督管理部门和负有安全生产监督管理职责的有关部门应当建立值班制度，并向社会公布值班电话，受理事故报告和举报。

2）事故调查

特别重大事故由国务院或者国务院授权有关部门组织事故调查组进行调查；重大事故、较大事故、一般事故分别由事故发生地省级人民政府、设区的市级人民政府、县级人民政府负责调查；省级人民政府、设区的市级人民政府、县级人民政府可以直接组织事故调查组进行调查，也可以授权或者委托有关部门组织事故调查组进行调查；未造成人员伤亡的一般事故，县级人民政府也可以委托事故发生单位组织事故调查组进行调查。

事故调查组的组成应当遵循精简、效能的原则。根据事故的具体情况，事故调查组由有关人民政府、安全生产监督管理部门、负有安全生产监督管理职责的有关部门、监察机关、公安机关以及工会派人组成，并应当邀请人民检察院派人参加。事故调查组可以聘请有关专家参与调查。

事故调查组应当自事故发生之日起 60 日内提交事故调查报告；特殊情况下，经负责事故调查的人民政府批准，提交事故调查报告的期限可以适当延长，但延长的期限最长不超过 60 日。事故调查报告应当包括下列内容：事故发生单位概况；事故发生经过和事故救援情况；事故造成的人员伤亡和直接经济损失；事故发生的原因和事故性质；事故责任的认定以及对事故责任者的处理建议；事故防范和整改措施。

3）事故处理

重大事故、较大事故、一般事故，负责事故调查的人民政府应当自收到事故调查报告之日起 15 日内做出批复；特别重大事故，30 日内做出批复，特殊情况下，批复时间可以适当延长，但延长的时间最长不超过 30 日。

有关机关应当按照人民政府的批复，依照法律、行政法规规定的权限和程序，对事故发生单位和有关人员进行行政处罚，对负有事故责任的国家工作人员进行处分。事故发生单位应当按照负责事故调查的人民政府的批复，对本单位负有事故责任的人员进行处理。负有事故责任的人员涉嫌犯罪的，依法追究刑事责任。

4）法律责任

事故发生单位主要负责人有下列行为之一的，处上一年年收入 40%～80%的罚款；属于国家工作人员的，并依法给予处分；构成犯罪的，依法追究刑事责任。

(1) 不立即组织事故抢救的。

(2) 迟报或者漏报事故的。

(3) 在事故调查处理期间擅离职守的。

事故发生单位及其有关人员有下列行为之一的，对事故发生单位处 100 万元以上 500 万元以下的罚款；对主要负责人、直接负责的主管人员和其他直接责任人员处上一年年收入 60%～100%的罚款；属于国家工作人员的，并依法给予处分；构成违反治安管理行为的，由公安机关依法给予治安管理处罚；构成犯罪的，依法追究刑事责任。

(1) 谎报或者瞒报事故的。

(2) 伪造或者故意破坏事故现场的。

(3) 转移、隐匿资金、财产，或者销毁有关证据、资料的。

(4) 拒绝接受调查或者拒绝提供有关情况和资料的。

(5) 在事故调查中作伪证或者指使他人作伪证的。

(6) 事故发生后逃匿的。

事故发生单位对事故发生负有责任的，依照下列规定处以罚款。

(1) 发生一般事故的，处10万元以上20万元以下的罚款。

(2) 发生较大事故的，处20万元以上50万元以下的罚款。

(3) 发生重大事故的，处50万元以上200万元以下的罚款。

(4) 发生特别重大事故的，处200万元以上500万元以下的罚款。

事故发生单位主要负责人未依法履行安全生产管理职责，导致事故发生的，依照下列规定处以罚款；属于国家工作人员的，并依法给予处分；构成犯罪的，依法追究刑事责任。

(1) 发生一般事故的，处上一年年收入30%的罚款。

(2) 发生较大事故的，处上一年年收入40%的罚款。

(3) 发生重大事故的，处上一年年收入60%的罚款。

(4) 发生特别重大事故的，处上一年年收入80%的罚款。

事故发生单位对事故发生负有责任的，由有关部门依法暂扣或者吊销其有关证照；对事故发生单位负有事故责任的有关人员，依法暂停或者撤销其与安全生产有关的执业资格、岗位证书；事故发生单位主要负责人受到刑事处罚或者撤职处分的，自刑罚执行完毕或者受处分之日起，5年内不得担任任何生产经营单位的主要负责人。

任务单元7.3 建筑工程项目环境管理

建筑工程项目环境管理包括文明施工与现场管理。企业应遵照《环境管理体系 要求及使用指南》(GB/T 24001—2004)的要求，建立并持续改进环境管理体系。项目经理应全面负责工程项目环境管理的工作。

7.3.1 建筑工程项目环境管理概述

1. 建筑工程项目环境管理的工作内容

项目经理负责施工现场环境管理工作的总体策划和部署，建立项目环境管理组织机构，制定相应制度和措施，组织培训，使各级人员明确环境保护的意义和责任。

项目经理部的工作应包括以下方面。

(1) 按照分区划块原则，搞好项目的环境管理，进行定期检查，加强协调，及时解决发现的问题，实施纠正和预防措施，保持现场良好的作业环境、卫生条件和工作秩序，做到预防污染。

(2) 对环境因素进行控制，制定应急准备和相应措施，并保证信息通畅，预防可能出现非预期的损害。在出现环境事故时，应消除污染，并应制定相应措施，防止环境二次污染。

(3) 应保存有关环境管理的工作记录。

（4）应进行现场节能管理，有条件时应规定能源使用指标。

2. 建筑工程项目环境管理的程序

项目的环境管理应遵循以下程序：确定项目环境管理目标→进行项目环境管理策划→实施项目环境管理策划→验证并持续改进。

7.3.2 建筑工程项目文明施工

文明施工是指保持施工场地整洁、卫生，施工组织科学，施工程序合理的一种施工活动。实现文明施工，不仅要着重做好现场的场容管理工作，而且还要相应做好现场材料、机械、安全、技术、保卫、消防和生活卫生等方面的管理工作。一个工地的文明施工水平是该工地乃至所在企业各项管理工作水平的综合体现。

文明施工应包括以下工作。

（1）进行现场文化建设。

（2）规范场容，保持作业环境整洁卫生。

（3）创造有序生产施工的条件。

（4）减少对居民和环境的不利影响。

项目经理部应对现场人员进行培训教育，提高其文明意识和素质，并按照文明施工标准定期进行评定、考核和总结。

文明施工是环境管理的一部分，由于施工现场的特殊性和各地对建筑业文明施工的重视程度，各地对施工现场文明施工的要求不尽一致。项目经理部在进行文明施工管理时应按照当地的要求进行。文明施工管理应与当地的社区文化、民族特点及风土人情有机结合，树立项目管理良好的社会形象。

7.3.3 建筑工程项目现场管理

建筑工程项目现场管理应遵守以下基本规定。

（1）项目经理部应在施工前了解经过施工现场的地下管线，标出位置，加以保护。施工时发现文物、古迹、爆炸物、电缆等，应当停止施工，保护现场，及时向有关部门报告，并按照规定处理。

（2）施工中需要停水、停电、封路而影响环境时，应经有关部门批准，事先告示。在行人、车辆通过的地方施工，应当设置沟、井、坎、洞覆盖物和标志。

（3）项目经理部应对施工现场的环境因素进行分析，对于可能产生的污水、废气、噪声、固体废弃物等污染源采取措施，进行控制。

（4）建筑垃圾和渣土应堆放在指定地点，定期进行清理。装载建筑材料、垃圾或渣土的运输机械，应采取防止尘土飞扬、撒落或流溢的有效措施。施工现场应根据需要设置机动车辆冲洗设施，冲洗污水应进行处理。

（5）除有符合规定的装置外，不得在施工现场熔化沥青和焚烧油毡、油漆，也不得焚烧其他可产生有毒、有害烟尘和恶臭气味的废弃物。项目经理部应按规定有效地处理有毒、有害物质。禁止将有害废弃物现场回填。

（6）施工现场的场容管理，应符合施工平面图设计的合理安排和物料器具定位管理标准化的要求。

(7) 项目经理部应依据施工条件，按照施工总平面图、施工方案和施工进度计划的要求，认真进行所负责区域的施工平面图的规划、设计、布置、使用和管理。

(8) 现场的主要机械设备、脚手架、密封式安全网与围挡、模具、施工临时道路、各种管线、施工材料制品堆场及仓库、土方及建筑垃圾堆放区、变配电间、消火栓、警卫室、现场的办公、生产和生活临时设施等的布置，均应符合施工平面图的要求。

(9) 现场入口处的醒目位置，应公示以下内容：工程概况、安全纪律、防火须知、安全生产与文明施工规定、施工平面图、项目经理部组织机构图及主要管理人员名单。

(10) 施工现场周边应按当地有关要求设置围挡和相关的安全预防设施。危险品仓库附近应有明显标志及围挡设施。

(11) 施工现场应设置畅通的排水沟渠系统，保持场地道路的干燥坚实。施工现场的泥浆和污水未经处理不得直接排放。地面宜做硬化处理。有条件时，可对施工现场进行绿化布置。

7.3.4 建筑工程项目施工现场环境保护措施

1. 施工现场水污染的处理

(1) 搅拌机前台、混凝土输送泵及运输车辆清洗处应设置沉淀池，废水经二次沉淀后方可排入市政排水管网或回收用于洒水降尘。

(2) 施工现场现制水磨石作业产生的污水，禁止随地排放。作业时要严格控制污水流向，在合理位置设置沉淀池，经沉淀后方可排入市政污水管网。

(3) 对于施工现场气焊用的乙炔发生罐产生的污水，严禁随地倾倒，要求使用专用容器集中存放，并倒入沉淀池处理，以免污染环境。

(4) 现场要设置专用的油漆油料库，并对库房地面做防渗处理，储存、使用及保管要采取措施和专人负责，防止油料泄漏而污染土壤水体。

(5) 施工现场的临时食堂，用餐人数在 100 人以上的，应设置简易有效的隔油池，使产生的污水经过隔油池后再排入市政污水管网。

(6) 禁止将有害废弃物做土方回填，以免污染地下水和环境。

2. 施工现场噪声污染的处理

(1) 施工现场的搅拌机、固定式混凝土输送泵、电锯、大型空气压缩机等强噪声机械设备应搭设封闭式机械棚，并尽可能离居民区远一些设置，以减少强噪声的污染。

(2) 尽量选用低噪声或备有消声降噪设备的机械。

(3) 凡在居民密集区进行强噪声施工作业时，要严格控制施工作业时间，晚间作业不超过 22 时，早晨作业不早于 6 时。特殊情况下需昼夜施工时，应尽量采取降噪措施，并会同建设单位做好周围居民的工作，同时报工地所在地的环保部门备案后方可施工。

(4) 施工现场要严格控制人为的大声喧哗，增强施工人员防噪声扰民的自觉意识。

(5) 加强施工现场环境噪声的长期监测，要有专人监测管理，并做好记录。凡超过《建筑施工场界环境噪声排放标准》(GB 12523—2011)限值的，要及时进行调整，达到施工噪声不扰民的目的。

3. 施工现场空气污染的处理

(1) 施工现场外围设置的围挡不得低于 1.8m，以避免或减少污染物向外扩散。

(2) 施工现场的主要运输道路必须进行硬化处理。现场应采取覆盖、固化、绿化、洒水等有效措施，做到不泥泞、不扬尘。

(3) 对现场有毒、有害气体的产生和排放，必须采取有效措施进行严格控制。

(4) 对于多层或高层建筑物内的施工垃圾，应采用封闭的专用垃圾道或容器吊运，严禁随意凌空抛洒造成扬尘。现场内还应设置密闭式垃圾站，施工垃圾和生活垃圾分类存放。施工垃圾要及时消运，消运时应尽量洒水或覆盖减少扬尘。

(5) 拆除旧建筑物、构筑物时，应配合洒水，减少扬尘污染。

(6) 水泥和其他易飞扬的细颗粒散体材料应密闭存放，使用过程中应采取有效的措施防止扬尘。

(7) 对于土方、渣土的运输，必须采取封盖措施。现场出入口处设置冲洗车辆的设施，出场时必须将车辆清洗干净，不得将泥砂带出现场。

(8) 在城区内施工，应使用商品混凝土，从而减少搅拌扬尘；在城区外施工，混凝土搅拌站应搭设封闭的搅拌棚，搅拌机上应设置喷淋装置方可施工。

(9) 对于现场内的锅炉、茶炉、大灶等，必须设置消烟除尘设备。

(10) 在城区、郊区城镇和居民稠密区、风景旅游区、疗养区及国家规定的文物保护区内施工的工程，严禁使用敞口锅熬制沥青，要使用密闭和带有烟尘处理装置的加热设备。

4. 施工现场固体废物的处理

(1) 物理处理：压实浓缩、破碎、分选、脱水干燥等，减少废物的最终处置量，减少对环境的污染。

(2) 化学处理：氧化还原、中和、化学浸出等。这种方法能破坏固体废物中的有害成分，从而达到无害化，或将其转化成适于进一步处理、处置的形态。

(3) 生物处理：好氧处理、厌氧处理等。

(4) 热处理：焚烧、热解、焙烧、烧结等。

(5) 固化处理：利用水泥、沥青等胶结材料，将松散的废物胶结包裹起来，减少有害物质从废物中向外迁移、扩散。

(6) 回收利用和循环再造：将拆建物料作为建筑材料再利用；将可用的废弃金属、沥青等物料循环再用。

(7) 填埋：将经过无害化、减量化处理的废物残渣集中到填埋场进行处置。禁止将有毒、有害废弃物现场填埋，填埋场应利用天然或人工屏障，并注意保证废物的稳定性和长期安全性。

模块小结

本模块要求学生深刻认识到在建筑工程项目管理中，职业健康安全管理与环境管理的重要意义，建立、实施和保持环境与职业健康安全管理体系认证已经是现代企业管理的一个重要标志。

在熟悉职业健康安全管理的内容和程序、职业健康安全管理目标的基础上，应掌握职业健康安全技术措施计划的编制与实施、职业健康安全隐患和事故的处理等内容。

在熟悉环境管理的内容和程序、文明施工的内容和要求、施工现场管理的规定的基础上，应掌握施工现场环境保护措施等内容。

在学习过程中应注意理论联系实际，提高实践动手能力。

思考与练习

一、单选题

1.(　　)是职业健康安全控制的主要对象。

A. 危险源　　B. 环境　　C. 安全管理制度　　D. 施工现场

2. 安全检查表的缺点是(　　)。

A. 复杂难懂，不易掌握　　B. 只能做出一些定性的评价

C. 不能事先组织专家编制检查项目　　D. 不能使安全检查做到系统化、完整化

3. 职业健康安全技术措施计划的实施不包括(　　)。

A. 职业健康安全生产教育　　B. 职业健康安全生产责任制度

C. 职业健康安全技术交底　　D. 防护和预防教育

4. 以下(　　)事故与建筑工程密切相关。

A. 物体打击、机械伤害、起重伤害、高处坠落

B. 淹溺、灼烫、火灾

C. 瓦斯爆炸、锅炉爆炸、容器爆炸

D. 透水、放炮、火药爆炸

5. 根据国务院令第493号《生产安全事故报告和调查处理条例》，按照事故造成的人员伤亡或者直接经济损失，事故一般分为(　　)。

A. 特别重大事故、重大事故、较大事故、一般事故

B. 轻伤事故、重伤事故、死亡事故、重大伤亡事故、特大伤亡事故、特别重大伤亡事故

C. 一级重大事故、二级重大事故、三级重大事故、四级重大事故

D. 特别重大事故、重大事故、较大事故、一般事故、轻微事故

6. 职业健康安全事故的处理程序为(　　)。

A. 事故报告，事故处理，事故调查，追究法律责任

B. 事故调查，事故报告，事故处理，追究法律责任

C. 事故调查，事故处理，事故报告，追究法律责任

D. 事故报告，事故调查，事故处理，追究法律责任

7. 施工现场外围设置的围挡不得低于(　　)。

A. 1.8m　　B. 2.5m　　C. 3.2m　　D. 2.7m

二、多选题

1. 建筑工程项目环境管理的目的是(　　)。

A. 保护生态环境，使社会的经济发展与人类的生存环境相协调

B. 避免和预防各种不利因素对环境管理造成的影响

C. 控制作业现场的各种粉尘、废水、废气、固体废弃物，以及噪声、振动对环境的污染和危害

D. 考虑能源节约和避免资源的浪费

E. 考虑和避免因管理不当对员工的健康和安全造成的危害

2. 建筑工程职业健康安全与环境管理的特点是(　　)。

A. 施工现场的职业健康安全与环境管理比较复杂

B. 建筑产品的单件性决定了职业健康安全与环境管理的多样性

C. 施工单位对职业健康安全与环境管理费用投入减少

D. 各专业、单位之间互相配合，要注意接口部分职业健康安全与环境管理的协调性

E. 目前我国施工作业人员文化素质高，这是职业健康安全与环境管理的有利因素

3. 施工现场应按期开展安全检查活动，隐患整改达到“五定”要求，“五定”是指(　　)。

A. 定整改责任人　　B. 定整改措施、定整改完成时间

C. 定整改监督人　　D. 定整改完成人　　E. 定整改验收人

4. 职业健康安全技术交底的主要内容包括(　　)。

A. 本工程项目的施工特点以及职业健康安全要求

B. 确保职业健康安全的关键环节、危险部位、安全控制点，以及采取相应的技术、安全和管理措施

C. 做好“四口”“五临边”的防护设施

D. 施工方案及施工方法

E. 对于出现异常征兆、事态或发生事故的应急救援措施

5. 职业健康安全检查的内容有(　　)。

A. 查思想　　B. 查管理　　C. 查作风　　D. 查整改　　E. 查事故处理

6. 职业健康安全事故的处理原则是(　　)。

A. 事故原因不清楚不放过　　B. 事故责任者和员工没有受到教育不放过

C. 事故责任者没有处理不放过　　D. 事故主要责任者不开除不放过

E. 没有制定防范措施不放过

7. 文明施工主要包括(　　)工作。

A. 保证职工的安全和身体健康　　B. 进行现场文化建设

C. 规范场容，保持作业环境整洁卫生　　D. 创造有序生产施工的条件

E. 减少对居民和环境的不利影响

8. 建筑工程项目施工现场环境保护包括(　　)污染的处理。

A. 水　　B. 噪声　　C. 空气　　D. 固体废物　　E. 组织混乱

9. 下列属于固体废弃物的主要处理方法有(　　)。

A. 回收利用　　B. 减量处理　　C. 固化技术

D. 焚烧技术和填埋　　E. 不能焚烧只能填埋

10. 施工现场噪声污染的处理措施有(　　)。

A. 声源控制及传播途径的控制　　B. 接收者的防护

C. 严格控制人为噪声　　D. 控制强噪声作业时间

E. 坚决杜绝强噪声源

三、简答题

1. 简述职业健康安全与环境管理的目的。

2. 简述建筑工程职业健康安全与环境管理的特点。

3. 什么叫危险源？危险源辨识的方法有哪些？施工过程中危险因素一般存在于哪些方面？

4. 一般工程施工职业健康安全技术措施主要包括哪几个方面？

5. 什么是三级安全教育？

6. 施工现场中的“四口”“五临边”是指什么？

7. 职业健康安全事故的处理原则是什么？简述其处理程序。

四、案例分析

1. 某15层商住楼，总建筑面积38700.8m^2，建筑高度50.55m，全现浇钢筋混凝土剪力 墙结构，桩箱复合基础。通过公开招标，建设单位与市建筑集团公司三公司签订了施工合同。工程于2010年5月开工，施工单位制定的职业健康安全管理的程序如下。

(1) 确定职业健康安全管理目标。

(2) 编制职业健康安全技术措施计划。

(3) 进行职业健康安全技术措施计划实施结果的验证。

(4) 进行职业健康安全技术措施计划的实施。

(5) 评价职业健康安全管理绩效并持续改进。

在土方施工阶段，分包回填土施工任务的某施工队采用装载机铲土，在向基础边倒土时，将一名正在⑩轴检查质量的质检员撞倒，送往附近医院抢救无效死亡。经调查，装载机司机未经培训，无操作证并且当时现场没有指挥人员，暴露出该项目经理部安全管理工作的混乱。

问题：

(1) 施工单位职业健康安全管理的程序是否妥当？若不妥，请写出正确的程序。

(2) 职业健康安全技术措施计划包括哪些方面的内容？什么时间编制？由谁编制？

(3) 请简要分析造成这起机械伤害事故的原因。

(4) 施工现场应确定职业健康安全管理目标，职业健康安全管理目标主要包括哪些内容？

2. 某商务大厦工程，建筑面积约45350m^2，钢筋混凝土框架剪力墙结构，桩箱复合基础。由某建筑集团一公司中标承建。2012年9月26日，根据管理人员安排，民工李某等4人使用井字架高车自地面往5层运内墙板，当4人抬一块内墙板刚刚放置在井字架高车的吊篮上时，上方突然掉下一扇钢筋焊制的防护门，将民工李某砸倒，送往医院经抢救无效死亡。

经调查，焊工王某、林某2人正在8层焊接防护门，防护门摆放在安装位置上后，王某本应用手扶持等待焊接，但在未等焊接也未采取固定措施的情况下便将手松开，导致防护门坠落，砸到正在下方作业的民工李某。管理方面，施工单位职业健康安全生产责任制的落实不力，工人违反安全技术操作规程；职业健康安全教育不到位，职业健康安全交底不细致；各专业之间协调配合有漏洞，全局职业健康安全意识差，交叉作业的防护不到位。

问题：

(1) 本工程中的事故可定为哪种等级的事故？依据是什么？

(2) 简要分析造成这起物体打击事故的原因。

(3) 建筑工程施工职业健康安全技术交底应包括哪些主要内容?

(4) 作为该项目的项目经理，在事故发生后应如何进行处置?

模块 8

建筑工程项目资源管理

能力目标

通过本模块的学习，要求对建筑工程项目资源管理有一个总体的认识，熟悉人力资源管理、材料管理、机械设备管理、技术管理和资金管理的内容和任务，通过实践具备相应的能力。

知识目标

任务单元	知识点	学习要求
建筑工程项目资源管理概述	建筑工程项目资源及资源管理的概念	了解
	建筑工程项目资源管理的内容、意义	熟悉
	建筑工程项目资源管理的主要环节	熟悉
建筑工程项目人力资源管理	建筑工程项目人力资源优化配置	熟悉
	建筑工程项目人力资源动态管理	熟悉
	建筑工程项目人力资源教育培训	熟悉
	建筑工程项目人力资源绩效评价与激励	熟悉
建筑工程项目材料管理	建筑工程项目材料的分类	熟悉
	建筑工程项目材料管理的任务	熟悉
	建筑工程项目材料的供应	熟悉
	建筑工程项目材料的现场管理	熟悉
建筑工程项目机械设备管理	机械设备管理的内容	熟悉
	建筑工程项目机械设备的来源	熟悉
	建筑工程项目机械设备的合理使用	熟悉
	建筑工程项目机械设备的保养与维修	熟悉
建筑工程项目技术管理	建筑工程项目技术管理工作的内容	了解
	建筑工程项目技术管理基本制度	熟悉
建筑工程项目资金管理	建筑工程项目资金管理的目的	了解
	建筑工程项目资金收支的预测与分析	熟悉
	建筑工程项目资金的使用管理	熟悉

引 例

某小区住宅楼项目材料管理

1. 项目概况

宝鸡市某职工住宅小区13～22号楼，共10栋高层建筑，全剪力墙结构，总建筑面积17.8万m^2，工程地下1层，地上18～27层。工期450天，质量目标为陕西省“长安杯”。由陕西建工集团第三建筑工程有限公司总承包。

2. 项目管理重点与难点

项目管理重点：应用新科技、新工艺，实现绿色环保施工；深化项目管理，加强成本的过程控制，从而降低施工成本，提高企业竞争力。

项目管理难点：该工程为群体性工程，资金投入量大、回收周期长，材料及时采购压力大；现场采用分区管理模式，分包队伍多，材料管理难度大、调配与协调工作烦琐；面对资金紧缺与材料需求量大的双重矛盾，材料管理的前瞻性和控制力相对复杂；围绕以节约成本为中心环节，创新材料管理理念、优化施工组织设计，特别是材料管理由粗放式向节约式转变的过程控制步履维艰；材料管理项目烦琐、人员庞杂、资金占用量大且至关重要，需要使其条理清晰、有章可循。

3. 材料成本管理目标

通过材料管理的全过程控制，使材料采购系统化、材料使用制度化、材料管理智能化，在不影响工期及施工质量的情况下降低施工成本。

4. 管理过程与方法

1）材料管理智能化

采用项目成本管理软件作为项目部的管理平台，项目部根据每个岗位不同的工作内容和权限确定了分类管理的原则并将其逐一录入软件，使管理软件真正融入具体的业务当中。

2）加强材料采购管理、促进采购系统化

3）策划先行、制度垫后，使材料管理统分兼顾

(1) 材料部门统筹管理与各区域分区管理并存。

(2) 加强与各方沟通，提前介入，赢得商机。

(3) 抓好材料计划管理。

(4) 精打细算，优化施工方案，控制材料用量。

(5) 建立健全材料管理制度，充分发挥分包单位主观能动性，向体制要效益。

4）提倡节能环保、提高材料利用率

(1) 废料利用、变废为宝。

(2) 安全通道、洞口防护、楼梯扶手、现场隔离围栏均使用工具化可拆卸式，装拆方便，节约成本、减少劳务用工，提高了材料的利用率和周转次数，且美观、方便。

5. 管理成效

该项目材料采购系统化目标、过程控制目标、材料管理智能化目标、材料管理人性化、材料节能环保目标均实现。项目部经过统计核算，该项目从“强化群体工程材料管

理、有效控制过程管理成本”活动中得到了较大收益。

引言

建筑工程项目的资源，通常是指投入施工项目的人力、材料、机械设备、技术和资金等各要素，是建筑工程项目得以实现的重要保证。建筑工程项目资源管理，是对项目实施过程中所需要的各种资源进行优化配置，实施动态控制、有效利用，以降低资源消耗的系统管理方法。上述案例就是通过对材料的有效管理，在不影响工期及施工质量的情况下降低了施工成本。

任务单元8.1　建筑工程项目资源管理概述

8.1.1　建筑工程项目资源管理的概念

1. 资源

资源也称生产要素，是指创造出产品所需要的各种因素，即形成生产力的各种要素。建筑工程项目的资源通常是指投入施工项目的人力资源、材料、机械设备、技术和资金等各要素，是完成施工任务的重要手段，也是建筑工程项目得以实现的重要保证。

1）人力资源

人力资源是指在一定时间和空间条件下，劳动力数量和质量的总和。劳动力泛指能够从事生产活动的体力和脑力劳动者，是施工活动的主体，是构成生产力的主要因素，也是最活跃的因素，具有主观能动性。

人力资源掌握生产技术，运用劳动手段，作用于劳动对象，从而形成生产力。

2）材料

材料是指在生产过程中将劳动加于其上的物质资料，包括原材料、设备和周转材料。通过对其进行“改造”而形成各种产品。

3）机械设备

机械设备是指在生产过程中用以改变或影响劳动对象的一切物质的因素，包括机械、设备工具和仪器等。

4）技术

技术指人类在改造自然、改造社会的生产和科学实践中积累的知识、技能、经验及体现它们的劳动资料，包括操作技能、劳动手段、劳动者素质、生产工艺、试验检验、管理程序和方法等。

科学技术是构成生产力的第一要素，科学技术的水平，决定和反映了生产力的水平。科学技术被劳动者所掌握，并且融入劳动对象和劳动手段中，便能形成相当于科学技术水平的生产力水平。

5）资金

在商品生产条件下，进行生产活动，发挥生产力的作用，进行劳动对象的改造，还必须有资金，资金是一定货币和物资的价值总和，是一种流通手段。投入生产的劳动对象、劳动手段和劳动力，只有支付一定的资金才能得到；也只有得到一定的资金，生产者才能将产品销售给用户，并以此维持再生产活动或扩大再生产活动。

2. 建筑工程项目资源管理

建筑工程项目资源管理，是按照建筑工程项目一次性特点和自身规律，对项目实施过程中所需要的各种资源进行优化配置，实施动态控制、有效利用，以降低资源消耗的系统管理方法。

8.1.2 建筑工程项目资源管理的内容

建筑工程项目资源管理，包括人力资源管理、材料管理、机械设备管理、技术管理和资金管理。

1. 人力资源管理

人力资源管理是指为了实现建筑工程项目的既定目标，采用计划、组织、指挥、监督、协调、控制等有效措施和手段，充分开发和利用项目中人力资源所进行的一系列活动的总称。

目前，我国企业或项目经理部在人员管理上引入了竞争机制，具有多种用工形式，包括固定工、临时工、劳务分包公司所属合同工等。项目经理部进行人力资源管理的关键在于加强对劳务人员的教育培训，提高他们的综合素质，加强思想政治工作，明确责任制，调动职工的积极性，加强对劳务人员的作业检查，以提高劳动效率，保证作业质量。

2. 材料管理

材料管理是指项目经理部为顺利完成工程项目施工任务进行的材料计划、订货采购、运输、库存保管、供应加工、使用、回收等一系列的组织和管理工作。

材料管理的重点在现场，项目经理部应建立完善的规章制度，厉行节约和减少损耗，力求降低工程成本。

3. 机械设备管理

机械设备管理是指项目经理部根据所承担的具体工作任务，优化选择和配备施工机械，并且合理使用、保养和维修等各项管理工作。机械设备管理包括选择、使用、保养、维修、改造、更新等诸多环节。

机械设备管理的关键是提高机械设备的使用效率和完好率，实行责任制，严格按照操作规程加强机械设备的使用、保养和维修。

4. 技术管理

技术管理是指项目经理部运用系统的观点、理论和方法，对项目的技术要素与技术活动过程进行计划、组织、监督、控制、协调的全过程管理。

技术要素包括技术人才、技术装备、技术规程、技术资料等；技术活动过程指技术计划、技术运用、技术评价等。技术作用的发挥，除决定于技术本身的水平外，很大程度上还依赖于技术管理水平。没有完善的技术管理，先进的技术是难以发挥作用的。

建筑工程项目技术管理的主要任务，是科学地组织各项技术工作，充分发挥技术的作用，确保工程质量；努力提高技术工作的经济效果，使技术与经济有机地结合起来。

5. 资金管理

资金，从流动过程来讲，首先是投入，即筹集到的资金投入到工程项目上；其次是使用，也就是支出。资金管理也就是财务管理，指项目经理部根据工程项目施工过程中资金流动的规律，编制资金计划，筹集资金，投入资金，进行资金使用、资金核算与分析等管理工作。项目资金管理的目的是保证收入、节约支出、防范风险和提高经济效益。

8.1.3 建筑工程项目资源管理的意义

建筑工程项目资源管理的最根本意义是通过市场调研，对资源进行合理配置，并在项目管理过程中加强管理，力求以较小的投入取得较好的经济效益。具体体现在以下方面。

(1) 进行资源优化配置，即适时、适量、比例适当、位置适宜地配备或投入资源，以满足工程需要。

(2) 进行资源的优化组合，使投入工程项目的各种资源搭配适当，在项目中发挥协调作用，有效地形成生产力，适时、合格地生产出产品(工程)。

(3) 进行资源的动态管理，即按照项目的内在规律，有效地计划、组织、协调、控制各资源，使之在项目中合理流动，在动态中寻求平衡。动态管理的目的和前提是优化配置与组合，动态管理是优化配置和组合的手段与保证。

(4) 在建筑工程项目运行中，合理、节约地使用资源，以降低工程项目成本。

8.1.4 建筑工程项目资源管理的主要环节

1. 编制资源配置计划

编制资源配置计划的目的，是根据业主需要和合同要求，对各种资源投入量、投入时间、投入步骤做出合理安排，以满足施工项目实施的需要。计划是优化配置和组合的手段。

2. 资源供应

为保证资源的供应，应根据资源配置计划，安排专人负责组织资源的来源，进行优化选择，并投入到施工项目，使计划得以实现，保证项目的需要。

3. 节约使用资源

根据各种资源的特性进行科学配置和组合，协调投入，合理使用，不断纠正偏差，达到节约资源、降低成本的目的。

4. 对资源使用情况进行核算

通过对资源的投入、使用与产出的情况进行核算，了解资源的投入、使用是否恰当，最终实现节约使用的目的。

5. 进行资源使用效果的分析

一方面对管理效果进行总结，找出经验和问题，评价管理活动；另一方面又为管理提供储备和反馈信息，以指导今后(或下一个循环)的管理工作。

任务单元8.2 建筑工程项目人力资源管理

建筑企业或项目经理部进行人力资源管理，应根据工程项目施工现场客观规律的要求，合理配备和使用人力资源，并按工程进度的需要不断调整，在保证现场生产计划顺利完成的前提下，提高劳动生产率，达到以最小的劳动消耗取得最大的社会效益和经济效益的目标。

8.2.1 建筑工程项目人力资源优化配置

人力资源优化配置的目的是为了保证施工项目进度计划的实现，提高劳动力使用效率，降低工程成本。项目经理部应根据项目进度计划和作业特点优化配置人力资源，制订人力需求计划，报企业人力资源管理部门批准，企业人力资源管理部门与劳务分包公司签订劳务分包合同。远离企业本部的项目经理部，可在企业法定代表人授权下与劳务分包公司签订劳务分包合同。

1. 人力资源配置的要求

1）数量合适

根据工程量的多少和合理的劳动定额，结合施工工艺和工作面的情况确定劳动者的数量，使劳动者在工作时间内满负荷工作。

2）结构合理

劳动力在组织中的知识结构、技能结构、年龄结构、体能结构、工种结构等方面，应与所承担的生产任务相适应，满足施工和管理的需要。

3）素质匹配

素质匹配是指：劳动者的素质结构与物质形态的技术结构相匹配；劳动者的技能素质与所操作的设备、工艺技术的要求相适应；劳动者的文化程度、业务知识、劳动技能、熟练程度和身体素质等与所担负的生产和管理工作相适应。

2. 人力资源配置的方法

人力资源的高效率使用，关键在于制订合理的人力资源使用计划。企业管理部门应审核项目经理部的进度计划和人力资源需求计划，并做好下列工作。

(1) 在人力资源需求计划的基础上编制工种需求计划，防止漏配。必要时根据实际情况对人力资源计划进行调整。

(2) 人力资源配置应贯彻节约原则，尽量使用自有资源；若现在劳动力不能满足要求，项目经理部应向企业申请加配，或在企业授权范围内进行招募，或把任务转包出去；如现有人员或新招收人员在专业技术或素质上不能满足要求，应提前进行培训，再上岗作业。

(3) 人力资源配置应有弹性，让班组有超额完成指标的可能，激发工人的劳动积极性。

(4) 尽量使项目使用的人力在组织上保持稳定，防止频繁变动。

(5) 为保证作业需要，工种组合、能力搭配应适当。

(6) 应使人力资源均衡配置以便于管理，达到节约的目的。

3. 劳动力的组织形式

企业内部的劳务承包队，是按作业分工组成的，根据签订的劳务合同可以承包项目经理部所辖的一部分或全部工程的劳务作业任务。其职责是接受企业管理层的派遣，承包工程，进行内部核算，并负责职工培训、思想工作、生活服务、支付工人劳动报酬等。

项目经理部根据人力需求计划、劳务合同的要求，接收劳务分包公司提供的作业人员，根据工程需要，保持原建制不变或重新组合。组合的形式有以下三种：

(1) 专业班组。即按施工工艺由同一工种(专业)的工人组成班组，专业班组只完成其专业范围内的施工过程。这种组织形式有利于提高专业施工水平，提高劳动熟练程度和劳动效率，但各工种之间协作配合难度较大。

(2) 混合班组。即按产品专业化的要求由相互联系的多工种工人组成综合性班组。工人在一个集体中可以打破工种界限，混合作业，有利于协作配合，但不利于专业技能及操作水平的提高。

(3) 大包队。大包队实际上是扩大了的专业班组或混合班组，适用于一个单位工程或分部工程的综合作业承包，队内还可以划分专业班组。其优点是可以进行综合承包，独立施工能力强，有利于协作配合，简化了项目经理部的管理工作。

8.2.2 建筑工程项目劳务分包合同

项目所使用的人力资源无论是来自企业内部，还是企业外部，均应通过劳务分包合同进行管理。

劳务分包合同是委托和承接劳动任务的法律依据，是签约双方履行义务、享受权利及解决争议的依据，也是工程顺利实施的保障。劳务分包合同的内容应包括：工程名称，工作内容及范围，提供劳务人员的数量、合同工期，合同价款及确定原则，合同价款的结算和支付，安全施工，重大伤亡及其他安全事故处理，工程质量、验收与保修，工期延误，文明施工，材料机具供应，文物保护，发包人、承包人的权利和义务，违约责任等。

劳务合同通常有两种形式：一种是按施工预算中的清工承包；另一种是按施工预算或投标价承包。一般根据工程任务的特点与性质来选择合同形式。

8.2.3 建筑工程项目人力资源动态管理

人力资源的动态管理是指根据项目生产任务和施工条件的变化，对人力需求和使用进行跟踪平衡、协调，以解决劳务失衡、劳务与生产脱节的动态过程。其目的是实现人力动态的优化组合。

1. 人力资源动态管理的原则

(1) 以建筑工程项目的进度计划和劳务合同为依据。

(2) 始终以劳动力市场为依托，允许人力在市场内充分合理地流动。

(3) 以企业内部劳务的动态平衡和日常调度为手段。

(4) 以达到人力资源的优化组合和充分调动作业人员的积极性为目的。

2. 项目经理部在人力资源动态管理中的责任

为了提高劳动生产率，充分有效地发挥和利用人力资源，项目经理部应做好以下工作。

(1) 项目经理部应根据工程项目人力需求计划向企业劳务管理部门申请派遣劳务人员，并签订劳务合同。

（2）为了保证作业班组有计划地进行作业，项目经理部应按规定及时向班组下达施工任务单或承包任务书。

（3）在项目施工过程中不断进行劳动力平衡、调整，解决施工要求与劳动力数量、工种、技术能力、相互配合间存在的矛盾。项目经理部可根据需要及时进行人力的补充或减员。

（4）按合同支付劳务报酬。解除劳务合同后，将人员遣归劳务市场。

3. 企业劳务管理部门在人力资源动态管理中的职责

企业劳务管理部门对劳动力进行集中管理，在动态管理中起着主导作用，它应做好以下工作。

（1）根据施工任务的需要和变化，从社会劳务市场中招募和遣返劳动力。

（2）根据项目经理部提出的劳动力需要量计划与项目经理部签订劳务合同，按合同向作业队下达任务，派遣队伍。

（3）对劳动力进行企业范围内的平衡、调度和统一管理。某一施工项目中的承包任务完成后，收回作业人员，重新进行平衡、派遣。

（4）负责企业劳务人员的工资、奖金管理，实行按劳分配，兑现奖罚。

8.2.4 建筑工程项目人力资源的教育培训

作为建筑工程项目管理活动中至关重要的一个环节，人力资源培训与考核起到了及时为项目输送合适的人才，在项目管理过程中不断提高员工素质和适应力，全力推动项目进展等作用。在组织竞争与发展中，努力使人力资源增值，从长远来说是一项战略任务，而培训开发是人力资源增值的重要途径。

建筑业属于劳动密集型产业，人员素质层次不同，劳动用工中合同工和临时工比重大，人员素质较低，劳动熟练程度参差不齐，专业跨度大，室外作业及高空作业多，使得人力资源管理具有很大的复杂性。只有加强人力资源的教育培训，对拟用的人力资源进行岗前教育和业务培训，不断提高员工素质，才能提高劳动生产率，充分有效地发挥和利用人力资源，减少事故的发生率，降低成本，提高经济效益。

1. 合理的培训制度

1）计划合理

根据以往培训的经验，应初步拟定各类培训的时间周期。认真细致的分析培训需求，初步安排出不同层次员工的培训时间、培训内容和培训方式。

2）注重实施

在培训过程当中，做好各个环节的记录，实现培训全过程的动态管理。与参加培训的员工保持良好的沟通，根据培训意见反馈情况，对出现的问题和建议与培训师进行沟通，及时纠偏。

3）跟踪培训效果

培训结束后，对培训质量、培训费用、培训效果进行科学的评价。其中，培训效果是评价的重点，主要应包括是否公平分配了企业员工的受训机会、通过培训是否提高了员工满意度、是否节约了时间和成本、受训员工是否对培训项目满意等。

2. 层次分明的培训

建筑工程项目人员一般有三个层次，即高层管理者、中层协调者和基层执行者，其职责和工作任务各不相同，对其素质的要求自然也不同。因此，在培训过程中，对于三个层次人员的培训内容、方式均要有所侧重。如对进场劳务人员首先要进行入场教育和安全教育，使其具备必要的安全生产知识，熟悉有关安全生产规章制度和操作规程，掌握本岗位的安全操作技能；然后再不断进行技术培训，提高其施工操作熟练程度。

3. 合适的培训时机

培训的时机是有讲究的。在建筑工程项目管理中，鉴于施工季节性强的特点，不能强制要求现场技术人员在施工的最佳时机离开现场进行培训，否则不仅影响生产，培训的效果也会大打折扣。因此，掌握合适的培训时机，会带来更好的培训效果。

8.2.5 建筑工程项目人力资源的绩效评价与激励

人力资源的绩效评价既要考虑人力的工作业绩，还要考虑其工作过程、行为方式和客观环境条件，并且应与激励机制相结合。

1. 绩效评价的含义

绩效评价指按一定标准，应用具体的评价方法，检查和评定人力个体或群体的工作过程、工作行为、工作结果，以反映其工作成绩，并将评价结果反馈给个体或群体的过程。

绩效评价一般分为三个层次：组织整体的、项目团队或项目小组的、员工个体的。其中，个体的绩效评价是项目人力资源管理的基本内容。

2. 绩效评价的作用

现代项目人力资源管理是系统性管理，即从人力资源的获得、选择与招聘，到使用中的培训与提高、激励与报酬、考核与评价等全方位、专门的管理体系，其中绩效评价尤其重要。绩效评价为人力资源管理各方面提供反馈信息，作用如下：

(1) 绩效评价可使管理者重新制订或修订培训计划，纠正可识别的工作失误。

(2) 确定员工的报酬。现代项目管理要求员工的报酬遵守公平与效率的原则，因此，必须对每位员工的劳动成果进行评定和计量，按劳分配。合理的报酬不仅是对员工劳动成果的认可，还可以产生激励作用，在组织内部形成竞争的氛围。

(3) 通过绩效评价，可以掌握员工的工作信息，如工作成就、工作态度、知识和技能的运用程度等，从而决定员工的留退、升降、调配。

(4) 通过绩效评价，有助于管理者对员工实施激励机制，如薪酬奖励、授予荣誉、培训提高等。

为了充分发挥绩效评价的作用，在绩效评价方法、评价过程、评价影响等方面，必须遵循公开公平、客观公正、多渠道、多方位、多层次的评价原则。

3. 员工激励

员工激励是做好项目管理工作的重要手段，管理者必须深入了解员工个体或群体的各种需要，正确选择激励手段，制定合理的奖惩制度，恰当地采取奖惩和激励措施。激励能够提高员工的工作效率，有助于项目整体目标的实现，有助于提高员工的素质。

激励方式多种多样，如物质激励与荣誉激励、参与激励与制度激励、目标激励与环境激励、榜样激励与情感激励等。

任务单元8.3　建筑工程项目材料管理

做好建筑工程项目材料管理工作，有利于合理使用和节约材料，保证并提高建筑产品的质量，降低工程成本，加速资金周转，增加企业盈利，提高经济效益。

8.3.1　建筑工程项目材料的分类

一般建筑工程项目中，用到的材料品种繁多，材料费用占工程造价的比重较大，加强材料管理是提高经济效益的最主要途径。材料管理应抓住重点，分清主次，分别管理控制。

材料分类的方法很多，可按材料在生产中的作用、材料的自然属性和管理方法的不同等进行分类。

1. 按材料的作用分类

按材料在建筑工程中所起的作用，可分为主要材料、辅助材料和其他材料。这种分类方法便于制定材料的消耗定额，从而进行成本控制。

2. 按材料的自然属性分类

按材料的自然属性，可分为金属材料和非金属材料。这种分类方法便于根据材料的物理和化学性能进行采购、运输和保管。

3. 按材料的管理方法分类

ABC分类法是按材料价值在工程中所占比重来划分的，这种分类方法便于找出材料管理的重点对象，针对不同对象采取不同的管理措施，以便取得良好的经济效益。

ABC分类法是把成本占材料总成本75%～80%，而数量占材料总数量10%～15%的材料列为A类材料；成本占材料总成本10%～15%，而数量占材料总数量20%～25%的材料列为B类材料；成本占材料总成本5%～10%，而数量占材料总数量65%～70%的材料列为C类材料。A类材料为重点管理对象，如钢材、水泥、木材、砂子、石子等，由于其占用资金较多，要严格控制订货量，尽量减小库存，把这类材料控制好，能对节约资金起到重要的作用；B类材料为次要管理对象，对B类材料也不能忽视，应认真管理，定期检查，控制其库存，按经济批量订购，按储备定额储备；C类材料为一般管理对象，可采取简化方法管理，稍加控制即可。

8.3.2　建筑工程项目材料管理的任务

建筑工程项目材料管理的主要任务，可归纳为保证供应、降低消耗、加速周转、节约费用四个方面，具体内容如下。

1. 保证供应

材料管理的首要任务是根据施工生产的要求，按时、按质、按量供应生产所需的各种材料。经常保持供需平衡，既不短缺导致停工待料，也不超储积压造成浪费和资金周转失灵。

2. 降低消耗

合理、节约地使用各种材料，提高它们的利用率，就要制定合理的材料消耗定额，严格地按定额计划平衡材料、供应材料、考核材料消耗情况，在保证供应时监督材料的合理使用及节约使用。

3. 加速周转

缩短材料的流通时间，加速材料周转，这也意味着加快资金的周转。为此，要统筹安排供应计划，搞好供需衔接；合理选择运输方式和运输工具，尽量就近组织供应，力争直达直拨供应，减少二次搬运；合理设库和科学地确定库存储备量，以保证及时供应，加快周转。

4. 节约费用

全面地实行经济核算，不断降低材料管理费用，以最少的资金占用、最低的材料成本，完成最多的生产任务。为此，在材料供应管理工作中，必须明确经济责任，加强经济核算，提高经济效益。

8.3.3 建筑工程项目材料的供应

1. 企业管理层的材料采购供应

建筑工程项目材料管理的目的是贯彻节约原则，降低工程成本。材料管理的关键环节在于材料的采购供应。工程项目所需要的主要材料和大宗材料，应由企业管理层负责采购，并按计划供应给项目经理部，企业管理层的采购与供应直接影响着项目经理部工程项目目标的实现。

企业物流管理部门对工程项目所需的主要材料、大宗材料实行统一计划、统一采购、统一供应、统一调度和统一核算，并对使用效果进行评估，实现工程项目的材料管理目标。企业管理层材料管理的主要任务如下。

(1) 综合各项目经理部材料需用量计划，编制材料采购和供应计划，确定并考核施工项目的材料管理目标。

(2) 建立稳定的供货渠道和资源供应基地，在广泛搜集信息的基础上，发展多种形式的横向联合，建立长期、稳定、多渠道可供选择的货源，组织好采购招标工作，以便获取优质低价的物质资源，为提高工程质量、降低工程成本打下牢固的物质基础。

(3) 制定本企业的材料管理制度，包括材料目标管理制度、材料供应和使用制度，并进行有效的控制、监督和考核。

2. 项目经理部的材料采购供应

为了满足施工项目的特殊需要，调动项目管理层的积极性，企业应授权项目经理部必要的材料采购权，负责采购授权范围内所需的材料，以利于弥补相互间的不足，保证供应。随着市场经济的不断完善，建筑材料市场必将不断扩大，项目经理部的材料采购权也会越来越大。此外，对于企业管理层的采购供应，项目管理层也可拥有一定的建议权。

3. 企业内部的材料市场

为了提高经济效益，促进节约，培养节约意识，降低成本，提高竞争力，企业应在专业分工的基础上，把商品市场的契约关系、交换方式、价格调节、竞争机制等引入企业，建立企业内部的材料市场，以满足施工项目的材料需求。

在内部材料市场中，企业材料部门是卖方，项目管理层是买方，各方的权限和利益由双方签订买卖合同予以明确。主要材料和大宗材料、周转材料、大型工具、小型及随手工具，均应采取付费或租赁方式在内部材料市场解决。

8.3.4 建筑工程项目材料的现场管理

1. 材料的管理责任

项目经理是现场材料管理的全面领导者和责任者；项目经理部材料员是现场材料管理的直接责任人；班组料具员在主管材料员业务指导下，协助班组长并监督本班组合理领料、用料、退料。

2. 材料的进场验收

材料进场验收能够划清企业内部和外部经济责任，防止进料中的差错事故和因供货单位、运输单位的责任事故给企业造成不应有的损失。

1）进场验收要求

材料进场验收必须做到认真、及时、准确、公正、合理；严格检查进场材料的有害物质含量检测报告，按规范应复验的必须复验，无检测报告或复验不合格的应予以退货；严禁使用有害物质含量不符合国家规定的建筑材料。

2）进场验收

材料进场前应根据施工现场平面图进行存料场地及设施的准备，保持进场道路畅通，以便运输车辆进出。验收的内容包括单据验收、数量验收和质量验收。

3）验收结果处理

(1) 进场材料验收后，验收人员应按规定填写各类材料的进场检测记录。

(2) 材料经验收合格后，应及时办理入库手续，由负责采购供应的材料人员填写《验收单》，经验收人员签字后办理入库，并及时登账、立卡、标识。

(3) 经验收不合格，应将不合格的物资单独码放于不合格区，并进行标识，尽快退场，以免用于工程。同时做好不合格品记录和处理情况记录。

(4) 已进场(入库)材料，发现质量问题或技术资料不齐时，收料员应及时填报《材料质量验收报告单》报上一级主管部门，以便及时处理，暂不发料、不使用，原封妥善保管。

3. 材料的储存与保管

材料的储存，应根据材料的性能和仓库条件，按照材料保管规程采用科学的方法进行保管和保养，以减少材料保管损耗，保持材料原有使用价值。进场的材料应建立台账，要日清、月结、定期盘点、账实相符。

材料储存应满足下列要求。

(1) 入库的材料应按型号、品种分区堆放，并分别编号、标识。

(2) 易燃易爆的材料应专门存放、专人负责保管，并有严格的防火、防爆措施。

(3) 有防湿、防潮要求的材料，应采取防湿、防潮措施，并做好标识。

(4) 有保质期的库存材料应定期检查，防止过期，并做好标识。

(5) 易损坏的材料应保护好外包装，防止损坏。

4. 材料的发放和领用

材料领发标志着料具从生产储备转入生产消耗，必须严格执行领发手续，明确领发责任。控制材料的领发，监督材料的耗用，是实现工程节约、防止超耗的重要保证。

凡有定额的工程用料，都应凭定额领料单实行限额领料。限额领料是指在施工阶段对施工人员所使用物资的消耗量控制在一定的消耗范围内，是企业内开展定额供应、提高材料的使用效果和企业经济效益、降低材料成本的基础和手段。超限额的用料，用料前应办理手续，填写超限额领料单，注明超耗原因，经项目经理部材料管理人员审批后实施。

材料的领发应建立领发料台账，记录领发状况和节超状况，分析、查找用料节超原因，总结经验，吸取教训，不断提高管理水平。

5. 材料的使用监督

对材料的使用进行监督是为了保证材料在使用过程中能合理地消耗，充分发挥其最大效用。监督的内容包括：是否认真执行领发手续，是否严格执行配合比，是否按材料计划合理用料，是否做到随领随用、工完料净、工完料退、场退地清、谁用谁清，是否按规定进行用料交底和工序交接，是否做到按平面图堆料，是否按要求保护材料等。检查是监督的手段，检查要做好记录，对存在的问题应及时分析处理。

任务单元8.4 建筑工程项目机械设备管理

随着工程施工机械化程度的不断提高，机械设备在施工生产中发挥着不可替代的决定性作用。施工机械设备的先进程度及数量，是施工企业的主要生产力，是保持企业在市场经济中稳定协调发展的重要物质基础。加强建筑工程项目机械设备管理，对于充分发挥机械设备的潜力、降低工程成本、提高经济效益起着决定性的作用。

8.4.1 机械设备管理的内容

机械设备管理的具体工作内容包括：机械设备的选择及配套、维修和保养、检查和修理、制定管理制度、提高操作人员技术水平、有计划地做好机械设备的改造和更新。

8.4.2 建筑工程项目机械设备的来源

建筑工程项目所需用的机械设备通常由以下方式获得。

(1) 企业自有。建筑企业根据本身的性质、任务类型、施工工艺特点和技术发展趋势购置部分企业常年大量使用的机械设备，达到较高的机械利用率和经济效果。项目经理部可调配或租赁企业自有的机械设备。

(2) 租赁方式。某些大型、专用的特殊机械设备，建筑企业不适宜自行装备时，可以租赁方式获得使用。租用施工机械设备时，必须注意核实以下内容：出租企业的营业执照、租赁资质、机械设备安装资质、安全使用许可证、设备安全技术定期检定证明、机械操作人员作业证等。

(3) 机械施工承包。某些操作复杂、工程量较大或要求人与机械密切配合的工程，如大型土方、大型网架安装、高层钢结构吊装等，可由专业机械化施工公司承包。

(4) 企业新购。根据施工情况需要自行购买的施工机械设备、大型机械及特殊设备，应充分调研，制定出可行性研究报告，上报企业管理层和专业管理部门审批。

施工中所需的机械设备具体采用哪种方式获得，应通过技术经济分析确定。

8.4.3 建筑工程项目机械设备的合理使用

要使施工机械正常运转，在使用过程中经常保持完好的技术状况，就要尽量避免机件的过早磨损及消除可能产生的事故，延长机械的使用寿命，提高机械的生产效率。合理使用机械设备必须做好以下工作。

(1) 人机固定。实行机械使用、保养责任制，指定专人使用、保养，实行专人专机，以便操作人员更好的熟悉机械性能和运转情况，更好的操作设备。非本机人员严禁上机操作。

(2) 实行操作证制度。对所有机械操作人员及修理人员都要进行上岗培训，建立培训档案，让他们既掌握实际操作技术又懂得基本的机械理论知识和机械构造，经考核合格后持证上岗。

(3) 遵守合理使用规定。严格遵守合理的使用规定，防止机件早期磨损，延长机械使用寿命和修理周期。

(4) 实行单机或机组核算。将机械设备的维护、机械成本与机车利润挂钩进行考核，根据考核成绩实行奖惩，这是提高机械设备管理水平的重要举措。

(5) 合理组织机械设备施工。加强维修管理，提高单机效率和机械设备的完好率，合理组织机械调配，搞好施工计划工作。

(6) 做好机械设备的综合利用。施工现场使用的机械设备尽量做到一机多用，充分利用台班时间，提高机械设备利用率。如垂直运输机械，也可在回转范围内进行水平运输、装卸等。

(7) 机械设备安全作业。在机械作业前项目经理部应向操作人员进行安全操作交底，使操作人员清楚地了解施工要求、场地环境、气候等安全生产要素。项目经理部应按机械设备的安全操作规程安排工作和进行指挥，不得要求操作人员违章作业，也不得强令机械设备带病操作，更不得指挥和允许操作人员野蛮施工。

(8) 为机械设备的施工创造良好条件。现场环境、施工平面布置应满足机械设备作业要求，道路交通应畅通、无障碍，夜间施工要安排好照明。

8.4.4 建筑工程项目机械设备的保养与维修

为保证机械设备经常处于良好的技术状态，必须强化对机械设备的维护保养工作。机械设备的保养与维修应贯彻“养修并重、预防为主”的原则，做到定期保养，强制进行，正确处理使用、保养和修理的关系，不允许只用不养，只修不养。

1. 机械设备的保养

机械设备的保养坚持推广以“清洁、润滑、调整、紧固、防腐”为主要内容的“十字”作业法，实行例行保养和定期保养制，严格按使用说明书规定的周期及检查保养项目进行。

(1) 例行(日常)保养。例行保养属于正常使用管理工作，不占用机械设备的运转时间，例行保养是在机械运行的前后及过程中进行的清洁和检查，主要检查要害、易损零部件(如机械安全装置)的情况、冷却液、润滑剂、燃油量、仪表指示等。例行保养由操作人员自行完成，并认真填写机械例行保养记录。

(2) 强制保养。所谓强制保养，是按一定的周期和内容分级进行，需占用机械设备运转时间而停工进行的保养。机械设备运转到了规定的时限，不管其技术状态好坏、任务轻重，都必须按照规定作业范围和要求进行检查和维护保养，不得借故拖延。

企业要开展现代化管理教育，使各级领导和广大设备使用工作者认识到：机械设备的完好率和使用寿命，在很大程度上取决于保养工作的好坏。如忽视机械技术保养，只顾眼前的需要和方便，直到机械设备不能运转时才停用，则必然会导致设备的早期磨损、寿命缩短，各种材料消耗增加，甚至危及安全生产。不按照规定保养设备是粗野的使用、愚昧的管理，与现代化企业的科学管理是背道而驰的。

2. 机械设备的维修

机械设备修理是对机械设备的自然损耗进行修复，排除机械运行的故障，对损坏的零部件进行更换、修复。对机械设备的维修可以保证机械设备的使用效率，延长使用寿命。机械设备修理分为大修理、中修理和小修理。

(1) 大修理。是对机械设备进行全面的解体检查修理，保证各零部件质量和配合要求，使其达到良好的技术状态，恢复可靠性和精度等工作性能，以延长机械的使用寿命。

(2) 中修理。是更换与修复设备的主要零部件和数量较多的其他磨损件，并校正机械设备的基准，恢复设备的精度、性能和效率，以延长机械设备的大修间隔。

(3) 小修理。一般指临时安排的修理，目的是消除操作人员无力排除的突然故障、个别零件损坏或一般事故性损坏等问题，一般都和保养相结合，不列入修理计划。而大修、中修需列入修理计划，并按计划的预检修制度执行。

任务单元8.5 建筑工程项目技术管理

8.5.1 建筑工程项目技术管理工作的内容

建筑工程项目技术管理工作包括技术管理基础工作、施工过程的技术管理工作、技术开发管理工作三方面的内容。

1. 技术管理基础工作

技术管理基础工作，包括实行技术责任制、执行技术标准与规程、制定技术管理制度、开展科学研究、开展科学实验、交流技术情报和管理技术文件等。

2. 施工过程技术管理工作

施工过程的技术管理工作，包括施工工艺管理、材料试验与检验、计量工具与设备的技术核定、质量检查与验收和技术处理等。

3. 技术开发管理工作

技术开发管理工作，包括技术培训、技术革新、技术改造、合理化建议和技术攻关等。

8.5.2 建筑工程项目技术管理基本制度

1. 图样自审与会审制度

建立图样会审制度，明确会审工作流程，了解设计意图，明确质量要求，将图样上存在的问题和错误、专业之间的矛盾等，尽可能地在工程开工之前解决。

施工单位在收到施工图及有关技术文件后，应立即组织有关人员学习研究施工图样。在学习、熟悉图样的基础上进行图样自审。

图样会审是指在开工前，由建设单位或其委托的监理单位组织、设计单位和施工单位参加，对全套施工图样共同进行的检查与核对。图样会审的程序如下。

(1) 设计单位介绍设计意图和图样、设计特点及对施工的要求。

(2) 施工单位提出图样中存在的问题和对设计的要求。

(3) 三方讨论与协商，解决提出的问题，写出会议纪要，交给设计人员，设计人员对会议纪要提出的问题进行书面解释或提出设计变更通知书。

图样会审是施工单位领会设计意图、熟悉设计图样的内容、明确技术要求、及早发现并消除图样中的技术错误和不当之处的重要手段，它是施工单位在学习和审查图样的基础上，进行质量控制的一种重要而有效的方法。

2. 建筑工程项目管理实施规划与季节性施工方案管理制度

建筑工程项目管理实施规划是整个工程施工管理的执行计划，必须由项目经理组织项目经理部在开工前编制完成，旨在指导施工项目实施阶段的管理和施工。

由于工程项目生产周期长，一般项目都要跨季施工，又因施工为露天作业，所以跨季连续施工的工程项目必须编制季节性施工方案，遵守相关规范，采取一定措施保证工程质量。如工程所在地室外平均气温连续 5 天稳定低于 5℃时，则应按冬期施工方案施工。

3. 技术交底制度

制定技术交底制度，明确技术交底的详细内容和施工过程中需要跟踪检查的内容，以保证技术责任制的落实、技术管理体系正常运转以及技术工作按标准和要求运行。

技术交底是在正式施工前，对参与施工的有关管理人员、技术人员及施工班组的工人交代工程情况和技术要求，避免发生指导和操作错误，以便科学地组织施工，并按合理的工序、工艺流程进行作业。技术交底包括整个工程、各分部分项工程、特殊和隐蔽工程，应重点强调易发生质量事故和安全事故的工程部位或工序，防止发生事故。技术交底必须满足施工规范、规程、工艺标准、质量验收标准和施工合同条款。

1) 技术交底形式

(1) 书面交底。把交底的内容和技术要求以书面形式向施工的负责人和全体有关人员交底，交底人与接受人在交底完成后，分别在交底书上签字。

(2) 会议交底。通过组织相关人员参加会议，向到会者进行交底。

(3) 样板交底。组织技术水平较高的工人做出样板，经质量检查合格后，对照样板向施工班组交底。交底的重点是操作要领、质量标准和检验方法。

(4) 挂牌交底。将交底的主要内容、质量要求写在标牌上，挂在操作场所。

(5) 口头交底。适用于人员较少、操作时间比较短、工作内容比较简单的项目。

(6) 模型交底。对于比较复杂的设备基础或建筑构件，可做模型进行交底，使操作者加深认识。

2) 设计交底

由设计单位的设计人员向施工单位交底，一般和图样会审一起进行。内容包括：设计图样文件的依据，建设项目所处规划位置、地形、地貌、气象、水文地质、工程地质、地震烈度，施工图设计依据，设计意图以及施工时的注意事项等。

3) 施工单位技术负责人向下级技术负责人交底

施工单位技术负责人向下级技术负责人交底的内容包括：工程概况一般性交底，工程特点及设计意图，施工方案，施工准备要求，施工注意事项(包括地基处理、主体施工、装饰工程的注意事项)，以及工期、质量、安全等。

4) 技术负责人对工长、班组长进行技术交底

施工项目技术负责人应按分部分项工程对工长、班组长进行技术交底，内容包括：设计图样具体要求，施工方案实施的具体技术措施及施工方法，土建与其他专业交叉作业的协作关系及注意事项，各工种之间协作与工序交接质量检查，设计要求，规范、规程、工艺标准，施工质量标准及检验方法，隐蔽工程记录、验收时间及标准，成品保护项目、办法与制度，以及施工安全技术措施等。

5) 工长对班组长、工人交底

工长主要利用下达施工任务书的时间对班组长、工人进行分项工程操作交底。

4. 隐蔽、预检工作管理制度

隐蔽、预检工作实行统一领导，分专业管理。各专业应明确责任人，管理制度要明确隐蔽、预检的项目和工作程序，参加的人员制订分栋号、分层、分段的检查计划，对遗留问题的处理要有专人负责，确保及时、真实、准确、系统，资料完整具有可追溯性。

隐蔽工程是指完工后将被下一道工序掩盖，其质量无法再次进行复查的工程部位。隐蔽工程项目在隐蔽前应进行严密检查，做好记录，签署意见，办理验收手续，不得后补。如有问题需复验的，必须办理复验手续，并由复验人作出结论，填写复验日期。建筑工程隐蔽工程验收项目见表 8-1。

表 8-1　建筑工程隐蔽工程验收项目

序号	项　目	检　查　内　容
1	基础工程	地质、土质情况，标高尺寸，坟、井、塘、人防的处理情况，基础断面尺寸，桩的位置、数量和试桩打桩记录，人工地基的试验记录等
2	钢筋混凝土工程	钢筋的品种、规格、数量、位置、锚固、形状、焊接尺寸、接头位置和除锈情况，预埋件的数量及位置，材料代用变更情况，预制楼板板缝及楼板胡子筋处理情况，保护层情况等
3	现场结构焊接	钢筋焊接包括焊接形式及焊接种类，焊条、焊剂型号，焊口规格，焊缝长度、厚度及外观清渣等，大楼板的连接盘焊接，阳台尾筋焊接

续表

序号	项目	检查内容
4	钢结构焊接	母材及焊条品种、规格、焊条烘焙记录，焊接工艺要求和必要的试验，焊缝质量检查等级要求，焊缝不合格率统计及保证质量、返修措施、返修复查记录等，高强螺栓施工检验记录
5	防水工种	屋面、地下室、水下结构物的防水找平层的质量情况、干燥程度，防水层数、沥青胶的软化点、延伸度、防水处理措施的质量
6	各种给排水及暖卫暗管道	位置、标高、坡度、试压、通水试验、焊接、防锈、防腐保温及埋件等
7	锅炉	保温前的胀管情况、焊接、接口位置、螺栓固定及打泵试验
8	各种暗配电气线路	位置、规格、标高、弯度、防腐、接头等，电缆耐压绝缘试验，地线、地板、避雷针的接地电阻
9	其他	完工后无法进行验收的工程，重要结构部位和有特殊要求的隐蔽工程

施工预检是工程项目或分项工程在施工前所进行的预先检查。预检是保证工程质量、防止发生质量事故的重要措施。除施工单位自身进行预检外，监理单位还应对预检工作进行监督并予以审核认证。预检时要做好记录。建筑工程的预检项目如下。

(1) 建筑物位置线。包括水准点、坐标控制点和平面示意图，重点工程应有测量记录。

(2) 基槽验线。包括轴线、放坡边线、断面尺寸、标高(槽底标高、垫层标高)和坡度等。

(3) 模板。包括几何尺寸、轴线、标高、预埋件和预留孔洞位置、模板牢固性、清扫口留置、模板清理、脱膜剂涂刷和止水要求等。

(4) 楼层放线。包括各层墙柱轴线和边线。

(5) 翻样检查。包括几何尺寸和节点做法等。

(6) 楼层 50cm 水平线检查。

(7) 预制构件吊装。包括轴线位置、构件型号、堵孔、清理、标高、垂直偏差及构件裂缝和损伤处理等。

(8) 设备基础。包括位置、标高、几何尺寸、预留孔和预埋件等。

(9) 混凝土施工缝留置的方法和位置及接槎的处理。

5. 材料、设备检验和施工试验制度

由项目技术负责人明确责任人和分专业负责人，明确材料、成品、半成品的检验和施工试验的项目，制订试验计划和操作规程，对结果进行评价。确保项目所用材料、构件、零配件和设备的质量，进而保证工程质量。

6. 工程洽商、设计变更管理制度

由项目技术负责人指定专人组织制定管理制度，经批准后实施。明确工程洽商内容、技术洽商的责任人及授权规定等。涉及影响规划及公用、消防部门已审定的项目，如改变使用功能，增减建筑高度、面积，改变建筑外廓形态及色彩等项目时，应明确其变更需具备的条件及审批的部门。

7. 技术信息和技术资料管理制度

技术信息和技术资料的形成，须建立责任制度，统一领导，分专业管理，做到及时、准确、完整，符合法规要求，无遗留问题。

技术信息和技术资料由通用信息、资料(法规和部门规章、材料价格表等)和本工程专项信息资料两大部分组成。前者是指导性、参考性资料，后者是工程归档资料，是为工程项目交工后，给用户在使用维护、改建、扩建及给本企业再有类似的工程施工时作参考。工程归档资料是在生产过程中直接产生和自然形成的，内容包括：图样会审记录、设计变更，技术核定单，原材料、成品、半成品的合格证明及检验记录，隐蔽工程验收记录等；还有工程项目施工管理实施规划、研究与开发资料、大型临时设施档案、施工日志和技术管理经验总结等。

8. 技术措施管理制度

技术措施是为了克服生产中的薄弱环节，挖掘生产潜力，保证完成生产任务，获得良好经济效果，在提高技术水平方面采取的各种手段或办法。技术措施不同于技术革新，技术革新强调一个“新”字，而技术措施则是综合已有的先进经验或措施。要做好技术措施工作，必须编制并执行技术措施计划。

1）技术措施计划的主要内容

（1）加快施工进度方面的技术措施。

（2）保证和提高工程质量的技术措施。

（3）节约劳动力、原材料、动力、燃料和利用“三废”等方面的技术措施。

（4）推广新技术、新工艺、新结构、新材料的技术措施。

（5）提高机械化水平，改进机械设备的管理以提高完好率和利用率的措施。

（6）改进施工工艺和施工技术以提高劳动生产率的措施。

（7）保证安全施工的措施。

2）技术措施计划的执行

（1）技术措施计划应在下达施工计划的同时，下达到工长及有关班组。

（2）对技术组织措施计划的执行情况应认真检查，督促执行，发现问题及时处理。如无法执行，应查明原因，进行分析。

（3）每月月底，施工项目技术负责人应汇总当月的技术措施计划执行情况，填写报表上报，进行总结并公布成果。

9. 计量、测量工作管理制度

制定计量、测量工作管理制度，明确需计量和测量的项目及其所使用的仪器、工具，规定计量和测量操作规程，对其成果、工具和仪器设备进行管理。

10. 其他技术管理制度

除以上几项主要技术管理制度外，施工项目经理部还应根据实际需要，制定其他技术管理制度，保证相关技术工作正常运行，如土建与水电专业施工协作技术规定、技术革新与合理化建议管理制度和技术发明奖励制度等。

任务单元8.6　建筑工程项目资金管理

建筑工程项目的资金，是项目资源的重要组成内容，是项目经理部在项目实施阶段占用和支配其他资源的货币表现，是保证其他资源市场流通的手段，是进行生产经营活动的必要条件和基础。资金管理直接关系到施工项目的顺利实施和经济效益的获得。

8.6.1　建筑工程项目资金管理的目的

建筑工程项目资金管理的目的是保证收入、节约支出、防范风险和提高经济效益。

1. 保证收入

目前我国工程造价多采用暂定量或合同价款加增减账结算，因此应抓好工程预算结算工作，尽快确定工程价款，以保证工程款的收入。开工后，必须随工程施工进度抓好已完工工程量的确认及变更、索赔等工作，及时同建设单位办理工程进度款的结算。在施工过程中，注意保证工程质量，消除质量隐患和缺陷，以保证工程款足额拨付。同时还要做好工程的回访和保修，以利于工程尾款(质量保证金)在保修期满后及时回收。

2. 节约支出

工程项目施工中各种费用支出须精心计划，节约使用，保证项目经理部有足够的资金支付能力。必须加强资金支出的计划控制，工、料、机的投入采用定额管理，管理费用要有开支标准。

3. 防范风险

项目经理部要合理预测项目资金的收入和支出情况，对各种影响因素进行正确评估，最大限度地避免资金的收入和支出风险(如工程款拖欠、施工方垫付工程款等)。

注意发包方资金到位情况，签好施工合同，明确工程款支付办法和发包方供料范围。关注发包方资金动态，在已经发生垫资的情况下，要适当控制施工进度，以利资金的回收。如垫资超出计划，则应调整施工方案，压缩规模，甚至暂缓或停止施工，同时积极与发包主协商，保住工程项目以利收回垫资。

4. 提高经济效益

项目经济效益的好坏，在很大程度上取决于能否管好、用好资金。节约资金可降低财务费用，减少银行贷款利息支出。在支付工、料、机生产费用时，应考虑资金的时间因素，签好相关付款协议，货比三家，尽量做到所购物资物美价廉。承揽施工任务，既要保证质量，按期交工，又要加强施工管理，做好预决算，按期回收工程价款，提高经济效益和企业竞争力。

8.6.2　建筑工程项目资金收支的预测与分析

编制项目资金收支计划，是项目经理部在资金管理工作中首先要完成的工作，因为一方面要及时上报企业管理层审批，另一方面，项目资金收支计划是实现项目资金管理目标的重要手段。

1. 资金收入预测

施工项目的资金收入一般指预测收入。在施工项目实施过程中，应从按合同规定收取工程预付款开始，每月按工程进度收取工程进度款，直到最终竣工结算。所以应根据施工进度计划及合同规定按时测算出价款数额，作出项目收入预测表，绘出项目资金按月收入图及项目资金按月累加收入图。

施工项目资金收入主要来源如下。

(1) 按合同规定收取的工程预付款。

(2) 每月按工程进度收取的工程进度款。

(3) 各分部分项、单位工程竣工验收合格和工程最终验收合格后的竣工结算款。

(4) 自有资金的投入或为弥补资金缺口而获得的有偿资金。

2. 资金支出预测

施工项目资金的支出主要用于其他资源的购买或租赁、劳动者工资的支付、施工现场的管理费用等。资金的支出预测依据，主要有施工项目的责任成本控制计划、施工管理规划及材料和物资的储备计划。

施工项目资金预测支出如下。

(1) 消耗人力资源的支付。

(2) 消耗材料及相关费用的支付。

(3) 消耗机械设备、工器具等的支付。

(4) 其他直接费和间接费用的支付。

(5) 自有资金投入后利息的损失或投入有偿资金后利息的支付。

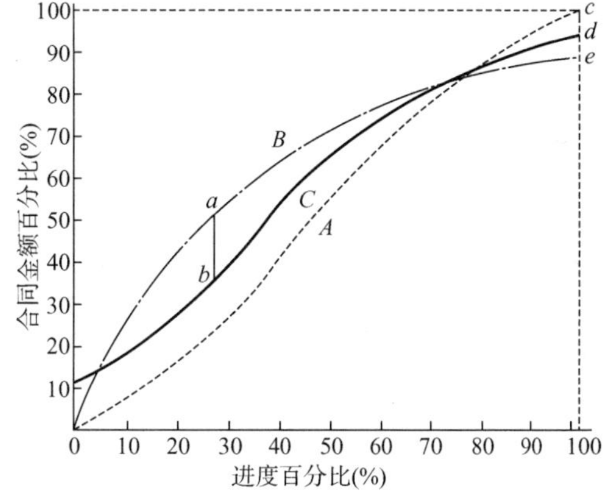

图 8.1 资金收入与支出对比示意图

3. 资金预测结果分析

可将施工项目资金收入预测累计结果和支出预测累计结果绘制在同一坐标图上进行分析，如图 8.1 所示。图中 A 表示施工进度计划曲线，B 表示资金预测支付累加曲线，C 表示资金预测收入累加曲线。

B、C 曲线之间的距离是相应时间点收入与支出的资金数额差，即应筹措资金的数量。图中 a、b 间的距离是该项目应筹措资金的最大值；c、d 间的距离是项目保留金；c、e 间的距离是项目毛利润。

8.6.3 建筑工程项目资金的使用管理

项目实施过程中所需资金的使用由项目经理部负责管理，资金运作全过程要接受企业内部银行的管理。

1. 企业内部银行

内部银行即企业内部各核算单位的结算中心，按照商业银行运行机制，为各核算单位开立专用账号，核算各单位货币资金的收支情况。内部银行对存款单位负责，“谁账户的资金谁使用”，存款有息、贷款付息、不许透支，违规罚款，实行金融市场化管理。

内部银行同时行使企业财务管理职能，进行项目资金的收支预测，统一对外收支与结算，统一对外办理贷款筹集资金和内部单位的资金借款，并负责组织企业内部各单位利税和费用上缴等工作，发挥企业内部的资金调控管理职能。

项目经理部在施工项目所需资金的运作上具有相当的自主性，项目经理部以独立身份在企业内部银行设立项目专用账号，包括存款账号和贷款账号。

2. 项目资金的使用管理

项目资金的管理实际上反映了项目施工管理的水平，从施工方案的选择、进度安排到工程的建造，都要用先进的施工技术、科学的管理方法提高生产效率，保证工程质量，降低各种消耗，努力做到以较少的投入创造较大的经济效益。

要建立健全项目资金管理责任制，明确项目资金的使用管理由项目经理负责，明确财务管理人员负责组织日常管理工作，明确项目预算员、计划员、统计员、材料员、劳动定额员等管理人员的资金管理职责和权限，做到统一管理，归口负责。

明确了职责和权限，还需要有具体的落实。管理方式讲求经济手段，针对资金使用过程中的重点环节，在项目经理部管理层与操作层之间可运用市场和经济的手段，其中在管理层内部主要运用经济手段。总之，一切有市场规则性的、物质的、经济的、带有激励和惩罚性的手段，均可供项目经理部在管理工作中选择并合法而有效地加以利用。

模块小结

建筑工程项目资源管理包括人力资源管理、材料管理、机械设备管理、技术管理和资金管理；项目资源管理的全过程，应包括项目资源的计划、配置、控制和处置。

通过本模块的学习，要认识到资源管理的重要意义，在初步掌握理论知识的基础上联系实际，提高实践能力，对建筑工程施工过程中的各种资源应区别对待，合理管理，综合安排。

思考与练习

一、单选题

1. 建筑工程项目所使用的人力资源无论是来自企业内部还是企业外部，均应通过(　　)进行管理。

A. 安全管理制度　　B. 项目管理实施规划　C. 劳务分包合同　　D. 工资制度

2. 人力资源的高效率使用，关键在于(　　)。

A. 制订合理的人力资源使用计划　　B. 人力资源的教育培训

C. 人力资源的绩效评价　　D. 对员工的激励

3. 项目经理部的(　　)是现场材料管理的直接责任人。

A. 项目经理　　B. 材料员　　C. 班组长　　D. 班组料具员

4. 以下(　　)的方法便于找出材料管理的重点对象。

A. 按材料的作用分类　　B. 按材料的自然属性分类

C. ABC 分类　　D. 按使用阶段分类

5. 图样会审一般由(　　)组织。

A. 施工单位　　B. 设计单位
C. 建设管理部门　　D. 建设单位或其委托的监理单位

二、多选题

1. 建筑工程项目资源管理的主要环节有(　　)。
A. 编制资源配置计划　　B. 资源供应　　C. 节约使用资源
D. 对资源使用情况进行核算　E. 进行资源使用效果的分析
2. 人力资源配置的要求有(　　)。
A. 为了节约成本，尽量少配置人力　　B. 数量合适
C. 为了提高工作效率，全部配置专家　　D. 结构合理
E. 素质匹配
3. 材料按其在建筑工程中所起的作用分为(　　)。
A. 主要材料　B. 金属材料　C. 辅助材料　D. 非金属材料　E. 其他材料
4. 建筑工程项目材料管理的主要任务包括(　　)。
A. 新材料研发　B. 保证供应　C. 降低消耗　D. 加速周转　E. 节约费用
5. 施工机械设备的保养包括(　　)。
A. 例行(日常)保养　　B. 大修理
C. 中修理　　D. 小修理　　E. 强制保养
6. 技术要素包括(　　)。
A. 技术计划　B. 技术人才　C. 技术装备　D. 技术规程　E. 技术资料
7. 施工技术交底包括(　　)。
A. 设计人员向施工单位交底　　B. 施工单位技术负责人向下级技术负责人交底
C. 技术负责人对工长、班组长交底　　D. 建设单位人员向施工单位人员交底
E. 工长对班组长、工人交底
8. 建筑工程项目资金管理的目的包括(　　)。
A. 保证收入　B. 预测资金　C. 节约支出　D. 防范风险　E. 提高经济效益
9. 施工项目资金收入主要来源包括(　　)。
A. 按合同规定收取的工程预付款　　B. 按工程进度收取的工程进度款
C. 竣工验收合格后的竣工结算款　　D. 自有资金的投入
E. 为弥补资金缺口而获得的有偿资金

三、简答题

1. 建筑工程项目资源包括哪些方面?
2. 试述建筑工程项目资源管理的意义。
3. 简述劳动力优化配置的要求和方法。
4. 劳动力的组织形式有哪几种? 各有什么特点?
5. 建筑工程项目材料的现场管理包括哪些内容?
6. 建筑工程项目机械设备的来源有哪些渠道? 如何做到施工机械设备的合理使用?
7. 建筑工程项目的主要技术管理制度有哪些?
8. 简述工程项目资金的收支预测及分析。

模块 9

建筑工程项目收尾管理

能力目标

通过本模块的学习，要求对建筑工程项目收尾管理有一个初步的认识，熟悉建筑工程项目竣工验收、竣工结算和竣工决算、回访保修、考核评价的内容，通过实践具备相应的能力。

知识目标

任务单元	知识点	学习要求
建筑工程项目竣工验收	建筑工程项目竣工收尾	了解
	建筑工程项目竣工验收	熟悉
建筑工程项目竣工结算和竣工决算	建筑工程项目竣工结算	了解
	建筑工程项目竣工决算	了解
建筑工程项目回访保修	建筑工程项目产品回访	了解
	建筑工程项目产品保修	熟悉
建筑工程项目考核评价	建筑工程项目考核评价的概念	了解
	建筑工程项目考核评价的程序	了解
	建筑工程项目考核评价的指标	熟悉

引 例

奥运数字北京大厦收尾管理

1. 项目概况

数字北京大厦位于奥林匹克中心区内，总体功能定位为“三个中心”，即奥林匹克中心区通信中心、政府数据中心、奥运技术支持中心。规划建设用地16000m^2，总建筑面积96518m^2，建筑高度57m，地上11层，地下2层。总投资8.7亿人民币。业主方为数字北京大厦建设办公室，工程施工总承包单位为中建三局(北京)工程建设股份公司。

2. 项目管理难点

以业主方为核心实现全过程的建设工程项目管理，是在没有成功案例可以模仿的情况下展开的，是一次全新的实践；在项目建设中要求实现“安全、质量、工期、功能、成本”五统一。

3. 项目收尾管理

项目竣工验收是项目收尾管理的重要内容，为确保安全与质量目标实现，确保工程建设符合相关建设程序要求，确保大厦满足奥运会的运行需要，业主方与参建各方共同研究制定了“数字北京大厦验收工作方案”，明确了验收原则和依据、验收范围和条件、验收工作流程及职责划分。按照自验、整改、交验的步骤，使验收工作依法合规、有条不紊地按时完成了任务。

尚未完成整体验收却需要部分区域投入运行，且为各场馆陆续开始的“好运北京”测试赛提供通信支持与安全保障，是对项目管理团队的一大挑战。为此，由业主方牵头，会同奥组委、运营商，制定了“数字北京大厦运行保障方案”，将总包、分包以及机电设备供货厂商都纳入到这一保障体系之中。各单位实行驻场联合值班，工地待岗执行供电、供水、电梯、水患、水灾、治安、交通、疫情等应急预案，确保体育赛事顺利进行。

考虑到物业管理与建筑功能正常运行以及项目风险、验收与投资等相关联系和影响，本项目在建设过程中就进行了物业管理总体规划，将物业管理指导思想、物业管理方式与组织形式、物业管理的主要内容、物业管理的费用评估、物业服务标准和目标等要求纳入到工程项目收尾管理之中。物业管理公司定在本项目机电设备安装前进入，随工程同步熟悉相关设备及各专业分项工程实施过程，并掌握其性能、特点及维护要求，物业管理专业人员还以其积累的物业管理经验给设备安装、调试、保养提出了许多可以借鉴的宝贵意见。物业公司的保安餐饮介入也为工程运行提供了良好的服务条件。将物业管理提前纳入到项目管理内，可以保证建设界面清晰，达到建设与运行无缝连接、减少返工、提高投资效益的目的。

引 言

收尾阶段是项目生命周期的最后阶段，没有这个阶段，项目就不能正式投入使用，项目组织就不能解除所承担的义务和责任，项目也不能及时获取利益。上述案例虽然只涉及收尾管理的部分内容，但从中能感受到收尾管理工作的重要性以及给项目带来的效益。

任务单元9.1　建筑工程项目竣工验收

9.1.1　建筑工程项目竣工收尾

项目经理部应全面负责项目竣工收尾工作，组织编制项目竣工计划，报上级主管部门批准后按期完成。

项目经理是项目管理的总负责人，应当全面负责施工项目竣工验收前的各项收尾工作，加强项目竣工验收前的施工组织与管理。项目经理要从大局出发，小处着手，认真反复核对施工图纸和工程预算项目，把漏项列入竣工收尾计划，下达到施工作业层，指定专人负责，督促完成并组织验收。

项目经理要针对收尾工程零碎、产值不高、工程量不多、容易轻视麻痹、搞不好“尾巴”会拉得很长的特点，把施工项目的组织与管理工作做好、做扎实。在编制竣工收尾计划时，项目经理要突出抓好以下两个环节的组织管理基础工作。

1. 建立竣工收尾班子

施工项目进入竣工验收阶段，项目经理部要有的放矢地组织配备好竣工收尾工作小组，明确分工管理责任制，做到因事设岗、以岗定责，以责考核，限期完成。收尾工作小组要由项目经理亲自挂帅，成员包括技术负责人、生产负责人、质量负责人、材料负责人、班组负责人等多方面的人员参加，收尾项目完工要有验证手续，建立完善的收尾工作制度，形成目标管理保证体系。

2. 落实竣工收尾计划

根据施工项目的专业和技术特点，编制落实有针对性的竣工收尾计划，并纳入统一的施工生产计划汇总，实行目标管理方式，以正式计划下达并作为管理层和作业层岗位业绩考核的依据之一。竣工收尾计划应包括下列内容：竣工项目名称、竣工项目收尾具体内容、竣工项目质量要求、竣工项目进度计划安排、竣工项目文件档案资料整理要求。

工程竣工验收前，项目经理和技术负责人要定期和不定期地组织对竣工收尾计划进行反复的检查。有关施工、质量、安全、材料、内业等技术、管理人员要积极协作配合，对列入计划的收尾、修补、成品保护、资料整理、场地清扫等内容，要按分工原则逐项检查核对，做到完工一项验证一项、消除一项，不给竣工收尾留下遗憾。

检查竣工收尾计划要高起点、严要求。应依据法律、行政法规和强制性标准的规定，进行严格检查，发现偏差要及时进行调整、纠偏，发现问题要强制执行整改。检查竣工收尾计划应遵守下列要求。

（1）全部收尾项目施工完毕，工程符合竣工验收条件的要求。

（2）工程的施工质量经过自检合格，各种检查记录、评定资料齐备。

（3）水、电、气、设备安装、智能化等经过试验、调试，达到使用功能的要求。

（4）建筑物室内外做到文明施工，四周2m以内的场地达到了工完、料净、场地清。

（5）工程技术档案和施工管理资料收集、整理齐全，装订成册，符合竣工验收规定。

9.1.2 建筑工程项目竣工验收

1. 竣工验收的概念

1）项目竣工

工程项目竣工指承建单位按照设计施工图样和承包合同的规定，已经完成了工程项目承包合同规定的全部施工内容，达到建设单位的使用要求，它标志着工程建设任务的全面完成。

2）竣工验收

工程项目的竣工验收指承建单位将竣工项目及该项目有关的资料移交给建设单位，并接受由建设单位组织的对工程建设质量和技术资料的一系列检验工作及工程移交的过程。

3）竣工验收的主体与客体

施工项目竣工验收的主体有交工主体和验收主体两方面，交工主体应是承包人，验收主体应是发包人，两者均是竣工验收行为的实施者。工程项目竣工验收的客体是设计文件规定、施工合同约定的特定工程对象，即工程项目本身。

4）竣工验收的依据

（1）批准的设计文件、施工图纸及说明书。

（2）双方签订的施工合同。

（3）设备技术说明书。

（4）设计变更通知书。

（5）施工验收规范及质量验收标准等。

5）竣工验收的作用

通过竣工验收，全面考察工程质量，保证交工项目符合设计、标准、规范等要求，使项目符合生产和使用要求；做好施工项目竣工验收，可以促进建设项目及时投产，对发挥投资效益和积累、总结投资经验非常重要；通过竣工验收，标志着施工项目经理部项目管理任务的完成；通过整理竣工验收档案资料，既能总结建设过程经验，又能对使用单位提供使用、维修和扩建的依据。

2. 竣工验收的条件和标准

1）竣工验收应具备的条件

（1）设计文件和合同约定的各项施工内容已经施工完毕。

（2）有完整并经核定的工程竣工资料，符合验收规定。

（3）有勘察、设计、施工、监理等单位签署确认的工程质量合格文件。

（4）有工程使用的主要建筑材料、构配件和设备进场的证明及试验报告。

（5）有施工单位签署的工程质量保修书。

2）竣工验收的标准

（1）合同约定的工程质量标准。

合同约定的质量标准具有强制性，承包人必须确保工程质量达到双方约定的质量标准，质量标准的评定以国家或行业的质量检验评定标准为依据，不合格不得验收和交付使用。

(2) 单位工程质量竣工验收的合格标准。

《建筑工程施工质量验收统一标准》(GB 50300—2013) 对单位(子单位)工程质量验收合格规定如下。

① 单位(子单位)工程所含分部(子分部)工程的质量均验收合格。

② 质量控制资料完整。

③ 单位(子单位)工程所含分部工程有关安全和功能的检测资料完整。

④ 主要功能项目的抽查结果符合相关专业质量验收规范的规定。

⑤ 观感质量验收符合要求。

(3) 单项工程质量竣工验收的合格标准。

单项工程应达到使用条件或满足生产要求。组成单项工程的各单位工程都已竣工，单项工程按设计要求完成，相关的配套工程整体收尾已经完成，能满足生产要求或具备使用条件，工程质量经检验合格，竣工资料整理符合规定。

(4) 建设项目质量竣工验收的合格标准。

建设项目应能满足建成投入使用或生产的各项要求。建设项目的全部单项工程均已完成，符合交工验收要求，建设项目能满足使用或生产要求，并应达到以下标准。

① 生产性工程和辅助公用设施，已按设计要求建成，能满足生产使用。

② 主要工艺设备配套设施经试运行合格，形成生产能力，能生产出设计文件规定的产品。

③ 必要的设施已按设计要求建成。

④ 生产准备工作能适应投产的需要。

⑤ 其他环保设施、劳动安全卫生、消防系统已按设计要求配套建成。

3. 竣工验收的程序

1) 工程项目竣工自验

(1) 施工项目完工并达到竣工验收条件后，承包人应组织专业人员在分工负责基础上，对所承担的工作进行质量检查评定。

(2) 自评合格后，实行监理的应向监理单位提交《验收申请报告》。总监理工程师组织各专业监理工程师对竣工资料及各专业工程的质量情况进行初验，审查竣工资料，逐项检查工程实体质量，确认是否已经完成工程设计和合同约定的内容，是否达到竣工标准；对存在的问题，及时要求施工单位整改。当确认工程质量符合法律、法规和工程建设强制性标准规定，符合设计文件和合同要求后，监理单位应签字确认初验合格。

(3) 初验合格后，施工单位应填写《工程竣工质量验收报告》，上报建设单位，申请工程竣工验收。

2) 正式验收

(1) 成立专家验收组及确定验收时间。

建设单位收到《工程竣工质量验收报告》后，对符合竣工验收要求的工程，应组织勘察、设计、施工、监理等单位和其他有关方面的专家组成验收组，制定验收方案。向质量监督机构提交《建设单位竣工验收通知单》，质量监督机构审查验收成员资质、验收内容、竣工验收条件，合格后，建设单位向质量监督机构申领《建设工程竣工验收备案表》及《建设工程竣工验收报告》，确定竣工验收时间。

(2) 建设单位组织工程竣工验收。

① 建设、勘察、设计、施工和监理单位分别汇报工程合同履行情况和在建工程各个环节执行法律、法规和工程建设强制性标准的情况。

② 审阅建设、勘察、设计、施工和监理单位的工程档案资料。

③ 实地查验工程质量。

④ 对竣工验收情况进行汇总讨论，听取质量监督机构对工程质量监督的情况汇报。

⑤ 对工程勘察、设计、施工、设备安装质量等方面和各管理环节做出全面评价，形成竣工验收意见。

⑥ 当竣工验收过程中发现严重问题，达不到竣工验收标准时，验收小组应责成责任单位立即整改，宣布本次验收无效，重新确定时间组织竣工验收。

⑦ 竣工验收过程中发现一般质量问题，验收组可形成初步意见，填写有关表格，有关人员签字，经整改完毕并经建设单位复查合格后，加盖建设单位公章。

⑧ 对某些剩余工程和缺欠工程，在不影响交付使用的前提下，经建设单位、设计单位、施工单位和监理单位协商，施工单位可在竣工验收后的限定时间内完成。

⑨ 建设单位竣工验收结论必须明确是否符合国家质量标准，能否同意使用。

⑩ 参加验收各方对工程质量验收意见不一致时，可请当地建设行政主管部门或工程质量监督机构协商处理。

(3) 提出工程竣工验收报告。

竣工验收合格后，建设单位应及时提出工程竣工验收报告。主要内容包括：工程概况，建设单位执行基本建设程序情况，对工程勘察、设计、施工、监理等方面的评价，工程竣工验收时间、程序、内容和组织形式，工程竣工验收意见等。

4. 工程项目交付使用与档案移交

1) 工程实体交接

工程实体交接指建筑物或构筑物和工程项目所包括的各种设备实体均应由施工单位向建设单位移交。

2) 技术档案资料交接

工程竣工资料是工程项目承包人按工程档案管理及竣工验收条件的有关规定，在工程施工过程中按时收集，认真整理，竣工验收后移交给发包人汇总归档的技术与管理文件，是记录和反映工程项目实施全过程的工程技术与管理活动的档案。它是建设工程的永久性技术文件，是对工程项目进行复查，进行维修、改建、扩建的重要依据。必须充分重视并做好工程档案资料的收集、整理和归档工作。

工程技术档案内容，包括建设项目报建及前期资料、施工指导性文件、施工过程中形成的资料、竣工文件、工程保修回访资料五个方面。

工程档案移交时，要编制工程档案资料移交清单。承包商和业主可按清单查阅清楚，双方认可后在移交清单上签字盖章。

任务单元9.2 建筑工程项目竣工结算与竣工决算

9.2.1 建筑工程项目竣工结算

1. 工程竣工结算的概念

工程竣工结算是指施工单位所承包的工程按照合同规定的内容全部竣工并经建设单位和有关部门验收后，由施工单位根据施工过程中实际发生的变更情况对原施工图预算或工程合同造价进行增减调整修正，再经建设单位审查，重新确定工程造价并向建设单位办理最终工程价款结算的工作。

2. 工程竣工结算的编制依据

(1) 工程竣工报告。

(2) 经审查的施工图预算或中标价格。

(3) 施工图及设计变更通知单、施工变更记录人技术经济签证。

(4) 建设工程施工合同或协议书。

(5) 工程预算定额、取费定额及调价规定。

(6) 有关施工技术资料。

(7) 工程质量保修书。

(8) 其他有关资料。

3. 工程竣工结算的编制原则

在编制竣工结算报告和结算资料时，应遵循下列原则。

(1) 具备结算条件的项目，才能编制竣工结算。结算的工程项目必须是已经完成的项目，对于未完成的工程不能办理竣工结算；结算的项目必须是质量合格的项目。

(2) 发现有漏算、多算或计算误差的，应及时进行调整，实事求是地确定竣工结算。

(3) 多个单位工程构成的施工项目，应将各单位工程竣工结算书汇总，编制单项工程竣工综合结算书。多个单项工程构成的建设项目，应将各单项工程综合结算书汇总编制建设项目总结算书，并撰写编制说明。

(4) 严格遵守国家和地区的各项有关规定、严格履行合同条款，禁止在竣工结算中弄虚作假。

4. 工程竣工结算的有关规定

(1) 承包方应当在工程竣工验收合格后的约定期限内提交竣工结算文件。

(2) 发包方应当在收到竣工结算文件后的约定期限内予以答复。逾期未答复的，竣工结算文件视为已被认可。

(3) 发包方对竣工结算文件有异议的，应当在答复期内向承包方提出，并可以在提出之日起的约定期限内与承包方协商。

(4) 发包方在协商期内未与承包方协商或者经协商未能与承包方达成协议的，应当委托工程造价咨询单位进行竣工结算审核。

(5) 发包方应当在协商期满后的约定期限内向承包方提出工程造价咨询单位出具的竣

工结算审核意见。

(6) 工程竣工结算后，承包人应将工程竣工结算报告及完整的结算资料纳入工程竣工资料，及时归档保存。

9.2.2 建筑工程项目竣工决算

1. 竣工决算的概念及作用

1) 竣工决算的概念

建设工程项目竣工决算是指所有建设项目竣工后，建设单位按照国家有关规定在新建、改建和扩建工程建设项目竣工验收阶段编制的竣工决算报告。

2) 竣工决算的作用

(1) 建设项目竣工决算是综合、全面地反映竣工项目建设成果及财务情况的总结性文件，它采用货币指标、实物数量、建设工期和各种技术经济指标综合、全面地反映建设项目自开始建设到竣工为止的全部建设成果和财物状况。

(2) 建设项目竣工决算是办理交付使用资产的依据，也是竣工验收报告的重要组成部分。

(3) 建设项目竣工决算是分析和检查设计概算的执行情况，考核投资效果的依据。

2. 竣工决算的内容

竣工决算由“竣工决算报表”和“竣工决算说明书”两部分组成。

一般大、中型建设项目的竣工决算报表，包括竣工工程概况表、竣工财务决算表、建设项目交付使用财产总表和建设项目交付使用财产明细表等；小型建设项目的竣工决算报表，一般包括竣工决算总表和交付使用财产明细表两部分。

3. 竣工决算的编制

1) 竣工决算的编制依据

(1) 可行性研究报告、投资估算书、初步设计或扩大初步设计、修正总概算及其批复文件。

(2) 设计变更记录、施工记录或施工签证单及其他施工发生的费用记录。

(3) 经批准的施工图预算或标底造价、承包合同、工程结算等有关资料。

(4) 历年基建计划、历年财务决算及批复文件。

(5) 设备、材料调价文件和调价记录。

(6) 其他有关资料。

2) 竣工决算的编制要求

(1) 按照规定组织竣工验收，保证竣工决算的及时性。

(2) 积累、整理竣工项目资料，保证竣工决算的完整性。

(3) 清理、核对各项账目，保证竣工决算的正确性。

3) 竣工决算的编制步骤

(1) 收集、整理和分析有关依据资料。

(2) 清理各项财务、债务和结余物资。

(3) 填写竣工决算报表。

(4) 编制建设工程竣工决算说明。

(5) 做好工程造价对比分析。

（6）整理、装订好竣工图。

（7）上报主管部门审查。

任务单元9.3　建筑工程项目回访保修

9.3.1　建筑工程项目产品回访与保修的意义

建筑工程项目通过竣工验收后，仍然可能存在一些质量问题或者安全隐患，它们会在产品的使用过程中逐步暴露出来，为了有效维护建设工程使用者的合法权益，我国政府把工程保修确定为一项基本法律制度。

建筑工程项目产品回访与保修的意义如下。

（1）有利于项目经理部重视项目管理，提高工程质量。只有加强施工项目的过程控制，增强项目管理层和作业层的责任心，严格按操作工艺和规程施工，从防止和消除质量缺陷的目的出发，才能从源头上减少工程质量问题的发生。

（2）有利于承包方及时听取用户意见，履行保修承诺。发现工程质量缺陷，及时采取相应的措施，保证建筑工程使用功能的正常发挥。

（3）通过回访保修，加强施工单位同建设单位和用户的联系与沟通，有利于改进服务方式，树立全心全意为用户提供优质服务的企业形象，增强用户对承包人的信任感，不断提高施工单位的社会信誉。

9.3.2　建筑工程项目产品回访

1. 回访的概念

回访是一种产品售后服务的方式。工程项目回访广义上是指工程项目的设计、施工、设备及材料供应等单位，在工程项目通过竣工验收、交付使用后，自签署工程质量保修书起的一定期限内，主动去了解项目的使用情况和设计质量、施工质量、设备运行状态及用户对维修方面的要求，从而主动发现产品使用中的问题并及时去处理，使建筑产品能够正常地发挥其使用功能，使建筑工程的质量保修工作真正地落到实处。

2. 回访工作计划

工程交工验收后，承包人应将回访工作纳入企业日常工作之中，及时编制回访工作计划，做到有计划、有组织、有步骤地对各项已交付工程项目主动进行回访，收集反馈信息，及时处理保修问题。回访工作计划如下。

（1）主管回访保修业务的部门。

（2）回访保修的执行单位。

（3）回访的对象及工程名称。

（4）回访时间安排和主要内容。

（5）回访工程的保修期限。

回访工作计划见表9-1。

表9-1 回访工作计划

序　　号	建设单位	工程名称	保修期限	回访时间安排	参加回访部门	执行单位

3. 回访程序和内容

(1) 听取用户情况和意见。

(2) 查看现场因施工原因造成的质量缺陷。

(3) 进行原因分析和确认。

(4) 商讨进行返修的事项。

(5) 填写回访卡。

4. 回访方式

(1) 例行性回访。对已交付竣工验收并在保修期限内的工程，统一组织例行性回访，收集用户对工程质量的意见。回访可采用电话询问、召开座谈会及登门拜访等方式，一般半年或一年进行一次。

(2) 季节性回访。主要是针对随季节变化容易产生质量通病的问题进行回访，如雨季回访屋面和墙面的防水和渗水情况，冬季回访采暖系统情况，夏季回访通风空调系统情况等。发现问题及时采取有效措施加以解决。

(3) 技术性回访。主要了解在工程施工过程中采用的新材料、新技术、新工艺的技术性能和使用效果，发现问题及时处理，同时有利于总结经验，以便于不断改进和完善，为进一步推广创造条件。

(4) 特殊性回访。主要是针对一些特殊工程、重点工程进行专访，专访可向前延伸，包括竣工前的访问和交工后的回访，听取发包人或使用人的合理化意见或建议，及时解决出现的质量问题，不断积累特殊工程施工及管理经验。

5. 回访工作记录

回访工作结束后，应填写“回访工作记录”。主要内容包括参加回访人员、回访发现的质量问题、发包人或使用人的意见、对质量问题的处理意见等，见表9-2。

表9-2 回访工作记录

<table>
<tr><td colspan="2">用　　户</td><td></td><td>接 待 人</td><td></td></tr>
<tr><td colspan="2">回访单位</td><td></td><td>回 访 人</td><td></td></tr>
<tr><td colspan="2">工程名称</td><td></td><td>回访日期</td><td></td></tr>
<tr><td rowspan="2">回访工作情况</td><td colspan="4">用户意见：</td></tr>
<tr><td colspan="4">处理意见：</td></tr>
<tr><td colspan="2">回访负责人</td><td></td><td>回访记录人</td><td></td></tr>
</table>

9.3.3 建筑工程项目产品保修

1. 工程项目产品保修的概念

建设工程质量保修是指建设工程项目在办理竣工验收手续后，在规定的保修期限内，因勘察、设计、施工、材料等原因造成的质量缺陷，应当由施工承包单位负责维修、返工或更换，由责任单位负责赔偿损失。这里所说的质量缺陷，指房屋建设工程的质量不符合工程建设强制性标准及合同的约定。

2. 工程项目产品保修范围与保修期限

1）保修范围

一般来说，各种类型的建筑工程及建筑工程的各个部位都应该实行保修。《中华人民共和国建筑法》规定：建筑工程的保修范围应当包括地基基础工程、主体结构工程、屋面防水工程和其他土建工程，及电气管线、上下水管线的安装工程，供热、供冷系统工程等项目。

2）保修期限

在正常使用下，房屋建筑工程的最低保修期限如下。

(1) 地基基础和主体结构工程，为设计文件规定的该工程的合理使用年限。

(2) 屋面防水工程、有防水要求的卫生间、房间和外墙面的防渗漏为5年。

(3) 供热与供冷系统，为2个采暖期、供冷期。

(4) 电气系统、给排水管道、设备安装为2年。

(5) 装修工程为2年。

其他项目的保修期限由建设单位和施工单位协商约定。

3. 保修期责任

(1) 施工单位未严格按照国家有关规范、标准和设计要求施工而造成的质量缺陷，由施工单位负责保修并承担相应经济责任。

(2) 由于设计原因造成的质量缺陷，由设计单位承担经济责任，由施工单位负责维修，其费用根据有关规定通过建设单位向设计单位索赔，不足部分由建设单位负责。

(3) 因建筑材料、构配件和设备质量不合格引起的质量缺陷，属于施工单位采购的或经其验收同意的，由施工单位承担经济责任；属于建设单位供应的或其指定的分包人供应的，由建设单位承担经济责任。

(4) 因使用单位使用不当造成的质量缺陷或由于使用人未经许可自行改建造成的质量缺陷，由使用人自行承担经济责任。

(5) 因地震、洪水、台风等不可抗力原因造成的质量问题，不属于规定的保修范围，施工单位、设计单位不承担经济责任。

4. 保修做法

1）发送保修书

承包人在向发包人提交工程竣工报告时，应当向发包人出具“房屋建筑工程质量保修书”，质量保修书中具体约定了保修范围、保修内容、保修期、保修责任和保修费用等。工程质量保修书属于工程竣工资料的范围，是承包人对工程质量保修的承诺。具体格式见建设部与国家工商行政管理局2000年8月联合发布的《房屋建筑工程质量保修书》（示范文本）。

2）填写“工程质量修理通知书”

在保修期内，工程项目出现质量问题影响使用，使用人应填写“工程质量修理通知书”，格式见表9－3，注明质量问题及部位、联系维修方式，要求承包人修理。

表9－3 工程质量修理通知书

(施工单位名称)：

本工程于××××年××月××日发生质量问题，根据国家有关工程质量保修规定和《工程质量保修书》约定，请你单位派人检查修理为盼。

质量问题及部位：
承修人自检评定： 年 月 日
使用人(用户)验收意见： 年 月 日
使用人(用户)地址： 电话： 联系人： 通知书发出日期： 年 月 日

3）实施保修服务

施工单位接到“工程质量修理通知书”后，应当派人到现场核查情况，并会同有关单位和人员共同做出鉴定，明确经济责任，提出修理方案，组织人力、物力在规定的时间内进行修理，履行工程质量保修承诺。

发生涉及结构安全或者严重影响使用功能的紧急抢修事故，施工单位接到保修通知后，应当立即到达现场抢修。

发生涉及结构安全的质量缺陷，建设单位或者房屋建筑所有人应当立即向当地建设行政主管部门报告，采取安全防范措施；由原设计单位或者具有相应资质等级的设计单位提出保修方案，施工单位实施保修，原工程质量监督机构负责监督。

施工单位在约定时间内，不派人修理的，使用人可委托其他单位修理，因修理发生的费用，应由原施工单位承担相应责任。

4）验收

承包人将发生的质量问题修理完毕后，要在保修证书的“保修记录”栏内做好记录，由建设单位或者房屋建筑所有人组织验收。涉及结构安全的，应当报当地建设行政主管部门备案。

任务单元9.4 建筑工程项目考核评价

9.4.1 建筑工程项目考核评价的概念

1. 项目管理考核评价工作的定义

项目管理考核评价工作是项目管理活动中重要的环节，是对项目管理行为、项目管理效果以及项目管理目标实现程度的检验和评定。

2. 项目管理考核评价工作的主体和对象

项目考核评价的主体是项目经理部的派出单位——施工企业。工程项目的责任主体是承包方，项目经理是企业法定代表人在工程项目上的全权委托代理人，项目经理要对企业法人代表负责，所以企业法人有权力也有责任对项目经理的行为进行监督管理，对项目经理的工作进行考核评价。

项目考核评价的对象是项目经理部，其中应突出对项目经理的管理工作进行考核评价。

3. 项目管理考核评价的依据

项目管理考核评价的依据是项目经理与承包人签订的“项目管理目标责任书”，内容应包括完成工程施工合同、经济效益、回收工程款、执行承包人各项管理制度、各种资料归档等情况，以及“项目管理目标责任书”中其他要求内容的完成情况。

4. 项目管理考核评价的方式

项目考核评价方式很多，应根据项目的特征、项目管理的方式、队伍的素质等综合因素确定。一般分为年度考核评价、阶段性考核评价和终结性考核评价三种方式。

工期较长的项目，如两年以上的大型项目，可实行年度考核评价。为了加强过程控制，应在年度考核间加入阶段性考核评价。可以根据工程进度计划的关键节点划分阶段，也可同时按自然时间划分阶段进行季度、年度考核。工程竣工验收合格后，应预留一段时间整理资料、疏散人员、退还机械、清理场地、结清账目等，再进行终结性考核。

项目终结性考核内容应包括确认阶段性考核结果，确认项目管理的最终结果，确认项目经理部是否具备“解体”的条件等工作。经考核评价后，兑现“项目管理目标责任书”确定的奖励和处罚。终结性考核评价不仅要注重项目后期工作的情况，而且应结合项目前期、中期的过程考核评价工作，使考核评价工作构成一个完整的体系，对项目管理工作做出整体性和全面性的结论。

5. 项目管理考核评价的目的

通过考核评价工作，使项目管理人员能够正确地认识自己的工作水平和业绩，能够进一步总结经验、找出差距、吸取教训，不断提高企业的项目管理水平和管理人员的素质。通过考核评价，使得项目经理和项目经理部的经营效果和经营责任制得到公平、公正的评判和总结。

9.4.2 建筑工程项目考核评价的程序

1. 制定考核评价方案

制定考核评价方案，经企业法定代表人审批后施行。考核评价方案具体内容，包括考核评价工作时间、具体要求、工作方法及结果处理。

2. 听取项目经理部汇报

主要汇报项目管理工作的情况和项目目标实现的结果，并介绍所提供的资料。

3. 查看项目经理部的有关资料

认真审阅项目经理部提供的各种资料，分析其经验及问题。

4. 对项目管理层和劳务作业层进行调查

可采用交谈、座谈、约谈等方式，以便全面了解情况。

5. 考察已完工程

主要是考察工程质量和现场管理，进度与计划工期，阶段性目标完成情况。

6. 对项目管理的实际运作水平进行考核评价

根据评分方法和标准，对各定量指标进行评分，对定性指标确定评价结果，得出综合评分值和评价结论。

7. 提出考核评价报告

考核评价报告内容应全面、具体、实事求是，考核评价结论要明确，具有说服力，必要时应对一些敏感性问题进行补充说明。

9.4.3 建筑工程项目考核评价的指标

1. 考核评价的定量指标

1）工程质量等级

工程质量等级是工程项目管理考核评价的关键性指标。按照《建筑工程施工质量验收统一标准》和《建筑工程施工质量验收规范》的具体要求和规定，按检验批、分项工程、分部工程和单位工程进行质量控制和阶段验收，根据验收情况评定分数。建筑工程质量验收不符合要求时，应按规定处理，对于通过返修或加固处理仍不能满足安全使用要求的分部工程、单位工程严禁验收。

2）工程成本降低率

工程成本指标包括成本降低额和成本降低率。成本降低额指工程实际成本比工程预算成本降低的绝对数额，是一个绝对评价指标；成本降低率指工程实际成本比工程预算成本降低的绝对数额与工程预算成本的相对比率，是一个相对评价指标。用成本降低率能直观反映成本降低的幅度，准确反映项目管理的实际效果。

3）工期及提前工期率

实际工期能够反映工程项目的管理水平、施工生产组织能力、协调能力、技术设备能力及人员综合素质等。工期是项目考核评价的重要指标。在具体考核评价时，通常用实际工期与工期提前率表示。实际工期是指工程项目从开工至竣工验收交付使用所经历的日历天数；工期提前量指实际工期比合同工期提前的绝对天数；工期提前率是工期提前量与合同工期的比率。

4）安全考核指标

工程项目的安全问题是工程项目管理的重中之重，大多数承包单位在工程项目管理考核评价中，都实行安全问题一票否决制度。《建筑施工安全检查标准》将工程安全标准分为优良、合格、不合格三个等级。对建筑施工中易发生伤亡事故的主要环节、部位和工艺等的完成情况做安全检查评价时，应采用检查评分表的形式，分为安全管理、文明工地、脚手架、基坑支护与模板工程、“三宝”“四口”防护、施工用电、物料提升机与外用电梯、塔式起重机、起重吊装和施工机具共 10 张分项检查评分表和一张检查评分汇总表。

2. 考核评价的定性指标

1）执行企业各项制度情况

评价项目经理部是否能够及时、准确、严格、持续地执行企业制度，是否有成效，能否做到令行禁止、积极配合。

2）项目管理资料的收集、整理情况

资料管理是项目管理的一项基础性工作，能够反映项目经理部日常管理工作的规范性和严密性。通过考核项目管理资料的收集、整理、分类、归纳及建档等一系列工作情况，促进项目经理部提高项目管理水平。

3）思想工作方法与效果

主要考核内容包括思想政治工作是否有成效，是否适应和促进企业领导体制建设，是否提高了职工素质。

4）发包人及用户的评价

发包人及用户对项目管理效果的评价最有说服力，发包人及用户对产品满意就是项目管理成功的表现。

5）项目管理中应用新技术、新材料、新设备、新工艺的情况

在项目管理活动中，积极主动地应用新材料、新技术、新设备、新工艺是建筑业发展的基础，是每一个项目管理者的基本职责。推广和应用新技术有利于提高企业的竞争力。

6）项目管理中采用现代化管理方法和手段的情况

应用现代化的管理方法和手段，能够极大地提高项目管理的效率，所以是否采用现代化管理方法和手段是检验管理水平高低的一个标准。

7）环境保护

实施环境保护，走可持续发展之路是项目管理的一项基本任务。项目管理人员必须提高环保意识，配合国家和地方的环保战略，制定、落实有效的环保措施，减少及杜绝环境污染和环境破坏，提高环境保护的效果。

模块小结

建筑工程项目收尾管理，包括竣工验收、竣工结算和竣工决算、回访保修、考核评价等内容。

通过本模块的学习，要对建筑工程项目收尾管理有一个初步认识，熟悉项目收尾管理的程序和内容，理解项目收尾管理的重要意义，以便从整体上把握项目管理。

思考与练习

一、单选题

1. 工程项目竣工验收的客体是(　　)。

A. 承包人　　B. 发包人　　C. 工程项目　　D. 施工项目经理部

2. 收到《验收申请报告》后，由(　　)组织对竣工资料及各专业工程的质量情况进行全面检查，对存在的问题，及时要求施工单位整改。

A. 建设单位　　B. 设计单位　　C. 工程质量监督机构　　D. 监理单位

3. 承包人在向发包人提交工程竣工报告时，应向发包人出具(　　)，其中具体约定

保修范围、保修内容、保修期、保修责任和保修费用等。

A. 房屋建筑工程质量保修书　　B. 保修协议

C. 质保协议　　D. 施工合同

4. 建筑工程项目竣工结算由(　　)编制。

A. 承包方　　B. 监理方　　C. 建设单位　　D. 设计方

5. 建筑工程项目竣工决算是由(　　)编制，反映建筑工程项目实际造价和投资效果的文件。

A. 承包方　　B. 总承包商　　C. 建设单位　　D. 项目经理

6. 在正常使用下，房屋建筑工程的屋面防水工种、有防水要求的卫生间、房间和外墙面的防渗漏，最低保修期限为(　　)。

A. 1年　　B. 2年　　C. 5年　　D. 合理使用年限

7. 在正常使用下，房屋建筑工程的电气系统、给排水管道、设备安装，最低保修期限为(　　)。

A. 1年　　B. 2年　　C. 5年　　D. 合理使用年限

8. 建筑工程在保修范围内和保修期限内发生质量问题，由施工单位履行保修义务。若质量缺陷是建设单位采购的建筑材料质量不合格引起的，由(　　)承担经济责任。

A. 承包方　　B. 建设单位　　C. 设计方　　D. 监理方

9. 项目管理考核评价的依据是(　　)。

A. 项目管理目标责任书　　B. 施工合同

C. 劳务分包合同　　D. 实际效益

二、多选题

1. 建筑工程项目竣工验收的主体有(　　)。

A. 承包人　　B. 设计方　　C. 监理方

D. 发包人　　E. 工程质量监督机构

2. 建筑工程项目竣工验收应具备以下(　　)条件。

A. 设计文件和合同约定的各项施工内容已经施工完毕

B. 有完整并经核定的工程竣工资料，符合验收规定

C. 有勘察、设计、施工、监理等单位签署确认的工程质量合格文件

D. 有工程使用的主要建筑材料、构配件和设备进场的证明及试验报告

E. 有建设单位签署的工程质量保修书

3. 承包人在向发包人提交工程竣工报告时，应当向发包人出具“房屋建筑工程质量保修书”，质量保修书中具体约定了(　　)等内容。

A. 保修范围　　B. 保修费用　　C. 保修期

D. 履约担保内容　　E. 保修责任

4. 工程技术档案内容包括建设项目报建及前期资料、(　　)几个方面。

A. 招标文件　　B. 施工指导性文件　　C. 施工过程中形成的文件

D. 竣工文件　　E. 工程保修回访文件

5. 建筑工程项目竣工决算的核心内容包括(　　)。

A. 竣工决算报表　　B. 工程施工合同　　C. 预算说明书

D. 竣工决算说明书　　　　E. 工程造价对比分析

6. 回访工作记录的主要内容应该包括(　　)。

A. 参加回访人员　　　　B. 回访发现的质量问题　　C. 发包人或使用人的意见

D. 对质量问题的处理意见　　E. 回访时间

7. 建筑工程项目回访的工作方式有(　　)。

A. 例行性回访　　　　B. 季节性回访　　　　C. 特殊性回访

D. 技术性回访　　　　E. 应邀性回访

8. 建筑工程项目考核评价定量指标包括(　　)。

A. 管理制度　　B. 工期指标　　C. 环境保护　　D. 质量指标　　E. 成本指标

三、简答题

1. 简述收尾工程的重要性。

2. 简述竣工验收的条件和标准及竣工验收程序。

3. 简述竣工结算的依据。

4. 简述竣工决算的概念、作用和竣工决算的内容。

5. 施工单位回访和保修有什么意义?

6. 简述建设工程的保修范围和期限。

7. 工程项目管理考核评价的主体和对象分别是什么?考核评价的指标有哪些?

四、案例分析

1. 某市和平小区一住宅楼是6层砖混结构住宅楼,设计墙体采用混凝土小型砌块砌筑加构造柱。竣工验收合格后,用户入住。在用户装修时,发现墙体空心,经核实原来设计有构造柱的地方只放置了少量钢筋而没有浇筑混凝土,经法定单位用红外线照相法统计发现大约有75%墙体中未按设计要求加构造柱,造成了重大的安全隐患。

问题:

(1) 该住宅楼达到什么条件方可竣工验收?

(2) 该工程已交付使用,施工单位是否需要对此问题承担责任?为什么?

(3) 不合格的工程却验收合格,还有谁需要为此负责?

2. 某建筑工程项目,发包方与承包方签订了施工合同,与监理方签订了监理合同。工程到了收尾阶段,承包方向发包方提交了“竣工工程申请验收报告”后,发包人于2012年9月组织勘察、设计、施工、监理等单位进行竣工验收,验收通过,各单位分别在“工程竣工验收报告”上签字盖章。发包方与2013年3月办理了工程竣工备案。因使用需要,发包方于2012年10月中旬,要求承包方按其意图在已竣工验收的地下车库承重墙上开车库大门。该工程于2012年11月底正式投入使用,2014年2月给排水管道严重漏水,经监理单位实地检查,确认是新开车库门施工时破坏了承重结构所致。发包方依工程还在保修期内,要求承包方无偿修理。建设行政主管部门对责任单位进行了处罚。

问题:

(1) 该工程竣工验收程序是否合适?正确的验收程序是什么?

(2) 造成严重漏水,应该由哪个单位承担责任?

(3) 建设行政主管部门应该对哪个单位进行处罚?

(4) 承包方是否应该无偿修理?

模块10

建筑工程项目管理规划

能力目标

通过本模块的学习，要求在掌握相应知识的基础上，通过实践训练，具备编制建筑工程项目管理规划文件或施工组织设计文件的初步能力。

知识目标

任务单元	知识点	学习要求
建筑工程项目管理规划概述	建筑工程项目管理规划的概念	熟悉
	建筑工程项目管理规划大纲的编制依据与内容	了解
建筑工程项目管理实施规划	建筑工程项目管理实施规划的编制依据	了解
	建筑工程项目管理实施规划的编制程序	了解
	建筑工程项目管理实施规划的编制内容和方法	掌握
建筑施工组织设计	施工组织设计的概念和分类	掌握
	施工组织设计的编制依据和基本内容	熟悉
	施工组织设计的编制、审批和管理	熟悉

引例

空客A320工程项目管理规划

1. 项目概况

天津空客A320系列飞机中国总装线项目位于天津滨海区内，是我国引进的第一条大型飞机生产线项目，由19个单体项目组成；厂区占地面积约59万m^2，总建筑面积114065m^2，全部为钢结构厂房，工程施工难度大，施工质量标准高于国内工业建筑要求；建成后成为天津的工业标志性建筑，由天津建工工程总承包有限公司承建。

2. 管理目标及管理难点

该项目确定的管理总目标是争创鲁班奖，管理的重点和难点有四项，即基础施工、地下室施工、主体施工和地面施工，对每一项管理难点都确定了具体的管理目标。

3. 管理过程与方法

1）施工项目管理实施规划

(1) 组织规划。以公司的相关规定为依托，建立矩阵式管理组织，组建了高水平的项目经理部。项目经理部与公司签订了《项目管理目标责任书》，明确了企业管理层、项目管理层与劳务作业层之间的关系，确定了项目管理的各项要求及项目经理责任、权利和义务。为了顺利完成各项施工目标，项目经理部根据《项目管理规划大纲》《施工合同》及《项目管理目标责任书》，针对项目实际，编制了操作性强的《项目管理实施规划》及《总施工方案》。为了保证工程高速有序进行，制定了22项管理制度。

(2) 项目范围管理与责任规划。根据本工程的具体特点，按公司管理文件的相关规定，制定了《空客A320工程项目经理责任书》，项目经理与项目管理人员也签订了《岗位责任合同》，对各岗的职责、权限作了明确规定，做到管理范围明确，责任到人，可以定期、定量考核。

(3) 项目风险管理规划。项目管理人员进行了风险识别，针对项目中存在的风险制定了相应预案，运用风险规避、转移、缓解、自留等手段，尽量降低由这些风险所造成的损失，并建立风险数据库，将确实发生的风险归档和评估，不断积累，及时更新。

(4) 项目管理措施规划。对于四项管理重点和难点，制定了切实可行的技术与组织措施。

2）施工项目管理实施规划的贯彻

在施工过程中，严格贯彻项目管理实施规划。

4. 管理成效

该工程全部实现了管理总目标和各分项目标，获得了鲁班奖，主体工程被评为“结构海河杯工程”，被评为天津市市级“文明工地”，成本降低率达到了1.4%，安全合格率达100%，向国家申请了五项专利，编制了六项新的施工工法。

引言

建筑工程项目管理本身是一个复杂的系统工程，需要全方位、全过程进行资源的有效配置、整合和管理。因此，加强建筑工程项目管理规划很有必要性，使项目在实施过程的各阶段管理和局部管理衔接紧密，合理分配资源，保证项目能够按计划有序实施及平稳运行。上述案例中，项目经理部高度重视工程的项目管理实施规划，并在实施过程中很好地落实，为该项目荣获鲁班奖奠定了基础。

任务单元10.1　建筑工程项目管理规划概述

10.1.1　建筑工程项目管理规划的概念

建筑工程项目管理规划是对工程项目全过程中的各种管理职能、各种管理过程以及各种管理要素所作出的完整而全面的总体计划。作为指导项目管理工作的纲领性文件，项目管理规划应对项目管理的目标、依据、内容、组织、资源、方法、程序和控制措施进行确定。项目管理规划包括项目管理规划大纲和项目管理实施规划两大类。

建筑工程项目管理规划大纲，是由企业管理层在投标阶段编制的旨在作为投标依据、满足招标文件要求及签订合同要求的文件。项目管理规划大纲作为投标人的项目管理总体构想或项目管理宏观方案，具有战略性、全局性和宏观性，显示投标人的技术和管理方案的可行性与先进性，其作用是指导项目投标和签订施工合同。

建筑工程项目管理实施规划，是在开工之前由项目经理主持编制的旨在指导施工项目实施阶段管理的文件。

项目管理规划大纲和项目管理实施规划的关系是：前者是后者的编制依据，后者是前者的延续、深化和具体化。二者的区别见表10－1。

表10－1　两种项目管理规划的区别

种类	编制时间	编制者	主要特征	服务范围	追求主要目标
项目管理规划大纲	投标书编制	企业管理层	规划性	投标与签约	中标和经济效益
项目管理实施规划	签约后开工前	项目管理层	作业性	施工准备至验收	施工效率和效益

10.1.2　建筑工程项目管理规划大纲的编制依据与内容

1. 建筑工程项目管理规划大纲的编制依据

建筑工程项目管理规划大纲需要依靠企业管理层的智慧与经验，取得充分依据，发挥综合优势进行编制。一般需要收集下列资料。

(1) 可行性研究报告。

(2) 招标文件及发包人对招标文件的解释。

(3) 企业管理层对招标文件的分析研究结果。

(4) 工程现场环境情况的调查结果。

(5) 发包人提供的信息和资料。

(6) 有关该工程投标的竞争信息。

(7) 企业法定代表人的投标决策意见。

2. 建筑工程项目管理规划大纲的内容

《建设工程项目管理规范》(GB/T 50326—2006)规定，建筑工程项目管理规划大纲可包括下列内容，企业应根据需要选定。

(1) 项目概况。

(2) 项目范围管理规划。

(3) 项目范围目标规划。

(4) 项目管理组织规划。

(5) 项目成本管理规划。

(6) 项目进度管理规划。

(7) 项目质量管理规划。

(8) 项目职业健康安全与环境管理规划。

(9) 项目采购与资源管理规划。

(10) 项目信息管理规划。

(11) 项目沟通管理规划。

(12) 项目风险管理规划。

(13) 项目收尾管理规划。

任务单元10.2　建筑工程项目管理实施规划

建筑工程项目管理实施规划作为项目经理部实施项目管理的依据，必须由项目经理组织项目经理部成员在工程开工之前编制完成。

10.2.1　建筑工程项目管理实施规划的编制依据

建筑工程项目管理实施规划应依据下列资料编制。

(1) 项目管理规划大纲。

(2) 项目管理目标责任书。

(3) 施工合同及相关资料。

(4) 同类项目的相关资料。

10.2.2　建筑工程项目管理实施规划的编制程序

编制建筑工程项目管理实施规划应遵循下列程序。

对施工合同和施工条件进行分析→对项目管理目标责任书进行分析→编写目录及框架→分工编写→汇总及协调→统一审稿→修改定稿→报批。

10.2.3　建筑工程项目管理实施规划的内容

建筑工程项目管理实施规划应以项目管理规划大纲的总体构想和决策意图为指导，具体规定各项管理业务的目标要求、职责分工和管理方法，把履行合同和落实项目管理目标责任书的任务，贯彻在实施规划中，是项目管理人员的行为指南。项目管理实施规划应包括下列内容（编制时可以根据建筑工程施工项目的性质、规模、结构特点、技术复杂难易程度和施工条件等进行选择）。

（1）工程概况。

（2）施工部署。

（3）施工方案。

（4）施工进度计划。

（5）质量计划。

（6）职业健康安全与环境管理计划。

（7）成本计划。

（8）资源需求计划。

（9）施工准备工作计划。

（10）风险管理计划。

（11）信息管理计划。

（12）施工现场平面布置图。

（13）项目目标控制措施。

（14）技术经济指标。

10.2.4 工程概况

工程概况主要包括工程建设概况、工程建设地点及环境特征、建筑及结构设计概况、施工条件和工程施工特点分析五方面的内容。

1. 工程建设概况

工程建设概况主要介绍拟建工程的建设单位、工程名称、性质、用途和建设目的，资金来源及工程造价，开工、竣工日期，设计单位、施工单位、监理单位，施工图样情况，施工合同情况，上级有关文件或要求，以及组织施工的指导思想等。

2. 工程建设地点及环境特征

工程建设地点及环境特征主要介绍拟建工程的地理位置、地形、地貌、地质、水文、气温、冬雨期时间、主导风向、风力和抗震设防烈度等。

3. 建筑及结构设计概况

建筑及结构设计概况主要根据施工图样，结合调查资料，简练概括工程全貌，综合分析，突出重点问题。对新结构、新材料、新技术、新工艺及施工的难点作重点说明。

建筑设计概况主要介绍拟建工程的建筑面积、平面形状和平面组合情况、层数、层高、总高、总长、总宽等尺寸及室内外装修的情况。

结构设计概况主要介绍基础的形式、埋置深度、设备基础的形式、主体结构的类型，墙、柱、梁、板的材料及截面尺寸，预制构件的类型及安装位置，楼梯构造及形式等。

4. 施工条件

施工条件主要介绍“三通一平”的情况，当地的交通运输条件，资源生产及供应情况，施工现场大小及周围环境情况，预制构件生产及供应情况，施工单位机械、设备、劳动力的落实情况，内部承包方式、劳动组织形式及施工管理水平，现场临时设施、供水、供电问题的解决。

5. 工程施工特点分析

工程施工特点分析主要介绍拟建工程施工特点和施工中关键问题、难点所在，以便突出重点、抓住关键，使施工顺利进行，提高施工单位的经济效益和管理水平。

10.2.5 施工部署

施工部署主要是对重大的组织问题和技术问题作出规划和决策，因此主要内容包括以下方面。

1. 质量、进度、成本、职业健康安全和环境管理目标

上述五项控制目标应在已签订的工程承包合同的基础上，从提高项目管理经济效益和施工效率的原则出发，作出更积极的决策，从而对职工提出更高要求以调动其积极性。

2. 拟投入的最高人数和平均人数（略）

3. 劳动力、材料、机械设备供应计划（略）

4. 分包计划

该项内容在分包合同的基础上，根据综合进度计划进行规划。

5. 区段划分与施工程序

区段划分是指为了满足流水施工的需要，应对工程从平面上进行施工段的划分，从立面上进行施工层的划分。

施工程序是指工程中各施工阶段的先后次序及其制约关系，主要是解决时间搭接的问题，以便合理地压缩工期，处理好季节性施工。考虑时应注意以下两点。

(1) 严格执行开工报告制度。

(2) 遵守“先地下后地上”“先土建后设备”“先主体后围护”“先结构后装修”的原则。

6. 项目管理总体安排

第一，应根据工程的规模和特点确定项目经理部的组织或规模；第二，确定组织结构的形式，一般提倡采用矩阵式，也可采用事业部式或直线职能式；第三，确定职能部门的设置，应突出施工、技术、质量、安全和核算这些与建筑工程直接相关的部门设置；第四，根据部门责任配备职能人员；第五，制定项目经理部工作总流程以及对管理过程中控制、协调、总结、考核等工作过程的规定。

10.2.6 施工方案

施工方案的选择是建筑工程项目管理实施规划中的重要内容，施工方案选择恰当与否，将直接影响到工程的施工效率、进度安排、施工质量、施工安全、工期长短等。因此，必须在若干个初步方案的基础上进行认真分析比较，力求选择出一个最经济、最合理的施工方案。

在选择施工方案时，应着重研究以下方面的内容：施工流向、施工顺序、施工阶段划分、施工方法和施工机械的选择。

1. 施工流向的确定

施工流向是指施工项目在平面或空间上的流动方向，这主要取决于生产需要、缩短工期和保证质量等要求。施工流向的确定，需要考虑以下因素。

1）生产工艺或使用要求

生产工艺或使用要求往往是确定施工流向的基本因素。一般来讲，生产工艺上影响其他工段试车投产的或生产使用上要求时间紧的工段、部位应先安排施工。例如：确定工业厂房的施工流向时，需要研究生产工艺流程，即先生产的区段先施工，以尽早交付生产使用，尽快发挥基本建设投资的效益。

2）施工的繁简程度

一般说来，技术复杂、施工进度较慢、工期较长的工段或部位，应先施工。

3）房屋高低层或高低跨

柱的吊装应从高低跨并列处开始；屋面防水层施工应按先高后低的方向施工，同一屋面则由檐口到屋脊方向施工。

4）选用的施工机械

根据工程条件，挖土机械可选用正铲、反铲、拉铲等，吊装机械可选用履带式起重机、汽车式起重机、塔式起重机等，这些机械的开行路线或布置位置决定了基础挖土及结构吊装的施工起点和流向。

5）组织施工的分层分段

划分施工层、施工段的部位，也是决定施工流向时应考虑的因素。

6）分部工程或施工阶段的特点

如基础工程由施工机械和方法决定其平面的施工流向；主体工程从平面上看，哪一边先开始都可以，但竖向应自下而上施工；装修工程竖向的施工流向比较复杂，室外装修可采用自上而下的流向，室内装修则可采用自上而下、自下而上两种流向。下面介绍一下室内和室外装修工程施工阶段的特点。

(1) 室外装修工程。

室外装修工程一般采用自上而下的施工流向，是在屋面工程全部完工后，室外装修从顶层至底层逐层向下进行。采用这种顺序的优点是：可以使房屋在主体结构完成后，有足够的沉降和收缩期，从而保证装修工程的质量，同时便于脚手架及时拆除。

(2) 室内装修工程。

室内装修工程自上而下的施工流向是指屋面防水层完工后，装修从顶层至底层逐层向下进行，又可分为水平向下和垂直向下两种，如图 10.1 所示，通常采用水平向下的施工流向。其优点是：房屋主体结构完成后，建筑物有足够的沉降和收缩期，这样可保证室内装修质量；可以减少或避免各工种操作互相交叉，便于组织施工，有利于施工安全，而且自上而下的楼层清理也很方便。其缺点是：不能与主体结构施工搭接，故总工期相对较长。

室内装修自下而上的施工流向是指主体结构施工到三层及三层以上时(有两层楼板，以确保底层施工安全)，装修从底层开始逐层向上进行，与主体结构平行搭接施工，也有水平向上和垂直向上两种形式，如图 10.2 所示，通常采用水平向上的施工流向。为了防止雨水或施工用水从上层楼板渗漏，应先做好上层楼板的面层，再进行本层顶棚、墙面、楼地面的饰面。这种施工流向的优点是：可以与主体结构平行搭接施工，从而缩短工期。其缺点是：工种操作相互交叉，需要增加安全措施；资源供应集中，现场施工组织和管理比较复杂。因此，只有当工期紧迫时，室内装修才考虑采取自下而上的施工顺序。

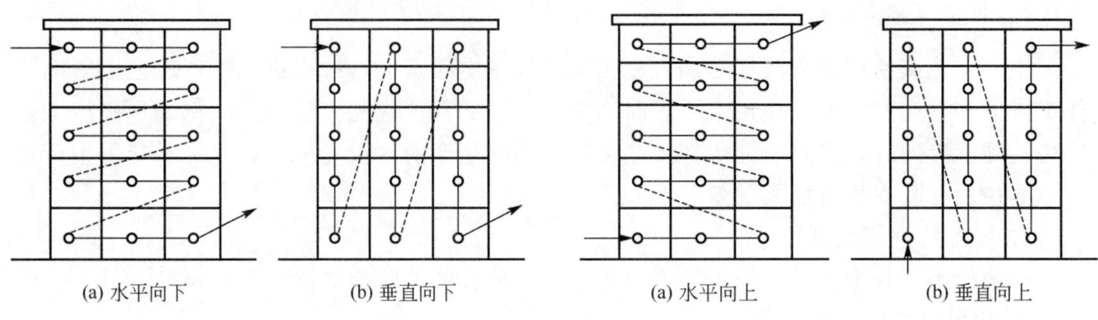

(a) 水平向下　(b) 垂直向下

图 10.1　自上而下的施工流向

(a) 水平向上　(b) 垂直向上

图 10.2　自下而上的施工流向

2. 施工阶段的划分与施工顺序的确定

施工顺序是指工程开工后各分部分项工程施工的先后次序。确定施工顺序既是为了按照客观的施工规律组织施工，也是为了解决工种之间的合理搭接，在保证工程质量和施工安全的前提下，充分利用空间，以达到缩短工期的目的。

在实际工程施工中，施工顺序可以有多种。不仅不同类型建筑物的建造过程有着不同的施工顺序，而且在同一类型的建筑工程施工中，甚至同一幢房屋的施工，也会有不同的施工顺序。因此，应该在众多的施工顺序中，选择既符合客观规律又经济合理的施工顺序。

1）多层砌体结构房屋的施工阶段与施工顺序

多层砌体结构房屋的施工，按照房屋结构各部位不同的施工特点，可分为基础工程、主体工程、屋面、装修及设备安装等施工阶段。

（1）基础工程阶段施工顺序。

基础工程是指室内地坪以下的工程。其施工顺序一般是：挖土方→垫层→基础→回填土。具体内容视工程设计而定。如有地下障碍物、坟穴、防空洞、软弱地基等，需先进行处理；如有桩基础，应先进行桩基础施工；如有地下室，则施工过程和施工顺序一般是：挖土方→垫层→地下室底板→地下室墙、柱结构→地下室顶板→防水层及保护层→回填土，但由于地下室结构、构造不同，有些施工内容应有一定的配合和交叉。

需要注意的是，为了避免基槽(坑)浸水或受冻害，挖土方与做垫层这两道工序，在施工安排上要紧凑，时间间隔不宜太长。各种管沟的挖土、铺设等施工过程，应尽可能与基础工程施工配合，采取平行搭接施工。回填土一般在基础工程完工后一次性分层、对称夯填，以避免基础受到浸泡并为后续工程创造良好的工作条件。当回填土工程量较大且工期较紧时，也可将回填土分段施工并与主体结构搭接进行。室内回填土(房心回填土)最好与基槽(坑)回填土同时进行，也可安排在室内装修施工前进行。

（2）主体工程阶段施工顺序。

主体工程是指基础工程以上，屋面板以下的所有工程。这一施工阶段的施工过程主要包括：安装起重垂直运输机械设备，搭设脚手架，砌筑墙体，现浇柱、梁、板、雨篷、阳台、楼梯等施工内容。其施工顺序一般为：绑扎柱筋→砌墙→支柱模→浇筑柱混凝土→支梁、板、梯等模板→绑扎梁、板、梯等钢筋→浇筑梁、板、梯等混凝土。

砌墙和现浇楼板是主体工程施工阶段的主导过程，应以它们为主组织流水施工，使它们在施工中保持均衡、连续、有节奏地进行，而其他施工过程则应配合砌墙和现浇楼板组织流水施工，搭接进行。如脚手架搭设应配合砌墙和现浇楼板逐段、逐层进行；要及时做好模板、钢筋的加工制作工作，以免影响后续工程的按期投入。

(3) 屋面、装修及设备安装阶段施工顺序。

这一施工阶段的特点是：施工内容多、繁、杂；有的工程量大而集中，有的工程量小而分散；劳动消耗大，手工作业多，工期较长。因此，妥善安排屋面、装修及设备安装工程的施工顺序，组织立体交叉流水作业，对加快工程进度有着特别重要的意义。

柔性防水屋面的施工顺序按照找平层→保温层→找平层→柔性防水层→保护隔热层的顺序依次进行。刚性防水屋面按照找平层→保温层→找平层→刚性防水层→隔热层的施工顺序依次进行。防水层施工应在主体结构完成后开始并尽快完成，为顺利进行室内装修创造条件。屋面工程施工在一般情况下不划分流水段，它可以和装修工程搭接或平行施工。

装修工程的施工可分为室外装修(檐沟、女儿墙、外墙、勒脚、散水、台阶、明沟、雨水管等)和室内装修(顶棚、墙面、楼面、地面、踢脚线、楼梯、门窗、五金、油漆及玻璃等)两个方面的内容。其中内、外墙及楼、地面的饰面是整个装修工程施工的主导过程。

在同一楼层内，顶棚、墙面、楼地面之间的施工顺序一般有两种：楼地面→顶棚→墙面；顶棚→墙面→楼地面。这两种施工顺序各有利弊。前者便于清理地面基层，楼地面质量易保证，而且便于收集墙面和顶棚的落地灰，从而节约材料，但要注意楼地面成品保护，否则后一道工序不能及时进行。后者则在楼地面施工之前，必须将落地灰清扫干净，否则会影响面层与结构层间的黏结，引起楼地面起壳。底层地面施工通常在最后进行。

楼梯间和楼梯踏步在施工期间易受损坏，为了保证装修工程质量，楼梯间和踏步装修往往安排在其他室内装修完工之后，自上而下统一进行。

门窗的安装可在抹灰之前或之后进行，主要视气候和施工条件而定，通常是安排在抹灰之后进行，但若是在冬季施工，为防止抹灰层冻结，加速其干燥，门窗扇均应在抹灰前安装完毕。油漆和安装玻璃的次序是应先油漆门窗扇，后安装玻璃，以免油漆时弄脏玻璃。

在装修施工阶段，还需考虑室内装修与室外装修的先后顺序，这与施工条件和天气变化有关。通常有先内后外、先外后内、内外同时进行三种施工顺序。当室内有水磨石楼面时，应先做水磨石楼面，再做室外装修，以免施工时渗漏水影响室外装修质量；当采用单排脚手架砌墙时，由于留有脚手眼需要填补，应先做室外装修，拆除脚手架，再做室内装修；如果为了赶工期，则应采取内外同时的顺序；当装饰工人较少时，则不宜采用内外同时施工的施工顺序。一般来说，采用先外后内的施工顺序较为有利。

水、暖、煤、卫、电等房屋设备安装工程不像土建工程可以分成几个明显的施工阶段，而是需要与土建工程中有关的分部分项工程进行交叉施工，紧密配合。例如，基础工程施工阶段，应先将相应的管沟埋设好，再进行回填土；主体结构施工阶段，应在砌墙或现浇楼板的同时，预留电线、水管等的孔洞或预埋埋件；装修工程阶段，应安装各种管道和附墙暗管、接线盒等；设备安装最好在楼地面和墙面抹灰之前或之后穿插施工；室外管道等的施工可安排在土建工程之前或与土建工程同时进行。

2）钢筋混凝土框架结构房屋的施工阶段与施工顺序

钢筋混凝土框架结构房屋的施工可分为基础、主体、围护、屋面及装修工程四个阶段。

钢筋混凝土框架结构房屋在主体工程施工时与砌体结构房屋有所区别，即框架柱、框架梁、板交替进行，也可采用框架柱、梁、板同时进行。

围护工程包括墙体工程、安装门窗框。墙体工程包括砌筑用脚手架的搭设，内、外墙砌筑等分项工程，围护工程应与主体工程搭接施工。

基础、屋面及装修工程的施工顺序与砌体结构房屋基本相同。

3）装配式单层工业厂房的施工阶段与施工顺序

装配式单层工业厂房的施工，按照厂房结构各部位不同的施工特点，一般可分为基础工程、预制工程、吊装工程、其他工程四个施工阶段。

在装配式单层工业厂房施工中，当工程规模较大、生产工艺复杂时，厂房按生产工艺要求分区、分段，施工时要分期、分批进行，分期、分批交付试生产，这是确定其施工顺序的总要求。下面根据中小型装配式单层工业厂房各施工阶段来介绍施工顺序。

（1）基础阶段施工顺序。

装配式单层工业厂房的柱基础大多采用钢筋混凝土杯形基础。基础工程施工阶段的施工过程和施工顺序一般是：挖土→垫层→钢筋混凝土杯形基础（也可分为绑扎钢筋、支模、浇混凝土、养护、拆模）→回填土。如有桩基础工程，则应另列桩基础工程。

对于厂房内设备基础的施工，视具体情况，采用封闭式和敞开式施工。封闭式施工，是指厂房柱基础先施工，设备基础在结构吊装后施工。它适用于设备基础埋置浅（不超过厂房柱基础埋置深度）、体积小、土质较好、距柱基础较远、对厂房结构稳定性并无影响的情况。采用封闭式施工的优点是：土建施工工作面大，有利于构件现场预制、吊装和就位，便于选择合适的起重机械和开行路线；设备基础能在室内施工，不受气候影响；有时还可以利用厂房内的桥式吊车为设备基础施工服务。其缺点是：出现某些重复性工作，如部分柱基回填土的重复挖填；设备基础施工条件差，场地拥挤，基坑不宜采用机械开挖；若土质不佳，在设备基础基坑开挖过程中，容易造成土体不稳定，需增加加固措施费用。敞开式施工，是指厂房柱基础与设备基础同时施工或设备基础先施工。它的适用范围、优缺点与封闭式施工正好相反。

（2）预制阶段施工顺序。

目前，装配式单层工业厂房构件一般采用加工厂预制和现场预制相结合的预制方式。这里着重介绍现场预制的施工顺序。对于重量大、批量小或运输不便的构件采用现场预制的方式，如柱子、吊车梁、屋架等。非预应力预制构件制作的施工顺序为：支模→绑扎钢筋→预埋铁件→浇筑混凝土→养护→拆模。后张法预应力预制构件制作的施工顺序为：支模→绑扎钢筋→预埋铁件→孔道留设→浇筑混凝土→养护→拆模→预应力钢筋的张拉和锚固→孔道灌浆→养护→拆模。

预制构件的顺序取决于吊装方法。当采用分件吊装法时，预制构件的制作有两种方案：若场地狭窄而工期又允许时，构件制作可分批进行，首先制作柱子和吊车梁，待柱子和吊车梁吊装完后再进行屋架制作；若场地宽敞，可考虑柱子和吊车梁等构件在拟建车间内部预制，屋架在拟建车间外进行制作。当采用综合吊装法时，预制构件需一次制作。

(3) 吊装阶段施工顺序。

结构吊装工程是装配式单层工业厂房施工中的主导施工过程。其内容依次为：柱子、基础梁、吊车梁、连系梁、屋架、天窗架、屋面板等构件的吊装、校正和固定。

吊装的顺序取决于吊装方法。若采用分件吊装法时，其吊装顺序为：第一次开行吊装柱子，随后校正与固定；第二次开行吊装基础梁、吊车梁、连系梁等；第三次开行吊装屋盖构件。有时也可将第二次开行、第三次开行合并为一次开行。若采用综合吊装法时，其吊装顺序为：先吊装四根或六根柱子，迅速校正固定，再吊装基础梁、吊车梁、连系梁及屋盖等构件，如此逐个节间吊装，直至整个厂房吊装完毕。

抗风柱的吊装有两种顺序：一是在吊装柱子的同时先吊装该跨一端的抗风柱，另一端抗风柱则在屋盖吊装完后进行；二是全部抗风柱均在屋盖吊装完毕后进行。

(4) 其他工程阶段施工顺序。

其他工程阶段主要包括围护工程、屋面工程、装修工程、设备安装工程等内容。这一阶段总的施工顺序为：围护工程→屋面工程→装修工程→设备安装工程，但有时也可互相交叉或平行搭接施工。

设备安装包括水、暖、煤、卫、电和生产设备安装。水、暖、煤、卫、电安装与前述多层砌体结构民用房屋基本相同。而生产设备的安装，则由于专业性强、技术要求高等，一般由专业公司分包安装。

上述关于多层砌体结构民用房屋、钢筋混凝土框架结构房屋和装配式单层工业厂房的施工顺序，仅适用于一般情况。建筑施工顺序的确定既是一个复杂的过程，又是一个发展的过程，它随着科学技术的发展和人们观念的更新在不断变化。因此，针对每一个工程，必须根据其施工特点和具体情况，合理确定施工顺序。

3. 施工方法和施工机械的选择

正确选择施工方法和施工机械是制定施工方案的关键。单位工程中各个分部分项工程均可采用各种不同的施工方法和施工机械进行施工，而每一种施工方法和施工机械又都有其优缺点。因此，必须从先进、经济、合理的角度出发，综合考虑工程建筑结构特点、质量要求、工期长短、资源供应条件、现场施工条件、施工单位的技术装备水平和管理水平等因素进行选择，以达到提高工程质量、降低工程成本、提高劳动生产率和加快工程进度的预期效果。

1) 选择施工方法和施工机械的基本要求

(1) 应考虑主要分部分项工程的要求。

应从工程施工全局出发，着重考虑影响整个工程施工的主要分部分项工程的施工方法和施工机械的选择。而对于一般的、常见的、工人熟悉的、工程量小的以及对施工全局和工期无多大影响的分部分项工程，只要提出若干注意事项和要求即可。

(2) 应满足施工技术的要求。

施工方法和施工机械的选择，必须满足施工技术的要求。如预应力张拉方法和机械的选择应满足设计、质量、施工技术的要求，又如吊装机械的类型、型号、数量的选择应满足构件吊装技术和工程进度要求。

(3) 应考虑如何符合工厂化、机械化施工的要求。

尽可能实现和提高工厂化和机械化的施工程度，这是建筑施工发展的需要，也是提高工程质量、降低工程成本、提高劳动生产率、加快工程进度和实现文明施工的有效措施。

(4) 应符合先进、合理、可行、经济的要求。

选择施工方法和施工机械，除要求先进、合理之外，还要考虑其对施工单位是否是可行的、经济的。必要时，要进行分析比较，从施工技术水平和实际情况出发，选择先进、合理、可行、经济的施工方法和施工机械。

(5) 应满足工期、质量、成本和安全的要求。

所选择的施工方法和施工机械应尽量满足缩短工期、提高工程质量、降低工程成本、确保施工安全的要求。

2) 主要分部分项工程施工方法和施工机械选择的内容

主要分部分项工程的施工方法和施工机械的选择，在建筑施工技术课程中已详细叙述，这里仅将其要点归纳如下。

(1) 土方工程。

① 计算土方开挖量，确定土方开挖方法、工作面宽度、放坡坡度、土壁支撑形式。

② 进行土方平衡调配，绘制平衡调配表。

③ 选择土方工程施工所需机具的型号和数量。

④ 选择排除地面水、地下水的方法，确定排水沟、集水井或井点布置，选择所需设备的型号和数量。

(2) 基础工程。

① 按浅基础施工中垫层、钢筋混凝土、基础墙砌筑的施工要点，选择所需机械的型号和数量。

② 地下室施工的防水要求，如施工缝的留置和处理等；按大体积混凝土的浇筑要点、模板及支撑要求，选择所需机具型号和数量。

③ 桩基础施工中桩的入土方法、灌注桩的施工方法及所需设备的型号和数量。

(3) 砌筑工程。

① 砌体的砌筑方式、砌筑方法及质量要求。

② 弹线及皮数杆的控制要求。

③ 选择所需机具型号和数量。

(4) 钢筋混凝土工程。

① 确定模板类型及支模方法，进行模板支撑设计。

② 确定钢筋的加工、绑扎、焊接方法，选择所需机具型号和数量。

③ 确定混凝土的搅拌、运输、浇筑、振捣、养护方法，施工缝的留置和处理，选择所需机具型号和数量。

④ 确定预应力钢筋混凝土的施工方法，选择所需机具型号和数量。

(5) 结构吊装工程。

① 确定构件的预制、运输及堆放要求，选择所需机具型号和数量。

② 确定构件的吊装方法，选择所需机具型号和数量。

(6) 屋面工程。

① 确定屋面材料的运输方式，选择所需机具型号和数量。

② 确定各个层次的施工方法，选择所需机具型号和数量。

(7) 装修工程。

① 确定各种装修工程的做法及施工要点，有时需要做样板间。

② 确定材料运输方式、堆放位置。

③ 选择所需机具型号和数量。

(8) 现场垂直运输、水平运输及脚手架等的搭设。

① 确定垂直运输及水平运输方式、布置位置、开行路线，选择垂直运输及水平运输机具型号和数量。

② 根据不同建筑类型，确定脚手架所用材料、搭设方法及安全网的挂设方法。

3) 多层砌体结构房屋施工方法的选择

这种房屋以砖砌体为竖向承重构件，以混凝土板、梁为水平承重构件。由于通常采用常规的、熟悉的施工方法，只要着重解决垂直运输及脚手架搭设等问题即可。材料吊装所需的机械，一般应根据结构特点、材料重量、数量及现场条件等因素，综合考虑吊装机械的技术性能参数进行选择。为了便于砌墙操作，要从运输、堆放材料及工作面要求等方面选择脚手工具，一般选择钢管脚手架、木脚手架、竹脚手架、门式脚手架或碗扣式脚手架，也可选用里脚手砌墙和用吊篮脚手做外装修的方法。

4) 钢筋混凝土框架结构房屋施工方法的选择

根据这种建筑类型的特点，应着重考虑模板及支撑架的设计、钢筋混凝土的施工方法、脚手架及安全网的搭设、垂直运输设备的选择等问题。模板及支撑架应根据工程特点进行选择，一般可选用组合钢模板、大模板、爬模、台模、滑模等。采用组合钢模板时，应尽量先组装后安装，以提高效率。钢筋应采用先组装成骨架再安装的方法，以减少高空作业。混凝土浇筑应采用泵送施工的方式，根据混凝土浇筑量选择输送泵；如采用现场搅拌混凝土，应减少吊次、加快浇筑速度。脚手架和安全网应考虑结合搭设，一般采用全封闭悬挑式钢管脚手架。垂直运输设备一般根据吊次和起重能力选择塔式起重机。此外，还应有外用电梯等，以便施工人员上下及材料的运输，一般选用双笼客货两用电梯。

根据建筑节能的要求，还应考虑墙体保温的施工方法。

5) 装配式单层工业厂房施工方法的选择

这种厂房的构件预制和结构吊装是主导施工过程。构件预制(柱子、屋架等的现场制作)要与结构吊装一起综合考虑决定。柱子预制位置就是起吊位置，即采用就位预制。屋架也应尽量就位预制，否则采用扶直就位后再吊装。为节约场地和模板，还可采用重叠预制。结构吊装应着重考虑机械选择及其开行路线、吊装顺序、构件就位等问题，并拟定几种方法进行比较和选择，要求机械开行路线合理，尽量减少机械的停歇时间，避免吊装机械的二次进场。

10.2.7 各种管理计划

施工进度计划、质量计划、成本计划、职业健康安全与环境管理计划、资源需求计划分别参照相关章节。

施工准备工作计划应包括施工准备工作组织及时间安排、技术准备及编制质量计划、施工现场准备、作业队伍和管理人员的准备、物资准备、资金准备等内容。

风险管理计划应包括：项目风险因素识别一览表、风险可能出现的概率及损失值估计、风险管理要点、风险防范对策和风险责任管理。

项目信息管理计划应包括：与项目组织相适应的信息流通系统、信息中心的建立规划、项目管理软件的选择与使用规划和信息管理实施规划。

10.2.8 施工现场平面布置图

如果是建设项目或建筑群施工，应编制施工总平面图；如果是单位工程施工，应编制单位工程施工平面图。在该部分内容中，应说明施工现场情况、施工现场平面的特点、施工现场平面布置的原则；确定现场管理的目标、原则、主要措施，施工平面图及其说明；在施工现场平面布置和施工现场管理规划中，必须符合环境保护法、劳动保护法、城市管理规定、工程施工规范、文明现场标准等。

1. 施工平面图设计的概念

施工平面图设计是指结合拟建工程的施工特点和施工现场条件，按照一定的设计原则，对施工机械、施工道路、材料构件堆场、临时设施、水电管线等，进行平面的规划和布置。将布置方案绘制成图。

2. 施工平面图设计的意义

施工平面图是安排和布置施工现场的基本依据，是实现有组织、有计划和顺利进行施工的重要条件，也是施工现场文明施工的重要保证。因此，合理地、科学地规划施工平面图，并严格贯彻执行，加强督促和管理，不仅可以顺利地完成施工任务，而且还能提高施工效率和效益。

3. 施工平面图设计的原则

(1) 在确保施工安全以及使现场施工比较顺利进行的条件下，要布置紧凑，少占或不占农田，尽可能减少施工占地面积。

(2) 最大限度缩短场内运距，尽可能减少二次搬运。

(3) 在满足需要的前提下，减少临时设施的搭设。为了降低临时设施的费用，应尽量利用已有的或拟建的各种设施为施工服务；各种临时设施的布置，应便于生产和生活。

(4) 各项布置内容，应符合劳动保护、技术安全、防火和防洪的要求。为此，机械设备的钢丝绳、缆风绳以及电缆、电线与管道等不要妨碍交通，保证道路畅通；各种易燃库、棚(如木工、油毡、油料等)及沥青灶、化灰池应布置在下风向，并远离生活区；炸药、雷管要严格控制并由专人保管；根据工程具体情况，考虑各种劳保、安全、消防设施；在山区雨期施工时，应考虑防洪、排涝等措施，做到有备无患。

根据上述原则及施工现场的实际情况，尽可能进行多方案施工平面图设计，选择合理、安全、经济、可行的布置方案。

4. 施工平面图设计的主要依据

施工平面图设计的主要依据有：建筑总平面图、施工图样、现场地形图、水源和电源情况、施工场地情况、可利用的房屋及设施情况、自然条件和技术经济条件的调查资料、工程项目管理规划大纲、施工方案、施工进度计划和资源需求计划。

5. 施工平面图设计的内容

首先应该注意的是：建筑工程施工是一个复杂多变的过程，它随着工程施工的不断展开，需要规划和布置的内容也在发生变化。因此，在整个工程的不同施工阶段，施工现场布置的内容也各有侧重且在不断变化。所以，工程规模较大、结构复杂、工期较长的工程，应当按不同的施工阶段设计施工平面图，但要统筹兼顾。

规模不大的砌体结构和框架结构工程，由于工期不长，施工也不复杂，这些工程往往只考虑主要施工阶段，即主体结构施工阶段的施工平面布置，当然也要兼顾其他施工阶段的需要。

以单位工程为例，其施工平面图一般包括以下内容。

(1) 单位工程施工区域范围内，已建的和拟建的地上的、地下的建筑物及构筑物的平面尺寸、位置，河流、湖泊等位置和尺寸以及指北针、风向玫瑰图等。

(2) 拟建工程所需的起重机械、垂直运输设备、搅拌机械及其他机械的布置位置，起重机械开行的线路及方向等。

(3) 施工道路的布置、现场出入口位置等。

(4) 各种预制构件堆放及预制场地所需面积、布置位置；大宗材料堆场的面积、位置；仓库的面积和位置。

(5) 临时设施的名称、面积、位置。

(6) 临时供电、供水、供热等管线的布置；水源、电源、变压器位置确定；现场排水沟渠及排水方向的考虑。

(7) 土方工程的弃土及取土地点等有关说明。

(8) 劳动保护、安全、防火及防洪设施布置以及其他需要布置的内容。

6. 施工平面图的设计步骤

下面以单位工程为例，说明施工平面图的设计步骤。

1) 确定起重机械的位置

起重机械的位置直接影响仓库、材料堆场、砂浆和混凝土搅拌站、道路、水电线路的布置，因此，应首先予以考虑。

固定式垂直运输设备，例如井架、龙门架、施工电梯等，其布置应充分发挥起重机械的能力并使地面和楼面上的水平运距最小。应根据机械性能、建筑物的平面形状和大小、施工段的划分、房屋的高低分界、材料进场方向和道路情况而定。一般说来，布置在靠现场较宽的一面，以便在运输设备附近堆放材料和构件。当建筑物各部位的高度相同时，布置在施工段的分界线附近；当建筑物各部位的高度不同时，布置在高低分界线处。这样布置的优点是楼面上各施工段水平运输互不干扰。若有可能，尽量选择布置在建筑的窗洞口处为宜，以避免砌墙留槎和减少井架拆除后的修补工作。固定式起重运输设备中卷扬机的位置不应距离起重机过近，以便司机的视线能够看到起重机的整个升降过程。

固定式塔式起重机的布置除了应注意安全上的问题以外，还应着重解决布置的位置

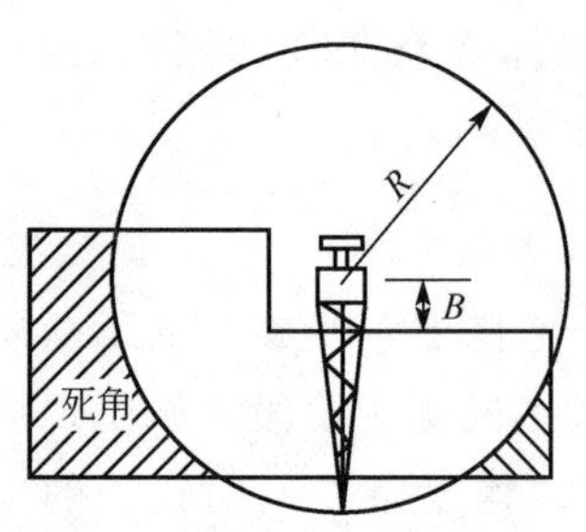

图 10.3　塔式起重机布置方案

问题。塔式起重机的安装位置，主要取决于建筑物的平面布置、形状、高度和吊装方法等。建筑物的平面应尽可能处于吊臂回转半径之内，以便直接将材料和构件运至任何施工地点，尽量避免出现“死角”，如图 10.3 所示。塔式起重机离建筑物的距离（B）应考虑脚手架的宽度、建筑物悬挑部位的宽度、安全距离和回转半径（R）等内容。

2）确定搅拌站、仓库和材料、构件堆场以及加工棚的位置

确定搅拌站、仓库和材料、构件堆场以及加工棚的位置，总的要求是：既要使它们尽量靠近使用地点或将它们布置在起重机服务范围内，又要便于运输、装卸。

（1）建筑物基础和第一施工层所用的材料，应该布置在建筑物的四周，但应与基槽（坑）边缘保持一定的安全距离，以免造成基槽（坑）土壁的塌方事故。

（2）搅拌站、仓库、材料、构件的布置位置，当采用固定式垂直运输设备时，应尽量靠近起重机布置，以缩短运距或减少二次搬运；当采用塔式起重机进行垂直运输时，应布置在塔式起重机的有效起重半径内；当采用无轨自行式起重机进行水平和垂直运输时，应沿起重机开行路线布置，且其位置应在起重臂的最大外伸长度范围内。

（3）预制构件的堆放位置还要考虑吊装顺序。先吊的放在上面，后吊的放在下面，预制构件的进场时间应与吊装就位密切配合，力求直接卸到其就位位置，避免二次搬运。

（4）砂、石堆场及水泥仓库应布置在搅拌站附近，同时搅拌站的位置还应考虑到这些大宗材料运输和装卸的方便。

（5）当多种材料同时布置时，对大宗的、重大的和先期使用的材料，应尽量布置在起重机附近；少量的、轻的和后期使用的材料，则可布置得稍远一些。

（6）加工棚的位置可考虑布置在建筑物四周稍远的地方，但应有一定的场地堆放木材、钢筋和成品。石灰仓库和淋灰池的位置要接近砂浆搅拌站并在下风向；沥青堆场及熬制锅的位置要远离易燃仓库或堆场，并布置在下风向。

3）现场运输道路的布置

现场运输道路的布置主要解决运输和消防两个问题。现场主要道路应尽可能利用永久性道路的路面或路基，以节约费用。现场道路布置时要保证行驶畅通，使运输工具有回转的可能性。因此，运输线路最好绕建筑物布置成环形道路。道路宽度大于 3.5m。

4）临时设施的布置

施工现场的临时设施可分为生产性与非生产性两大类。布置临时设施，应遵循使用方便、有利于施工、尽量合并搭建、符合防火安全的原则；同时结合现场地形和条件、施工道路的规划等因素分析考虑它们的布置。各种临时设施均不能布置在拟建工程（或后续开工工程）、拟建地下管沟、取土、弃土等地点。

各种临时设施尽可能采用活动式、装拆式结构或就地取材。警卫传达室应设在现场出入口处。办公室应靠近施工现场。生产性与非生产性设施应有所区分，不要相互干扰。

5）水、电管网的布置

施工用临时给水管，一般由建设单位的干管或施工用干管接到用水地点。有枝状、环状和混合状等布置方式，应根据工程实际情况，从经济和保证供水两个方面考虑其布置方

式。管径的大小、龙头数目根据工程规模由计算确定。管道可埋置于地下，也可铺设在地面，视气温情况和使用期限而定。工地内要设消防栓，消防栓距离建筑物应不小于5m，也不应大于25m，距离路边不大于2m。条件允许时，可利用城市或建设单位的永久消防设施。有时，为了防止供水的意外中断，可在建筑物附近设置简易蓄水池，储存一定数量的生产和消防用水。水压不足时，尚应设置高压水泵。

施工中的临时供电，应在施工总平面图中一并考虑。只有在独立的单位工程施工时，才根据计算出的现场用电量选用变压器或由建设单位原有变压器供电。变压器的位置应布置在现场边缘高压线接入处，离地应大于3m，四周设有防护栏，并设有明显的标志，注意不要把变压器布置在交通要道出入口处。现场导线宜采用绝缘线架空或埋地电缆布置。

10.2.9 项目目标控制措施

施工项目目标控制措施应针对目标需要进行制定，具体包括：保证进度目标的措施、保证质量目标的措施、保证职业健康安全目标的措施、保证成本目标的措施、保证季节性施工的措施、保护环境的措施和文明施工措施。各项措施应包括技术措施、组织措施、经济措施及合同措施。

10.2.10 技术经济指标

技术经济指标应根据施工项目的特点选定有代表性的指标，且应突出实施难点和对策，以满足分析评价和持续改进的需要。技术经济指标的计算与分析应包括以下内容。

1. 规划的技术经济指标

技术经济指标至少应包括以下几项。

(1) 进度方面的指标：总工期。

(2) 质量方面的指标：工程整体质量标准、分部分项工程质量标准。

(3) 成本方面的指标：工程总造价或总成本、单位工程量成本、成本降低率。

(4) 资源消耗方面的指标：总用工量、单位工程用工量、平均劳动力投入量、高峰人数、劳动力不均衡系数、主要材料消耗量及节约量、主要大型机械使用数量及台班量。

(5) 其他指标：施工机械化水平等。

2. 规划指标水平高低的分析与评价

根据施工项目管理实施规划列出的规划指标，对各项指标的水平高低作出分析与评价。

3. 实施难点的对策（略）

任务单元10.3 建筑施工组织设计

《建设工程项目管理规范》(GB/T 50326—2006)中提出承包人的项目管理规划可以用施工组织设计代替。我国传统的施工组织设计是指导施工准备和施工的全面性技术经济文件，强调的是施工规划，管理内容不足。2009年出版的《建筑施工组织设计规范》(GB/T 50502—2009) 总结了近几十年来施工组织设计在我国建筑工程施工领域应用的主要经验，增加了管理内容，内容和作用与项目管理规划具有一定的共性。下面对建筑施工组织设计作简要介绍。

10.3.1 施工组织设计的概念和分类

施工组织设计，是以施工项目为对象编制的用以指导施工的技术、经济和管理的综合性文件。

施工组织设计按编制对象，可分为施工组织总设计、单位工程施工组织设计和施工方案。

1. 施工组织总设计

施工组织总设计是以若干单位工程组成的群体工程或特大型项目为主要对象编制的施工组织设计，对整个项目的施工过程起统筹规划、重点控制的作用。

2. 单位工程施工组织设计

单位工程施工组织设计是以单位(子单位)工程为主要对象编制的施工组织设计，对单位(子单位)工程的施工过程起指导和制约作用。

3. 施工方案

指以分部(分项)工程或专项工程为主要对象编制的施工技术与组织方案，用以具体指导其施工过程。

10.3.2 施工组织设计的编制依据和基本内容

1. 施工组织设计的编制依据

(1) 与工程建设有关的法律、法规和文件。

(2) 国家现行有关标准和技术经济指标。

(3) 工程所在地区行政主管部门的批准文件，建设单位对施工的要求。

(4) 工程施工合同或招标投标文件。

(5) 工程设计文件。

(6) 工程施工范围内的现场条件，工程地质及水文地质、气象等自然条件。

(7) 与工程有关的资源供应情况。

(8) 施工企业的生产能力、机具设备状况、技术水平等。

2. 施工组织设计的基本内容

施工组织设计，应包括编制依据、工程概况、施工部署、施工进度计划、施工准备与资源配置计划、主要施工方法、施工现场平面布置及主要施工管理计划(质量管理计划、安全管理计划、环境管理计划、成本管理计划、其他管理计划)等基本内容。

10.3.3 施工组织设计的编制、审批和管理

1. 施工组织设计的编制和审批

(1) 施工组织设计应由项目负责人主持编制，可根据需要分阶段编制和审批。

(2) 施工组织总设计应由总承包单位技术负责人审批；单位工程施工组织设计应由施

工单位技术负责人或技术负责人授权的技术人员审批，施工方案应由项目技术负责人审批；重点、难点分部(分项)工程和专项工程施工方案应由施工单位技术部门组织相关专家评审，由施工单位技术负责人批准。

(3) 由专业承包单位施工的分部(分项)工程或专项工程的施工方案，应由专业承包单位技术负责人或技术负责人授权的技术人员审批；有总承包单位时，应由总承包单位项目技术负责人核准备案。

(4) 规模较大的分部(分项)工程和专项工程的施工方案，应按单位工程施工组织设计进行编制和审批。

2. 施工组织设计的管理

施工组织设计应实行动态管理，并符合下列规定。

(1) 项目施工过程中，发生以下情况之一时，施工组织设计应及时进行修改或补充：工程设计有重大修改；有关法律、法规、规范和标准实施、修订和废止；主要施工方法有重大调整；主要施工资源配置有重大调整；施工环境有重大改变。

(2) 经修改或补充的施工组织设计应重新审批后实施。

(3) 项目施工前，应进行施工组织设计逐级交底；项目施工过程中，应对施工组织设计的执行情况进行检查、分析，并适时调整。

(4) 施工组织设计应在工程竣工验收后归档。

任务单元10.4 ××实验楼工程项目管理实施规划案例

10.4.1 主要编制依据

(1) 施工合同：××实验大楼建设工程施工合同。

(2) 施工图：封面及设计组成、总平面布置图、建筑施工图、结构施工图、给排水施工图、暖通施工图、电气施工图。

(3) 有关法律法规：相关规程、规范，相关图集，相关标准。

10.4.2 工程概况

1. 工程建设概况

工程相关单位及合同情况见表10－2。

表10－2 相关组织及合同

工程名称	××实验大楼	地理位置	××市知春路63号
建设单位	××制造厂	设计单位	××工程设计研究总院
勘察单位	××工程公司	监理单位	××监理有限公司
监督单位	××市建设工程质量监督总站		
施工总承包单位	××建设工程有限公司		
施工外分包单位	××电梯有限公司等		

续表

合同范围	施工图中全部	投资性质	自筹
合同质量目标	优良	合同性质	中标价加增减概算
合同工期	总工期：630 日历天；开工日期：2000 年 2 月 28 日；竣工日期：2001 年 11 月 18 日		

2. 建筑设计概况

建筑设计概况见表 10－3。

表 10－3　建筑设计概况

<table>
<tr><td colspan="2" rowspan="2">总建筑面积</td><td rowspan="2">29052m²</td><td>地下部分面积</td><td>3773m²</td><td>用地面积</td><td>7949m²</td></tr>
<tr><td>地上部分面积</td><td>25279m²</td><td>基地面积</td><td>1716m²</td></tr>
<tr><td rowspan="2">层数</td><td>地上部分</td><td>共 16 层</td><td>±0.00 标高</td><td>＋51.70m</td><td>基础埋深</td><td>－10.75m</td></tr>
<tr><td>地下部分</td><td>共 2 层</td><td>设计室外地坪</td><td>－0.30m</td><td>檐口高度</td><td>59.65m</td></tr>
<tr><td colspan="2" rowspan="3">建筑防水设计</td><td colspan="2">地 下 室</td><td colspan="3">(1)结构混凝土自防水 P8 抗渗；
(2)弹性体 SBS 改性沥青防水卷材(Ⅱ＋Ⅲ型复合胎基)</td></tr>
<tr><td colspan="2">屋　　面</td><td colspan="3">弹性体 SBS 改性沥青防水卷材(Ⅲ＋Ⅲ型复合胎基)</td></tr>
<tr><td colspan="2">卫生间、开水间</td><td colspan="3">1.5mm 厚非焦油聚氨酯涂膜防水层</td></tr>
<tr><td colspan="2">建筑人防设计</td><td colspan="5">(1) 本工程设六级人防物资库，设有人防专用通道，地面设防倒塌棚架；
(2) 钢筋混凝土防护密闭门，密闭门与外界隔开，扩散室进、排风道直通地面</td></tr>
<tr><td colspan="2">外　装　修</td><td colspan="5">以米黄色面砖及芝麻红花岗石为主基调，银灰色单反射镀膜中空玻璃铝合金窗，中间镶嵌银灰色铝板，芝麻红花岗石小饰件点缀</td></tr>
<tr><td colspan="2">内　装　修</td><td colspan="5">(1) 大厅、展览厅、电梯厅、公共走道、卫生间、楼梯间地面均为磨光花岗石，开水间、垃圾间等地面铺贴防滑地砖，科研试验区为初装水泥地面上铺地毯；
(2) 大厅、电梯厅、公共走道为花岗石墙面，卫生间、开水间墙面镶贴釉面砖，其他为耐擦洗涂料墙面；
(3) 大厅采用金属吊顶板装饰，电梯厅为石膏板吊顶，公共走道、科研试验区、展览厅、垃圾间等采用硅钙石膏板吊顶，其他均为耐擦洗涂料顶棚</td></tr>
<tr><td colspan="2">屋　　面</td><td colspan="5">(1) 3 层、16 层上人屋面铺贴 100mm×100mm 玻化通体方块砖；
(2) 不上人屋面为防水卷材上涂银灰色着色剂保护层</td></tr>
</table>

3. 结构设计概况

结构设计概况见表 10－4。

4. 专业设计概况(略)

表 10-4 结构设计概况

<table>
<tr><td>地下室结构</td><td colspan="3">结构参数</td><td>混凝土强度等级</td><td>备注</td></tr>
<tr><td>垫层</td><td colspan="3">厚度：100mm</td><td>C15</td><td rowspan="6">结构混凝土属Ⅱ类工程</td></tr>
<tr><td>基础</td><td colspan="3">平板筏基，底板厚度：1500mm</td><td>C35，P8 抗渗</td></tr>
<tr><td>外墙</td><td colspan="3">厚度：350mm</td><td>C40，P8 抗渗</td></tr>
<tr><td>内墙</td><td colspan="3">厚度：250mm、300mm、350mm、500mm</td><td>C40</td></tr>
<tr><td>梁板</td><td colspan="3">井字梁结构，框架梁：800mm×800mm、800mm×700mm
非框架梁：300mm×700mm、250mm×600mm
板厚：250mm、200mm</td><td>C35，其中地下二层顶板、梁为 P8 抗渗</td></tr>
<tr><td>柱</td><td colspan="3">1100mm×1100mm、800mm×800mm</td><td>C40，边柱抗渗同外墙</td></tr>
<tr><td>地上部分</td><td>结构形式</td><td>框架筒体</td><td>结构参数</td><td>混凝土强度等级</td><td>备注</td></tr>
<tr><td rowspan="4">框架柱</td><td colspan="2">1～3 层</td><td>1100mm×1100mm、1000mm×1000mm、800mm×800mm</td><td>C40</td><td rowspan="8">结构混凝土属Ⅰ类工程</td></tr>
<tr><td colspan="2">4～8 层</td><td>1000mm × 1000mm、800mm ×800mm</td><td>C35</td></tr>
<tr><td colspan="2">9～12 层</td><td>900mm×900mm、700mm×700mm</td><td>C30</td></tr>
<tr><td colspan="2">13 层以上</td><td>900mm×900mm、700mm×700mm</td><td>C25</td></tr>
<tr><td rowspan="3">梁、板</td><td colspan="2">1～3 层</td><td rowspan="3">框架梁：800mm×600mm
井字梁：250mm×500mm
板厚：90mm（标准层）、100mm、120mm、150mm</td><td>C35</td></tr>
<tr><td colspan="2">4～8 层</td><td>C30</td></tr>
<tr><td colspan="2">9 层以上</td><td>C25</td></tr>
<tr><td>筒体墙</td><td colspan="3">200mm、250mm、300mm、350mm</td><td>同框架柱</td></tr>
<tr><td colspan="6">剪力墙一级抗震、框架二级抗震</td></tr>
</table>

10.4.3 施工部署

1. 工程施工目标

工程施工目标见表 10-5。

表 10-5 工程施工目标

序号	项目	目标或指标
1	工期	开工日期为 2000 年 2 月 28 日；竣工日期为 2001 年 11 月 18 日
2	质量	创结构“优质工程”，竣工创“市优”，争创国家优质工程“鲁班奖”
3	成本	降低成本不低于 1.85%
4	安全	不发生重大伤亡事故，重伤事故率控制在 0.5‰以内，工伤事故率不超过 10‰
5	文明施工	确保市级文明安全施工现场

2. 施工组织

1）组织机构

项目经理部领导班子由项目经理、书记、主任工程师及 3 名副经理组成，主管技术、质量、生产、安全、经营、成本和行政管理工作，并负责工程的领导、指挥、协调、决策等重大事宜。具体安排如图 10.4 所示。

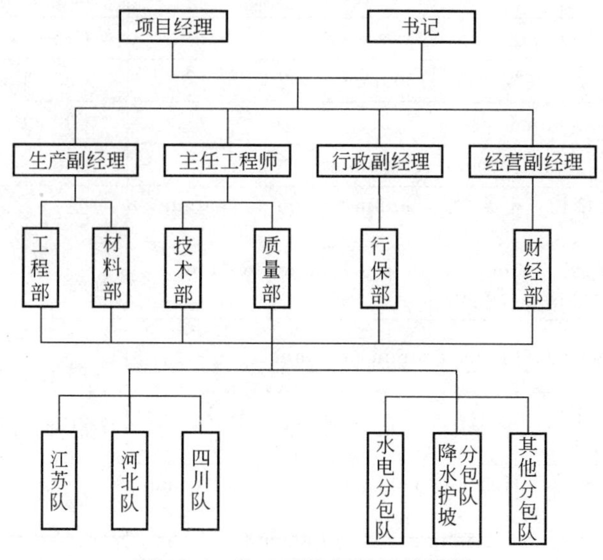

图 10.4　施工现场组织机构框图

项目经理对公司负责，其余人员对项目经理负责，项目经理部下设六个职能部门。

2）质量保证体系及分工

(1) 施工质量保证体系如图 10.5 所示。

(2) 质量管理领导小组。为了确保工程质量目标的实现，现场成立了质量管理领导小组，其组长由项目经理兼任，设副组长 2 人(生产副经理与主任工程师)，成员 6 人。

(3) 施工质量管理系统如图 10.6 所示。

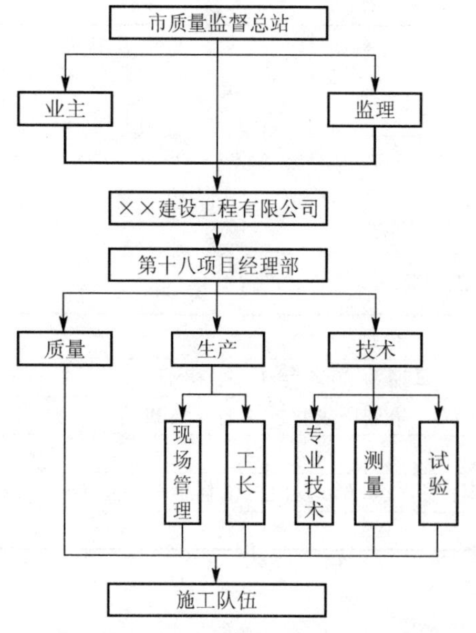

图 10.5　施工质量保证体系框图

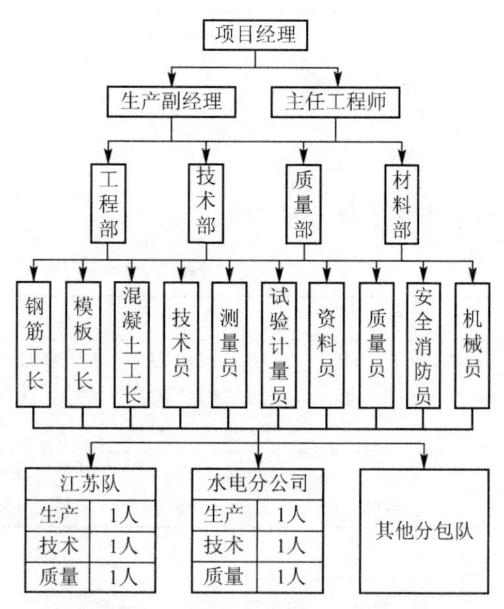

图 10.6　施工质量管理系统框图

3. 任务划分

由项目经理部组织总承包管理和施工。承包范围为结构、装修、给排水、采暖、通风、电气等，项目部按专业进行分包，分包项目见表10－6。

表10－6 总包组织分包施工项目一览表

序号	分包单位	分包项目	分包类型	要求
1	××市地质基础工程公司	降水护坡工程	包工包料	各分包单位按照总承包的施工进度计划和各项管理要求组织施工，服从总承包统一协调，完成合同各项指标
2	××防水有限公司	防水工程	包工包料	
3	××第二建筑工程公司	结构施工	劳务分包	
4	××建筑装饰工程公司	砌筑及装修	劳务分包	
5	××公司水电分公司	设备安装工程	包工包料	
6	××消防保安技术有限公司	消防工程	包工包料	
7	××安防公司	弱电工程	包工包料	
8	××公司人防经理部	人防工程	包工包料	
9	××东芝电梯厂	电梯工程	包工包料	

4. 总包、分包协调

(1) 每周二上午召开监理例会，由建设单位、监理单位及第十八项目经理部共同协调该工程的有关事宜。

(2) 项目部根据施工合同制定年度、月度及周进度计划，并转发给各分包单位，每日下午4∶30组织各分包单位召开碰头会，总结当日及前一段时期进度、质量等方面的情况，并提出次日及下一步进度和质量要求。

5. 劳动力组织

(1) 集结精干的施工队伍，组织好劳动力进场。根据结构特点、建设单位工期要求及项目部承诺条件，结合地区施工情况，合理组织一支强有力的施工队伍进场。要求该队伍自身管理水平高，施工能力强，雨季不回家，既有利于施工生产的连续，又可保证工程的工期及施工质量。

(2) 做好职工的入场教育，搞好全员的各项交底工作。职工进场后利用一段时间进行入场教育，对职工大力宣传国家的法律、法规和××市的各项规定以及我公司的各项规章制度，教育职工学习相关文明公约，让职工做文明市民。

(3) 加强职工的职业健康安全教育，树立安全第一的意识，由安全员给职工上安全课，使全体职工能把安全工作当作头等大事来抓。

(4) 落实各级人员的岗位责任制。对职工进行施工项目管理实施规划及各分部分项方案的集体交底工作，使全体职工都能掌握技术及质量标准；对关键部位除做详细交底外，还应做现场示范，保证操作工人理解“企业在我心中，质量在我手中”及“百年大计，质量第一”的内涵。

(5) 结构施工期间、装修施工期间劳动力计划见表10－7。

(6) 劳动力分布动态曲线如图10.7所示。

表 10-7 结构施工、装修施工劳动力计划表

序号	结构施工劳动力计划			装修施工劳动力计划			备注
	工种	计划人数	进场时间	工种	计划人数	进场时间	
1	壮工	100	2000.1	抹灰工	100	2000.6	劳动力根据工程量大小具体安排进场
2	钢筋工	60	2000.1	油漆工	60	2000.6	
3	木工	80	2000.1	木工	90	2000.6	
4	混凝土工	40	2000.1	防水工	10	2000.6	
5	架子工	15	2000.3	电工	25	2000.6	
6	防水工	15	2000.2	水暖工	40	2000.6	
7	塔式起重机司机	3	2000.2	电梯工	4	2000.6	
8	信号工	2	2000.2				
9	瓦工	40	2000.1				
10	电气焊工	3	2000.1				

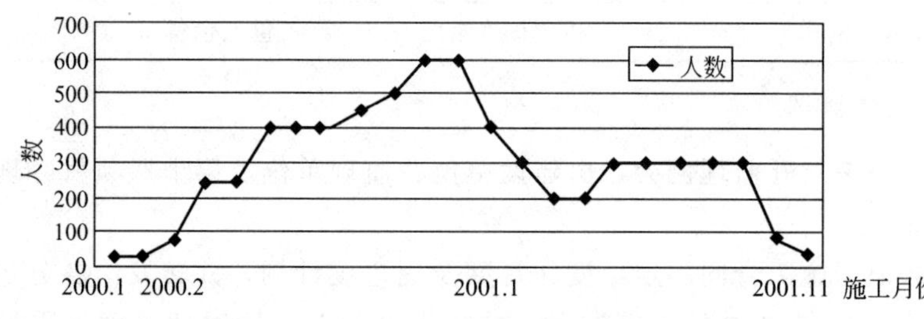

图 10.7 劳动力分布图

6. 主要项目工程量

为确保工程按计划正常有序地施工，根据进度计划，计算出主要项目的工程量，见表 10-8。

表 10-8 主要项目工程量一览表

项目		单位	数量	项目			单位	数量
土方工程	开挖土方量	m^3	24000	砌体工程		红机砖	块	315210
	回填土方量	m^3	2500			陶粒混凝土砌块	m^3	1983
防水工程	地下室	m^2	4300	精装修工程	内装修	花岗石	m^2	14485
	屋面	m^2	1850			吊顶	m^2	25636
	卫生间、开水间	m^2	457			瓷砖	m^2	7980
混凝土工程	地下室	m^3	4500(抗渗)/1550			涂料	m^2	64407
	地上部分	m^3	9830		外装修	花岗石	m^2	1823
钢筋工程	地下室	t	1130			玻化砖	m^2	10087
	地上部分	t	1835			铝合金窗	m^2	3308

7. 主要材料计划(略)

8. 主要机械计划

根据进度计划制定机械需用计划，及时组织好施工机械的进场就位，并检查保养一遍，使设备完好率达到90%以上。

9. 施工程序及验收安排

(1) 结构工程本着先地下、后地上的原则组织施工。结构施工分三步进行验收，分别为：基础结构及主体结构第1层至第3层验收为第一次；主体结构第4层至第10层验收为第二次；第11层(含)以上验收为第三次。

(2) 每次结构验收合格后及时插入二次结构、初装修及专业干管安装等施工，精装修工程提前插入。单位工程竣工验收日期为2001年11月18日。

10.4.4 施工方案

1. 流水段划分

流水段划分既要考虑现浇混凝土工程的模板配置数量、周转次数及每日混凝土的浇筑量，也要考虑流水段材料和工程量的均衡程度、塔式起重机每台班的效率，具体流水段划分规则如下。

(1) 底板整体一次性施工，不分流水段。

(2) 地下室竖向分为五个流水段，其中筒体为一个单独流水段；水平分为两个流水段。

(3) 主体结构竖向分为三个流水段，其中筒体为一个单独流水段；水平分为两个流水段。

地下室、首层、第16层及地上筒体段结构施工，先施工墙柱分项，后施工梁板分项；主体结构其余层除筒体段外结构施工墙柱与梁板混凝土一次性浇筑，其中筒体段先施工。

流水段划分及施工缝位置如图10.8所示。

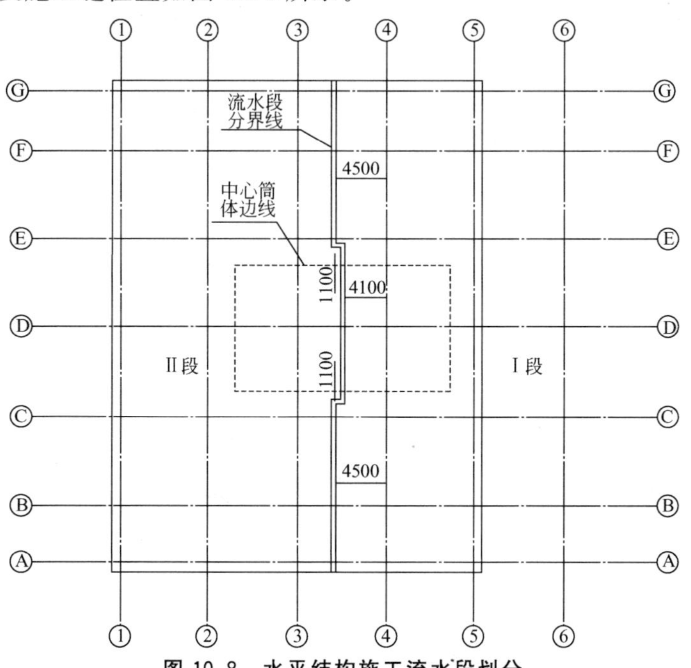

图10.8 水平结构施工流水段划分

2. 施工顺序

1) 基础工程

测量放线→基坑降水及支护→土方开挖及护坡→钎探及验槽→混凝土垫层→防水保护墙砌筑→底板防水及保护层→底板钢筋绑扎、柱墙体插筋→底板导墙模板→底板混凝土→墙柱放线→墙柱钢筋→水电预留或预埋→墙柱模板→墙柱混凝土→拆模养护→标高放线→梁板模板→梁板钢筋→水电预留或预埋→梁板混凝土→养护→外墙防水→防水保护层→基础土方回填。

2) 主体工程

测量放线→墙柱钢筋→水电预留或预埋→墙柱模板→墙柱混凝土→拆模养护→标高放线→梁板模板→梁板钢筋→水电预留或预埋→梁板混凝土→养护。

3) 装修工程

测量放线→二次结构砌筑及屋面防水完成→立门窗口→内墙抹灰→楼地面→设备安装→门窗扇安装→墙面踢脚→吊顶→涂料→地面面层→油漆。

3. 主要项目施工方法

1) 测量放线(略)

2) 降水和护坡工程

(1) 降水工程。

根据勘测报告，采用自渗砂井体系降水，井径 $\phi400$，井深 18m、25m(每隔 2 个孔设一个)，每隔 5 个孔设一个观测孔 $\phi600$，下入 $\phi400$ 无砂混凝土管，以备降水效果不理想时抽水引渗，井距为 5.0m。

(2) 护坡工程。

根据场地周围情况，东侧为热力管沟，距结构外墙 1.6m，西侧水泵房距结构外墙 1.8m，考虑现场场地情况，在建筑物东、南、西三侧采用护坡桩支护，肥槽按 45cm 考虑。主楼北侧采用土钉墙(1∶0.3 放坡)围护。汽车坡道处施工采用土钉墙护坡，坡度 1∶0.15～1∶0.3。

护坡桩桩径为 $\phi600$，桩长 12.55m，桩距 1.3m，连梁顶标高 −1.20m(连梁尺寸 600mm × 400mm)，设一道预应力锚杆，位于 −4.00m 处，两桩一锚，倾斜角 15°。连梁以上砌 240mm 砖墙(75°倾角)，每隔 3m 设 370mm 砖垛，内回填土密实，砖墙上返 300mm。

土钉墙放坡按 1∶0.3 放坡，土钉直径 110mm，倾角 10°，面层 8～10cm 厚 C20 混凝土，配筋 $\phi20$、$\phi22$，$\phi6.5$@200mm × 200mm(面层)，注浆水灰比为 0.5，压力为 0.3～0.5MPa。

地下室降水可能引起地面沉降和支护位移，故在变形影响范围之外设观测基准点，在护坡桩连梁上每侧设三点，按“一稳定，三固定”原则定期进行观测，发现问题及时上报，以便采取有效措施，观测至地下室施工完毕止。

具体详见基坑降水支护方案。

3) 土方工程

(1) 土方开挖。

本工程土方开挖分两次，主楼部分为第一次，汽车坡道处为第二次(待主楼结构完成以后)。主楼拟采用一台 1.6m^3 日本小松反铲挖土机进行土方开挖，开挖分三步进行，第一步保证帽梁施工，第二步至锚杆下 1.5m，第三步至－10.45m，剩余 30cm 由人工清槽，桩间土采用人工剔除喷射混凝土护壁。

土方开挖必须在地下水位已降至基底标高 0.5m 以下进行，机械施工严禁撞击桩体与锚头，土方外运配 10～15 辆自卸卡车。

第二次开挖采用机械配合人工，按弧形车道底板标高由深至浅依次进行，对于超挖部分回填与垫层相同的混凝土至设计标高。

钎探采用测绘局指定的标准穿心锤，钎探点以梅花形布置，钎探深度 1.5m，随钎探随覆盖，并做好记录，请甲方、监理、设计、勘察、监督站等有关单位联合验槽，遇有持力层或与勘察不符的及时与有关方面制定地基处理方案，进行地基处理，经检查合格后方可进行下道工序。

(2) 土方回填。

本工程建筑物北侧肥槽距结构外表面 800(底)～1300mm(顶)范围内用 2∶8 灰土回填，其余部分用素土回填；东、南、西三面全部采用 2∶8 灰土回填。

回填土采用黏土或粉质黏土，过 15mm 孔径筛，白灰用充分熟透的石灰并过 5mm 孔径筛。

灰土、素土在筛拌时严格控制含水率，达到手握成团、落地开花程度，回填分层厚度为 200～250mm，采用蛙夯机夯实，每层夯打四遍，蛙夯不能夯打的边角由人力夯实。

回填土密实度应达到规范要求的 93%，环刀取样部位在该层厚度的 2/3 处。

4) 垫层混凝土(略)

5) 防水工程

(1) 本工程地下室防水为结构自防水 C40P8 混凝土及 SBS(Ⅱ＋Ⅲ型)复合胎基改性沥青防水卷材双重设防，东、南、西三面为内贴法结合外贴法，北侧为外贴法，采用热熔法施工。

搭接宽度短边不小于 150mm，长边不小于 100mm。第一层与第二层接缝错开不小于 1/3 幅宽。

东、南、西外墙防水分四步完成，第一步底板及导墙，第二步地下二层外墙，第三、四步地下一层外墙，其中第四步为外贴法。考虑建筑物沉降第一步立面防水采用点粘，其余为满粘。

(2) 屋面防水采用 SBS(Ⅲ＋Ⅲ型)复合胎基改性沥青防水卷材，热熔法施工。

(3) 厕浴间防水采用 1.5mm 厚聚氨酯涂料，阴阳角处附加层采用粘贴玻璃无纺布，防水层上卷 250mm 高。

(4) 屋面防水及厕浴间防水施工完成后，需进行 48h 的蓄水试验。

具体详见防水施工方案。

6) 钢筋工程(略)

7) 模板工程(略)

8) 混凝土工程

混凝土工程应在钢筋、模板等施工完毕并经检查验收合格后方可进行。本工程全部采用预拌(商品)混凝土，梁、板、墙体采用泵送，柱采用塔式起重机吊运，盲区搭设溜槽。地下一层墙体分两次浇筑。

墙体除梁柱接头处混凝土浇筑高度均高于板底 30mm，剔除浮浆层，施工缝处理必须保证混凝土强度达到 1.2MPa 后进行。

(1) 选择供应商，考查运距，看能否满足施工需求及混凝土质量；随时抽检搅拌站后台计量、原材料等，确保供应质量；签订供货合同时，由技术部门提供具体供应时间、混凝土强度等级、所需车辆及其间隔时间，特殊要求如抗渗、防冻、入模温度、坍落度、水泥及预防混凝土碱骨料反应所需资料等。

按京建科［1999］230 号文件，本工程地下室属于Ⅱ类工程，预拌混凝土供应商应编制预防混凝土碱骨料反应的技术措施，必须确保 20 年内不发生混凝土碱骨料反应损害；浇筑每部位混凝土前预先上报配合比及所选用各种材料的产地、碱活性等级、各项指标检测及混凝土碱含量的评估结果。

(2) 进场后抽验每个台班不少于两次，或对混凝土质量可疑的罐车坍落度做好记录，不满足要求一律予以退场。现场严禁加水，如气温过高与搅拌站协商加入适量减水剂。

(3) 试块制作：常温时制作 28d 标养试块、同条件试块(顶板、墙体均制作一组同条件试块，作为拆模依据)。同条件试块置于现场带篦加锁铁笼中做好标记同条件养护。在冬期施工中除常温试块外，增加抗冻临界强度和冬期施工转常温试块，依据测温记录用成熟度法计算混凝土强度增长，随时采取措施控制。抗渗混凝土留置两组试块，一组标准养护，一组同条件养护。

(4) 施工缝留置严格按《混凝土结构施工及验收规范》(GB 50204—2015) 执行，其中楼梯施工缝留置位置在所在楼层休息平台、上跑(去上一层)楼梯踏步及临侧墙宽度范围之内，另一方向为休息平台宽度的 1/3 处。

(5) 柱墙与板及板与柱墙交接部分均先浇筑 50～100mm 厚同配比无石子砂浆，不得遗漏。

(6) 墙柱混凝土下灰高度根据现场使用振捣棒(50 棒或 30 棒)而定，为振捣棒有效长度的 1.25 倍，采用尺杆配手把灯加以控制。洞口两侧混凝土高度保持一致，必须同时布混凝土，同时振捣，以防止洞口变形，大洞口下部模板应开口补充振捣，封闭洞口留设透气孔。

(7) 严格控制顶板混凝土浇筑厚度及找平，以便于墙柱模板支立。混凝土浇筑完毕及浇筑过程中设专人清理落地灰及玷污成品上的混凝土颗粒(配水管接消防立管)。

(8) 底板大体积混凝土施工优选混凝土原材料、配合比、外加剂，分层浇筑，根据气温采用塑料薄膜及阻燃草纤被覆盖，防止温差引起收缩裂缝。

材料选用：水泥选用矿渣硅酸盐水泥，粗骨料选用连续级配好的石子，采用热膨胀系数较低而强度较高未风化的石灰岩石子。砂石含泥量控制在 1%以内，部分不足的选用碎石或卵石，石子中针片状颗粒含量控制在 15%以内。细骨料采用不含有机质的中粗砂。

外加剂具体由预拌混凝土供应商选择，但必须保证混凝土的质量要求。

9) 二次结构

(1) 设一部双笼外用电梯，解决垂直运输问题。

(2) 二次结构工程包括框架填充墙、房间内隔墙的陶粒混凝土空心砌块砌筑，砌块强度等级 MU2.0，密度不大于 0.8t/m^3，混合砂浆强度等级 M5，构造柱、圈梁、过梁、腰带、抱框混凝土强度等级 C20。

(3) 门窗洞顶设一混凝土过梁，梁宽同墙宽，配筋为 4ϕ10，箍筋为 ϕ6，间距 200mm。墙高每 60cm(三层砌块高)设 2ϕ6 钢筋，沿墙通长布置，置于墙体灰缝内，钢筋端部采用膨胀螺栓与柱连接。

(4) 在墙转角处、沿墙长每隔 4m、门窗洞两侧设置构造柱，构造柱钢筋上、下端通过膨胀螺栓与上下梁板连接。

(5) 外墙窗台处及窗顶各设一道腰带(连带过梁)，沿外墙全长设置。窗台处腰带断面 60mm×墙厚，内设 2ϕ10 的通长筋，横向“S”形筋 ϕ6@200。窗顶过梁带断面 120mm×墙厚，内设 4ϕ12 的通长筋，箍筋为 ϕ6@200。

(6) 砌体灰缝应横平竖直，灰缝饱满，水平灰缝砂浆饱满度不低于 90%，竖缝砂浆饱满度不低于 80%。填充墙砌至梁、板底附近后，留出一皮砌块高度，待砌体沉实后再用红机砖斜砌法把下部砌体与上部梁板间用砌块砌紧、顶实。

10) 屋面工程

(1) 施工顺序。

焦渣找坡层→保温层→找平层→SBS→防水层→保护层→镶贴面砖。

(2) 屋面防水层。

① 防水层下各层必须办完隐蔽检查手续，合格后方可进行防水施工。

② 基层处理干净后，涂刷基层处理剂，涂刷均匀，不得有遗漏和麻点等缺陷。

③ 附加层施工：女儿墙、水落口、管根、阴阳角等细部先做附加层，必须粘接牢固。

④ 大面积施工防水层，先弹好标准线，用汽油喷灯将卷材一端固定在基层，喷枪距离交接处 30cm，边烤边缓慢地滚铺卷材。

⑤ 卷材搭接长度长边为 100mm、短边为 150mm，第二层铺贴的卷材与第一层卷材错开 1/2 宽，操作同第一层。

⑥ 防水层黏结牢固，无空鼓、损伤、翘边、起泡、皱折等缺陷，末端黏结封严，防止张嘴翘边，造成渗漏隐患。

⑦ 屋面防水层做好后，做 48h 蓄水试验检查有无渗漏现象。

11) 脚手架工程

(1) 基础施工阶段：在四周渗水井外侧 50cm 处设立不低于 1.2m 的防护栏杆，在基坑东南角搭设临时梯子。

(2) 主体结构及装修施工阶段：沿结构周边距建筑物外边线 330mm(1～3 层为 400mm)搭设双排扣件式 ϕ48 钢管脚手架，地面起 36.9m 高度内采用双排双立杆形式，其上采用双排单立杆形式。脚手架立杆纵距 1.5m，大横杆间距 1.2m，小横杆间距 0.75m。剪刀撑每 5 根立杆设置一道，倾角为 45°～60°。脚手架与柱刚性连接，采用双杆箍柱式横向拉结，逢柱必抱。在 6、12 层两次卸荷。所有立杆金属底座下垫 50mm 厚通长脚手板，基土夯实密度达到设计要求。脚手架外立杆内侧挂密目安全网封严，架子顶部高出屋面最高处 1.2m。在结构的南侧搭设人行马道一座，东北角设一部外用电梯。装修时也使用此脚手架。

(3) 设计计算书(略)。

12. 门窗工程

(1) 铝合金门窗安装工艺顺序：弹线找规矩→门窗洞口处理→防腐处理及埋设连接铁件→铝合金门窗拆包及检查→门窗框就位和临时固定→检查框位合格→固定门窗框→门窗扇安装→门窗口周边堵缝(嵌填密封膏)→清理→安装五金配件→安装门窗纱扇密封条。

(2) 成品保护：所有门必须在室内湿作业完成10天后方能开始安装，装好后用保护胶带、塑料薄膜贴封遮盖严，以防污染。

13. 装修工程

(1) 进入装修阶段时先编制内外装修方案，经审批后方可遵照方案实施，施工中先制作样板间，以样板引路，然后大面积展开施工。

(2) 为缩短工期，装修与结构采用立体交叉作业，自下而上相继插入隔墙、抹灰、地面、墙面、水电及油漆涂刷。

(3) 内、外装修施工(略)。

10.4.5 施工进度计划

本工程定额工期为820日历天，合同工期为630日历天(其中不含降水、护坡时间)，开工日期2000年2月28日，地下室工程120日历天，主体结构180日历天，装修工程330日历天，2001年11月18日竣工交付使用。设备安装工程的管线预留、预埋、安装等穿插在土建施工中。施工中，土建专业要安排月、周进度计划，其他专业要随其安排相应的计划。施工进度网络计划如图10.9所示。

10.4.6 施工准备工作计划

1. 技术准备

1) 熟悉和审查施工图样，组织图样会审

(1) 合同签订后，由技术部门向建设单位领取各专业图样，由资料员负责施工图样的收发，并建立管理台账。

(2) 由主任工程师组织工程技术人员认真审图，做好图样会审的前期工作，针对有关施工技术和图样存在的疑点做好记录。

(3) 工程开工前及时与业主、设计单位联系，做好设计交底及图样会审工作。

2) 准备与本工程有关的规程、规范、图集

根据施工图样，准备与本工程相关的规范、规程及有关图集，并分发给项目经理部相关人员。

3) 测量准备工作

测量人员根据建设单位提供的水准点高程及坐标位置，做好工程控制网桩的测量定位，同时做好定位桩的闭合复测工作，并做好标记加以保护。

4) 了解地下管网及周围环境

工程技术人员认真了解地下管网及周围环境情况，明确其具体位置和深(高)度。

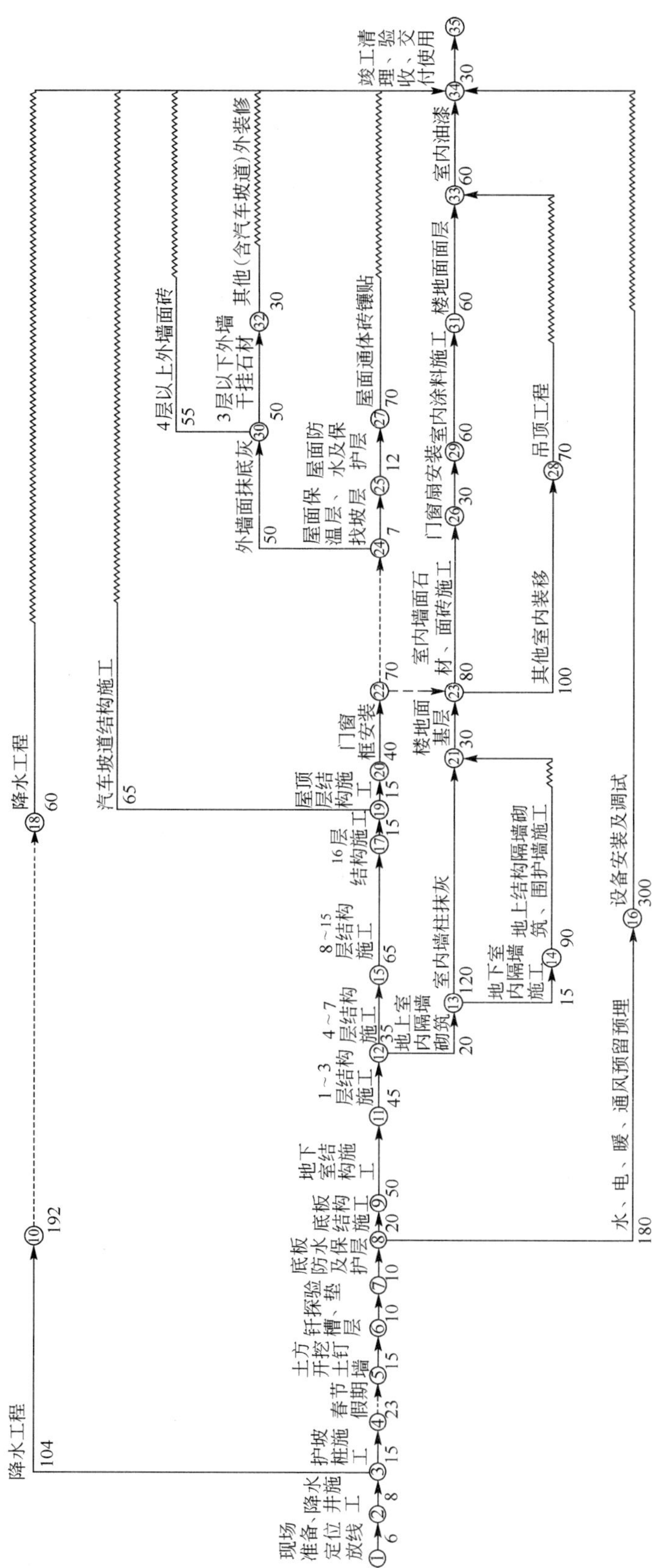

图 10.9 施工进度计划图

5）器具配置

根据需要配置测量器具和试验器具。

6）技术工作计划

（1）技术工作计划内容。

根据工程特点，经过详细的技术论证，按期编制缜密、合理的施工项目管理实施规划及各分项工程施工方案，要求施工项目管理实施规划和施工方案必须经审批后实施，技术交底及时准确并有针对性。编制内容包括：施工项目管理实施规划、项目质量计划、钢筋工程方案、模板设计方案、混凝土施工方案、基坑降水支护方案、土方施工方案、防水施工方案、临时用水施工方案、临时用电施工方案、塔式起重机方案、测量方案、试验方案、计量器具选用方案、脚手架及防护体系施工方案、技术资料目标设计、成品保护方案、现场文明施工方案、环境管理方案、现场消防保卫方案、水电工程施工方案、雨期施工方案、冬期施工方案和装修、装饰施工方案。

（2）试验工作计划。

根据工程情况，及时计算各种原材料、成品及半成品的用量，按有关的规范、标准进行试验工作。主要试验项目有混凝土、钢筋、钢筋连接、防水等。

（3）样板工序、样板间计划。

钢筋加工先作样板，验收合格后方可大批量加工；钢筋绑扎及模板支立设定样板墙与样板段，内装修设定样板间。

（4）新技术、新材料、新工艺推广应用计划。

根据工程的情况，结合市场的调查和研究，积极推广和应用“三新”项目达 20 类、25 项，严格执行集团科技示范工程的标准，并达到降低工程成本的目的。

7）提前做好模板设计详图及钢筋放样工作(略)

8）做好各种材料进场计划(略)

2. 现场准备

1）施工道路及场地

（1）做好现场三通一平，按城建集团 CIS 战略设置围墙，并进行美化装饰，做好临近建筑物、道路等安全防护工作。

（2）根据临水、临电设计方案，搞好施工现场临时用水、用电管线敷设工作；修建并硬化场地临时道路，搭设办公、生活、生产临时设施，搞好工程通信工作。

（3）建筑物南侧在路基上铺 8cm 碎石压实，面层做 10cm 厚 C10 混凝土，顶标高 −0.45m，做好排水；建筑物北侧利用现场路面平整找坡，上铺 10cm 厚碎石压实，同样采用 10cm 厚 C10 混凝土硬化面层。

2）施工现场临时用水

（1）水源。

采用施工、生活和消防合一的供水方式，利用建筑物西侧甲方原有蓄水池，出口处设高压水泵，通过 $DN100$ 的镀锌钢管提供临时用水水源。蓄水池的储水容积为 $30m^3$，原有蓄水池内已设 $DN100$ 的浮球阀，用来自动控制储水高度，高压水泵的控制采用手动控制系统。水管连接采用焊接方法，钢管的埋设深度为 800mm，水泵及管线布置如图 10.10 所示。

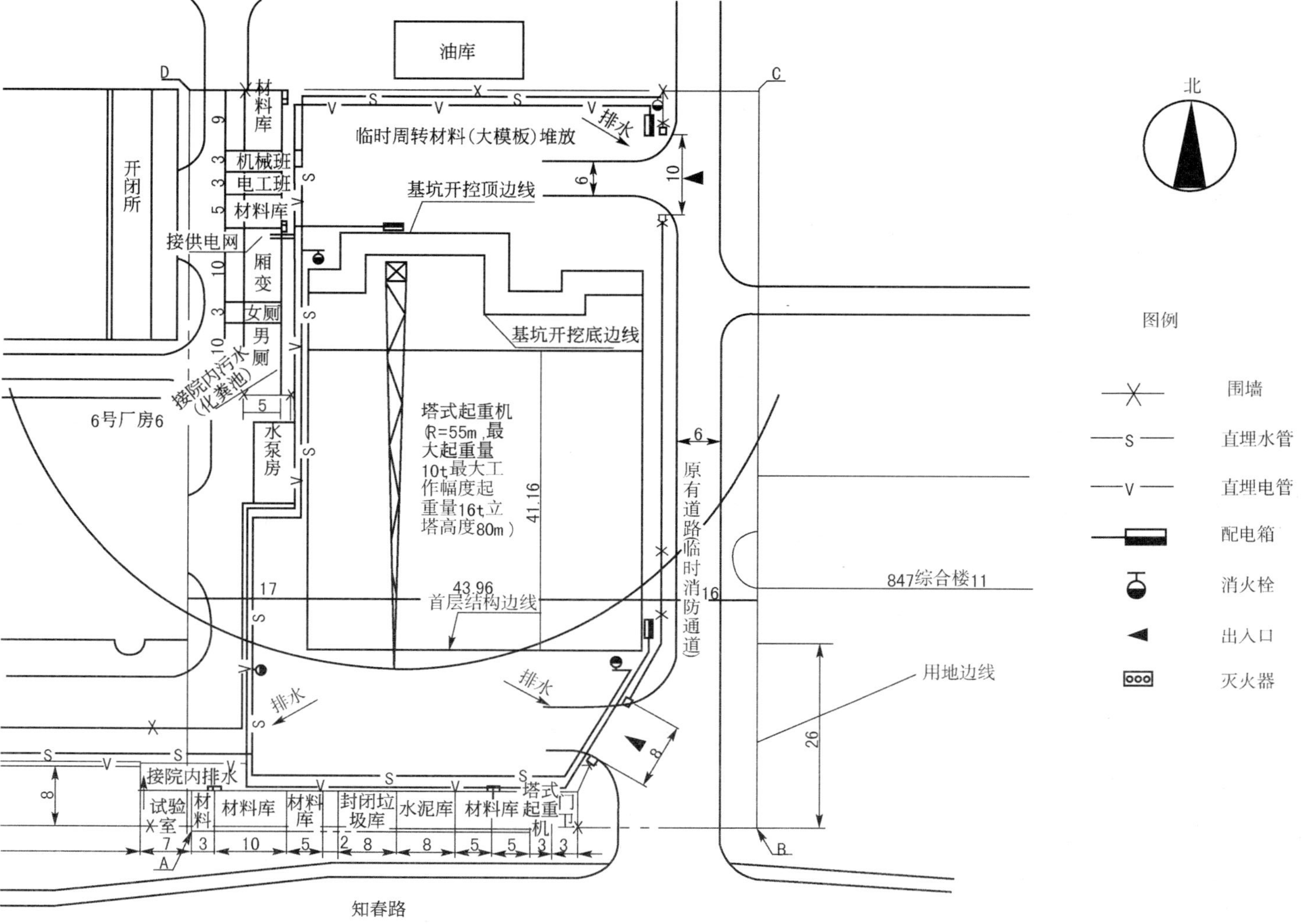

图 10.10 结构施工平面布置图

(2) 用水量的计算(略)。

(3) 消火栓的布置。

在给水系统立管上焊接口径为65mm消火栓，并保证消防半径不大于60m。消火栓股数为2股，水枪喷嘴口径为19mm，选用65mm口径的帆布水龙带三节(每节20m)。

现场周围布置有五处地下消火栓，已能满足消防要求，所以地下室至地上第3层均不设消火栓口，第4层至第16层每隔一层设置消火栓口，以满足消防保护面积的要求，并适当减少灭火器的配置，栓口设置距地高度为120cm，栓口向外，出水方向垂直于墙面呈90°。

3) 施工现场临时用电

在施工现场西北侧设450kV·A配电室，由甲方开闭所引入两路电缆，干线全部采用地埋方式，埋入深度700mm，采用三相五线制，现场共设10个分配电箱，以满足各部位机械及照明需要。

3. 协调场外工作以创造良好环境

(1) 制约和影响施工生产的因素很多，内部外部的因素都有，特别是场外协调工作十分重要，项目工程部设专人联系，协调对外工作。

(2) 走访当地街道和居民委员会，并根据本市和建委的有关规定，征求街道和居民委员会的意见，合理调整和安排现场的施工计划，确保施工不扰民。

(3) 与消防保卫部门、环保部门、当地派出所取得联系，做好现场所需证件的办理工作，使施工纳入法制化、合理化轨道。

(4) 积极协调好建设单位、设计单位、监理单位及质量监督部门的关系，及时解决工程中出现的各种问题。

4. 施工过程通信联络(略)

5. 大型机械设施准备

(1) 反铲挖土机：用于基础土方开挖，2000年2月28日进场，3月10日退场。

(2) 主体结构施工选用一台SIMMA GT187C2.5塔式起重机，设置于建筑物北侧偏西位置，塔式起重机基础底标高与建筑物基础底板底标高相同，在基础垫层施工时浇筑，待强度达到要求后即立塔。

(3) 二次结构及装修施工时垂直运输采用一台SCD200/200L双笼电梯，设置于建筑物北侧⑤轴处，计划于结构施工至第12层时，开始支立。

6. 岗位培训(略)

7. 现场试验室准备

(1) 根据本工程结构情况及设计要求，建立一座试验室，内分3室，分别为标准养护室、放置试验器具及成型试件的操作间、供试验人员办公的值班室，健全试验管理制度。

(2) 标准养护室购置安装温度及湿度自控仪，降温及加湿采用淋水，升温采取加热器加热，以确保温度和湿度，试验室完全封闭，做好保温隔热处理，确保室内温度在(20±3)℃范围内，湿度不小于90%。养护室的试件必须上架，试验人员办公室必须配备桌椅、资料柜、资料盒、办公用具等。要保持仪器设备摆放整齐、房间整洁。

10.4.7 施工现场平面布置图

(1) 现场的围挡按城建集团 CIS 战略设置，临时道路硬化，办公、生活、生产临时设施布置紧凑。

(2) 主体结构施工时布置一台 SIMMA GT187C2.5 塔式起重机，设置于建筑物北侧偏西位置，臂长 55m，塔式起重机大臂端部距离建筑物南侧 110kV 高压电缆不小于 2m，在基坑土方挖运完毕即开始立塔，保证地下室施工使用。装修施工时垂直运输采用一台双笼电梯，型号为 SCD200/200L，单笼载质量为 1000kg，设置于建筑物北侧⑤轴处，计划于结构施工至第 12 层时，开始支立。

(3) 现场东南角、东侧偏北处各设一个施工大门，由于建筑物离东侧、西侧围墙较近，约 3m，故施工现场消防通道自身不能形成环路。现考虑利用东侧围墙外原有道路和西侧围墙外甲方院内道路作为临时消防通道，并与现场建筑物北侧形成消防回转道路。施工场地消防道路最窄处保证 3.5m，总长约 300m，现场消防通道设置指示牌，确保消防车昼夜通行，在施工现场较狭小的情况下，各种施工材料禁止占用消防通道。

(4) 施工现场建筑物南侧设置木工棚、钢筋加工棚、钢筋和木料堆场；在结构施工期间，北侧地下汽车坡道暂缓施工，作为大模板堆放区域。

(5) 除以上主要设施外，施工现场还设置职工食堂、项目经理部会议室、办公用房、材料库房、机械库房及其他必备的配套临时设施。

(6) 根据以上要求编制三个阶段施工平面布置图，其主体结构施工平面布置如图 10.10 所示。

10.4.8 项目目标控制措施

1. 技术管理措施

1) 测量管理措施、试验管理措施、资料管理措施及目标设计(略)

2) 技术节约措施

(1) 钢筋模板加工前坚持放样制度，减少返工。

(2) 钢筋现场加工充分利用下脚料。

(3) 拌灰砂浆中掺加粉煤灰以节约水泥。

(4) 合理划分流水段，加快施工进度，减少各项费用支出。

(5) 结构工程提高模板设计及施工质量，确保墙体顶板不进行抹灰，减少材料用量及抹灰用工，确保结构混凝土清水化，减少剔凿用工及由此产生的材料浪费。

(6) 建筑垃圾粉碎后二次利用，减少材料浪费。

3) 其他技术管理措施

(1) 技术人员要熟悉图样及施工规范，采取按工种定人、定岗、定质量的“三定”措施，掌握建筑物的各细部做法。

(2) 做好技术交底，并把交底内容传达到班组，现场跟班检查，使之贯彻执行。

(3) 按图样编制材料使用计划，组织加工订货翻样小组，统一管理加工订货事项，执行加工订货验收工作。

(4) 采用网络计划控制施工，全面贯彻执行 ISO 9002 标准和质量保证模式，并按文件实施，实行栋号管理，达到优质工程。

(5) 加强计量工作的管理。计量员根据计量器具检测期限，及时做好其检测工作，并在计量器具上做好标记、建立各种计量台账，保证各种计量设备有效运行。

(6) 大量采用建设部推广的十项新技术，由专人负责，并设奖励基金。本工程预计采用 25 项新技术。

2. 质量管理措施

1) 质量方针和目标

(1) 质量方针。

质量为本，让顾客永远满意；精心施工，创建名牌产品；科学管理，赢得最佳信誉。

(2) 质量目标。

① 分项工程质量一次合格率 100%，优良率 90%以上。

② 单位工程质量一次交验合格率 100%。

③ 观感评分达到 90 分以上。

确保结构为“优质工程”，竣工创“市优”，争创国家优质工程“鲁班奖”。搞好规范服务，做到三坚持：坚持管理制度化、坚持现场标准化、坚持服务规范化。建设精品工程，为用户优质服务。

2) 质量管理控制措施

(1) 成立质量控制体系，由主任工程师、质量部长、技术部长、工长、施工班组的专职质检员组成，质量控制体系对工程分项工序有否决权。

(2) 加强人的控制，发挥“人的因素第一”的主导作用，把人的控制作为全过程控制的重点。项目管理人员，根据职责分工，必须尽职尽责，做好本职工作，同时搞好团结协作，对不称职的管理人员及时调整；对外埠施工队伍严格进行施工资质审查，并进行考核上岗施工。在编制施工计划时，全面考虑各种因素对工程质量的影响和人与任务的平衡，防止发生人为事故。

(3) 加强施工生产和进度安排的控制。会同技术人员合理安排施工进度，在进度和质量发生矛盾时，进度服从于质量；合理安排劳动力，科学地进行施工调度，加强施工机具、设备管理，保证施工生产的需要。

(4) 加强材料和构配件的质量控制。原材料、成品、半成品的采购必须认真执行采购工作程序，建立合格供应商名册，并对供应商进行评价。凡采购到现场的物资，材料人员必须依据采购文件资料中规定的质量和申请计划进行验证，严把质量、数量、品种、规格验收关，必要时请有关技术、质检人员参加。

(5) 严格检查制度，所有施工过程都要按规定认真进行检验，未达到标准要求的必须返工，验收合格后才能转入下道工序。

自检：操作工人在施工中按分项工程质量检验评定标准进行自我检查，并由施工队专职质检员进行复核，合格后填写自检单报质检员，保证本班组完成的分项达到质量目标的要求，为下道工序创造良好的条件。

专检：在自检满足要求的基础上质检员和有关专业技术人员进行复查，合格后报监理验收。检查中要严格执行标准，一切用数据说话，确保分项工程质量。

交接检：各分项或上道工序经专检合格满足要求后，组织上、下工序负责人进行交接验收，并办理交接验收手续。

(6) 坚持样板引路制度。各道工序或各个分项在施工前必须做样板，由有关人员进行监控指导。样板完成后要由质检员和有关专业技术人员共同进行验收，满足要求后才能全面施工。对样板间和主要项目的样板，还必须经公司或上级有关部门检查验收后才能施工。

(7) 加强成品保护，指定专人负责。严格执行成品保护工作程序，采取“护、包、盖、封”的保护措施，并合理安排施工顺序，防止后道工序损坏或污染前道工序。

3. 工期保证措施

(1) 技术人员认真阅读图样，制定出合理有效的施工方案，保证各工序在符合设计及施工规范的前提下进行，避免返工返修现象出现，以免影响工期。

(2) 在每道工序之前，技术人员根据图样及时上报材料计划，保证在工序施工之前材料提前进场，杜绝因材料原因影响施工正常进行。

(3) 正确进行施工布置，使工序衔接紧凑，劳动力安排合理，避免窝工现象出现。

(4) 制订详细的网络控制计划，分阶段设置控制点，将影响关键线路的各个分部分项工程进行分解，用小节点保大节点，从而保证总体进度计划顺利实现。

(5) 质检人员在工序施工过程中严格认真，细致检查，将一切质量隐患消灭在萌芽状中，防止出现事后返工现象。

(6) ±0.000 以上混凝土浇筑，采用地泵加布料杆的方式，使塔式起重机保证垂直运输的需要。

(7) 采取切实可行的冬、雨期施工措施，连续施工，确保进度和质量。

4. 职业健康安全防护措施

(1) 建立健全职业健康安全组织机构并配备合格的安全员，制定各项安全管理措施，确保达到市级安全文明施工现场。

(2) 施工人员进入现场时必须进行三级安全教育，教育率达到 100%。电工、电气焊工、架子工、信号工等特种作业人员必须经过专业培训，取得合格的证件后方允许操作，持证上岗率达到 100%。

(3) 土方开挖要探明地下管网，防止发生意外事故，开挖过程中有专人监视基坑边的情况变化，防止发生塌方伤人。四周用钢管围护，立杆间距 3.0m，下埋 500mm，水平杆设三道，分别为扫地杆、腰杆、上杆，护栏高 1.2m，刷红、白双色油漆标志，夜间挂红灯示警。栏杆内侧挂密目网封闭，人员及物料上下设两个固定出入口并搭设马道。

(4) 楼层、屋面的孔洞，在 1.5m×1.5m 以下的孔洞，预埋通长钢筋网并加固定盖板；1.5m×1.5m 以上的孔洞，四周设两道护身杆，中间支挂水平安全网；电梯井口加设高度 1.5m 的开启式金属防护门，井道内首层和首层以上每隔 4 层设一道水平安全网。

(5) 楼梯间搭设固定的钢管防护栏杆，随结构一直搭设到作业面，内设低压照明设备，防止因光线暗发生人身伤害。

(6) 本工程在南侧设置安全出入口，并在出入口搭设长 6m、宽度大于出入口两侧各 1m 的防护棚，棚顶满铺 50mm 厚的脚手板两层，两侧用密目网封严。临近道路一侧对人或物构成威胁的地方用钢管搭设防护棚，确保人和物的安全。

(7) 脚手架在搭设、使用和拆除过程中的安全措施详见脚手架及防护体系施工方案。

(8) 电梯司机必须身体健康(无心脏病和高血压病)，并经训练合格。定期进行电梯技术检查和润滑，严禁电梯超载。班前、满载和架设时均应进行电机制动效果检查，做好当班记录，发现问题及时报告并查明解决。

5. 现场管理措施

1) 场容管理措施

本工程现场管理目标为市级文明安全工地，为保证这一目标的实现，根据《××市〈建设工程施工现场管理规定〉实施细则》和集团公司《施工现场管理工作实施细则》之规定，场容管理采取以下措施。

(1) 本施工现场采用240mm墙全封闭，墙高2m，围墙按集团公司CIS手册要求进行美化装饰，位于现场东南角的大门采用金属门扇，按CIS手册要求装饰。

(2) 现场大门口内设置集团统一样式的施工标牌，字体规范、内容完整，标牌面积90cm×70cm，底边距地面1.30m。

(3) 现场大门内设置集团统一样式的一图、两牌、四板，即：施工平面布置图；安全记数牌，施工现场管理体系牌；安全生产管理制度板，消防保卫管理制度板，环境保护管理制度板，文明施工管理制度板。图、牌、板内容详细，针对性强，字迹工整、规范，保持完好。

(4) 施工现场的临时设施按集团公司的要求搭设，材质符合要求，宿舍高度2.5m以上，一律采用上下铺钢架床，厕所设隔板和高位水箱，伙房设储藏间，PVC板吊顶，瓷砖墙裙，配套式燃气灶。根据需要设洗浴间、理发室、图书室、娱乐室，配备相应设备。

(5) 施工区和生活区实行区域分离，建立卫生区管理责任制，挂牌显示，分片包干，责任到人，确保施工区和生活区整洁、文明、有序。

(6) 施工现场的所有料具构件按平面图指定的位置码放整齐，建筑物内外的零散碎料及时清理，悬挑结构不得堆放料具和杂物。施工现场禁止随地大小便。

(7) 施工现场建立和完善成品保护措施，对易损坏部位和成品、半成品采取必要的保护手段，确保成品完好。

(8) 现场的施工道路一律铺设混凝土路面，明沟排水，确保路面畅通，无积水。

(9) 按集团公司的要求建立健全十项内业管理资料，每月组织综合检查三次，发现问题随时纠正。

2) 文明施工管理措施

(1) 在工地四周的围挡、宿舍外墙书写反映集团意识、企业精神、时代风貌的标语。

(2) 现场内设阅报栏、劳动竞赛栏、黑板报，及时反映工地内外各类动态。

(3) 宿舍和活动场所挂贴××市民文明公约，增强内外职工争当××好市民的意识。

(4) 与住地居民搞好团结，开展文明共建活动，做到施工不扰民，争取周围群众的理解和支持。

10.4.9 主要经济技术指标

1. 工期

计划工期630天。

2. 质量目标

分项工程质量合格率100%，优良率90%以上；分部工程质量合格率100%，优良率85%以上。

确保获得××市结构“长城杯”及整体“长城杯”，争创国家优质工程“鲁班奖”。

3. 安全指标

不发生重大伤亡事故，重伤事故频率控制在0.5‰以内，工伤事故频率不超过10‰。

4. 文明施工目标

现场达标，确保获得××市市级文明安全施工现场。

5. 新技术应用目标

确保赢得集团总公司科技示范工程二等奖以上。

6. 总耗工

8.5工日/m^2。

7. 降低成本率及三材节约指标

降低成本不低于1.85%。

节约钢材2.0%，节约木材2.5%，节约水泥1.5%。

（注：本案例选自中国建筑工业出版社出版、北京统筹与管理科学学会编著的《建设工程项目管理案例精选》，作者：张从忠、杨俊峰、马占江。）

模块小结

项目管理规划包括项目管理规划大纲和项目管理实施规划两大类。本模块在全面介绍建筑工程项目管理规划的基础上，详细介绍了建筑工程项目管理实施规划，并给出了某工程项目管理实施规划案例。要求学生重点掌握建筑工程项目管理实施规划的编制内容和编制方法。最新国家标准《建筑施工组织设计规范》(GB/T 50502—2009)规定的施工组织设计的内容和作用与项目管理规划具有一定的共性。

由于学生缺乏实践经验，学习本模块有一定的困难，应注意理论联系实际，结合案例解析，初步掌握理论知识，并不断提高实践动手能力。

思考与练习

一、单选题

1. 建筑工程项目管理规划大纲是由(　　)编制的。

A. 项目管理层　　B. 建设单位　　C. 企业管理层　　D. 监理单位

2. 建筑工程项目管理实施规划的服务范围是(　　)。

A. 投标与签约阶段　　B. 收尾阶段

C. 施工准备至验收阶段　　D. 设计阶段

3. 施工承包单位的计划体系包括投标之前编制的项目管理规划大纲和签订合同之后编制的项目管理实施规划，其中，项目管理实施规划应(　　)。

A. 由企业管理层在投标之前编制　　B. 由企业管理层在开工之前编制

C. 由施工项目管理经理在投标之前编制　D. 由施工项目经理在开工之前主持编制

4. 当工期紧迫时，室内装修应考虑采取(　　)的施工流向。

A. 自上而下　　B. 自左向右　　C. 自下而上　　D. 自右向左

5. 柔性防水屋面的施工顺序正确的是(　　)。

A. 保护隔热层→找平层→保温层→找平层→柔性防水层

B. 柔性防水层→保温层→找平层→保护隔热层

C. 找平层→保温层→找平层→柔性防水层→保护隔热层

D. 找平层→保温层→柔性防水层→保护隔热层

6. 门窗油漆和安装玻璃的次序一般采用(　　)。

A. 二者同时进行　　B. 先油漆门窗扇，后安装玻璃

C. 先安装玻璃，后油漆门窗扇　　D. 无所谓先后

7. 对于厂房内设备基础的施工，采用(　　)施工，是指厂房柱基础与设备基础同时施工或设备基础先施工。

A. 敞开式　　B. 封闭式　　C. 先敞开后封闭　　D. 先封闭后敞开

8. 以下(　　)不属于施工组织设计的基本内容。

A. 项目范围管理规划　　B. 施工部署

C. 施工准备与资源配置计划　　D. 施工现场平面布置

9. 施工组织总设计应由(　　)审批。

A. 项目技术负责人　　B. 施工单位技术负责人

C. 总承包单位技术负责人　　D. 施工单位技术负责人授权的技术人员

二、多选题

1. 以下(　　)属于建筑工程项目管理规划大纲的编制依据。

A. 招标文件及发包人对招标文件的解释

B. 施工合同及相关资料

C. 企业管理层对招标文件的分析研究结果

D. 发包人提供的信息和资料

E. 企业法定代表人的投标决策意见

2. 以下(　　)属于建筑工程项目管理实施规划的编制依据。

A. 招标文件及发包人对招标文件的解释　　B. 施工合同及相关资料

C. 项目管理规划大纲　　D. 发包人提供的信息和资料

E. 项目管理目标责任书

3. 以下(　　)属于建筑工程项目管理实施规划的内容。

A. 项目范围管理规划　　B. 工程概况　　C. 施工方案

D. 成本计划　　E. 施工现场平面布置图

4. 以下(　　)属于工程概况的内容。

A. 施工流向的确定　　B. 工程建设概况　　C. 建筑结构设计概况

D. 施工条件　　E. 工程特点分析

5. 施工部署主要是对重大的组织问题和技术问题做出规划和决策，主要内容包括(　　)。

A. 施工流向的确定　　　　B. 质量、进度、成本、职业健康安全和环境管理目标

C. 区段划分与施工程序　　D. 项目管理总体安排

E. 工程特点分析

6. 以下(　　)属于施工方案的内容。

A. 施工流向的确定　　　　B. 施工顺序的确定　　C. 施工阶段划分

D. 项目管理总体安排　　　E. 施工方法和施工机械的选择

7. 室内装修可采用(　　)等流向。

A. 自上而下　　　　　　　B. 自左向右　　　　　C. 自下而上

D. 自右向左　　　　　　　E. 自中间向上，自中间向下

8. 室内装修采用自上而下的流向，具有(　　)等特点。

A. 可以与主体结构平行搭接施工，从而缩短工期

B. 房屋主体结构完成后，建筑物有足够的沉降和收缩期，可保证室内装修质量

C. 可以减少或避免各工种操作互相交叉，有利于施工安全

D. 自上而下的楼层清理也很方便

E. 不能与主体结构施工搭接，总工期相应较长

9. 室内装修采用自下而上的流向，具有(　　)等特点。

A. 可以与主体结构平行搭接施工，从而缩短工期

B. 房屋主体结构完成后，建筑物有足够的沉降和收缩期，可保证室内装修质量

C. 工种操作互相交叉，需要增加安全措施

D. 自下而上地清理楼层也很方便

E. 资源供应集中，现场施工组织和管理比较复杂

10. 同一楼层内装修顺序“楼地面→顶棚→墙面”与“顶棚→墙面→楼地面”相比，具有(　　)的特点。

A. 便于清理地面基层，楼地面质量易保证

B. 便于收集墙面和顶棚的落地灰，节约材料

C. 注意楼地面成品保护，否则后一道工序不能及时进行

D. 在楼地面施工之前，必须将落地灰清扫干净，否则会影响面层与结构层间的黏结，引起楼地面起壳

E. 无须进行楼地面成品保护

11. 对于厂房内设备基础的施工，采用封闭式施工，具有(　　)的特点。

A. 土建施工工作面大，有利于构件现场预制、吊装和就位，便于选择合适的起重机械和开行路线

B. 设备基础能在室内施工，不受气候影响

C. 有时可以利用厂房内的桥式吊车为设备基础施工服务

D. 出现某些重复性工作，如部分柱基回填土的重复挖填

E. 若土质不佳，设备基础基坑开挖过程中，无须增加加固措施

12. 对于厂房内设备基础的施工，封闭式施工适用于(　　)的情况。

A. 设备基础埋置深(超过厂房柱基础埋置深度)、体积大

B. 设备基础埋置浅(不超过厂房柱基础埋置深度)、体积小

C. 土质较好

D. 设备基础距柱基础较近

E. 设备基础距柱基础较远、对厂房结构稳定性无影响

13. 以下(　　)属于施工平面图设计的原则。

A. 要布置紧凑，少占或不占农田，尽可能减少施工占地面积

B. 最大限度缩短场内运距，尽可能减少二次搬运

C. 在满足需要的前提下，减少临时设施的搭设

D. 施工平面图是施工现场文明施工的重要保证

E. 各项布置内容，应符合劳动保护、技术安全、防火和防洪的要求

14. 施工组织设计按编制对象不同可以分为(　　)。

A. 施工组织总设计　　B. 单项工程施工组织设计

C. 单位工程施工组织设计　　D. 施工方案

E. 专项施工组织设计

15. 以下(　　)属于施工组织设计的编制依据。

A. 国家现行有关标准和技术经济指标

B. 施工方案

C. 工程施工合同或招标投标文件

D. 工程施工范围内的现场条件，工程地质及水文地质、气象等自然条件

E. 施工企业的生产能力、机具设备状况、技术水平等

三、简答题

1. 什么是项目管理规划大纲和项目管理实施规划?

2. 简述项目管理规划大纲和项目管理实施规划的联系与区别。

3. 建筑工程项目管理规划大纲一般包括哪些内容?

4. 建筑工程项目管理实施规划一般包括哪些内容?

5. 工程概况一般包括哪些内容?

6. 施工部署一般包括哪些内容?

7. 施工方案一般包括哪些内容?

8. 确定施工流向一般考虑哪些因素?

9. 多层砌体结构房屋的施工顺序应该如何确定?

10. 装配式单层工业厂房的施工顺序应如何确定?

11. 单位工程施工平面图一般包括哪些内容?

12. 简述单位工程施工平面图的设计步骤。

13. 建筑施工组织设计包括哪些基本内容?

参考文献

[1] 张亚奎. 建设工程项目职业健康安全与环境管理[M]. 北京：中国计划出版社，2007.

[2] 苑辉. 建设工程项目管理规划与组织[M]. 北京：中国计划出版社，2007.

[3] 邓建刚. 建设工程项目资源管理[M]. 北京：中国计划出版社，2007.

[4] 魏文彪. 建设工程项目成本管理[M]. 北京：中国计划出版社，2007.

[5] 桑培东. 建筑工程项目管理[M]. 北京：中国电力出版社，2004.

[6] 项建国. 建筑工程项目管理[M]. 北京：中国建筑工业出版社，2005.

[7] 齐宝库. 工程项目管理[M]. 2版. 大连：大连理工大学出版社，2003.

[8] 危道军，刘志强. 工程项目管理[M]. 武汉：武汉理工大学出版社，2004.

[9] 田金信. 建设项目管理[M]. 北京：高等教育出版社，2002.

[10] 陆惠民，苏振民，王延树. 工程项目管理[M]. 南京：东南大学出版社，2002.

[11] 李慧民. 建筑工程经济与项目管理[M]. 北京：冶金工业出版社，2006.

[12] 白思俊. 现代项目管理[M]. 北京：机械工业出版社，2005.

[13] 成虎. 工程项目管理[M]. 北京：中国建筑工业出版社，2005.

[14] 张保兴. 建筑施工组织[M]. 北京：中国建材工业出版社，2003.

[15] 吴根宝. 建筑施工组织[M]. 北京：中国建筑工业出版社，1995.

[16] 全国监理工程师培训教材编写委员会. 建设工程进控制度[M]. 北京：中国建筑工业出版社，2003.

[17] 全国监理工程师培训教材编写委员会. 建设工程质量控制[M]. 北京：中国建筑工业出版社，2003.

[18] 北京统筹与管理科学学会. 建设工程项目管理案例精选[M]. 北京：中国建筑工业出版社，2005.

[19] 朱燕，从培经. 建筑施工组织[M]. 北京：科学技术文献出版社，1994.

[20] 曹吉鸣，徐伟. 网络计划技术与施工组织设计[M]. 上海：同济大学出版社，2000.

[21] 王卓甫，杨高升. 工程项目管理原理与案例[M]. 北京：中国水利水电出版社，2005.

[22] 全国二级建造师执业资格考试用书编写委员会. 建设工程施工管理(全国二级建造师执业资格考试用书)[M]. 北京：中国建筑工业出版社，2007.

[23] 全国一级建造师执业资格考试用书编写委员会. 建设工程项目管理[M]. 2版. 北京：中国建筑工业出版社，2007.

[24] 吴涛. 建设工程项目管理案例选编(建筑工程专业一级注册建筑师继续教育培训辅导教材)[M]. 北京：中国建筑工业出版社，2011.

[25] 银花. 建筑工程项目管理[M]. 北京：机械工业出版社，2011.